U0176756

国家社科基金
后期资助项目

SVAR 模型结构识别：前沿进展与应用研究

Structural Identification of SVAR Model: Progress and Applications

李向阳 著

上海人民出版社

国家社科基金后期资助项目
出版说明

后期资助项目是国家社科基金设立的一类重要项目，旨在鼓励广大社科研究者潜心治学，支持基础研究多出优秀成果。它是经过严格评审，从接近完成的科研成果中遴选立项的。为扩大后期资助项目的影响，更好地推动学术发展，促进成果转化，全国哲学社会科学工作办公室按照"统一设计、统一标识、统一版式、形成系列"的总体要求，组织出版国家社科基金后期资助项目成果。

全国哲学社会科学工作办公室

目　　录

第一章 引　言

向量自回归(VAR)模型作为宏观计量经济学和时间序列的重要分析工具,在诞生以来的四十年中,备受关注和推崇。VAR 模型和动态联立方程模型(Dynamic Simultaneous Equations Model,DSEM)、动态随机一般均衡模型(Dynamic Stochastic General Equilibrium,DSGE)都存在着"千丝万缕"的联系。而结构 VAR 模型在宏观冲击和识别方面占主导地位。在最近二十年内,SVAR 模型在结构识别和因果推断研究方面取得了诸多重要进展,非常值得关注。Stock & Watson(2017,*JEP*)在回顾二十年来时间序列计量研究领域的十大进展(ten pictures)中,将因果推断和 SVAR 模型结构识别置于首位,其次才是 DSGE 模型估计。这足以说明基于 SVAR 模型的**结构识别与因果推断**(以下行文中,也简称结构推断、结构识别或识别)的重要性及其取得的诸多重要进展[1]。

本章分为三节。第一节结合宏观计量经济学的四大任务,阐述了写作背景及选题动因、研究特色、基本框架和思路。第二节详细阐述了 VAR 模型与动态联立方程模型(DSEM)以及动态随机一般均衡(DSGE)模型之间的联系和区别。第三节给出了 SVAR 模型的经典形式以及简化式 VAR 模型的三种常用形式及使用场景,为后续铺垫。

第一节　前　言

首先,针对本书的写作背景、SVAR 模型识别的主流方法与阵营和结

---

[1]　计量经济学中还有很多其他的因果推断的方法:比如断点回归(discontinuity regression)、自然实验(natural experiment)法、工具变量法(instrumental variable)等。本书第六章将会介绍工具变量法在 SVAR 模型结构识别中的应用,包括经典的内部工具变量法和最新的外部工具变量法。本书源代码下载请扫描封面后勒口处二维码,或发邮件索取:ahnulxy@qq.com。

构冲击的存在性等给予简单阐述，引出 SVAR 模型在结构识别和政策分析中的作用。然后论述了本书的写作框架和特色。

一、写作背景

Stock & Watson(2001，*JEP*)指出宏观计量经济学的四个基本任务：数据描述与总结(data description and summarization)[①]、预测(forecasting)、结构推断(structural inference)，或被称为因果推断(causal inference)和政策分析(policy analysis)[②]。几十年来，宏观计量经济学家们一直致力于寻找合适的、可靠和清晰的分析框架来完成上述任务。

（一）VAR 模型与数据描述、预测

1980 年以前，宏观计量经济学家使用各种各样的方法和模型，来努力完成上述四个任务。这些方法和模型包括从单方程单变量的时间序列模型，到单方程多变量的模型，再到主流的、大型的静态或动态联立方程模型(SSEM/DSEM)（少则数十个方程、多则几百个方程）。其中 DSEM 这一模型起源于考尔斯经济研究委员会（后改名为考尔斯基金会）[③]。联立方程模型及其方法论的创立则标志着计量经济学这一学科的形成，也为后来向量自回归模型(Vector Auto Regression，VAR)的创立奠定了基础。

联立方程模型施加了过多的外生建模约束而导致分析结果"失真"[④]，而且"真正"的数据产生过程(data generating process)也无从知晓，因此 Sims(1980)提出了无约束的 VAR 模型（即后文阐述的简化式 VAR 模型），摒弃了联立方程模型中诸多的外生约束，如外生变量的假设，因此真正成为一个可靠的、清晰易懂的分析范式。Stock & Watson(2001)将其称为"工作母机"(workhorse)。简化式 VAR 模型在数据描述与经济预测这两个任务上仍是当前非常强大和可靠的分析工具(Stock & Watson，2001，p.102；

---

① 以简化式 VAR 模型为例，对数据描述的统计量包括：系数矩阵的估计量、协方差矩阵、格兰杰因果关系统计量(Granger causality statistics)、脉冲响应和误差方差分解等。在大多数的时间序列分析软件中都会汇报这些统计量。简化式 VAR 模型的这些描述统计量为结构 SVAR 模型结构推断提供了识别基础。

② Stock & Watson(2001，*JEP*，p.101)：Macroeconometricians do four things：describe and summarize macroeconomic data, make macroeconomic forecasts, quantify what we do or do not know about the true structure of the macroeconomy, and advise(and sometimes become) macroeconomic policymakers.

③ 本章第二节会做更多介绍：原名：Cowles Commission for Research in Economics，后更名为：Cowles Foundation。

④ 更多关于外生建模约束的讨论可参考第三章第一节有关识别问题的探讨。

Kilian，2013，p.515），如图 1.1 所示。

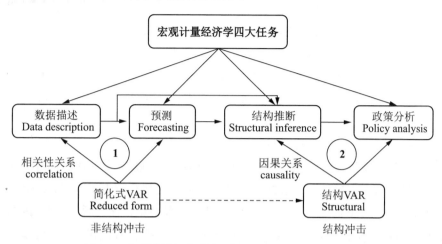

图 1.1 宏观计量经济学的四大任务与 VAR/SVAR 模型

从理论上讲,VAR 模型是单变量时间序列 AR 模型的在多变量维度上的拓展,内生变量不仅是自己的滞后期变量的函数,也是其他变量滞后期的函数。因此 VAR 模型提供了一个简单的拟合多维时间序列数据动态特征(如相关性关系,图 1.1)的分析方法,被广泛应用于统计预测、经济策划或政策研究之中。然而,VAR 模型仍然存在不少缺陷:VAR 模型缺乏扎实的理论基础,而且过多的待估参数(over-parameterized)、较少的宏观样本数据量(over-fitting)等问题,往往使得其参数估计的精确程度面临较多的批评和质疑①。在 Bayesian VAR 模型估计方法广泛应用之前,VAR 模型的估计和预测一直受困于此。因此实际研究中,VAR 模型仅限于少数内生变量,比如 3—10 个变量(Bańbura，Giannone & Reichlin，2010，*JAE*)。使用较少变量的 VAR 模型在结构分析和预测时往往还面临其他批评:可能的遗漏变量问题(Christiano，Eichenbaum & Evans，1999；Giannone & Reichlin，2006);无法适用于需要使用大型数据集的场景(比如微观数据——相对于宏观加总数据而言、国际数据集)(Bańbura，Giannone & Reichlin，2010)。

Bayesian VAR 模型估计方法的成熟,再加上各种良好的先验分布构造方法(比如 Minnesota 先验分布、虚拟观测数据方法),使得 VAR 模型待估参数的个数大幅下降(即所谓的"降维",Shrinkage),客观上提高了 VAR 模

---

① 经典 VAR 模型对非线性、条件异方差、结构变化等无能为力。

型参数估计的精确度，从而大幅提升其预测性能。Litterman(1986)指出使用了 Bayesian 降维方法后，使用 6 变量 VAR 模型就能达到非常好的预测效果。VAR 模型良好的预测能力，使其仍能与当前广泛使用的其他结构模型，如 DSGE 模型的预测能力相提并论，甚至更好。因此 VAR 模型仍被各国央行广泛用于各种研究和决策中。Bayesian 方法不仅仅解决了参数估计问题，而且还能解决在 VAR 模型及 DSGE 模型估计中遇到的各种挑战(Schorfheide，2010)①。

（二）SVAR 模型与结构推断和政策分析

作为宏观计量经济学的另外两个任务，结构推断和政策分析具有天然的困难。这要求模型要能够区分两个重要的计量概念：相关性(correction)和因果关系(causality)。简化式 VAR 模型一般很难胜任这两个任务，因为其本身没有"结构特征"，不具有经济含义。为了赋予简化式 VAR 模型以"经济结构"，并将其中的冲击赋予经济内涵，可对简化式 VAR 模型(1.3.7)式两边同时左乘一个矩阵 $\mathbf{A}$，将简化式模型转换为动态联立方程，从而赋予每一个结构方程和外生冲击以经济含义。这就是结构 VAR 模型(Structrual VAR，SVAR)。

接下来先简单解释结构推断和政策分析的内涵，然后说明何谓 SVAR 模型的结构识别。

所谓结构推断，简单地说就是识别出结构冲击，将数据中的**相关性解释为因果关系**。但识别结构冲击并不是识别的最终目的，而是找到结构冲击对经济系统和变量的因果影响关系。如下的问题，可被认为是寻求冲击的因果关系：

第一，100 个基点的政策利率变化或汇率水平变化(可解释为货币政策冲击)对于宏观经济变量，比如通货膨胀率、就业率影响如何？用宏观计量的语言来描述：在一定量的货币政策冲击(结构冲击)下，通货膨胀率和就业率的脉冲响应如何？

第二，货币政策的变化对资产价格的影响如何？资产价格的变化(如股票、房产等)、家庭收入变化对家庭消费的影响如何？②

---

① 比如模式转换(regime-switching)、非线性状态空间等问题，都能使用 Bayesian 方法有效处理。

② Koivu(2012)使用五变量 SVAR 模型考察了中国的货币政策、资产价格和消费的关系(Wealth Channel)。结果发现货币政策的确导致了资产价格的上升(股市、房价)，但资产价格上升对消费的影响并不明显(Weak effect)。这和发达国家的已有研究的结论近似。

第三，土地财政政策的变化对经济波动和房地产价格的影响如何？[①]

所谓政策分析，简言之有两方面：政策变量（目标或工具）的调控和政策规则的结构性变化。政策变量的调控多为变量的水平值变化，比如财政政策中税率水平的调控，货币政策中短期政策利率的调控。政策规则的结构性变化，则涉及更复杂、更重要的政策变化。比如货币政策规则从后顾型（backward looking）到前瞻型（forward looking）规则；从数量型规则（quantity rule，比如货币供应量）到价格型（利率规则，比如 Taylor 规则）规则；从固定汇率制度到完全浮动汇率制度等都属于政策结构性变化的范畴。结构推断是政策分析的前提，而数据描述和预测又是结构推断的前提（图 1.1）。从这个意义上说，宏观计量的四大任务是具有先后顺序的。

为了进行结构推断和政策分析，需要将内生变量当期的依赖关系加入简化式 VAR 模型，也即是对简化式 VAR 模型进行结构解释，此即前文叙述的 SVAR 模型。如果 VAR 模型描述了数据之间的相关性（或 Granger causality），那么 SVAR 则用来将相关性解释为因果关系。因此识别因果关系，用于结构推断是 SVAR 模型的核心任务（Kilian & Lütkepohl，2017，p.196）。一般说来，纯计量模型无法完全区分相关性和因果关系这两个概念，需要额外的信息辅助识别。这也是为什么 SVAR 模型用于解决经济结构推断和政策分析这两个重要任务是否具有较强能力，在文献中并没有达成共识的重要原因（Stock & Watson，2001；Kilian，2013）。目前 SVAR 模型结构识别多为集识别（set-identified）方法，比如典型的符号约束方法，其虽成功解决了结构参数识别问题（structural identification），但却无法完美解决模型识别问题（model identification），更多阐述请参考第三章"第一节 什么是识别问题"。然而这并不否认 SVAR 模型在结构识别中的重要作用。

此处使用一个简单的例子来说明 SVAR 模型的结构识别问题，后续会进一步探讨。考虑一个简化式 VAR（1）模型，为了简便起见，忽略常数项[②]：

[①] 高然和龚六堂(2017)考察了土地财政在经济波动传导中的作用，其构建了一个四变量递归 VAR 模型：土地价格、人均消费、人均投资和人均产出，结果表明，在一个对土地价格的正向冲击下（可解释为房地产需求冲击），使得消费、投资和产出呈现不同程度的上升。作者还构建了一个 DSGE 模型对此进行验证。

[②] 简化式 VAR 模型的更一般形式及其他几种形式请参考本章第三节 SVAR 模型的经典形式与简化式 VAR 模型第二节 VAR 模型的"前世"与"今生"。

$$\mathbf{y}_t = \mathbf{\Phi} \mathbf{y}_{t-1} + \boldsymbol{\epsilon}_t \tag{1.1.1}$$

假设 $\mathbf{y}_t$ 为 $n \times 1$ 内生向量;$\mathbf{\Phi}$ 为系数矩阵;$\boldsymbol{\epsilon}_t$ 为序列无关的误差项($n \times 1$ 误差向量),均值为零,协方差为常数矩阵 $\mathbf{\Omega}$(并不要求 $\boldsymbol{\epsilon}_t$ 为多元正态分布)。

同时考虑一个简单的 SVAR 模型,并忽略常数项:

$$\mathbf{A} \mathbf{y}_t = \mathbf{B} \mathbf{y}_{t-1} + \mathbf{u}_t \tag{1.1.2}$$

其中 $\mathbf{A}$,$\mathbf{B}$ 为系数矩阵($\mathbf{A}$ 被称为当期系数矩阵;$\mathbf{B}$ 被称为滞后项系数矩阵),且假定 $\mathbf{A}$ 可逆;$\mathbf{u}_t$ 被认为是结构冲击,即互相独立的白噪音过程(white noise),协方差矩阵为常对角矩阵 $\mathbf{D}$。一般地,$\mathbf{u}_t$ 无法被直接观测到[1],此即为使用 SVAR 模型对其识别的原因。值得一提的是,对结构冲击进行识别和量化有很多方法[2],其中 SVAR 模型识别却是使用最普遍的、能够赋予外生冲击经济内涵的较为简单的方法。

对照(1.1.1)和(1.1.2)式,从形式上看,

$$\mathbf{\Phi} = \mathbf{A}^{-1} \mathbf{B}, \ \boldsymbol{\epsilon}_t = \mathbf{A}^{-1} \mathbf{u}_t \tag{1.1.3}$$

简化式 VAR 模型(1.1.1)式对应的解为:移动平均过程 MA(∞)

$$\mathbf{y}_t = \mathbf{\Psi}_0 \boldsymbol{\epsilon}_t + \mathbf{\Psi}_1 \boldsymbol{\epsilon}_{t-1} + \mathbf{\Psi}_2 \boldsymbol{\epsilon}_{t-2} + \cdots \tag{1.1.4}$$

其中 $\mathbf{\Psi}_0 = \mathbf{I}_n$ 为单位矩阵。容易看到 $\mathbf{\Psi}_j$ 为 $\mathbf{y}_{t+j}$ 的第 j 期的脉冲响应(基于 t 期,$\boldsymbol{\epsilon}_t$ 一单位变化,$j = 0, 1, 2, \cdots$),是系数矩阵 $\mathbf{\Phi}$ 的非线性函数[3],即

$$\mathbf{\Psi}_j = \mathbf{\Phi}^j \tag{1.1.5}$$

由于 $\mathbf{\Phi}$ 可方便地使用最小二乘(OLS)或最大似然(ML)估计从(1.1.1)式得到。因此样本数据一旦给定,脉冲响应函数 $\mathbf{\Psi}_j$ 容易计算出来。

同样的,SVAR 模型(1.1.2)的解为:

$$\mathbf{y}_t = \mathbf{\Psi}_0 \mathbf{A}^{-1} \mathbf{u}_t + \mathbf{\Psi}_1 \mathbf{A}^{-1} \mathbf{u}_{t-1} + \mathbf{\Psi}_2 \mathbf{A}^{-1} \mathbf{u}_{t-2} + \cdots \tag{1.1.6}$$

可看到,$\mathbf{\Psi}_j \mathbf{A}^{-1}$ 为 $\mathbf{y}_{t+j}$ 的第 j 期的脉冲响应(基于 t 期,$\mathbf{u}_t$ 一单位变化,$j = 0, 1, 2, \cdots$)。由(1.1.5)式,$\mathbf{\Psi}_j$ 为已知,因此对 $\mathbf{u}_t$ 脉冲响应的识别转换为

---

[1] 被称为 unobservable 或 latent shock。

[2] 比如对货币政策冲击的直接识别,而非利用 SVAR 模型识别,Romer & Romer(2004, AER)是其中非常经典的一篇文献。Kilian & Lütkepohl(2017)介绍很多外生结构冲击识别的方法,比如基于数据的反事实方法、基于金融市场预期的识别方法、基于事件驱动的方法(news shocks),等等。

[3] 关于非正交脉冲响应函数的具体内容请参考第二章"第一节 经典 VAR 模型估计"。

对当期系数矩阵 $\mathbf{A}$ 或 $\mathbf{A}^{-1}$ 的识别。

从上述分析中,可得到如下结论:第一,SVAR 模型的推断(识别 $\mathbf{\Psi}_j\mathbf{A}^{-1}$)建立在简化式 VAR 模型的数据分析之上(即 $\mathbf{\Psi}_j$ 的估计上);第二,当期系数矩阵 $\mathbf{A}$ 是 SVAR 模型识别中的核心对象,因此矩阵 $\mathbf{A}$ 识别的准确程度事关结构推断及政策分析的可靠程度。

Fry & Pagan(2011,*JEL*)认为简化式 VAR 模型用于描述数据的基本动态特征,而 SVAR 模型则用于"解释"数据。[1]因此 SVAR 模型至少有三种用途:第一,计算结构性冲击的脉冲响应,即内生变量对某一结构冲击的(期望)反应;第二,通过方差分解确定结构冲击对于经济波动和预测误差的贡献大小;第三,使用历史方差分解来确定结构冲击在给定历史时段内的累积贡献大小(Kilian,2013)。

Stock & Watson(2001)使用了简单的三变量 SVAR 模型:短期利率、通货膨胀率和就业率,利率方程则分别采取了前瞻和后顾型的 Taylor 规则(因此对应两个 SVAR 模型),然后考察货币政策冲击对通货膨胀率和就业率的影响,并使用经典的短期约束识别法来验证 SVAR 模型的结构推断能力。结果发现,Taylor 规则的微小变化都会带来脉冲响应函数的巨大变化。换句话说,结构脉冲响应函数高度依赖于 Taylor 规则。因此对货币政策冲击的结构推断依赖于对货币政策规则的认知(专业知识)[2],即央行如何设定政策利率。只有完全准确的认知,才能做出正确的结构推断和后续的政策分析。

因此 SVAR 模型的结构识别和推断需要额外的约束信息,比如经济理论知识、专业知识或其他其额外约束[3],才能够将数据中的"相关关系"解释成"因果关系"。因此结构识别已成为 SVAR 模型的首要任务。整个

---

[1] Fry & Pagan(2011,*JEL*,p.938):The VAR is a reduced form that summarizes the data; the SVAR provides an interpretation of the data. 此外,Del Negro & Schorfheide(2011, p.16)指出:Reduced-form VARs summarize the autocovariance properties of the data and provide a useful forecasting tool,but they lack economic interpretability. 也就是说 VAR 模型用于描述和总结数据,而 SVAR 模型则具有"结构性",能解释数据,赋予结构分析以经济含义。

[2] 专业知识(institutional knowledge)的其他例子还包括:在考察供给和需求模型时,短期内的调整成本巨大,因此在面临正向需求冲击时,供应商无法调整产量,也就是说短期供给曲线是垂直的。再比如税率的调整往往需要经过较长时间,因此短期内税率调整较为困难或具有黏性。

[3] Kilian & Lütkepohl(2017),Stock & Watson(2001,*JEP*)都认为额外的约束信息非常必要。

SVAR 文献的发展,从最初的经典识别方法,如 Choleski 识别,到短期约束、长期约束和各种要素(factor)模型,再到最近二十年来提出的符号识别方法,以及最近几年内提出的 **BH 识别**分析框架、基于 DSGE 框架约束的识别算法和工具变量识别方法,也都是沿着这条主线进行的,同时也初步形成了 SVAR 模型的识别的四大阵营(经典方法阵营、**BH** 框架阵营、DSGE 框架阵营和工具变量阵营)。这也构成了本书写作的基本思路和框架。

(三)SVAR 模型结构识别的四大阵营

从目前看,SVAR 模型识别文献可粗略地分为四大方向或阵营:经典方法阵营、**BH** 框架阵营、工具变量(**IV**)阵营和 DSGE 框架阵营。

经典方法阵营(简称经典阵营)以符号约束方法为代表[①],以美国芝加哥大学经济学教授 Harald Uhlig 和密歇根大学经济系教授 Lutz Killian 为代表。**BH** 框架阵营(简称 **BH** 阵营)推崇 Bayesian 分析与推断,以美国加州大学宏观计量大师 James D. Hamilton 和诺特丹大学宏观计量经济学新秀 Christiane Baumeister 教授为代表[②]。当前,经典阵营和 **BH** 阵营之间的争论尤为热烈[③]。**BH** 阵营以其严格的分析框架和优良的可扩展性正形成对经典阵营的统一和包围之势。

IV 阵营以哈佛大学 James Stock 教授和普林斯顿大学 Mark Watson 教授为代表。IV 识别方法,使用外部信息或变量辅助识别,已成为近年来 SVAR 模型结构识别另一值得关注的前沿方向。

DSGE 框架阵营(简称 DSGE 阵营)借鉴了符号约束方法和 **BH** 分析框架的基本思想,推崇当代 DSGE 模型形成的先验约束,以英国卡迪夫大学 Konstantinos Theodoridis 教授为代表。所构建的先验约束,既可使用经典方法识别,亦能融入 **BH** 分析框架中,也可使用其他识别方法对 SVAR 模型进行识别。虽然 DSGE 阵营尚未完全成熟,其独立的识别方法尚在完善和丰富当中,但 DSGE 阵营的指导思想非常清晰,日渐成熟。

(四)结构性冲击真的存在吗?

在探讨结构性冲击存在性之前,先来看简化式 VAR 模型中的冲击到底是什么。Stock & Watson(2001)认为简化式 VAR 模型中的冲击很类似于传统回归模型的冲击,多半由遗漏变量造成。如果这些遗漏变量和内生

---

① 经典学派的识别方法也包括异方差识别(Identification by Heteroskedasticity)、动态要素模型(Dynamic Factor Model;Factor-Agumented VAR,FAVAR)、长期和短期约束等。

② University of Notre Dame,诺特丹大学(美),又翻译成圣母大学。

③ Baumeister & Hamilton 2019 年以来连续写了几篇论文回应 Kilian & Zhou 的批评。

变量相关,那么 VAR 模型的估计将带有遗漏变量偏误,从而可能造成结构推断和政策分析的偏误。

若假设 VAR 模型没有遗漏变量偏误,那么从(1.1.3)式,可看出 VAR 模型中冲击是由结构冲击的线性组合构成,但并没有明确的经济学含义。此外,从理论上说,结构冲击既可以是实际冲击(real shocks),如技术冲击,也可以是名义冲击(nominal shocks),如货币政策冲击。

1. 供给和需求冲击

在最简单的两变量供给和需求结构 VAR(1)模型中:

$$q_t = \alpha p_t + b_{11} q_{t-1} + b_{12} p_{t-1} + u_t^d \qquad (1.1.7)$$

$$p_t = \beta q_t + b_{21} q_{t-1} + b_{22} p_{t-1} + u_t^s \qquad (1.1.8)$$

可将 u_t^s 和 u_t^d 分别解释为数量冲击和价格冲击(此处未考虑常数项)[1]。但如此解释并没有对应的经济学意义。事实上,在瓦尔拉斯(Walrasian)分析框架下,价格和数量依赖于供给和需求。而供给和需求作为决定性因素,不但具有经济含义,而且从经济结构角度看二者是"正交"的(直观上理解为供给冲击独立于需求冲击,理论上来讲二者相关系数为零,二者无法用历史数据来预测)。因此价格变化应归因于或分解成供给和需求的变动(即供给和需求冲击),否则该价格或数量的变化仍然是内生的(endogenous)。因此,从此意义上说,供给和需求冲击是存在的,而且是正交的,u_t^s 和 u_t^d 可被解释为结构冲击。

从经典的供给和需求曲线图上看(第三章 经典 SVAR 模型识别方法及算法,图 3.13),供给冲击或需求冲击表现为供给曲线或需求曲线的平移。比如一个负向的供给冲击使得供给曲线沿需求曲线向左上方平移(从 Supply 1 平移到 Supply 2),因此供给冲击能够确定需求曲线的斜率(对应需求弹性:$a_{12,0}/a_{22,0}$)。事实上,从(1.1.3)式

$$\begin{bmatrix} \epsilon_t^d \\ \epsilon_t^s \end{bmatrix} = \boldsymbol{\epsilon}_t = \mathbf{A}^{-1} \mathbf{u}_t = \begin{bmatrix} a_{11,0} & a_{12,0} \\ a_{21,0} & a_{22,0} \end{bmatrix} \begin{bmatrix} u_t^d \\ u_t^s \end{bmatrix} \qquad (1.1.9)$$

[1] (1.1.7)—(1.1.8)式在未识别前并没有本质区别。事实上,在参数取值为限定的情况下,二者是一样的。此时无法区分需求和供给冲击。只是为了叙述方便而把第一个冲击称为需求冲击,第二个称为供给冲击。识别的任务恰在此处,寻求识别方法来区分二者。Kilian & Lütkepohl(2017,p.213)也明确指出结构冲击并不必要和 VAR 模型中的某个内生变量关联在一起:... structural shocks ... need not to be associated with any one VAR model variable in particular, which greatly increase the range of applications of the VAR approach.

可知假设将 u_t^s 解释为供给冲击，那么 u_t^s 一单位的变化引起数量 q_t 和价格 p_t 的变化分别为：$a_{12,0}$，$a_{22,0}$。因此容易求得需求弹性为：$a_{12,0}/a_{22,0}$。[①] 这种结构推断（因果推断）要求供给冲击和需求冲击互不相关。如果需求冲击 u_t^d 和供给冲击 u_t^s 相关，那么就不能解释价格和数量的变化是需求冲击还是供给冲击的引起（此时因果关系不明）。

2. 暂时性冲击和永久性冲击

结构冲击存在的另一个典型例子是暂时性冲击（transitory，即冲击具有暂时性影响）和永久性冲击（permanent，即冲击具有长期性影响）[②]。Cochrane(1994) 使用了永久收入模型识别暂时性和永久性收入冲击，即如果收入受到一个外生冲击而变化但消费未发生明显变化，那么这个外生冲击被认为是暂时性冲击，否则被认为是永久性冲击，也就是说消费由永久收入决定。这相当于在消费和收入的两变量简化式 VAR 模型中，将消费放于第一位，收入放于第二位（假设二者都为实际变量且有协整关系），暂时性和永久性收入冲击的识别相当于对简化式 VAR 模型施加了 Choleski 识别约束：

$$\begin{bmatrix} \epsilon_t^C \\ \epsilon_t^{GNP} \end{bmatrix} = \begin{bmatrix} a_{11} & 0 \\ a_{21} & a_{22} \end{bmatrix} \begin{bmatrix} u_t^{Permanent} \\ u_t^{Transitory} \end{bmatrix} \tag{1.1.10}$$

其中 $u_t^{Permanent}$，$u_t^{Transitory}$ 分别指永久性和暂时性结构冲击。Killian(2013) 指出，永久性和暂时性冲击并没有经济内涵，也就是说无法将它们归类于诸如供给、需求冲击或技术冲击、偏好冲击等。一般说来，它们应该是这些冲击的组合。

3. 货币政策冲击

货币政策冲击在 SVAR 模型分析中被普遍认为具有结构性（structural）和外生性（exogeneity）。[③] 所谓结构性，即正交于其他冲击，这在文献中已形

---

① 可这样理解：$\mathbf{A}^{-1}$ 中元素的含义。第一列对应需求冲击 u_t^d 的当期脉冲响应影响（u_t^d 位于结构冲击向量的第一个位置）；第二列对应供给冲击 u_t^s 的当期脉冲响应（u_t^s 位于结构冲击向量的第二个位置）。

② 在动态随机一般均衡框架下，暂时性和永久性冲击在技术定义和经济影响上完全不同。从技术定义看，暂时性冲击则指某一时刻（冲击时刻）出现，而后所有期都为零，而永久性冲击则指冲击一旦出现会一直出现，即不再变为零。从经济影响看，暂时性冲击的影响是暂时的，变量一般会回归稳态值或均衡值，而永久性冲击则不同，变量通常会到达一个新的（即不同于原来的）稳态值或均衡值，因此影响是"永久性"的。一个直观但不严格的比喻能帮助理解这两个概念：比如普通感冒和严重身体创伤（如由车祸、火灾、地震等造成）这两个冲击，前者可理解为暂时性冲击，而后者则可理解为永久性冲击。

③ 虽然货币政策冲击是名义冲击，但其却具有实际效果（Non-neutrality），即和实际冲击一样，对经济中的实际变量具有影响。

成共识。但货币政策冲击的外生性及其识别问题一直是文献中讨论的热点问题。

从直观上讲,货币政策冲击是政策利率或其他货币政策工具或目标,如货币供应量的**外生**变化,也就是说外生于经济本身(或至少外生于模型的内生变量)。但直观上说,货币政策本身是央行依据经济状态或经济变量的变化而做出的内生性反应(Nakamura & Steinsson,2018,JEP)[1]。因此,从表面上看,货币政策冲击的外生性并不存在。货币政策研究的文献认为,虽然货币政策本身是对经济状态变化而做出的决策,但货币政策本身的变化至少有一部分是外生的。比如 Romer & Romer(2004,AER)则认为政策利率是由货币政策委员会共同决策的结果,因此这为外生性提供了空间。如在相同的可获得信息集下,由于一些外生于经济状态的因素,导致不同货币政策委员会有不同的政策观点,比如对反通胀的不同喜好程度会随时间变化而变化、会受政治影响等,因此货币政策本身的变化应具有一定的外生性。

VAR 文献中识别货币政策冲击(即货币政策的外生变动)常常使用控制混淆因素(confounding factor)法。比如在三变量的货币 VAR 模型中:通胀(π_t)、产出(ΔGDP_t)和短期名义利率(利率变量 R_t 位于第三位[2]),选取适当的滞后阶数以控制政策变化的内生性,并通过 Choleski 分解识别[3],冲击ϵ_t^R设定的方式意味着央行对产出和通胀做出反应,利率方程对应的残差 u_t^R(residual)被认为是外生的货币政策冲击,因其已经控制了对产出和通胀的内生反应。

$$\begin{pmatrix} \epsilon_t^{\Delta GDP} \\ \epsilon_t^{\pi} \\ \epsilon_t^{R} \end{pmatrix} = \begin{pmatrix} a_{11} & 0 & 0 \\ a_{21} & a_{22} & 0 \\ a_{31} & a_{32} & a_{33} \end{pmatrix} \begin{pmatrix} u_t^d \\ u_t^s \\ u_t^R \end{pmatrix} \tag{1.1.11}$$

Nakamura & Steinsson(2018)认为仅仅几个固定的解释变量及其滞

---

[1] Nakamura & Steinsson(2018, p.59) ... the Federal Reserve does not randomize when setting interest rates. Quite to the contrary, the Federal Reserve employs hundreds of PhD economists to pore over every bit of data about the economy so as to make monetary policy as endogenous as it possibly can be.

[2] 利率变量位于第三位,说明利率变量对产出和通胀做出反应,也就是说利率的内生变动只有产出和通胀这两个变量加以控制。

[3] Choleski 分解,又称为 Cholesky 分解,更多请参考第三章"第二节 Choleski 识别方法及局限性"。

后项不足以控制所有的内生因素。这是因为央行货币政策的制定会考虑到诸多不同的影响因素，且会随时间变化而变化，同时这些因素之间可能往往很不相同，具有高度的异质性，比如股票市场暴跌和熔断、恐怖袭击、新兴市场货币危机、大规模自然灾害或瘟疫（比如 Covid-19）等。将所有这些因素纳入回归分析，往往做不到。但是遗漏任何一个都有可能使得货币政策的内生反应被识别为外生变动。

Romer& Romer(2004)提出了一个很好的方法，有助于解决这一问题。他们认为货币政策的调整针对且仅仅针对一件事情：即央行认为经济中即将或已发生的重要事情，并通过控制其他因素（央行的预测，比如产出的预测来综合反映其他不可控或难以度量的影响因素），来有效识别货币政策的外生变动。假设考察时刻 t 的政策利率 ΔR_t 对于下一期($t+1$)通货膨胀率的影响：$\Delta \pi_{t+1} = \pi_{t+1} - \pi_t$。但 ΔR_t 可能和影响 $\Delta \pi_{t+1}$ 的因素相关，如不对该因素（可能很多因素）进行控制，则会存在遗漏变量问题。此时一个较好的办法是将央行对 $\Delta \pi_{t+1}$ 的预测加以控制，即将该预测值纳入回归中，从而很好地消除遗漏变量问题，能够较为准确地识别货币政策的外生变动，即货币政策冲击。

二、本书的特色与写作框架

（一）本书的特色

从文献梳理来看，目前已有不少 VAR 方面的专著。

Canova(2007)是一本有关应用宏观计量研究方法的专著，内容涉及 Bayesian VAR 模型估计、DSGE 模型求解与估计，及 DSGE 模型与 VAR 模型之间的关系，但并未涉及 SVAR 模型的识别，其思路和行文类似于 DeJong & Dave(2011)。

Koop & Korobilis(2010)是一本专著针对简化式 VAR 模型的研究专著，主要涉及 Bayesian VAR 模型、时变参数 VAR(Time-Varying Parameter, TVP-VAR)模型和要素 VAR(Factor Augmented VAR, FA-VAR)模型的 Bayesian 估计方法，并未涉及 SVAR 模型及其识别问题。

Killian(2013)专门介绍了短期、长期约束及符号约束识别，并给出了 15 个具体的应用实例，值得参考，但并未涉及其他识别方法。Stock & Watson(2016)专门介绍了动态要素模型（DFM）、要素 VAR 模型 (FAVAR)以及诸多 SVAR 模型的经典识别方法，包括短期、长期约束、异方差约束、不等式约束以及工具变量方法，其并未涉及最新的识别约束方法

（DSGE 框架约束方法、**BH** 识别方法，Baumeister ＆ Hamilton，2015，
Econometrica；2018，*JME*；2019，*AER*；2020），而且未涵盖外部工具变
量法的最新研究进展。

Kilian＆ Lütkepohl(2017)是一本有关 SVAR 模型研究不可多得的
"大一统"著作,内容涵盖范围广泛,但同时意味着其在某一方面的介绍并
不深入,如识别问题,其仅仅局限于经典识别方法的介绍,如排除约束(即
零约束)、短期和长期约束、符号识别、混合约束(如长期约束和排除约束)
等。对 DSGE 框架约束下的 SVAR 模型识别,仅仅一笔带过(如 Chapter
13.8.7)[①];而且未涉及文献中最新的、且较为灵活和清晰的识别框架:**BH** 分
析框架,也未对外部工具变量法进行系统介绍。

Del Negro ＆ Schorfheide(2011)是为《Bayesian 计量经济手册》准备的
一个章节:《Bayesian 宏观计量》。该章从 Bayesian 分析与推断的视角介绍
了 VAR 模型的估计和 DSGE 模型的评价和推断方法,仅仅简单涉及了
VAR 模型估计的经典方法。

本书与 Kilian ＆ Lütkepohl(2017)及其他现有著作有诸多区别,具有
鲜明的特色:**第一**,本书的着眼点不同。本书并未包罗万象,未对诸如向量
误差修正(VECM)模型、异方差识别、非线性 SVAR 分析等进行分析,而是
主要关注 SVAR 模型的识别和估计,从经典识别方法出发,到 Bayesian 识
别方法,再到 DSGE 先验信息识别方法及外部工具变量法[②],层层递进。特
别地,针对经典的识别方法,比如符号识别方法,结合最新文献研究结论,剖
析了当前该识别方法的实现算法的谬误所在。遗憾的是,该算法被 Kilian ＆
Lütkepohl(2017)和诸多其他文献所采用。**第二**,本书着重介绍了 Bayesian
推断、DSGE 框架约束及外部工具变量法下的 SVAR 模型的识别和估计,
这恰是 Kilian ＆ Lütkepohl(2017)很少涉及的内容。**第三**,本书提供了简
化式 VAR 模型估计和 SVAR 模型识别最新进展研究中涉及的常用工具包
(基于 Matlab),比如 VAR 模型估计中,基于伴随矩阵的正交和非正交脉冲
响应计算函数(varIRF.m\svarIRF.m)[③]、基于虚拟观测数据方法(dummy

---

① Kilian ＆ Lütkepohl(2017)在 Chapter 13.8.7 中简单介绍了一个例子:Canova ＆ Paustian
(2011)。

② 先验信息(prior)包括模型结构参数大小(magnitude)和符号(sign)、外生结构冲击的脉冲
响应(IRF)符号等可利用的有用信息。

③ 本书提供一个独立的、基于 Matlab 平台的编程工具包:\DSGE_VAR_Source_Codes\var-
Utilities。本章第三节第六部分给出了该工具包的函数名列表和功能简介。

observation)实现 Minnesota 先验分布的函数、非对称 t 分布函数等；**第四，**为了便于理解和复制，本书提供了所有的源代码和数据，包括每一个图形和表格所使用的源代码，并给予**详细的、逐行英文或中文**注释说明，以帮助理解，提升代码的可移植性和阅读性。**第五，**本书在文献综述的基础上，进行了诸多原创性拓展研究。包括但不限于：**首先，**在 SVAR 模型结构识别研究中，创新性使用传统识别方法对最新结构识别分析框架的稳健性进行检验(第四章第三节)；**然后，**对 DSGE 框架约束性下的 SVAR 模型识别方法：LT 方法进行拓展，将其推广到多期情形，不再局限于冲击发生当期(第五章第四节)；**其次，**在简化式 VAR 模型估计中，将传统估计方法创新性的结合使用(如 Minnesota 先验方法和虚拟观测数据方法)(第二章第二节)；**再次，**对于结构识别中的两种重要不确定性问题(样本和识别不确定性)，首次明确探讨；**最后，**对于文献中常用且鲜有剖析的理论与技术要点，如先验分布的样本数据等价性、虚拟观测数据方法与 OLS 估计方法之间的关系等进行了原创性研究(第四章附录)。

此外，在需要较多技术性推导的章节，均附有简明扼要的技术推导过程，力求完整而不累赘。

为了使得本书更为完善和流畅，特别针对 VAR 模型的估计进行了简要介绍。这是因为在很多情况下，SVAR 模型识别的起点来自 VAR 模型的估计结果。比如简化式 VAR 模型的系数矩阵 Φ 和协方差矩阵 Ω、Bayesian VAR 模型中的常见方法，比如 Minnesota 先验选取方法、虚拟观测数据方法等，都成为 SVAR 模型识别的基础和常用方法，因此有必要简要介绍 VAR 模型估计的经典方法和结合 DSGE 框架约束下的最新估计方法。此外理论、实例和源代码紧密结合，使得本书的受众面大幅提升，阅读门槛大幅降低，从而能为宏观计量经济学科在国内的进一步发展做出贡献。

（二）本书的写作框架

本书的写作框架如图 1.2 所示，可分为两大部分。

第一部分(第一章到第二章，共两章)，为铺垫部分。第一章介绍 VAR/SVAR 模型的产生背景及其与当今理论模型的区别和联系，并对 VAR/SVAR 模型的经典形式做简要介绍，为后续章节做好准备。第二章简要介绍简化式 VAR 模型的估计方法，从经典的最小二乘方法，到 Bayesian 估计方法，再到 DSGE 框架约束下的最新估计方法。简化式 VAR 模型的估计结果(通常是协方差矩阵 Ω 和系数矩阵 Φ)是很多经典 SVAR 模型识别方法的基础，比如 Choleski 识别、符号识别、短期和长期约束等方法，因此介

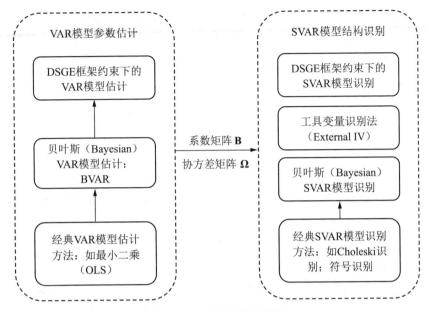

图1.2　本书的写作框架图

绍简化式 VAR 模型各种估计方法不仅必需而且必要。

第二部分(第三章到第六章,共四章)是 SVAR 模型的识别方法和最新进展与应用,是本书的重点,覆盖了从经典识别方法,到 Bayesian 识别推断,以及基于 DSGE 模型的先验信息识别方法。最后系统介绍工具变量识别在 SVAR 模型中的最新研究进展。

第三章介绍经典识别方法及符号约束识别实现算法的严重缺陷。很遗憾的是,该符号约束实现算法自 2010 年被提出以来,在文献中被广泛使用。因此本研究结合最新文献进展,厘清该实现算法的来龙去脉及其谬误所在非常必要,以为后续研究做好铺垫。

第四章着重介绍识别不确定性内生化的研究进展。针对 SVAR 模型结构识别的最新进展,基于 Bayesian 推断下的集识别分析框架:**BH 框架**。该分析框架实际上提供了一个统一的分析平台,传统经典分析方法均可纳入该框架下,具有较强的灵活性和拓展性。

第五章研究 DSGE 框架约束下的结构识别方法。基于 DSGE 模型的先验信息的构建借鉴了 BH 分析框架的基本思想,从两个方面对待识别目标对象进行约束:大小(magnitude)和符号(sign)。构建的先验约束,既可融入 **BH** 分析框架中使用 **BH** 方法,亦可使用其他的识别方法(如 LT 方法)对 SVAR 模型进行结构识别。本章亦对 LT 方法进行了拓展研究。

第六章介绍了 **SVAR 模型结构识别的另一最新进展:外部工具变量法。首先**综述了经典的内部工具变量法;**然后**对外部工具变量识别方法的最新进展给予系统梳理。

第二节　VAR 模型的"前世"与"今生"

本节介绍 VAR 模型与动态联立方程模型(DSEM)及动态随机一般均衡(DSGE)模型的区别和联系,以期深入理解 VAR 模型的渊源及其在现代宏观经济学中的地位。

一、VAR 模型的"前世"与联立方程模型

动态联立方程模型(DSEM)是 1980 年以前经验宏观研究的主流范式,与结构 VAR(SVAR)模型有着密切的关系,从某种意义上,可认为 DSEM 是 VAR/SVAR 模型的"前世"。

文献普遍认为 DSEM 来源于 20 世纪 30 年代创立的考尔斯(Cowles)经济委员会[1],也正是通过对 DSEM 的研究才为计量经济学的诞生打下了坚实的理论基础,比如识别方法、估计方法等。王少平和胡军(2013)、Kilian & Lütkepohl(2017)则认为 DSEM 主要来源于 Klein(1950)等构建的美国经济 DSEM 模型,而这一工作被认为是建立在 Haavelmo(1943,1944)和 Koopmans(1949,1950)等基础之上[2]。而后,Klein,Haavelmo & Koopmans 由于其卓越的贡献,均获得了诺贝尔经济学奖。

DSEM 的根本目的在于通过一系列联立方程,而非单一方程,来描述和理解经济运行规律,并以此希望能通过经济政策调控改善经济运行状况。接下来简单考虑一个 DSEM 系统,并说明其与 VAR 和结构 VAR 模型之间的关系。

考虑一个由收入 Y_t,消费 C_t,投资 I_t 以及政府消费 G_t 构成的简单经

---

① Cowles Commission for Economic Research 在 1932 年创建于美国科罗拉多州(Colorado),由耶鲁大学著名经济学家 Irving Fisher、印第安纳大学的数学家 Harold T. Davis 和一位投资公司的主席 Alfred Cowles 共同创建。该委员会于 1939 年迁到芝加哥(Christ,1994),最后更名为 Cowles Foundation。其旗下期刊 *Econometrica* 于 1933 年开始发行。

② Koopmans(1950)首次给出了变量分类的严格定义:内生变量、外生变量和预先确定的内生变量。

济系统:(1.2.1)。消费由上一期消费和当期收入决定,投资由当期和上一期收入决定,并假设收入用于消费、投资和政府消费,假定政府消费为外生变量。

$$
\begin{cases}
C_t = a_0 + a_1 Y_t + a_2 C_{t-1} + u_{1t} \\
I_t = b_0 + b_1 Y_t + b_2 Y_{t-1} + u_{2t}, \ a_1 + b_1 \neq 1 \\
Y_t = C_t + I_t + G_t
\end{cases} \tag{1.2.1}
$$

其中 u_{1t}, u_{2t} 为外生冲击,互不相关,可称之为结构冲击, a_i, b_i, $i = 0, 1,$ 2 为常数。此处,投资 I_t 为静态变量,可暂时将投资变量消去,得到如下的表示形式:

$$
\begin{cases}
C_t = a_0 + a_1 Y_t + a_2 C_{t-1} + u_{1t} \\
(1 - b_1) Y_t = b_0 + b_2 Y_{t-1} + C_t + G_t + u_{2t}
\end{cases} \tag{1.2.2}
$$

(1.2.2)式即为经典的动态联立方程模型,属于结构性模型,即结构冲击 u_{1t}, u_{2t} 互不相关。

如果不考虑政府消费 G_t(外生变量),那么 DSEM 即为 SVAR 模型 (1.3.1)。因此 DSEM 和 SVAR 模型密切相关。从某种意义上说,SVAR 模型就是 DSEM 的一个特殊情况,即不带有任何外生变量的 DSEM 模型。因此,SVAR 模型中诸多的概念和定义都直接来源于 DSEM 模型,比如与识别相关的诸多概念。

因此,不带有外生变量的 DSEM 的简化式模型就是 VAR 模型。当不考虑政府消费 G_t 时,容易求出(1.2.2)式的简化形式:

$$
\begin{cases}
C_t = \alpha_0 + \alpha_1 C_{t-1} + \alpha_2 Y_{t-1} + \epsilon_{1t} \\
Y_t = \beta_0 + \beta_1 C_{t-1} + \beta_2 Y_{t-1} + \epsilon_{2t}
\end{cases} \tag{1.2.3}
$$

其中简化式模型的系数 α_i, β_i 是结构参数 a_i, b_i, $i = 0, 1, 2$ 的非线性函数:

$$
\alpha_0 = a_0 + \frac{a_1(a_0 + b_0)}{1 - a_1 - b_1}, \ \alpha_1 = \frac{a_2(1 - b_1)}{1 - a_1 - b_1}, \ \alpha_2 = \frac{a_1 b_2}{1 - a_1 - b_1} \tag{1.2.4}
$$

$$
\beta_0 = \frac{a_0 + b_0}{1 - a_1 - b_1}, \ \beta_1 = \frac{a_2}{1 - a_1 - b_1}, \ \beta_2 = \frac{b_2}{1 - a_1 - b_1} \tag{1.2.5}
$$

简化式模型的非结构冲击 ϵ_{1t}, ϵ_{2t} 是结构式冲击 u_{1t}, u_{2t} 的线性组合:

$$
\epsilon_{1t} = \frac{1 - b_1}{1 - a_1 - b_1} u_{1t} + \frac{a_1}{1 - a_1 - b_1} u_{2t}, \ \epsilon_{2t} = \frac{u_{1t} + u_{2t}}{1 - a_1 - b_1} \tag{1.2.6}
$$

如果定义

$$\mathbf{y}_t \equiv \begin{bmatrix} C_t \\ Y_t \end{bmatrix} \tag{1.2.7}$$

那么(1.2.3)式可写为

$$\mathbf{y}_t = \mathbf{c} + \Phi_1 \mathbf{y}_{t-1} + \boldsymbol{\epsilon}_t \tag{1.2.8}$$

其中

$$\mathbf{c} = \begin{bmatrix} \alpha_0 \\ \beta_0 \end{bmatrix}, \ \Phi_1 = \begin{bmatrix} \alpha_1 & \alpha_2 \\ \beta_1 & \beta_2 \end{bmatrix}, \ \boldsymbol{\epsilon}_t = \begin{bmatrix} \epsilon_{1t} \\ \epsilon_{2t} \end{bmatrix} \tag{1.2.9}$$

(1.2.8)式即为 VAR(1)模型。反过来,如果将简化式模型(1.2.3)式或(1.2.8)式解释为 DSEM,那么简化式模型的系数 α_i, β_i, $i=0, 1, 2$ 之间具有约束关系。特别地,当 DSEM 模型施加了更多约束时(图 3.2),简化式模型系数之间的约束关系会更加复杂,更难以识别出所有结构参数。

从上述 DSEM 的简化形式与 VAR 模型之间关系,可以将 SVAR 模型的经典形式(1.3.1)解释为 DSEM 模型的一种特殊形式,即 SVAR 模型放弃了 DSEM 的具有外生变量的假设,将所有变量视为内生变量,并且 DSEM 的所有外生建模约束仅仅施加于 SVAR 模型结构系数矩阵 $\mathbf{A}$ 或 $\mathbf{A}^{-1}$ 上,不对滞后项系数 $\mathbf{B}$ 施加约束(unrestricted),并选择合适的滞后阶数,这就是 Sims(1980)的基本想法。

二、VAR 模型的"今生"与 DSGE 模型的状态空间表示

动态随机一般均衡模型(DSGE)已经成为现代宏观经济研究的主流分析框架,不仅成为研究者的主要分析工具,也被全世界多数中央银行所采用,用于经济预测和政策分析(李向阳,2018)。

DSGE 模型不管是方法论方面,还是应用范围上,都和 VAR 模型差异较大,是两种不同类型的模型。一般说来,DSGE 模型都是非线性化的模型(虽可使用各种方法线性化,以简化分析),不仅含有后顾型(backward-looking)变量[1],而且含有前瞻型(forward-looking)的变量。相比较而言,VAR 模型和 SVAR 模型仅仅为后顾型模型。

然而二者却具有紧密的联系。一般说来,线性化的 DSGE 模型能够表

---

[1] 直观上说,后顾型变量是指仅仅出现时间下标为 t 或 $t-1$ 的变量,前瞻型变量是指仅仅出现时间下标为 t 或 $t+1$ 的变量。

示成状态空间的形式（李向阳，2018；Fernández-Villaverde et al. 2007，*AER*），进而在满足一定的条件下能够表示成 VAR 模型的形式，且此条件在大多数 DSGE 模型中都能够得到满足（Fernández-Villaverde et al. 2007；Kilian & Lütkepohl，2017）。从此意义上说，DSGE 模型可看作是 VAR 模型的"今生"。

直观地说，简化式 VAR 模型之所以被称为无约束（unrestricted）VAR 模型，是因为 VAR 模型中每个方程的系数之间（假定）没有约束关系的，这恰恰和 DSGE 模型的情况相反：各一阶条件（first order conditions，FOCs）和均衡条件之间的系数密切相关，是结构参数的非线性函数[①]。这成为二者最大的区别之一。

接下来考察线性化 DSGE 模型与 VAR 模型之间的关系，分为如下三种情况。

（一）DSGE 与 VAR(∞)：特殊情形

假设线性化 DSGE 模型具有如下形式的状态空间表示形式[②]：

$$\mathbf{x}_t = \mathbf{B}(\theta)\mathbf{x}_{t-1} + \mathbf{D}(\theta)^{1/2}\boldsymbol{\eta}_t，\ \boldsymbol{\eta}_t \sim N(\mathbf{0}，\mathbf{I}_{n\eta \times n\eta}) \tag{1.2.10}$$

$$\mathbf{y}_t = \mathbf{A}(\theta)\mathbf{x}_t \tag{1.2.11}$$

其中 $\mathbf{x}_t$ 为内生或外生的状态变量，为 $nx \times 1$ 向量；$\mathbf{y}_t$ 为控制变量（可观测变量）为 $ny \times 1$ 向量；$\boldsymbol{\eta}_t$ 为 $n\eta \times 1$ 结构冲击向量，即 $E(\boldsymbol{\eta}_t\boldsymbol{\eta}_t') = \mathbf{I}$ 为 $n\eta \times n\eta$ 单位矩阵；这意味着各分量对应的结构冲击相互独立。系数矩阵 $\mathbf{A}(\theta)$、$\mathbf{B}(\theta)$、$\mathbf{D}(\theta)^{1/2}$ 均为 DSGE 模型结构参数 θ 的函数[③]，维度分为 $ny \times nx$，$nx \times nx$，$nx \times n\eta$。(1.2.10)式为状态方程，描述了状态变量的演化过程。(1.2.11)式为观测方程，也被称为政策函数，描述了状态变量和观测变量之间的关系。DSGE 模型通过自身的传播机制（propagation mechanisms），而不是通过外生冲击之间的相关性关系来研究宏观经济变量之间的相互关系（comovements）。这 DSGE 模型和 VAR 模型的又一重要区别。将(1.2.10)代入(1.2.11)，可得

---

① DSGE 模型的例子，可参考第五章第四节"基于 DSGE 模型脉冲响应符号约束的 SVAR 模型识别与估计"。各变量的系数的是结构参数的函数。因此各一阶条件和均衡条件中内生变量的系数是密切相关的。

② 状态空间模型（state space model）涵盖范围较为广泛，包括时变参数模型 Time-Variation Model，比如 TVP-VAR 模型；同时也包括动态因素模型 DFM，比如 FA-VAR 模型；也包括 Trend-cycle VAR 模型等。

③ 其中 $\mathbf{D}^{1/2}$ 为 $\mathbf{D}$ 的平方根矩阵，即 $\mathbf{D} = \mathbf{D}^{1/2}\mathbf{D}^{1/2}$。

$$\mathbf{y}_t = \mathbf{A}(\theta)\mathbf{B}(\theta)\mathbf{x}_{t-1} + \mathbf{A}(\theta)\mathbf{D}(\theta)^{1/2}\boldsymbol{\eta}_t \tag{1.2.12}$$

此即为 Fernandez-Villaverde et al.(2007)中的状态空间表示形式（为了简便，本节以下省略参数 θ）[①]：

$$\underset{nx \times 1}{\mathbf{x}_t} = \underset{nx \times nx}{\mathbf{B}}\,\underset{}{\mathbf{x}_{t-1}} + \underset{nx \times n\eta}{\mathbf{D}^{1/2}}\boldsymbol{\eta}_t \tag{1.2.13}$$

$$\underset{ny \times 1}{\mathbf{y}_t} = \underset{ny \times nx}{\mathbf{A}} \times \underset{nx \times nx}{\mathbf{B}}\,\mathbf{x}_{t-1} + \underset{ny \times nx}{\mathbf{A}} \times \underset{nx \times n\eta}{\mathbf{D}^{1/2}}\boldsymbol{\eta}_t \tag{1.2.14}$$

Christiano，Eichenbaum & Vigfusson(2006)、Fernandez-Villaverde et al.(2007)及 Ravenna(2007)都认为 DSGE 模型状态空间表示形式 (1.2.10)—(1.2.11)可以表示成无穷阶滞后 VAR 形式 VAR(∞)，即当 $\mathbf{AD}^{1/2}$ 为满秩方阵（此要求外生冲击的个数 $n\eta$ 和观测（控制）变量的个数 ny 相等，即为方阵）且矩阵 $\mathbf{M}$ 所有特征值的绝对值（模）均小于 1，其中 $\mathbf{M}$ 为

$$\mathbf{M} = (\mathbf{I} - \mathbf{D}^{1/2}(\mathbf{AD}^{1/2})^{-1}\mathbf{A})\mathbf{B} \tag{1.2.15}$$

其中 $\mathbf{I}$ 表示 $nx \times nx$ 单位矩阵，此时 $\mathbf{M}$ 也为 $nx \times nx$ 矩阵。此条件被称为可逆性条件（invertibility condition）[②]。当这个条件满足时，VAR(∞)可写为

$$\mathbf{y}_t = \sum_{j=1}^{\infty} \mathbf{G}_j\,\mathbf{y}_{t-j} + \mathbf{AD}^{1/2}\boldsymbol{\eta}_t \tag{1.2.16}$$

$$\mathbf{G}_j = \mathbf{ABM}^j \mathbf{D}^{1/2}(\mathbf{AD}^{1/2})^{-1} \tag{1.2.17}$$

另一方面，一个典型的简化式 VAR(m)模型

$$\mathbf{y}_t = \sum_{j=1}^{m} \boldsymbol{\Phi}_j\,\mathbf{y}_{t-j} + \boldsymbol{\epsilon}_t \tag{1.2.18}$$

可使用平稳的宏观经济统计序列和相关估计方法对参数加以估计。如果假设 DSGE 模型(1.2.16)代表真正的数据产生过程（DGP），那么当滞后阶数 m 趋向于无穷大时，(1.2.18)式能为(1.2.16)式提供一个非常好的估计。根据 Christiano，Eichenbaum & Vigfusson(2006)，此时简化式模型的外生冲击 $\boldsymbol{\epsilon}_t$ 和结构式模型的外生冲击 $\boldsymbol{\eta}_t$ 可唯一对应

[①] 此处的状态空间系数矩阵，从形式上和 Fernandez-Villaverde et al.(2007)中的 ABCD 四个系数矩阵并不对应：$x_t = \mathbf{A}x_{t-1} + \mathbf{B}\boldsymbol{\eta}_t$，$y_t = \mathbf{C}x_{t-1} + \mathbf{D}\boldsymbol{\eta}_t$。此时的可逆性条件为 $\mathbf{M} = \mathbf{A} - \mathbf{BD}^{-1}\mathbf{C}$。

[②] 也被形象地称为 poor man's invertibility condition。

$$\boldsymbol{\epsilon}_t = \mathbf{A}\mathbf{D}^{1/2}\boldsymbol{\eta}_t \tag{1.2.19}$$

或

$$\textstyle\sum_{\epsilon} \equiv E(\boldsymbol{\epsilon}_t\boldsymbol{\epsilon}_t^T) = \mathbf{A}\mathbf{D}^{1/2}(\mathbf{D}^{1/2})^T\mathbf{A}^T \tag{1.2.20}$$

如果假设矩阵 $\mathbf{D}$ 为对称或对角矩阵,(1.2.20)式可写为

$$\textstyle\sum_{\epsilon} \equiv E(\boldsymbol{\epsilon}_t\boldsymbol{\epsilon}_t^T) = \mathbf{A}\mathbf{D}\mathbf{A}^T \tag{1.2.21}$$

(二) DSGE 与 VAR(∞):一般情形

在更一般的情况下,如矩阵 $\mathbf{A}\mathbf{D}^{1/2}$ 为列满秩矩阵(此时要求 $ny \geqslant n\eta$),即不要求 $\mathbf{A}\mathbf{D}^{1/2}$ 为方阵,此时线性化的 DSGE 模型仍能够表示成 VAR(∞)状态空间。此时为简化分析,定义符号 $\mathbf{P}=\mathbf{A}\mathbf{B}$,$\mathbf{Q}=\mathbf{A}\mathbf{D}^{1/2}$。将状态空间形式 (1.2.10)—(1.2.11)重新表示如下:

$$\underset{nx\times 1}{\underline{\mathbf{x}_t}} = \underset{nx\times nx}{\underline{\mathbf{B}}}\ \mathbf{x}_{t-1} + \underset{nx\times n\eta}{\underline{\mathbf{D}^{1/2}}}\boldsymbol{\eta}_t \tag{1.2.22}$$

$$\underset{ny\times 1}{\underline{\mathbf{y}_t}} = \underset{ny\times nx}{\underline{\mathbf{P}}}\ \mathbf{x}_{t-1} + \underset{ny\times n\eta}{\underline{\mathbf{Q}}}\ \boldsymbol{\eta}_t \tag{1.2.23}$$

注意到 $\mathbf{Q}$ 矩阵为列满秩,因此 $\mathbf{Q}^T\mathbf{Q}$ 为可逆矩阵,在(1.2.23)式两端同时乘以 $(\mathbf{Q}^T\mathbf{Q})^{-1}\mathbf{Q}^T$,可得

$$\boldsymbol{\eta}_t = (\mathbf{Q}^T\mathbf{Q})^{-1}\mathbf{Q}^T(\mathbf{y}_t - \mathbf{P}\mathbf{x}_{t-1}) \tag{1.2.24}$$

将(1.2.24)代入(1.2.22),整理可得

$$[\mathbf{I} - (\mathbf{B} - \mathbf{D}^{1/2}(\mathbf{Q}^T\mathbf{Q})^{-1}\mathbf{Q}^T\mathbf{P})L]\mathbf{x}_t = \mathbf{D}^{1/2}(\mathbf{Q}^T\mathbf{Q})^{-1}\mathbf{Q}^T\mathbf{y}_t \tag{1.2.25}$$

其中 $\mathbf{I}$ 为 $nx\times nx$ 单位矩阵,L 为滞后算子。因此只要矩阵 $\mathbf{M}$

$$\mathbf{M} = \mathbf{B} - \mathbf{D}^{1/2}(\mathbf{Q}^T\mathbf{Q})^{-1}\mathbf{Q}^T\mathbf{P} \tag{1.2.26}$$

的特征值的模全小于单位 1,那么 $\mathbf{x}_t$ 就能表示成[①]:

$$\mathbf{x}_t = \sum_{j=0}^{\infty}(\mathbf{B} - \mathbf{D}^{1/2}(\mathbf{Q}^T\mathbf{Q})^{-1}\mathbf{Q}^T\mathbf{P})^j\mathbf{D}^{1/2}(\mathbf{Q}^T\mathbf{Q})^{-1}\mathbf{Q}^T\mathbf{y}_{t-j} \tag{1.2.27}$$

将(1.2.27)向前迭代一期并代入观测方程(1.2.23),可得 VAR(∞)表示:

$$\mathbf{y}_t = \sum_{j=0}^{\infty}\mathbf{G}_j\mathbf{y}_{t-j-1} + \mathbf{Q}\boldsymbol{\eta}_t \tag{1.2.28}$$

---

① 容易看到当 $\mathbf{Q}$ 为可逆矩阵时,即同时行满秩和列满秩,(1.2.26)即为(1.2.15)。

其中

$$G_j = \mathbf{P}(\mathbf{B} - \mathbf{D}^{1/2}(\mathbf{Q}^T\mathbf{Q})^{-1}\mathbf{Q}^T\mathbf{P})^j \mathbf{D}^{1/2}(\mathbf{Q}^T\mathbf{Q})^{-1}\mathbf{Q}^T \qquad (1.2.29)$$

容易看出(1.2.17)是(1.2.29)的特殊情况，即 Q 为可逆矩阵时。此时简化式模型的外生冲击 ϵ_t 和结构模型的外生冲击 $\mathbf{\eta}_t$ 同样可唯一对应起来，与前述情形完全一致，此处不再赘述。

（三）DSGE 与 VAR(1)：特殊情况

以线性化 DSGE 模型的状态空间(1.2.10)和(1.2.11)为例，在某些特定的条件下，如矩阵 $\mathbf{A}$ 为列满秩时，线性化 DSGE 模型能表示成 VAR(1)。

当 $\mathbf{A}$ 为列满秩时，矩阵 $\mathbf{A}^T\mathbf{A}$ 为可逆矩阵。在(1.2.11)两边同时乘以 $(\mathbf{A}^T\mathbf{A})^{-1}\mathbf{A}^T$，可得

$$\mathbf{x}_t = (\mathbf{A}^T\mathbf{A})^{-1}\mathbf{A}^T\mathbf{y}_t \qquad (1.2.30)$$

将其前向迭代一期，并代入(1.2.10)可得

$$\mathbf{x}_t = \mathbf{B}(\mathbf{A}^T\mathbf{A})^{-1}\mathbf{A}^T\mathbf{y}_{t-1} + \mathbf{D}^{1/2}\mathbf{\eta}_t \qquad (1.2.31)$$

(1.2.31)代入(1.2.11)，可得 VAR(1)表示：

$$\mathbf{y}_t = \mathbf{A}\mathbf{B}(\mathbf{A}^T\mathbf{A})^{-1}\mathbf{A}^T\mathbf{y}_{t-1} + \mathbf{A}\mathbf{D}^{1/2}\mathbf{\eta}_t \qquad (1.2.32)$$

当 $\mathbf{A}$ 为可逆矩阵时，(1.2.32)可进一步简化为

$$\mathbf{y}_t = \mathbf{A}\mathbf{B}\mathbf{A}^{-1}\mathbf{y}_{t-1} + \mathbf{A}\mathbf{D}^{1/2}\mathbf{\eta}_t \qquad (1.2.33)$$

通常情况下，只有当 DSGE 模型设定较为简单时，如某些 RBC 模型，此时线性化的 DSGE 模型才能表示成 VAR(1)形式，一个实例可参考"第二章 VAR 模型估计：从最小二乘到 DSGE 框架约束"中的"第三节 DSGE 框架约束下 VAR 模型估计"。

此外，SVAR 模型与 DSGE 模型之间的关系，依赖于 SVAR 模型中结构冲击的识别。当线性化的 DSGE 模型满足上述几个条件时，结构冲击都能够从 VAR 模型（即观测数据中）的回归残差中获得(recovered)。进一步可参考综述论文 Giacomini(2013)。

Kilian & Lütkepohl(2017) 还指出如果使用 VAR 模型对线性化后的 DSGE 模型进行近似，除满足必要的可逆条件外，还需要注意其他问题：**第一**，DSGE 模型和 VAR 模型中的外生冲击应该相匹配。这里的匹配不仅是指冲击的类型，而且也指数量相等，即二者具有相同类型和相同数量的外生冲击，此问题会在第五章"第三节 DSGE 模型脉冲响应符号约束构建的

问题与方法"中进一步讨论。**第二**,在实际研究中如何根据研究问题的不同,选择合适的 VAR 模型滞后阶数 m,需要谨慎对待。比如 Hall et al. (2012)提出了一个算法,根据脉冲响应期数来选择合适的滞后阶数 m。

三、DSGE 模型与 VAR/SVAR 模型孰优孰劣

(一)优点和缺点

Canova & Paustian(2011,*JME*)认为 DSGE 模型是基准的经济周期模型,不仅用来政策分析,而且也用于预测,不仅用于学术界,且也在政府机构,这不仅得益于他们良好的理论基础,也得益于其较好的预测性能。杨晓光(2014)在对刘斌所著的《动态随机一般均衡模型及其应用》一书的评述中这样写道[①]:近二十年来,综合微观与宏观经济理论的 DSGE 模型逐渐成为经济分析工具中一颗耀眼的明星。在一般均衡的框架下,DSGE 模型采用动态优化的方法,自底向上考察经济系统中行为主体的决策,能够很好地刻画经济系统中经济人的行为及效用最大化准则下经济系统所体现的整体特性(图 1.3)。由于 DSGE 模型专长于刻画经济系统的具体结构,因此便于进行各种类型的外生冲击模拟,而自下而上的建模原则又赋予其逻辑清晰的解释能力,非常适合于冲击传导研究和政策模拟。DSGE 模型不仅备受研究人员的青睐,而且得到了政府和货币当局的重视。在国际上,多个国家的中央银行、财政部门以及 OECD、IMF、世界银行等国际机构纷纷针对自己关注的经济体,建立复杂的 DSGE 模型,基于这些 DSGE 模型进行货币、财政、贸易、汇率、房地产等政策对宏观经济的冲击分析和预测,作为政策制定的重要参考。也正因为如此,DSGE 模型被称为理论模型(theoretical model),而 VAR 模型则由于缺乏微观理论基础,而被称为非理论模型(atheorectical model)。

学术界和政府机构对 DSGE 模型的高度评价和认可,从一个侧面说明这一工具的重要性是不言而喻的。而 DSGE 模型在宏观经济研究和决策中大放异彩,绝不是说 VAR 模型毫无用处。相反,VAR 模型仍然有其用武之地,比如在经济预测方面,从美联储的实际经验看 VAR 模型仍然领先于 DSGE 模型(李向阳,2018)。此外,美联储自 1996 年开发使用的 FRB/US 模型[②],

---

① 刘斌,供职于中国人民银行研究局,是国内 DSGE 模型研究的先行者之一。此处引用有删改。
② FRB/US 模型是一个大型的一般均衡模型,用于预测和研究美国经济,包括货币和财政政策。但和 DSGE 模型不完全等同,比如 FRB/US 模型可以使用不同的预期,不仅仅限于理性预期。

在后期的分析和估计中仍然要以 VAR 模型的经济分析结果作为基准参考（Brayton，Laubach，& Reifschneider，2014）①。

DSGE 模型固然重要，但也不是完美无缺。近年来，DSGE 模型遭受到了诸多批评和质疑。尤其以宏观经济学巨擘 Paul Romer，Joseph Stiglitz 和后起之秀 Anton Korinek 为代表，对 DSGE 模型提出了尖锐的批评②。他们指出 DSGE 模型在识别问题、复杂的求解和模拟算法、虚拟的外生冲击等方面存在较大的问题，甚至可能"阻碍"宏观经济学的发展（李向阳，2018）。

相对于 DSGE 模型，VAR 模型也存在不少缺陷。比如，VAR 模型没有理论基础，存在过多的待估参数，会造成过度识别问题和更多的后续分析问题（虽然此问题随着 Bayesian 推断方法应用而得到很大缓解）。此外，VAR 模型还面临一个重要的问题就是滞后阶数的确定。实际研究中滞后阶数的确定往往需要施加额外的约束，具有一定的随意性，因此受到不少质疑。

同时，两个模型都受制于 Lucas 批判（Lucas Critique，Lucas，1976）。Lucas 批判是指当经济系统发生结构性变化时，比如政策与制度发生转变，只有模型中深度结构参数（deep structural parameter）不会发生变化或变化较小，比如效用函数中消费的跨期替代弹性、技术的持续性参数等。这意味着其他非深度参数将发生较大的变化，因此使用不变的结构参数进行不同政策（特别是政策发生根本性变化时）的分析是不恰当的。这是 SVAR 模型受到质疑的另外一个原因。同时 DSGE 模型亦是如此，只不过程度稍轻而已。

---

① 在"*Parameterizing the model*"一节中：... the estimation of those equations（**of FRB/US model**）that contain expectations terms involves the separate estimation of a set of smaller models，each of which typically combines one of the structural equations with a condensed model of the overall economy that features a **VAR**（model）... after estimation the assembled model（**FRB/US model**）is subjected to a set of diagnostic tests to ensure that the overall system's properties are consistent with the empirical evidence，such as the dynamics of a simple **VAR** model.

② 此外中国著名经济学者文一教授在《宏观经济学的贫困》（Wen，2021）一文中对新古典模型中生产函数（新凯恩斯模型，即 DSGE 模型中同样使用了这样的生产函数）的合理性和适用性提出了强烈的批评。文一教授旁征博引，从阿罗-德布鲁（Arrow-Debreu）分析框架出发，并以拉瓦锡化学革命、甚至生物学为背景，详细阐述了生产函数中的技术冲击 A_t，是宏观经济学家发明的虚拟楔子（wedge），用以"掩盖"模型与数据之间的差异，而差异的大小则反映了宏观经济学家对经济系统的"无知程度"。虽然文中有些观点值得进一步商榷，但此文非常值得细细品读。

表 1.1 总结了三种宏观计量模型在六个不同方面的基本特征。从冲击个数来说,SVAR 模型要求有多少内生变量,就有多少外生冲击,而 DSGE 模型中内生变量的个数往往大于结构冲击的个数。DSGE 模型具有微观基础,而 SVAR 和 DSEM 模型则没有微观基础。

表 1.1　宏观计量模型:DSGE、SVAR 与 DSEM 模型基本特征对比

特征/模型	DSGE	SVAR	DSEM
外生冲击个数	少	多	多
是否有微观基础	有	无	无
外生性约束	很少	无	很多
内生变量个数	多	少	很多
估计/识别方法	Bayesian 估计/校准法	MLE/OLS/Bayesian 估计	单方程或分块估计
趋势处理方法	明确	明确	暗含

数据来源:作者总结;Kilian & Lütkepohl(2017)。此处将数量大小分为无、很少、少、多、很多五个层次。外生性(exogeneity),简单地说是指变量不是内生的,即不对其他当期内生变量的变化做出反应。

(二) 关于"结构性"

宏观经济学家和纯计量经济学家有关"结构性(structural)"一词定义的不同,造成了一些误解。比如宏观经济学家认为 DSGE 模型为结构性模型,而 SVAR 模型则不是结构性模型,所以他们认为 SVAR 模型的识别结果至少是值得商榷的。

计量经济学家关于结构性模型的定义可追溯到二十世纪三十年代的考尔斯(Cowles)经济研究委员会。考尔斯经济研究委员会对计量经济学方法论的贡献极其巨大,其理论计量工作的主要目的是将经济理论、统计方法和观测数据相结合,构造一个联立方程系统,用以描述经济如何运行,并研究如何通过经济政策改善经济运行状况。其对"结构性模型"的定义可追溯到 Haavelmo(1944),本意是指一个结构方程的本身改变或参数取值的改变,并不影响其他结构方程(Christ,1994)。在简单的供给和需求的两变量模型中,当供给冲击发生时,供给曲线的移动或倾斜不影响需求曲线,或者当需求冲击发生时,需求曲线的变化不影响供给曲线[①]。因此从本质上说,

---

① 供给冲击和需求冲击是典型的结构性冲击。

结构模型是指能够识别出结构冲击的模型（Christ，1994；Cooley &
Leroy，1995；Kilian & Lütkepohl，2017）。而 DSGE 模型的结构性是指模
型具有微观基础（图 1.3），经济行为人（家庭、企业和其他部门）都有自己的
优化目标和决策约束，而且与结构性相对应的是结构参数（structural pa-
rameters），用于具体描述优化目标和行为①。因此 DSGE 模型中的微观结
构并不是为识别结构冲击而设定。

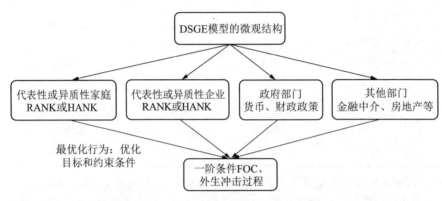

图 1.3　DSGE 模型的微观结构示意图

（三）竞争与融合？

从数据拟合和预测精度来看，DSGE 模型与 VAR/SVAR 模型孰优孰
劣，文献中并没有一致的结论。从预测效果看，VAR 模型仍有较好的（样本
外）预测能力，仍然是央行（如美联储系统）的一个重要政策工具。这是由于
DSGE 模型早期的目标是用于政策分析，而非预测，但这种差距正在缩小
（李向阳，2018）。Smets & Wouters（2007，*AER*）构造的带有各种黏性和
冲击的 DSGE 模型，其结果显示 DSGE 模型具有和 VAR 模型相匹配的预
测能力，甚至有时候会更好。Kilian & Lütkepohl（2017）则认为"DSGE 模
型具有和 VAR 模型相匹配的预测能力或更好"的结论需要谨慎对待。这
是因为研究的假设总是将 DSGE 模型作为真正的 DGP 过程，然后以此为
基础来考察 VAR 模型能否拟合这一模拟数据。因此 Kilian & Lütkepohl
（2017）并不认同 Smets & Wouters（2007）的结论。

---

　① 　比如经济行为人的效用函数（Preference）中的参数，技术冲击的持续性参数（Persistence），
　　　Calvo 黏性价格参数等，都是 DSGE 模型中的典型结构参数，其中前两个参数有时候在文
　　　献中也被称为深度结构参数（deep structural parameters），即相对于其他结构参数，这些
　　　参数受政策变化的影响更小，即不受 Lucas 批判的影响或较小。

Kilian & Lütkepohl(2017)认为比较模型的数据拟合和预测精度可以从三个维度进行:样本内预测、样本外预测,以及结构脉冲响应。第一种度量方法是模型的边际似然值(marginal likelihood)。Del Negro, Schorfheide, Smets & Wouters(2007,DSSW)认为施加 DSGE 模型导出的经验证据,对 VAR 模型的数据拟合能力有显著提升。但 Kilian & Lütkepohl(2017)认为这并不能说明所有的 VAR 模型的数据拟合力都能显著提升,这是因为 DSSW(2007)中使用是 DSGE 模型导出的 VAR 模型,因此只能说明这一特定的 VAR 模型能提升数据拟合能力。第二种度量方法是样本外预测能力。第三种方法是结构冲击的脉冲响应比较。此处不再详细介绍。

Kilian & Lütkepohl(2017)最后指出并不存在"孰优孰劣"的权衡取舍(Trade-off)问题。DSGE 模型与 VAR 模型都有自己的优点和缺点,能够相互补充①。李向阳(2018)也认为 DSGE 模型与 VAR 模型之间是优势互补关系,而非同质竞争关系。

近年来,由于 DSGE 模型融入了更多的建模元素,包括各种名义黏性(stickiness 或 rigidity,价格和工资黏性)和摩擦(frictions,如金融摩擦),加入各种外生冲击,使得 DSGE 模型模拟的时间序列数据高度和统计数据相吻合,因此将 DSGE 模型与 SVAR 模型进行融合的研究开始逐渐兴起。特别地,将 DSGE 模型的经验证据(包括脉冲响应的符号、参数估计值等)用于 SVAR 模型的识别已成为一个重要的研究方向。

早期关于 DSGE 模型与 VAR 模型的研究,一个重要的发现是误差修正模型(Vector Error Correction Model,VECM)模型。King et al.(1991)受到 RBC 模型(Real Business Cycle,可简单认为是 DSGE 模型的前身)的启发②,将长期的协整关系嵌入 VAR 模型,从而将长期和短期的约束关系相互融合,得到了 VECM 模型。近年来,一个重要的研究方向是从 DSGE 模型中构造 VAR 模型参数的先验信息,从而用于 Bayesian VAR 模型的估计,用以提高估计的准确度和可信度,一个典型的标志是 Del Negro & Schorfheide(2004)。第二章"第三节 DSGE 框架约束下 VAR 模型估计"将对此做出详细的介绍。使用 DSGE 模型构造的先验信息用于 SVAR 模

---

① Kilian & Lütkepohl(2017),Chapter 6.3,"... DSGE models and structural VAR models are complementary with each approach having its own strengths and weaknesses. There is no basis for claims that one approach dominates the other."

② 带有随机游走的技术冲击。

型的识别,将在"第五章 基于 DSGE 框架约束下的 SVAR 识别与估计最新进展与应用"中介绍。

第三节 SVAR 模型的经典形式与简化式 VAR 模型

Stock & Watson(2001,*JEP*)将 VAR 模型划分为三类:简化式 VAR (reduced)、递归 VAR(recursive)和结构 VAR(structural)。其中递归 VAR 实际是结构 VAR 模型的特殊形式,即在结构 VAR 模型的基础上施加了所谓的递归结构,即当期系数矩阵 **A** 是下三角矩阵(相对于施加了 Choleski 识别约束①)。因此文献中 VAR 模型本质上只有两类:简化式和结构式。

本节介绍 SVAR 模型的经典形式以及简化式 VAR 模型的三种表现形式及其使用的分析场景,为后续章节做好准备。

一、SVAR 模型的经典形式

带常数项且滞后阶数为 m 的 n 个变量的结构向量自回归(SVAR)模型,可记为 SVAR(m):②

$$\mathbf{A}\mathbf{y}_t = \mathbf{B}\mathbf{x}_{t-1} + \mathbf{u}_t \tag{1.3.1}$$

$$\mathbf{x}_{t-1} \equiv \begin{bmatrix} \mathbf{1} \\ \mathbf{y}_{t-1} \\ \vdots \\ \mathbf{y}_{t-m} \end{bmatrix}, \quad \mathbf{y}_t \equiv \begin{bmatrix} y_{1t} \\ \vdots \\ y_{nt} \end{bmatrix}, \quad \mathbf{u}_t \equiv \begin{bmatrix} u_{1t} \\ \vdots \\ u_{nt} \end{bmatrix}, \quad \mathbf{u}_t \sim \text{i.i.d. } N(\mathbf{0}, \mathbf{D}) \tag{1.3.2}$$

其中 $\mathbf{y}_t$ 为 n 个内生变量组成的 $n \times 1$ 列向量,$\mathbf{x}_{t-1}$ 为 $k \times 1$ 向量,包括一个常数和 $\mathbf{y}_t$ 的 m 阶滞后变量,$k = mn + 1$ 为 SVAR 模型的单一方程中等号右边待估参数的个数(即 **B** 中列的个数),$t = 1, 2, \cdots, T$;**A** 为 $n \times n$ 矩阵,表示当期变量之间的系数组成的矩阵;**B** 为 $n \times k$ 矩阵,表示滞后期变量对应的系数矩阵;$\mathbf{u}_t$ 为结构性冲击(structural shocks)向量,此即为滞后阶数为 m

① 具体请参考第三章"第二节 Choleski 识别方法及局限性"。
② 本书以下所有章节中,n 均表示模型中内生变量的个数;m 均表示模型的滞后阶数;T 均表示样本容量,即内生变量观测值的个数(一个例外,位于上标位置时,表示矩阵转置);$k = mn + 1$ 表示 VAR 或 SVAR 模型中单一方程中待估计参数的个数。更多符号说明,请参考表 1.3。

的 n 变量的 SVAR 模型。所谓结构性冲击,即 $\mathbf{D}$ 为对角矩阵,也就是说 $\mathbf{u}_t$ 中各分量冲击互为正交(orthogonal),即互不相关,这也是文献中通常的假设(Uhlig,2005)[1]。典型的两个结构性冲击为供给冲击和需求冲击。$\mathbf{A}$,$\mathbf{B}$,$\mathbf{D}$ 均为未知待估计矩阵[2]。

有时为了简化脉冲响应分析,通常对 $\mathbf{u}_t$ 进行标准化处理,将各分量的方差标准化为单位 1:

$$\mathbf{u}_t = \mathbf{D}^{1/2} \mathbf{v}_t \tag{1.3.3}$$

其中 $\mathbf{D}^{1/2}$ 为 $\mathbf{D}$ 的平方根矩阵,即 $\mathbf{D} = \mathbf{D}^{1/2} \mathbf{D}^{1/2}$。因此 $\mathbf{v}_t \sim$ i.i.d. $N(\mathbf{0}, \mathbf{I}_n)$。此时,(1.3.1)式为

$$\mathbf{A} \mathbf{y}_t = \mathbf{B} \mathbf{x}_{t-1} + \mathbf{D}^{1/2} \mathbf{v}_t \tag{1.3.4}$$

如果定义

$$\mathbf{B} \equiv \underbrace{(\mathbf{c}, \mathbf{B}_1, \cdots, \mathbf{B}_m)}_{n \times k} \tag{1.3.5}$$

其中 $\mathbf{c}$ 表示 $n \times 1$ 向量[3],$\mathbf{B}_j$ 均表示 $n \times n$ 矩阵$(j = 1, 2, \cdots, m)$,那么(1.3.1)式可写为

$$\mathbf{A} \mathbf{y}_t = \mathbf{c} + \mathbf{B}_1 \mathbf{y}_{t-1} + \mathbf{B}_2 \mathbf{y}_{t-2} + \cdots + \mathbf{B}_m \mathbf{y}_{t-m} + \mathbf{u}_t \tag{1.3.6}$$

二、简化式 VAR 模型的三种形式:经典、堆叠与向量化形式

(一)经典形式

简化式 VAR 模型(reduced-form VAR),有时候也被称为无约束的

---

① 对随机变量 X,Y,若 $E(XY) = 0$,则称 X,Y **正交**。此处随机变量的正交从形式上类似于几何中向量正交的概念:向量 $a = (a_1, a_2, \cdots, a_n)^T$, $b = (b_1, b_2, \cdots, b_n)^T$ 正交的定义是内积,即点乘为零 $\langle a, b \rangle = a_1 b_1 + \cdots + a_n b_n = 0$。正交的直观几何含义就是向量的相互垂直。对于二维离散随机变量 X,Y 正交,$0 = E(XY) = \Sigma_i \Sigma_j p_{ij} x_i y_j$。当 p_{ij} 都相等时,$E(XY)$ 从形式上类似于向量的内积,即都是乘积的加和。若 X,Y 的协方差 $\mathrm{cov}(X, Y) = E(XY) - E(X)E(Y) = 0$ 或相关系数为零,则称 X,Y **不相关**。因此当 X,Y 其中有一个期望为零时,那么正交与不相关是等价的。当 X,Y 为联合正态时(须是联合正态,否则其联合分布可能不是正态,因此其相关函数 $E(XY)$ 可能不为零),不相关与**独立**是等价的。结构性冲击可视为随机变量或随机过程,通常情况下假设结构冲击为独立同分布高斯白噪音过程。**因此结构冲击可视为正交、不相关或独立,三者等价。**文献中也将 $\mathbf{u}_t$ 称为潜在变量(vector of latent variables, Mertens & Morten, 2013, p.1215),需要估计和识别。

② 一个简单的供给和需求的两变量 SVAR(2)模型,可参考(3.2.14)式。

③ 此处对于确定项仅仅考虑常数项的情形。在某些应用中,该确定项还会包括时间趋势项。在本书提供的 Matlab 代码中不仅考虑了常数项,也同时考虑到了时间趋势项,即提供了开关项,供选择使用。

VAR 模型(unrestricted VAR)[1]，其经典形式可写为：

$$\mathbf{y}_t = \mathbf{\Phi}\mathbf{x}_{t-1} + \boldsymbol{\epsilon}_t \tag{1.3.7}$$

其中 $\mathbf{y}_t$，$\mathbf{x}_{t-1}$ 的定义见(1.3.2)。此经典形式为与 SVAR 模型(1.3.1)的形式对应关系为：

$$\mathbf{\Phi} \equiv \mathbf{A}^{-1}\mathbf{B} \tag{1.3.8}$$

$$\boldsymbol{\epsilon}_t \equiv \mathbf{A}^{-1}\mathbf{u}_t \tag{1.3.9}$$

$$E(\boldsymbol{\epsilon}_t \boldsymbol{\epsilon}_t') = \mathbf{\Omega} = \mathbf{A}^{-1}\mathbf{D}(\mathbf{A}^{-1})' \tag{1.3.10}$$

$$\boldsymbol{\epsilon}_t \sim N(\mathbf{0}, \mathbf{\Omega}) \tag{1.3.11}$$

其中 $\boldsymbol{\epsilon}_t$ 为非结构性冲击[2]，假设为序列不相关(serially uncorrelated)，形式上其为结构冲击的线性组合。上标一撇表示转置，如果内生变量之间互相关联(通常情况下宏观变量之间都有关联性)，那么 $\boldsymbol{\epsilon}_t$ 的分量之间互相关联。在给定历史观测值下，为了能够描述内生变量 $\mathbf{y}_t$ 的条件分布(conditional distribution)，需要指定误差项的概率分布(1.3.11)式。[3]

给定 $\mathbf{A}$，由(1.3.2)可知 $\boldsymbol{\epsilon}_t$ 也服从正态分布。由(1.3.5)和(1.3.8)，可得

$$\mathbf{\Phi} = \mathbf{A}^{-1}\mathbf{B} \equiv \underbrace{(\mathbf{A}^{-1}\mathbf{c}, \ \mathbf{A}^{-1}\mathbf{B}_1, \ \cdots, \ \mathbf{A}^{-1}\mathbf{B}_m)}_{n \times k} \tag{1.3.12}$$

若进一步将 $\mathbf{\Phi}$ 分成一个常向量 $\mathbf{\Phi}_0$ 和 m 个 $n \times n$ 矩阵：

$$\mathbf{\Phi} \equiv \underbrace{(\mathbf{\Phi}_0, \ \mathbf{\Phi}_1, \ \mathbf{\Phi}_2, \ \cdots, \ \mathbf{\Phi}_m)}_{n \times k} \tag{1.3.13}$$

那么根据形式对应关系，有 $\mathbf{\Phi}_0 = \mathbf{A}^{-1}\mathbf{c}$；$\mathbf{\Phi}_i = \mathbf{A}^{-1}\mathbf{B}_i$，$i = 1, 2, \cdots, m$，并且

$$\mathbf{y}_t = \mathbf{\Phi}_0 + \mathbf{\Phi}_1 \mathbf{y}_{t-1} + \cdots + \mathbf{\Phi}_m \mathbf{y}_{t-m} + \boldsymbol{\epsilon}_t \tag{1.3.14}$$

其中 $t = 1, 2, \cdots, T$，样本 $\mathbf{y}_0, \cdots, \mathbf{y}_{1-m}$ 为给定。

在后续章节中，将多次反复使用到上述结构式和简化式模型：(1.3.1)—(1.3.14)。

---

[1] 前文已有介绍，表示各方程的系数之间没有相互约束(cross-equation restrictions)。

[2] 从形式上看，误差项 $\boldsymbol{\epsilon}_t$ 为前向一步预测误差(one-step-ahead forecast errors)，并假设单个误差序列(即 $\boldsymbol{\epsilon}_t$ 的分量)不相关，其通常不具有经济学解释，但可根据样本数据加以估计(如第二章中的最小二乘 OLS 估计)，而前文提及的结构冲击虽具有良好的经济含义，却往往不可观测或难以观测，因而需要识别。

[3] 误差项服从正态分布是高斯的一个重要历史贡献。

（二）堆叠形式

在实际编程估计中构造样本矩阵（如 Matlab 中）时，为了数据处理方便往往将样本容量放在第一个维度（行），即把(1.3.7)式转置后，按行堆叠，写成堆叠形式（stacked form，即多元回归的形式，可参考 Kadiyala & Karlsson，1997，*JAE*）。将(1.3.7)式转置：

$$\mathbf{y}_t' = \mathbf{x}_{t-1}' \boldsymbol{\Phi}' + \boldsymbol{\epsilon}_t'$$ (1.3.15)

并定义样本矩阵

$$\mathbf{Y}_T \equiv \begin{bmatrix} \mathbf{y}_1' \\ \vdots \\ \mathbf{y}_T' \end{bmatrix}, \quad \mathbf{X}_T \equiv \begin{bmatrix} \mathbf{x}_0' \\ \vdots \\ \mathbf{x}_{T-1}' \end{bmatrix}, \quad \boldsymbol{\zeta}_T \equiv \begin{bmatrix} \boldsymbol{\epsilon}_1' \\ \vdots \\ \boldsymbol{\epsilon}_T' \end{bmatrix}$$ (1.3.16)

其中 $\mathbf{Y}_T$ 为 $T \times n$ 矩阵，每行表示所有内生变量的某一期观测值，$\mathbf{X}_T$ 为 $T \times k$ 矩阵，每行表示模型中单一方程中所有内生变量对应的观测值，含常数项。$\boldsymbol{\zeta}_T$ 为 $T \times n$ 矩阵，每行表示所有冲击的某一期观测值。于是将(1.3.7)式写成堆叠形式：

$$\underset{T \times n}{\mathbf{Y}_T} = \underset{T \times k}{\mathbf{X}_T} \underset{k \times n}{\boldsymbol{\Phi}'} + \underset{T \times n}{\boldsymbol{\zeta}_T}$$ (1.3.17)

此堆叠形式也被称为矩阵形式。

（三）向量化形式

VAR 模型的向量化形式（vectorized form）也经常用到，特别在形式推导时（如 VAR 模型的似然函数）较为常用，能为后验分布的推导提供很好的直觉（Christiano，2016）。

向量化形式建立在堆叠形式(1.3.17)基础之上。由列堆叠函数 *vec* 的基本性质：$vec(ABC) = (C^T \otimes A) vec(B)$[1]，可得

$$vec(\underset{T \times k}{\mathbf{X}_T} \underset{k \times n}{\boldsymbol{\Phi}'}) = vec(\underset{T \times k}{\mathbf{X}_T} \underset{k \times n}{\boldsymbol{\Phi}'} \underset{n \times n}{\mathbf{I}_n}) = (\mathbf{I}_n \otimes \mathbf{X}_T)\mathbf{b}$$ (1.3.18)

其中 $\mathbf{b}$ 为系数矩阵 $\boldsymbol{\Phi}$ 的转置 $\boldsymbol{\Phi}^T$ 的列堆叠向量：

$$\underset{kn \times 1}{\mathbf{b}} \equiv vec(\underset{k \times n}{\boldsymbol{\Phi}'})$$ (1.3.19)

因此在(1.3.17)式两边同时施加列堆叠函数 *vec* 可得 VAR 模型的向量

---

[1] 列堆叠函数在 VAR 分析中经常用到，更多可参考第二章中的附录："二、三个关键函数及性质：*vec*，*trace* 和 *kron*($\otimes$)"或 p.65，注释①。

化形式:

$$\mathbf{y} = (\mathbf{I}_n \otimes \mathbf{X}_T)\mathbf{b} + \boldsymbol{\zeta} \tag{1.3.20}$$

$$\mathbf{y} \equiv \underbrace{vec(\mathbf{Y}_T)}_{nT \times 1}, \ \boldsymbol{\zeta} \equiv \underbrace{vec(\boldsymbol{\zeta}_T)}_{nT \times 1} \sim N(0, \ \boldsymbol{\Omega} \otimes \mathbf{I}_T) \tag{1.3.21}$$

向量化形式(1.3.20)可用于推导 VAR 模型的似然函数,其推导结果非常直观,便于建立直觉,有助于理解后验分布的由来。具体请参考第二章附录"四、VAR 模型似然函数的技术推导"。

三、三种冲击类型及其相互联系

在前文中,SVAR/VAR 模型中涉及三种不同类型的冲击,总结如表 1.2。后续行文中将反复使用这三种类型的冲击,因此明确其含义非常重要。

表 1.2 SVAR/VAR 模型中常见的三种冲击及其关系

冲击类型	符号	逻辑关系	模型
非结构化冲击	ϵ_t	$\epsilon_t \equiv \mathbf{A}^{-1}\mathbf{u}_t$	简化式 VAR 模型
结构性冲击 (Structural/Orthogonal)	$\mathbf{u}_t$	$\mathbf{u}_t = \mathbf{D}^{1/2}\mathbf{v}_t$	SVAR 模型
标准化的结构性冲击 (Normalized and Structural)	$\mathbf{v}_t$	$\mathbf{v}_t \sim$ i.i.d. $N(0, \mathbf{I}_n)$	SVAR 模型

注:在线性化 DSGE 模型的状态空间表示形式中,结构性冲击暂时使用了 $\boldsymbol{\eta}_t$ 表示。矩阵 $\mathbf{A}, \mathbf{D}$ 的定义见 SVAR 模型的定义(1.3.1)。

结构性冲击一般是具有经济含义的冲击,这也是结构性的本意[①]。如供给冲击和需求冲击,因此被认为是正交化冲击。很遗憾的是,结构性冲击并不是可观测变量,因此需要计算或识别出来。这也是本书重点讨论的内容之一。

四、一个简单的简化式 VAR 模型

考虑一个两变量,两阶滞后的 VAR 模型

$$\begin{bmatrix} y_{1t} \\ y_{2t} \end{bmatrix} = \begin{bmatrix} c_1 \\ c_2 \end{bmatrix} + \begin{bmatrix} b_{11} & b_{12} \\ b_{21} & b_{22} \end{bmatrix}\begin{bmatrix} y_{1,t-1} \\ y_{2,t-1} \end{bmatrix} + \begin{bmatrix} d_{11} & d_{12} \\ d_{21} & d_{22} \end{bmatrix}\begin{bmatrix} y_{1,t-2} \\ y_{2,t-2} \end{bmatrix} + \begin{bmatrix} \epsilon_{1t} \\ \epsilon_{2t} \end{bmatrix} \tag{1.3.22}$$

---

① Kilian(2013)则认为永久性冲击和暂时性冲击并没有经济内涵。

此时 $n=2$，$m=2$，$k=5$。若定义

$$\mathbf{y}_t \equiv \begin{pmatrix} y_{1t} \\ y_{2t} \end{pmatrix}, \quad \mathbf{\Phi}_0 \equiv \begin{pmatrix} \mathbf{c}_1 \\ \mathbf{c}_2 \end{pmatrix}, \quad \mathbf{\Phi}_1 \equiv \begin{pmatrix} b_{11} & b_{12} \\ b_{21} & b_{22} \end{pmatrix}, \quad \mathbf{\Phi}_2 \equiv \begin{pmatrix} d_{11} & d_{12} \\ d_{21} & d_{22} \end{pmatrix}, \quad \boldsymbol{\epsilon}_t \equiv \begin{pmatrix} \epsilon_{1t} \\ \epsilon_{2t} \end{pmatrix}$$

(1.3.23)

那么

$$\mathbf{\Phi} \equiv (\mathbf{\Phi}_0, \mathbf{\Phi}_1, \mathbf{\Phi}_2) \equiv \begin{pmatrix} c_1 & b_{11} & b_{12} & d_{11} & d_{12} \\ c_2 & b_{21} & b_{22} & d_{21} & d_{22} \end{pmatrix} \quad (1.3.24)$$

此时(1.3.22)式可写为

$$\mathbf{y}_t = \mathbf{\Phi}_0 + \mathbf{\Phi}_1 \mathbf{y}_{t-1} + \mathbf{\Phi}_2 \mathbf{y}_{t-2} + \boldsymbol{\epsilon}_t \quad (1.3.25)$$

如果假定样本容量 $T=5$，那么紧致形式(1.3.17)式中对应的(1.3.16)式中的样本和冲击矩阵分别为：

$$\mathbf{Y}_T \equiv \begin{pmatrix} y_{11} & y_{21} \\ y_{12} & y_{22} \\ y_{13} & y_{23} \\ y_{14} & y_{24} \\ y_{15} & y_{25} \end{pmatrix}, \quad \mathbf{X}_T \equiv \begin{pmatrix} 1 & y_{10} & y_{20} & y_{1,-1} & y_{2,-1} \\ 1 & y_{11} & y_{21} & y_{10} & y_{20} \\ 1 & y_{12} & y_{22} & y_{11} & y_{21} \\ 1 & y_{13} & y_{23} & y_{12} & y_{22} \\ 1 & y_{14} & y_{24} & y_{13} & y_{23} \end{pmatrix}, \quad \boldsymbol{\zeta}_T \equiv \begin{pmatrix} \epsilon_{11} & \epsilon_{21} \\ \epsilon_{12} & \epsilon_{22} \\ \epsilon_{13} & \epsilon_{23} \\ \epsilon_{14} & \epsilon_{24} \\ \epsilon_{15} & \epsilon_{25} \end{pmatrix}$$

(1.3.26)

其中 $t=0$，-1 分别表示最初两期，即初始值，通常被认为是给定的。[①]

五、本书所用符号及缩写说明

为了便于理解和阅读，并做到前后一致，现将本书经常使用的符号或缩写说明如下(关于外生冲击所使用的符号及其相互关系见表1.2)。

表1.3 本书符号及缩写说明

符 号	含 义
SVAR	Structural Vector Auto Regression
VAR	Vector Auto Regression
DSGE	Dynamic Stochastic General Equilibrium

---

① 从直观上理解紧致形式中对应的样本矩阵的组成形式非常重要，特别是在实际编程求解中对于读懂代码至关重要(如 Matlab)。

符　号	含　义
DSEM	Dynamic Simultaneous Equation Model
OLS	Ordinary Least Square
MLE	Maximum Likelihood Estimation
GMM	General Moments Method
A	SVAR 模型中当期变量的系数矩阵（当期变量之间的关系）
B	SVAR 模型中滞后期变量的系数矩阵
D	SVAR 模型中结构冲击的协方差矩阵
T	有效样本容量，即观测值个数；（当出现在上标位置时表示矩阵转置）
n	SVAR/VAR 模型中内生变量的个数
m	SVAR/VAR 模型的滞后阶数
k	SVAR/VAR 模型中单个方程中待估计系数的个数（含常数项）
Φ	简化式 VAR 模型的系数矩阵（含常数项）
Ω	简化式 VAR 模型误差项的协方差矩阵
b	简化式 VAR 模型的系数向量（含常数项）
$\mathbf{b}_0$	简化式 VAR 模型的系数向量（含常数项）的先验均值
$\mathbf{b}_1$	简化式 VAR 模型的系数向量（含常数项）的后验均值
$\mathbf{b}_{OLS}$	简化式 VAR 模型的系数向量（含常数项）的 OLS 估计值
$\mathbf{V}_0$	简化式 VAR 模型的系数向量（含常数项）的先验方差矩阵
$\mathbf{V}_1$	简化式 VAR 模型的系数向量（含常数项）的后验方差矩阵
$\mathbf{X}_T$	内生变量滞后项对应的样本矩阵，$n \times k$ 矩阵
$\mathbf{Y}_T$	内生变量对应的样本矩阵，$T \times n$
vec	列堆叠函数
$\otimes$	矩阵的克氏运算符号（Kronecker Product）

注：为了方便理解并节省时间，使得每个章节更具易读性，符号使用时都会再次做出说明。此外，矩阵转置有时也用上标一撇表示，即 $\mathbf{A}^T$ 和 $\mathbf{A}'$ 都表示转置。

六、基础函数工具包 varUtilities

本书提供了一个基础工具包，可供本研究后续章节及同行反复使用，内容涵盖了估计和识别程序的数据准备过程（堆叠、差分和滞后等）、正交和非正交脉冲响应函数计算、简化式 VAR 模型的 OLS 回归代码（非常简洁仅仅一行代码）、简化式模型误差项的标准差、改进的学生 t 分布密度函数、截

断学生 t 分布抽样、自动构建 Minnesota 先验分布、VAR 模型稳定性检验、向量化堆叠函数等。

　　该工具包共有 13 个基础应用函数，下面简单介绍其功能，更多请参考源代码①。

表 1.4 基础函数工具包 varUtilities 简要介绍

序号	函数名	简　　介
1	diff_column_m	给定数据矩阵和差分阶数 m，按列进行 m 阶差分，并返回差分后的数据矩阵
2	getAR_SD_EpsHat	给定数据样本和滞后阶数，取得 OLS 估计后对应的残差及（每个方程对应误差项的）标准差
3	getMinnesotaPrior_Var	给定四个超参数（hyper-parameters），每个方程对应误差项的标准差，滞后阶数和内生变量的个数，返回每个方程中所有参数的 Minnesota 先验分布（协方差矩阵）
4	invWishart	给定自由度和尺度参数，返回逆 Wishart 分布的样本
5	lag_column_p	给定数据样本和滞后阶数 p，按列对数据进行 p 阶滞后运算，返回滞后运算的结果
6	prepareXY	依据堆叠形式(1.3.17)，并给定滞后阶数和内生变量个数，从样本数据构建堆叠矩阵 $\mathbf{X}_T$，$\mathbf{Y}_T$
7	stability	给定简化式 VAR 模型的系数矩阵，判断该模型是否平稳，即判断伴随矩阵的特征根的模是否都小于单位 1
8	student_pdf_loc_scale_df	在给定位置参数、尺度参数和自由度后计算学生 t 分布在某点的概率密度
9	truncated_tcdf	在给定位置参数、尺度参数和自由度后计算截断学生 t 分布在给定点处的累积概率密度值
10	truncated_tpdf	在给定位置参数、尺度参数和自由度后计算截断学生 t 分布在给定点处的概率密度
11	svarIRF	结构 VAR 模型的脉冲响应计算函数
12	varIRF	简化式 VAR 模型的脉冲响应计算函数
13	vec	给定数据样本矩阵，按列堆叠形成向量，即向量化函数

　　注：函数名对应 m 文件名。

---

① 地址：\DSGE_VAR_Source_Codes\varUtilities.

第二章　VAR 模型估计：
从最小二乘到 DSGE 框架约束

本章的主要任务是梳理文献中 VAR 模型估计的三个发展阶段：经典估计方法（包括 OLS，MLE 等方法），到 Bayesian 估计，再到 DSGE 框架约束下的估计。

经典估计方法已被熟知，诸多优秀的著作对此都有详细阐述，如 Kilian & Lütkepohl(2017, chapter 2.3)。[①]因此本章第一节只给出简要的阐述，点到为止，并对文献中脉冲响应计算的最新方法（伴随矩阵方法）和估计后分析方法（历史分解、方差分解）做简要介绍，为后续章节做好铺垫。然后，第二节详细梳理 Bayesian 估计的基本逻辑，特别对常见先验分布的构造方法：Minnesota 先验分布、虚拟观测数据方法等细致梳理和解释，并给出应用实例；最后对基于 DSGE 框架约束性的估计进行细致的文献梳理。

第一节　经典 VAR 模型估计

一、脉冲响应与伴随矩阵

本节推导 VAR 模型中经常使用的脉冲响应函数（impulse response），分为两方面：非正交化（非结构冲击）和正交化（结构冲击）的脉冲响应。其

---

① 欧洲中央银行 ECB 推出了一个专门的 Bayesian VAR 工具包，称为 BEAR，值得关注。BEAR 专门用于预测和政策分析，提供了各种基于 VAR 模型的分析，包括 OLS 估计、Bayesian VAR(BVAR)、面板 VAR、随机波动 BVAR 和时变 VAR 等，甚至还提供了经典 SVAR 模型的识别，包括 Choleski 识别和符号识别。截至 2020 年 6 月，该工具包为 4.2 版本，最后一次更新为 2018 年 6 月；截至 2022 年 5 月，该工具包为 5.0 版本，最后一次更新为 2021 年 4 月 23 日。更多可参考：https://www.ecb.europa.eu/pub/research/working-papers/html/bear-toolbox.en.html。

中正交化脉冲响应可由非正交化脉冲响应推导而来。此处主要考察一单位(即单位 1,而非一个标准差大小)冲击的脉冲响应,这也是文献中经常的做法。但考虑到不同结构冲击的标准差可能存在差异,因此在考虑正交化脉冲响应时,对一个标准差大小的脉冲响应也加以推导。

(一)非正交化脉冲响应函数

简化式 VAR(m)模型(1.3.7)式,可展开为:

$$\mathbf{y}_t = \mathbf{c} + \boldsymbol{\Phi}_1 \mathbf{y}_{t-1} + \cdots + \boldsymbol{\Phi}_m \mathbf{y}_{t-m} + \boldsymbol{\epsilon}_t \tag{2.1.1}$$

其中 $\boldsymbol{\epsilon}_t \sim$ i.i.d. $N(\mathbf{0}, \boldsymbol{\Omega})$,$\boldsymbol{\Phi} = (\mathbf{c}, \boldsymbol{\Phi}_1, \boldsymbol{\Phi}_2, \cdots, \boldsymbol{\Phi}_m)$,$\mathbf{c}$ 为 $n \times 1$ 维向量。$\boldsymbol{\Phi}_i$,$i = 1, 2, \cdots, m$ 为 $n \times n$ 矩阵,$\boldsymbol{\Phi}$ 为 $n \times k$ 矩阵。容易使用 OLS 或最大似然估计求出系数矩阵 $\boldsymbol{\Phi}$ 的估计量 $\widetilde{\boldsymbol{\Phi}}_T$ 为(具体推导见本节第三部分):

$$\underset{n \times k}{\widetilde{\boldsymbol{\Phi}}_T} = \left(\sum_{t=1}^{T} \underset{n \times 1}{\mathbf{y}_t} \underset{1 \times k}{\mathbf{x}'_{t-1}} \right) \left(\sum_{t=1}^{T} \underset{k \times 1}{\mathbf{x}_{t-1}} \underset{1 \times k}{\mathbf{x}'_{t-1}} \right)^{-1} \tag{2.1.2}$$

其中 T 为样本数,$k = mn + 1$ 表示每个方程中含有的未知参数的个数。其残差和残差的协方差矩阵定义为[①]

$$\widetilde{\boldsymbol{\epsilon}}_t = \mathbf{y}_t - \widetilde{\boldsymbol{\Phi}}_T \mathbf{x}_{t-1} \tag{2.1.3}$$

$$\widetilde{\boldsymbol{\Omega}}_T = \frac{1}{T} \sum_{t=1}^{T} \widetilde{\boldsymbol{\epsilon}} \, \widetilde{\boldsymbol{\epsilon}}'_t \tag{2.1.4}$$

$$\hat{\boldsymbol{\Psi}}_s \equiv \frac{\partial \mathbf{y}_{t+s}}{\partial \boldsymbol{\epsilon}'_t} \tag{2.1.5}$$

为了方便计算脉冲响应,可以将简化式 VAR(m)模型(2.1.1)式写为 VAR(1)的形式。首先定义:

$$\boldsymbol{\xi}_t \equiv \begin{bmatrix} \mathbf{y}_t - \boldsymbol{\mu} \\ \mathbf{y}_{t-1} - \boldsymbol{\mu} \\ \vdots \\ \mathbf{y}_{t-m+1} - \boldsymbol{\mu} \end{bmatrix} \quad \mathbf{e}_t \equiv \begin{bmatrix} \boldsymbol{\epsilon}_t \\ \mathbf{0} \\ \vdots \\ \mathbf{0} \end{bmatrix} \tag{2.1.6}$$

其中 $\boldsymbol{\mu} \equiv [\mathbf{I}_n - \boldsymbol{\Phi}_1 - \boldsymbol{\Phi}_2 - \cdots - \boldsymbol{\Phi}_m]^{-1} \mathbf{c}$,可理解为内生变量的无条件均值[②];

---

① 此处协方差矩阵的计算并没有考虑到自由度的问题。即为了简单起见,直接用总样本数 T 来平均。虽然是有偏的估计量,但总体差别不大。当然,完全可考虑进行相应的自由度调整。

② 这也是要求内生变量平稳的一个原因。

$\mathbf{I}_n$ 为单位矩阵。然后容易将简化式 VAR(m)模型(2.1.1)式写为

$$\boldsymbol{\xi}_t = \mathbf{F}\boldsymbol{\xi}_{t-1} + \mathbf{e}_t \tag{2.1.7}$$

其中系数矩阵 $\mathbf{F}$ 为 $nm \times nm$ 矩阵,其定义为:

$$\mathbf{F}_{(nm \times nm)} \equiv \begin{bmatrix} \boldsymbol{\Phi}_1 & \boldsymbol{\Phi}_2 & \boldsymbol{\Phi}_3 & \cdots & \boldsymbol{\Phi}_{m-1} & \boldsymbol{\Phi}_m \\ \mathbf{I}_n & 0 & 0 & \cdots & 0 & 0 \\ 0 & \mathbf{I}_n & 0 & \cdots & 0 & 0 \\ \vdots & \vdots & \vdots & \ddots & \vdots & \vdots \\ 0 & 0 & 0 & \cdots & \mathbf{I}_n & 0 \end{bmatrix} \tag{2.1.8}$$

因此从形式上说,只有当 $\mathbf{F}$ 的特征值都位于单位圆内时,该 VAR(1)模型才是稳定的(stable),进而简化式 VAR(m)模型(2.1.7)也是稳定的[①]:$\mathbf{F}$ 的特征值 λ 满足

$$|\mathbf{I}_n\lambda^m - \boldsymbol{\Phi}_1\lambda^{m-1} - \boldsymbol{\Phi}_2\lambda^{m-2} - \cdots - \boldsymbol{\Phi}_m| = 0 \tag{2.1.9}$$

因此 VAR(m)模型(2.1.7)也是稳定的当且仅当$|\lambda| < 1$。

$\mathbf{F}$ 是一个特殊的矩阵,其在计算脉冲响应函数时非常有用,文献中将其称为伴随矩阵(companion matrix),即伴随简化式模型而存在的一个矩阵,因为其前 m 行为简化式模型的系数矩阵。

脉冲响应函数可由 VAR 模型的无穷移动平均过程 MA(∞)来方便计算和表示(即 Wold 分解)。将(2.1.7)式前向迭代 s 期($s=0, 1, 2 \cdots, S-1$,S 表示脉冲响应要计算的总期数,$s=0$ 表示冲击当期,impact period,$s=1$ 表示冲击后第一期),可得

$$\boldsymbol{\xi}_{t+s} = \mathbf{e}_{t+s} + \mathbf{F}\mathbf{e}_{t+s-1} + \mathbf{F}^2\mathbf{e}_{t+s-2} + \cdots + \mathbf{F}^{s-1}\mathbf{e}_{t+1} + \mathbf{F}^s\mathbf{e}_t + \mathbf{F}^{s+1}\boldsymbol{\xi}_{t-1} \tag{2.1.10}$$

注意到 $\boldsymbol{\xi}_t$ 和 $\mathbf{e}_t$ 的定义(2.1.6),从(2.1.10)可得到内生变量的另外一种表示形式:

$$\begin{aligned} \mathbf{y}_{t+s} = \boldsymbol{\mu} + \boldsymbol{\epsilon}_{t+s} + \boldsymbol{\Psi}_1\boldsymbol{\epsilon}_{t+s-1} + \cdots + \boldsymbol{\Psi}_s\boldsymbol{\epsilon}_t \\ + \mathbf{F}_{11}^{(s+1)}(\mathbf{y}_{t-1} - \boldsymbol{\mu}) + \cdots + \mathbf{F}_{1m}^{(s+1)}(\mathbf{y}_{t-m} - \boldsymbol{\mu}) \end{aligned} \tag{2.1.11}$$

---

① Hamilton(1994, p.259): If the eigenvalues of $\mathbf{F}$ All lies inside the unit circle, then the VAR turns out to be covariance-stationary. 在 Matlab 平台下,验证伴随矩阵 $\mathbf{F}$ 是否平稳,从编程角度看较为简单,理论只需要一行代码即可:max(abs(eig($\mathbf{F}$))),其中 eig、abs 和 max 三个函数分别为求特征值、取绝对值和最大值。具体可参考源代码:\DSGE_VAR_Source_Codes\chap2\sec2.2\stability.m。

其中 $\boldsymbol{\Psi}_j$ 表示 MA(∞)过程的系数($j=1, 2, \cdots, m$,其中 m 为 VAR 模型的滞后阶数),也被称为动态乘子(dynamic multiplier),满足

$$\boldsymbol{\Psi}_j = \mathbf{F}_{11}^{(j)} \tag{2.1.12}$$

其中 $\mathbf{F}_{1i}^{(j)}$ 表示 $\mathbf{F}^j$(即 $\mathbf{F}$ 的 j 次幂)的第 1 行第 i 列"元素"(按(2.1.8)式分块)[1]。那么 $\mathbf{F}_{11}^{(j)}$ 则表示 $\mathbf{F}^j$ 左上角的 $n \times n$ 矩阵。很显然 $\boldsymbol{\Psi}_j$ 是 SVAR 模型中系数矩阵 $\mathbf{A}$, $\mathbf{B}$, $\mathbf{D}$ 的函数。容易从(2.1.11)式得到

$$\frac{\partial \mathbf{y}_{t+s}}{\partial \boldsymbol{\epsilon}_t'} = \boldsymbol{\Psi}_s = \mathbf{F}_{11}^{(s)} \tag{2.1.13}$$

当 $s=0$ 时(冲击当期),$\boldsymbol{\Psi}_0$ 为 $n \times n$ 单位矩阵 $\mathbf{I}_n$。(2.1.13)式说明内生变量 $\mathbf{y}_t$ 关于外生冲击$\boldsymbol{\epsilon}_t$的第 s 期的脉冲响应函数即为 MA(∞)过程的系数,也是伴随矩阵 $\mathbf{F}$ 的函数,即 $\mathbf{F}^s$ 左上角的 $n \times n$ 矩阵。于是 $\boldsymbol{\Psi}_j$ 被称为脉冲响应矩阵(impulse response matrix)。值得一提的是,(2.1.13)式说明此处定义的脉冲响应函数对应外生冲击$\boldsymbol{\epsilon}_t$的大小为单位 1。

　　由于该脉冲响应是简化式 VAR 模型的脉冲响应,其对应的冲击为非结构冲击,因此 $\boldsymbol{\Psi}_j$ 也被称为非正交化(nonorthogonalized)的脉冲响应矩阵,对应的脉冲响应也被称为非正交化脉冲响应。

　　使用伴随矩阵,能很方便地把非正交化脉冲响应函数通过编程加以计算,具体可参考源代码 1。[2]

　　该脉冲响应函数接受五个参数:简化式 VAR 模型的系数矩阵 $\boldsymbol{\Phi}$、冲击矩阵(即残差项的协方差矩阵 $\boldsymbol{\Omega}$ 的 Choleski 分解因子)、确定项的个数(一般为 1,即仅有常数项,不带有趋势项)、滞后项阶数和需要计算的脉冲响应的总期数 S。

源代码 1　VAR 模型脉冲响应函数的实现(伴随矩阵方法,一单位外生冲击):Matlab 代码

```
function [ir,wold] = varIRF(Phi,CI,ndet,nlag,nhorizon)
% input:
% Phi,Φ, reduced-form OLS coefficients, assuming constant at first column;
% CI, Cholesky Identification matrix, i.e., the cholesky factor of variance
% and covariance matrix Ω from OLS of Reduced Form, CI = A^(-1) * D^(1/2);
% ndet, the number of deterministic variable
% nlag, the number of the lags, ie. VAR(nlag)
```

① 实际是 $\mathbf{F}^j$ 矩阵的前 n 行,第 $n \times (i-1)+1$ 列到 $n \times i$ 列,即该元素为 $n \times n$ 矩阵。
② 请参考 Matlab 源代码:\DSGE_VAR_Source_Codes\varUtilities\varIRF.m。一个具体的例子请参考图 3.11 对应的 Matlab 源代码。

```
% nhorizon, the number of horizon of IRF are calculated
% output:
% irf, irf a three dimensional object, see notes below

% n is the number of variables, Phi is coefficient matrix with deterministic
% constant
n = size(Phi,1);

% Constrcut F, which is the companion matrix, without deterministic variables
% remove the constant at the begining. If you put the constant at last,
% slight changes should be made here to accomodate this:
% Phi = Phi(:,1:end-ndet).
Phi = Phi(:,ndet + 1:end);
F = [Phi; eye(n * (nlag - 1)) zeros(n * (nlag - 1),n)];

%J, is the selection matrix, J * (F^h) * J') is the top left entry of F^h which is
% the coefficients of MA(∞) of the VAR
J = [eye(n) zeros(n,(nlag - 1) * n)];

% IRF is three dimension, the third dismension is the horizon
% In each horizon, each row(i.e.,run through columns, the 2nd dimension,)
corresponds to irf to all shocks(1,not 1 std) of one variable
% the first dimension, corresponds to variables.(i.e., the same shock, different
variable,for each column)
% so in short, each row corresponds to each variables; each column corresponds
to each shocks: ir = [variables, shocks, nhorizon]
ir = [];
% wold is the coefficients of MA(∞), from Wold's Decomposition Theorem
wold = [];
for h = 0:nhorizon
    wold = cat(3,wold,(J * (F^h) * J'));
    % Matlab built-in function cat concatenates arrays: cat(dimension,A,B)
    ir = cat(3,ir,(J * (F^h) * J') * CI);
end
```

注：此处返回的脉冲响应为 3 维矩阵，三个维度分别是：**变量维度**（长度为内生变量个数 n）、**冲击维度**（长度为结构冲击个数 n）、**随机模拟维度**（长度为随机模拟的次数，此处为脉冲响应的期数）。此外，该函数还返回 Wold 分解的系数。

（二）正交化脉冲响应

根据非正交化脉冲响应矩阵的定义（2.1.13）式和结构冲击与非结构冲击的关系（1.3.9）式，容易定义并求出正交化（一单位的结构冲击）脉冲响应函数（第 s 期）为

$$\frac{\partial \mathbf{y}_{t+s}}{\partial \mathbf{u}_t'} = \frac{\partial \mathbf{y}_{t+s}}{\partial \boldsymbol{\epsilon}_t'} \frac{\partial \boldsymbol{\epsilon}_t}{\partial \mathbf{u}_t'} = \boldsymbol{\Psi}_s \mathbf{A}^{-1} \tag{2.1.14}$$

其中 $\boldsymbol{\Psi}_0 = \mathbf{I}_n$ 为单位矩阵($\boldsymbol{\Psi}_s$ 的定义见(2.1.13)和(2.1.11)式,其为简化式 VAR 模型的系数矩阵 $\boldsymbol{\Phi}_1, \cdots, \boldsymbol{\Phi}_m$ 的非线性函数);$\boldsymbol{\Psi}_s$ 第 j 个结构冲击 u_t^j 对第 i 个内生变量 y_{it} 的脉冲响应为 $\boldsymbol{\Psi}_s \mathbf{A}^{-1}$ 矩阵的 (i, j) 元素。当 $s=0$ 时,即冲击发生的当期,结构冲击的影响完全有 $\mathbf{A}^{-1}$ 来确定。当 $s \geqslant 1$ 时,结构脉冲响应不仅和 $\mathbf{A}^{-1}$ 有关,而且还和 MA(∞)过程的系数 $\boldsymbol{\Psi}_s$ 密切有关。特别地当 $s=1$ 时,$\boldsymbol{\Psi}_1 = \boldsymbol{\Phi}_1$,此即为简化式模型一阶滞后项的系数矩阵,于是冲击当期($s=0$)和后一期($s=1$)结构冲击的脉冲响应函数为:

$$\frac{\partial \mathbf{y}_t}{\partial \mathbf{u}_t'} = \mathbf{A}^{-1} \tag{2.1.15}$$

$$\frac{\partial \mathbf{y}_{t+1}}{\partial \mathbf{u}_t'} = \boldsymbol{\Phi}_1 \mathbf{A}^{-1} \tag{2.1.16}$$

这说明结构冲击的脉冲响应函数,在冲击发生的当期仅仅和结构矩阵 $\mathbf{A}^{-1}$ 相关,在冲击发生后的第一期及以后期,不仅和 $\mathbf{A}^{-1}$ 相关,而且也和简化式模型的系数 $\boldsymbol{\Phi}_j (j=1, 2, \cdots, m)$ 密切相关。这就是结构和非结构冲击的脉冲响应函数的重要区别。

若考察一个标准差大小($\mathbf{D}^{1/2}$)的结构性冲击 $\mathbf{u}_t$ 的脉冲响应,则需要考虑到标准化结构冲击 $\mathbf{v}_t$ 的定义(1.3.3)式,此时一单位标准化结构冲击 $\mathbf{v}_t$ 的脉冲响应

$$\frac{\partial \mathbf{y}_{t+s}}{\partial \mathbf{v}_t'} = \frac{\partial \mathbf{y}_{t+s}}{\partial \boldsymbol{\epsilon}_t'} \frac{\partial \boldsymbol{\epsilon}_t}{\partial \mathbf{u}_t'} \frac{\partial \mathbf{u}_t'}{\partial \mathbf{v}_t'} = \boldsymbol{\Psi}_s \mathbf{A}^{-1} \mathbf{D}^{1/2} \tag{2.1.17}$$

即为结构性冲击 $\mathbf{u}_t$ 的一个标准差大小的脉冲响应。[1]

二、结构冲击的历史分解与方差分解

首先,来看历史分解(historical decomposition)。某些情况下,研究不同

---

[1]　正交脉冲响应计算的 Matlab 源代码:DSGE_VAR_Source_Codes\varUtilities\svarIRF.m。需要注意的是正交脉冲响应的计算,基本和非正交计算的方法(varIRF.m)一致,但二者需要参数不一样。svarIRF.m 要求传递所有结构系数 **A**, **B**, **D**。svarIRF.m 既能够计算冲击大小为一单位的脉冲响应,也能计算一个标准差的脉冲响应(通过参数 isOneSD 来控制,具体请参考代码)。一单位即大小为 1,不考虑不同冲击标准差之间存在的差异,统一考虑其大小为 1 的正交化脉冲响应。当考虑一个标准差时的脉冲响应时,只需要在冲击矩阵(CI)中考虑到 $\mathbf{D}^{1/2}$ 即可。

结构冲击(structural shocks)在某一特定历史时期中，每一个时点上的冲击对宏观变量变化的贡献大小，其分解结果是一个时间序列，即每一个冲击在该特定历史时期内贡献大小的序列，这就是历史分解。换句话说，对一个特定时点的数据，历史分解是将该数据分解成不同外生冲击的和，其中对同一个冲击，则包含该冲击的所有历史值(即该冲击历史上每一期对此特定时点数据的贡献)，此即"历史"二字的由来。①历史分解是文献中经常用到的研究方法，在某些情况下具有重要的理论和现实意义。

历史分解的前提是已知 SVAR 模型的系数矩阵 $\mathbf{A}$, $\mathbf{B}$, $\mathbf{D}$, 并且给定样本数据 $\mathbf{Y}_T$(定义见(1.3.16)式)。因此结构冲击 $\mathbf{u}_t$ 本身在每一期都能计算出来：

$$\mathbf{u}_t \mid \mathbf{A}, \mathbf{B}, \mathbf{D}, \mathbf{Y}_T = \mathbf{A}\mathbf{y}_t - \mathbf{B}\mathbf{x}_{t-1} \tag{2.1.18}$$

结合结构冲击和非结构冲击的定义(1.3.9)式和内生变量的 MA 表示形式(2.1.11)式，可得内生变量 s 期预测值 $\mathbf{y}_{t+s}$

$$\mathbf{y}_{t+s} = \boldsymbol{\mu} + \underbrace{\boldsymbol{\Psi}_0 \mathbf{A}^{-1}\mathbf{u}_{t+s} + \boldsymbol{\Psi}_1 \mathbf{A}^{-1}\mathbf{u}_{t+s-1} + \cdots + \boldsymbol{\Psi}_s \mathbf{A}^{-1}\mathbf{u}_t}_{\text{结构冲击的贡献}} \\ + \mathbf{F}_{11}^{(s+1)}(\mathbf{y}_{t-1} - \boldsymbol{\mu}) + \cdots + \mathbf{F}_{1m}^{(s+1)}(\mathbf{y}_{t-m} - \boldsymbol{\mu}) \tag{2.1.19}$$

其中 $\boldsymbol{\Psi}_0 = \mathbf{I}_n$ 为单位矩阵。(2.1.19)式已标明结构冲击 $\mathbf{u}_t$ 在历史时期 $t+1$ 和 $t+s$ 之间对内生变量 $\mathbf{y}_t$ 的贡献部分。于是可计算 $\mathbf{u}_t$ 中第 j 个分量，即结构冲击 $u_{jt}(j=1, \cdots, n)$ 在时期 $t+1$ 和 $t+s$ 之间对内生变量 $\mathbf{y}_t$ 的贡献度($n \times 1$ 向量)

$$\zeta_{jts}(\mathbf{A}, \mathbf{B}, \mathbf{D}, \mathbf{Y}_T) \equiv \boldsymbol{\Psi}_0 \mathbf{A}^{-1}u_{j,t+s} + \boldsymbol{\Psi}_1 \mathbf{A}^{-1}u_{j,t+s-1} + \cdots + \boldsymbol{\Psi}_s \mathbf{A}^{-1}u_{j,t} \tag{2.1.20}$$

在实际计算时，往往会考虑到 $\zeta_{jts}(\mathbf{A}, \mathbf{B}, \mathbf{D}, \mathbf{Y}_T)$ 的不确定性。因此通过随机模拟，从后验分布 $p(\mathbf{A}, \mathbf{B}, \mathbf{D} \mid \mathbf{Y}_T)$ 中随机抽取若干个 $\mathbf{A}$, $\mathbf{B}$, $\mathbf{D}$, 然后分别计算贡献度并求均值：

---

① 通常情况下，变量不会长期处于其无条件均值(unconditional mean)而不发生变化。相反，在每一期内，各个外生结构冲击发生，并共同作用于该变量，使其偏离无条件均值，因此变量产生波动。历史分解(HD)和下文中的预测误差方差分解(FEVD)有类似之处，二者都针对某个特定时点数据进行分解，将变量波动归因到每个结构冲击上。所不同的是，二者着眼的时间点不同。FEVD 只寻找当期结构冲击对特定时点预测误差的贡献程度，而 HD 则是找到所有历史、所有结构冲击对特定时点数据的贡献大小(因此可看成是二维分解：结构冲击和历史时刻)。HD 着眼于变量水平值分解，而 FEVD 则着眼于方差分解。

$$\hat{\zeta}_{jts} = \frac{1}{L} \sum_{l=1}^{L} \zeta_{jts} (\mathbf{A}^{(l)}, \mathbf{B}^{(l)}, \mathbf{D}^{(l)}, \mathbf{Y}_T) \tag{2.1.21}$$

其中 L 为随机模拟的次数。基于 $\zeta_{jts} (\mathbf{A}, \mathbf{B}, \mathbf{D}, \mathbf{Y}_T)$,可计算第 j 个结构冲击对 $\mathbf{y}_t$ 中第 i 个内生变量($i=1, \cdots, n$)的贡献度:$\zeta_{ijts}(\mathbf{A}, \mathbf{B}, \mathbf{D}, \mathbf{Y}_T)$,即直接取 $\zeta_{jts}(\mathbf{A}, \mathbf{B}, \mathbf{D}, \mathbf{Y}_T)$ 的第 i 个分量即可。同样的,可定义其均值为

$$\hat{\zeta}_{ijts} \equiv \frac{1}{L} \sum_{l=1}^{L} \zeta_{ijts} (\mathbf{A}^{(l)}, \mathbf{B}^{(l)}, \mathbf{D}^{(l)}, \mathbf{Y}_T) \tag{2.1.22}$$

或可信集(credibility set),如 84% 可信集为[1]

$$\left[\zeta_{ijts} (\mathbf{A}^{(lower)}, \mathbf{B}^{(lower)}, \mathbf{D}^{(lower)}, \mathbf{Y}_T), \ \zeta_{ijts} (\mathbf{A}^{(up)}, \mathbf{B}^{(up)}, \mathbf{D}^{(up)}, \mathbf{Y}_T) \right] \tag{2.1.23}$$

其中 $lower=0.16 \times L$,$up=0.84 \times L$。[2]

其次,来看冲击的方差分解(variance decomposition)。方差分解,通常指预测误差方差分解(forecast error variance decomposition,FEVD),是文献中另外一种常用的冲击分析方法,以度量某一时刻或一段时间内不同冲击影响程度的大小。诸多文献对此做过介绍,此处针对 SVAR 模型做简单针对性介绍。

针对 SVAR 模型(1.3.1),方差分解考虑的是结构冲击向量 $\mathbf{u}_t$ 中第 j 个结构冲击 $u_{jt}(j=1, \cdots, n)$ 对内生变量 $\mathbf{y}_{t+s}$ 的 s 期预测的均方误差(mean squared forecast error)的贡献大小。

首先考察内生变量 $\mathbf{y}_{t+s}$ 的预测误差。由(2.1.19)式可得 s 期预测误差为

$$\mathbf{y}_{t+s} - \tilde{\mathbf{y}}_{t+s|t} = \mathbf{\Psi}_0 \mathbf{A}^{-1} \mathbf{u}_{t+s} + \mathbf{\Psi}_1 \mathbf{A}^{-1} \mathbf{u}_{t+s-1} + \cdots + \mathbf{\Psi}_{s-1} \mathbf{A}^{-1} \mathbf{u}_{t+1} \tag{2.1.24}$$

然后考虑均方误差

$$E\left[(\mathbf{y}_{t+s} - \tilde{\mathbf{y}}_{t+s|t})(\mathbf{y}_{t+s} - \tilde{\mathbf{y}}_{t+s|t})' \mid \mathbf{A}, \mathbf{B}, \mathbf{D} \right] = \sum_{j=1}^{n} V_{js}(\mathbf{A}, \mathbf{B}, \mathbf{D}) \tag{2.1.25}$$

$$V_{js}(\mathbf{A}, \mathbf{B}, \mathbf{D}) = d_{jj} \sum_{l=0}^{s-1} \mathbf{h}_{jl}(\mathbf{A}, \mathbf{B}, \mathbf{D}) \mathbf{h}_{jl}(\mathbf{A}, \mathbf{B}, \mathbf{D})' \tag{2.1.26}$$

其中 n 为内生变量的个数,d_{jj} 为矩阵 $\mathbf{D}$ 的 (j, j) 元素,$\mathbf{h}_{jl}(\mathbf{A}, \mathbf{B}, \mathbf{D})$ 为矩阵

---

[1] 首先需要对其进行从小到大的排序,然后取相应的分位数即可。

[2] 在具体编程求解(比如 Matlab)时,历史分解往往会涉及 4 维矩阵:变量维度(长度为内生变量个数 n)、冲击维度(长度为结构冲击个数 n)、随机模拟维度(长度为随机模拟的次数)、预测维度(长度为预测长度 s)。这和前述的脉冲响应函数(涉及 3 个维度)计算类似,此处多了一个维度:即预测维度。

$\mathbf{\Psi}_l \mathbf{A}^{-1}$ 的第 j 列。很显然，$V_{js}(\mathbf{A}, \mathbf{B}, \mathbf{D})$ 为 $n \times n$ 矩阵，对角线上的元素分别表示 n 个内生变量针对第 j 个结构冲击的均方误差。因此第 j 个结构冲击 u_{jt} 对 $\mathbf{y}_{t+s}$ 中第 i 个内生变量的均方误差的贡献应为 $V_{js}(\mathbf{A}, \mathbf{B}, \mathbf{D})$ 中的 (i, i) 元素。于是第 j 个结构冲击 u_{jt} 对第 i 个内生变量均方误差的贡献度为 $\widetilde{\zeta}_{ijs}$

$$\widetilde{\zeta}_{ijs} \equiv [V_{js}(\mathbf{A}, \mathbf{B}, \mathbf{D})]_{(i, i)} / \Big[\sum_{j=1}^{n} V_{js}(\mathbf{A}, \mathbf{B}, \mathbf{D}) \Big]_{(i, i)} \qquad (2.1.27)$$

显然

$$\sum_{j=1}^{n} \widetilde{\zeta}_{ijs} = 1 \qquad (2.1.28)$$

此即所有结构冲击对第 i 个内生变量均方误差的贡献总和为 1。

第四章第二节中给出了一个具体的实例和源代码，以说明针对 SVAR 模型如何进行历史分解和方差分解。[①]

三、OLS 与 ML 估计

对于简化式 VAR 模型，其经典估计方法较为简单，如 OLS 估计：即在给定样本数据后，简化式 VAR 模型的系数和协方差矩阵（$\mathbf{\Phi}, \mathbf{\Omega}$）可直接采取 OLS 估计加以估计。在经典的假设下，即外生冲击服从正态分布，OLS、MLE 估计将会得到相同的系数估计量，即数值上等价，但误差项的协方差存在细微差异（Kilian & Lütkepohl，2017，p.40）。

简化式 VAR 模型的待估参数个数有两部分组成，第一，滞后项系数（含常数项）$n * k = n * (mn + 1)$，其中 m 为滞后阶数，n 为内生变量的个数；第二，误差项的协方差矩阵 $\mathbf{\Omega}$ 中的参数[②]。$\mathbf{\Omega}$ 为 $n \times n$ 对称矩阵，通常为正定矩阵，其中待估计参数的个数为 $n(n+1)/2$；因此总个数为：$n * (mn + 1) + n(n+1)/2$，其为内生变量个数 n 的二次函数。

表 2.1 给出了常见情况下，待估参数随着内生变量个数 n 和滞后阶数 m 的变化情况。当 $n = 5$，$m = 8$ 时，待估参数高达 220 个。由于宏观数据

---

① 英国央行资深经济学家 Ambrogio Cesa Bianchi 在其讲义 A Primer on Vector Autoregressions 中给出了两个非常简单的 VAR 模型示例（为滞后一阶的简化式模型）来说明如何计算预测误差方差分解 FEVD 和历史分解 HD，直观易懂。

② 在第四章 BH 分析框架下，SVAR 模型的结构冲击的协方差矩阵 $\mathbf{D}$ 被假定为对角矩阵，并加以估计。在经典 OLS 估计中，简化式 VAR 模型的协方差矩阵 $\mathbf{\Omega}$，通常由估计的残差的协方差来近似替代。

的观测频率较低,样本数据往往较小,有时甚至少于待估参数的个数,会产生过度拟合问题(over fitting)。因此减少参数估计的各种方法应运而生,在文献中被称为降维方法。Bayesian VAR 模型的估计方法就是一种行之有效的降维方法,通过对每一个待估参数赋予先验分布,并结合已有宏观样本数据,从而得到待估计参数的条件后验分布,然后通过从后验分布中随机抽取样本,得到待估参数的各种模拟统计量(比如均值、中值、中位数、标准差等),达到参数估计的目的。

表 2.1 简化式 VAR 模型待估参数的个数(含标准差参数和常数项)

内生变量个数/ 滞后项阶数		滞后阶数(m)						
		$m=1$	$m=2$	$m=3$	$m=4$	$m=8$	$m=16$	$m=24$
内生变量的个数(n)	$n=2$	9	13	17	21	37	69	101
	$n=3$	18	27	36	45	81	153	225
	$n=4$	30	46	62	78	142	270	398
	$n=5$	45	70	95	120	220	420	620
	$n=6$	63	99	135	171	315	603	891
	$n=7$	84	133	182	231	427	819	1 211
	$n=8$	108	172	236	300	556	1 068	1 580
	$n=9$	135	216	297	378	702	1 350	1 998
	$n=10$	165	265	365	465	865	1 665	2 465

数据来源:作者自行计算。假设方差协方差矩阵为对称矩阵(特殊情况下可假设为对角矩阵,如经典的 Minnesota 先验分布,具体参考本章第二节)。[1]

(一)最小二乘(OLS)估计

考虑简化式 VAR 模型的经典形式(1.3.7):

$$\underset{n\times 1}{\mathbf{y}_t} = \underset{n\times k}{\mathbf{\Phi}}\,\underset{k\times 1}{\mathbf{x}_{t-1}} + \underset{n\times 1}{\boldsymbol{\epsilon}_t} \qquad (2.1.29)$$

其中 $t=1, 2, \cdots, T$。OLS 估计一般只要求误差项 ϵ_t 为独立同分布(iid)即可:$\epsilon_t \sim (\mathbf{0}, \mathbf{\Omega})$,并不要求其服从正态分布。OLS 估计要求所有期误差项的均值平方最小:

$$\hat{\mathbf{\Phi}} \equiv \arg\min_{\Phi} \sum_{t=1}^{T} \boldsymbol{\epsilon}_t' \boldsymbol{\epsilon}_t = \sum_{t=1}^{T} (\mathbf{y}_t - \mathbf{\Phi}\mathbf{x}_{t-1})' (\mathbf{y}_t - \mathbf{\Phi}\mathbf{x}_{t-1}) \qquad (2.1.30)$$

---

[1] Matlab 源文件:\DSGE_VAR_Source_Codes\chap2\sec2.1\var_parameters_numbers.m。

容易得到关于系数矩阵 $\boldsymbol{\Phi}$ 的一阶条件[①]

$$\sum_{t=1}^{T} \mathbf{x}_{t-1} \mathbf{x}_{t-1}' \boldsymbol{\Phi}' = \sum_{t=1}^{T} \mathbf{x}_{t-1} \mathbf{y}_t' \qquad (2.1.31)$$

因此

$$\hat{\boldsymbol{\Phi}}' = (\sum_{t=1}^{T} \mathbf{x}_{t-1} \mathbf{x}_{t-1}')^{-1} \sum_{t=1}^{T} \mathbf{x}_{t-1} \mathbf{y}_t' \qquad (2.1.32)$$

或

$$\hat{\boldsymbol{\Phi}} = \sum_{t=1}^{T} \mathbf{y}_t \mathbf{x}_{t-1}' (\sum_{t=1}^{T} \mathbf{x}_{t-1} \mathbf{x}_{t-1}')^{-1} \qquad (2.1.33)$$

协方差矩阵 $\boldsymbol{\Omega}$ 的一致估计为:

$$\hat{\boldsymbol{\Omega}} \equiv \frac{1}{T-nm-1} \sum_{t=1}^{T} \widetilde{\boldsymbol{\epsilon}}_t \widetilde{\boldsymbol{\epsilon}}_t', \ \widetilde{\boldsymbol{\epsilon}}_t \equiv \mathbf{y}_t - \hat{\boldsymbol{\Phi}} \mathbf{x}_{t-1} \qquad (2.1.34)$$

在简化式 VAR 模型的堆叠形式(1.3.17)式下,

$$\underset{T \times n}{\mathbf{Y}_T} = \underset{T \times k}{\mathbf{X}_T} \underset{k \times n}{\boldsymbol{\Phi}'} + \underset{T \times n}{\boldsymbol{\zeta}_T} \qquad (2.1.35)$$

并且注意到 $\mathbf{X}_T$, $\mathbf{Y}_T$ 的定义(1.3.16)式,此时系数矩阵 $\boldsymbol{\Phi}$ 的估计量(2.1.32)式和(2.1.33)式可进一步分别简化为:

$$\hat{\boldsymbol{\Phi}}' = (\mathbf{X}_T' \mathbf{X}_T)^{-1} \mathbf{X}_T' \mathbf{Y}_T \qquad (2.1.36)$$

$$\hat{\boldsymbol{\Phi}} = \mathbf{Y}_T' \mathbf{X}_T (\mathbf{X}_T' \mathbf{X}_T)^{-1} \qquad (2.1.37)$$

其中(2.1.36)式从形式上看,和一元线性回归的 OLS 估计结果是一致。为了便于理解,简化式 VAR 模型在估计编程时,常用(2.1.36)式来表示估计系数矩阵的转置。相应的协方差矩阵为:

$$\hat{\boldsymbol{\Omega}} \equiv \frac{\widetilde{\boldsymbol{\zeta}}_T' \widetilde{\boldsymbol{\zeta}}_T}{T-nm-1}, \ \widetilde{\boldsymbol{\zeta}}_T \equiv \mathbf{Y}_T - \mathbf{X}_T \hat{\boldsymbol{\Phi}}' \qquad (2.1.38)$$

VAR 模型的向量化形式的 OLS 估计结果请参考本章附录"四、VAR 模型似然函数的技术推导"中"(三)向量化形式及启示"。

OLS 估计过程相对简单,直接利用计算公式(2.1.36)式或(2.1.37)式即可。因此主要工作是前期数据处理和准备的过程,即根据定义(1.3.16)式,

---

[①] 技术推导,请参考:本章附录:"一、OLS 估计的技术推导"。

从原始数据中构建 $\mathbf{X}_T$，$\mathbf{Y}_T$ 这两个样本矩阵。值得一提的是,构建 $\mathbf{X}_T$，$\mathbf{Y}_T$,不仅是 OLS 估计的需要,而且在后续的 Bayesian VAR 模型估计、结构 VAR 模型识别都经常用到。因此值得细致说明。

源代码 2 给出了样本矩阵 $\mathbf{X}_T$，$\mathbf{Y}_T$ 构造的 Matlab 源代码。该函数接受三个参数,分别为模型内生变量对应的样本数据(data)[①]、模型确定性变量的个数(ndet)及模型滞后阶数(nlags)。输出四个结果:两个样本矩阵 $\mathbf{X}_T$，$\mathbf{Y}_T$ 和有效样本数量(nEffect_smpl,即 T)和内生变量个数(nvars,即 n),其中有效样本容量等于样本数据 data 容量减去模型滞后阶数(nlags,即 m)[②]。

源代码 2　数据准备过程:$\mathbf{X}_T$，$\mathbf{Y}_T$(Matlab 源代码)[③]

```
function [XT,YT,nEffect_smpl,nvars] = prepareXY(data,ndet,nlags)
% Construct X_T, Y_T for YT = X_T * B + Error, always assuming constant at the be-
ginning instead of putting them at last of X_T
%
% Input:
%   data, data matrix before adjusting for lags and without constant
%   ndet, number of deterministic terms included, usually, ndet = 1, only constant
without time trend;
%   nlags, number of lags of the VAR model
%
% Output:
%   X_T, the regressor matrix of size T x(ndet + nvars * nlags), with
%   constant in the first column;
%   Y_T, the Y matrix of size(T x nvar)
%   nEffect_smpl, the effective sample size
```

① 如果内生变量为同比(YoY)或环比增长率数据,那么 data 也应为同比(YoY)或环比增长率(如果原始观测数据为水平变量,考虑到需要同比增长率作为内生变量的数据,此时将水平变量转换为同比增长率数据,季度频率数据将损失 4 个观测值,月度频率数据将损失 12 个观测值)。同样的,内生变量为水平(level,比如数据为单整或协整时)或对数水平变量(log level)时,data 亦然。本书只讨论平稳 VAR 模型的情形。此外,一般 data 为矩形数据,行对应观测时间,列对应内生变量。Sims, Stock & Watson(1990)指出,即使水平变量具有随机趋势,使用对数水平变量仍然可得到一致估计。Ramey(2019)指出如果结构识别并不要求施加变量平稳性的要求,那么使用对数水平变量(同时包括一些确定性趋势项)仍然是最保险的方法。但 Ramey(2019)和 Waston(2008)都指出一定不要使用滤波(如 HP、Baxter-King)后的数据进行回归分析,包括 SVAR 模型中。那么能否使用滤波后的数据来计算序列之间的相关性呢? Hamilton(2018)给出的答案为否,并给出了一个新的方法。Ramey(2019)指出这个新方法对宏观经济学中到处可见的低频宏观数据并不稳健。

② 即有效样本容量 $T = \text{size(data, 1)} - \text{nlags}$; size(data, 1)表示 data 的行数,即样本数据的时间长度。

③ 源文件地址:\DSGE_VAR_Source_Codes\varUtilities\prepareXY.m。

```
%    nvar, the number of endogenous variables

% deterministic term: constant and time trend
const = ones(size(data,1),1); % constant
trend = (1 : 1 : size(data,1))'; % time trend

if ndet = = 1
    data = [const data];
elseif ndet = = 2
    data = [const trend data];
end

% smpl is the total number of original observations
[smpl,nvars] = size(data);
% takes out the counting of deterministic variables
nvars = nvars-ndet;

% effective sample size after taking lags into account
nEffect_smpl = smpl-nlags;
smpl_1st = nlags + 1; % sample beginning
smpl_end = smpl; % last period of sample
ncoe = nvars * nlags; % number of coefficients without deterministic variables

% Construct X_T and Y_T for Y_T = X_T * B + Error
% remove the constant and trend added to the original data, assuming it is in the
first or two columns, not at last one or two columns
x = data(:,ndet + 1:end);

% begins construction of X_T and Y_T
XT = zeros(nEffect_smpl,ncoe);
for k = 1:nlags
    % first lag of all variables, second lag of all variables etc.
    XT(:,nvars * (k - 1) + 1:nvars * k) = x(smpl_1st-k:smpl_end-k,:);
end

if ndet = = 1
    % without trend, put the constant at the begining;
    XT = [ones(nEffect_smpl,1) XT];
elseif ndet = = 2
    % with both constant and trend, put them at the begining;
    XT = [ones(nEffect_smpl,1) trend(1:nEffect_smpl,1) XT];
end
YT = x(smpl_1st:smpl_end,:);
```

在两个样本矩阵构造的过程中,考虑了确定性变量的个数(ndet)。一般说来 ndet＝1 或 2,即常数项或(和)时间趋势项。通常情况下只考虑常数项(ndet＝1),而且只将其放在 $\mathbf{X}_T$ 第一列或前两列。[①]

样本数据矩阵 $\mathbf{X}_T$,$\mathbf{Y}_T$ 构造完毕后,只需通过一行命令即可完成 OLS 估计。利用计算公式(2.1.36)式,$\mathbf{\Phi}^T$ 的估计命令见源代码 3。

源代码 3　简化式 VAR 模型的 OLS 估计命令

```
phi_transpose = inv(XT' * XT) * XT' * YT;
```

此处 phi_transpose 表示矩阵 $\mathbf{\Phi}$ 的转置 $\mathbf{\Phi}^T$,其维度为 $k \times n$ 矩阵,$k = mn+1$,n 为内生变量的个数,m 为滞后阶数。对于两变量两阶滞后的简单例子(1.3.24)式,$n=2$,$m=2$,$k=5$,此时 phi_transpose 为(2.1.39)式:

$$\mathbf{\Phi}^T \equiv \begin{bmatrix} c_1 & c_2 \\ b_{11} & b_{21} \\ b_{12} & b_{22} \\ d_{11} & d_{21} \\ d_{12} & d_{22} \end{bmatrix} \tag{2.1.39}$$

(二) 最大似然(ML)估计

当 VAR 模型经典形式(1.3.7)式中误差项服从 $\boldsymbol{\epsilon}_t$ 满足:$\boldsymbol{\epsilon}_t \sim \text{iid } N(0, \mathbf{\Omega})$ 时,可使用最大似然估计对 $\mathbf{\Phi}$ 和 $\mathbf{\Omega}$ 估计[②]。

经典形式(1.3.7)对应的似然函数(2.4.29)式为:

$$p(\mathbf{Y}_T \mid \mathbf{\Phi}, \mathbf{\Omega}) = \frac{1}{(2\pi)^{\frac{nT}{2}}} \mid \mathbf{\Omega} \mid^{-\frac{T}{2}} \exp\left[-\frac{1}{2} \sum_{t=1}^{T} (\mathbf{y}_t - \mathbf{\Phi}\mathbf{x}_t)' \mathbf{\Omega}^{-1} (\mathbf{y}_t - \mathbf{\Phi}\mathbf{x}_t) \right]$$

$$\tag{2.1.40}$$

最大似然估计基本思想是,选取 $\mathbf{\Phi}$ 和 $\mathbf{\Omega}$ 使得似然函数(2.1.40)式取得最大值。

将(2.1.40)式取对数,并对矩阵 $\mathbf{\Phi}$ 和 $\mathbf{\Omega}$ 分别求导,可分别得到和 OLS 相同的系数矩阵 $\mathbf{\Phi}$ 的估计量,如(2.1.32)或(2.1.33)式以及 $\mathbf{\Omega}$ 的 ML 估计量(此处省略求解过程):

$$\widetilde{\mathbf{\Omega}} \equiv \frac{1}{T} \sum_{t=1}^{T} \widetilde{\boldsymbol{\epsilon}}_t \, \widetilde{\boldsymbol{\epsilon}}_t', \quad \widetilde{\boldsymbol{\epsilon}}_t \equiv \mathbf{y}_t - \hat{\mathbf{\Phi}}\mathbf{x}_{t-1} \tag{2.1.41}$$

---

① 不少文献将确定性变量放在 $\mathbf{X}_T$ 的最后一列或后两列,比如 Baumeister & Hamilton (2015,*Econometrica*),Bańbura,Giannone & Reichlin(2010,*JAE*)等。此外 $\mathbf{X}_T$,$\mathbf{Y}_T$ 的构造过程本身并不复杂,是观测变量的堆叠过程。

② 注:OLS 估计中并没有要求误差项服从独立同分布的正态分布,只要求独立同分布即可。最大似然估计要求似然值最大化,因此一般误差项服从正态分布,便于解析求解。

换句话说，当误差项为独立的正态随机变量时，最大似然估计和 OLS 估计具有相同的系数矩阵估计量。但误差项的协方差矩阵却并不相同。Kilian & Lütkepohl(2017，p.40)指出即使误差项为独立的其他分布时(非正态分布)，两种估计方法仍然具有相同的系数矩阵估计量。只不过此时 ML 估计量的计算需要使用非线性优化算法，相应的统计量被称为准 ML 或伪 ML 估计量。

（三）一个 OLS 估计的例子：VAR(2)模型

应用实例 1　中国宏观经济四变量 SVAR(2)模型：OLS 估计

考虑四变量 VAR(2)模型(内生变量个数 $n=4$，滞后项阶数 $m=2$，单个方程中待估参数的个数 $k=nm+1=9$)。四变量分别为：实际 GDP 同比增长率 GDP_t，名义货币增长率 $M2_t$，通货膨胀率 π_t(GDP 平减指数)，短期利率(7 天回购利率)R_t。数据采取中国宏观经济数据[①]，1996Q1—2018Q4，四变量的时间序列如图 2.1 所示。

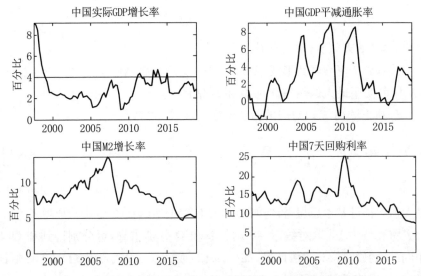

图 2.1　中国宏观经济四变量 VAR 模型的内生变量的时间趋势图

---

①　数据来源：China's Macroeconomy：Time Series Data，https://www.frbatlanta.org/cqer/research/china-macroeconomy.aspx?panel=2(Federal Reserve Bank of Atlanta)。具体数据见\DSGE_VAR_Source_Codes\data 目录。该宏观经济数据序列包括大多数宏观经济数据序列，能满足大部分宏观问题研究需要，由查涛(Tao Zha)教授课题组负责维护，定期更新，包括年度，季度和月度，免费使用。查涛及其合作者使用该数据发表了诸多高质量论文；格式包括 csv 格式和 Matlab 数据文件格式 mat，较为方便，推荐使用。具体使用说明可参考：https://www.frbatlanta.org/-/media/documents/cqer/researchcq/china-macroeconomy/readme_data201908.pdf。

中国实际 GDP 增长率在 2000 年保持较高增长,而后在 3% 左右随机波动。而货币供应量 M2 增长率呈现先高后低的形状,2015 年前都在 5% 以上波动,而 7 天回购利率在 2016 年前都在 10% 以上波动,随后下降。

系数矩阵 $\boldsymbol{\Phi}$ 和误差项的协方差矩阵 $\boldsymbol{\Omega}$ 的 OLS 估计结果分别为[①]

$$\hat{\boldsymbol{\Phi}}' \equiv \begin{bmatrix} 0.286\ 8 & -0.721\ 4 & 0.662\ 3 & 0.684\ 1 \\ 0.830\ 3 & 0.260\ 5 & -0.216\ 7 & -0.695\ 4 \\ 0.191\ 9 & 1.361\ 1 & -0.036\ 3 & -0.527\ 4 \\ 0.140\ 0 & 0.554\ 1 & 1.209\ 0 & 0.045\ 3 \\ 0.071\ 9 & -0.085\ 8 & 0.068\ 1 & 1.143\ 9 \\ 0.059\ 2 & -0.325\ 2 & 0.123\ 8 & 0.499\ 4 \\ -0.145\ 4 & -0.539\ 4 & 0.039\ 7 & 0.496\ 7 \\ -0.161\ 3 & -0.468\ 7 & -0.283\ 2 & 0.100\ 5 \\ -0.069\ 7 & 0.137\ 7 & -0.053\ 5 & -0.238\ 4 \end{bmatrix}_{k \times n} \tag{2.1.42}$$

$$\hat{\boldsymbol{\Omega}} = \begin{bmatrix} 0.205\ 1 & 0.081\ 3 & -0.014\ 9 & -0.040\ 2 \\ 0.081\ 3 & 0.517\ 5 & -0.137\ 2 & -0.108\ 0 \\ -0.014\ 9 & -0.137\ 2 & 0.275\ 8 & 0.087\ 6 \\ -0.040\ 2 & -0.108\ 0 & 0.087\ 6 & 0.624\ 0 \end{bmatrix}_{n \times n} \tag{2.1.43}$$

容易验证误差的协方差矩阵 $\hat{\boldsymbol{\Omega}}$ 为正定矩阵(所有特征值为正)[②]。

第二节　Bayesian VAR 模型分析框架:估计与推断

VAR 模型的 Bayesian 分析框架,其根本的出发点在于解决 VAR 模型待估参数过多、可用数据样本量较少的关键缺陷问题,并将估计不确定性问题内生化[③]。在 Bayesian 分析框架下,一些先验分布的构造方法(如 Minnesota 先验),其本质上是一种参数"降维"方法(shrinkage),即使用缩减方法,减少待估参数的数量。粗略地说,即把一部分参数"设定"为零[④],从而

---

① Matlab 源代码:\DSGE_VAR_Source_Codes\chap2\sec2.1\ols_var4.m。

② 在 Matlab 中使用命令 eig(A)即可查看矩阵 A 的全部特征值。

③ 估计不确定性问题,也被称为样本不确定性问题,更多请参考第三章"第四节　样本不确定性和识别不确定性问题"。

④ 在 Bayesian 分析框架下,将参数设定为零或近似为零,实际上相当于将其均值设定为零,其标准差也设定为零或非常接近于零即可。

达到降维目的,减少估计"噪音",取得优良的估计结果和准确的统计推断。

简化式 VAR 模型的 Bayesian 估计和经典的 VAR 模型估计方法(OLS, MLE, GMM 等)不论在出发点,还是在实现技术路线上,都有着较大的区别(如图 2.2)。经典估计方法首先认为待估参数 θ 的真值(true value)存在,并视为固定不变的常量,然后从数据中构建一个统计量 $\hat{\theta}$(随机变量,比如 MLE 估计量),其无偏性和一致性由均值和概率极限度量,其有效性(efficiency)由均方误差(MSE)度量: $E(\theta - \hat{\theta})(\theta - \hat{\theta})^T$。Bayesian 估计的出发点是将待估参数视为随机变量,通过随机抽样的方式模拟参数的后验分布,得到可信集,从而可得参数相应的模拟估计值[①]。

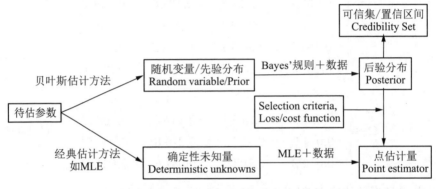

图 2.2　贝叶斯估计和经典估计示意图

Bayesian 估计方法涉及一些基础性工具,比如(自然)共轭先验、Gibbs 抽样、Kronecker 运算、Gamma 与逆 Gamma 分布、Wishart 分布等。有许多优秀、经典专著对此已做了详细介绍,比如 Kilian & Lütkepohl(2017)、Greenberg(2012)、Del Negro & Schorfheide(2011)、Koop & Korobilis(2010)、高惠璇(2005)、Judge et al.(1982)。为了使叙述的连贯性,并方便阅读,仅对涉及的工具做非常简单的介绍,并提供更进一步阅读的指引,如Greenberg(2012)对共轭分布、Kronecker 运算、Gamma 与逆 Gamma 分布、Wishart 分布、MCMC 算法等做了非常细致的解释,是入门级著作。高惠璇(2005)对多元正态分布及其性质做了非常好的介绍。Kim & Nelson(1999)对 Gibbs 抽样算法做了较好的介绍。

Kilian & Lütkepohl(2017)对 BayesianVAR 模型做了比较细致的介

---

① 可信集的介绍,更多请参考脚注:p.125 注②或第三章第四节"三、样本不确定性、可信集与 Fry & Pagan(2011)批判"。

绍,但仅仅简单涉及 Minnesota 先验分布构建,一笔带过,而且未涉及虚拟
观测数据(dummy observation)方法,更未提及二者相结合的使用方法和实
例,及 **BH** 分析框架(本书第四章)中的应用。本节主要针对文献中使用较
多,但鲜有细致阐述的两个关键先验分布构建方法:Minnesota 先验、虚拟
观测数据方法,进行系统梳理和总结。

一、Bayesian VAR 估计的基本逻辑

使用 Bayesian 方法对简化式 VAR 模型进行估计,**其前提假设是待估
参数被视为随机变量,不再是一个固定不变的常量,这是和经典估计方法最
大的区别**;其次,Bayesian 估计涉及两个方面:第一,待估参数(包括协方差
矩阵,此处假设未知,需要估计)先验分布的选择和后验分布的推导。如果
能获取边际后验分布,从而能获得单个参数或变量的概率分布,进而获得相
应的统计量(只能在某些特定假设下才能获取);第二,对联合后验分布进行
抽样(基于 Gibbs 算法的随机抽样)获取识别集合,从而可获得参数或其他感
兴趣变量的统计量,如均值或中值等[1]。上述步骤也构成了 Bayesian VAR
模型估计的基本步骤。

先验分布的选择是 Bayesian 估计非常重要的一步。在自然共轭先验
分布假设下(p.55 注[1]),具体估计逻辑如图 2.3 所示。

考察如下经典的简化式 VAR 模型

$$\mathbf{y}_t = \mathbf{\Phi}\mathbf{x}_{t-1} + \boldsymbol{\epsilon}_t, \ \boldsymbol{\epsilon}_t \sim N(\mathbf{0}, \ \mathbf{\Omega}) \tag{2.2.1}$$

此处待估参数为系数矩阵和误差项的协方差矩阵($\mathbf{\Phi}, \mathbf{\Omega}$)。一般情况下假
设 $\mathbf{\Omega}$ 为非对角、对称的随机矩阵(即非固定矩阵)。[2]

在具体介绍之前,有必要厘清文献中有关先验分布和后验分布的一些
基本假设,为下文阐述的技术路线做好铺垫(图 2.4)。

---

[1] 需要注意的是,推导出的后验分布是联合后验分布(joint distribution);一般情况下,对联
合分布直接抽样非常困难,需要分而治之。根据贝叶斯法则,联合分布可写成条件分布和
边际分布的乘积。Gibbs 抽样是目前对条件分布进行随机抽样最常用、最合适和最有效
的算法。

[2] 此处涉及两个协方差矩阵:系数向量 **b** 的协方差矩阵 $\mathbf{V}_0$ 以及误差项的协方差矩阵 $\mathbf{\Omega}$。注
意这二者完全不同。一旦样本数据给定,在 Minnesota 先验假设下,$\mathbf{V}_0$ 是一个固定不变的
常对角矩阵,而 $\mathbf{\Omega}$ 则是一个随机矩阵,可能为对角矩阵(经典的 Minnesota 先验假设下),
也可能是非对角矩阵(现行文献中的假设),一般假设服从逆 Wishart 分布,后文会详细
阐述。

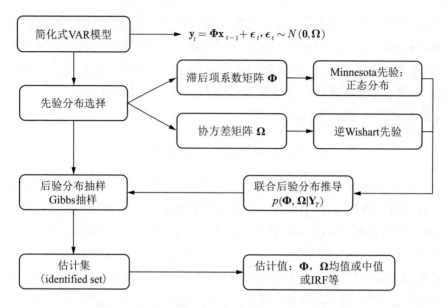

图 2.3　简化式 VAR 模型 Bayesian 估计的基本逻辑

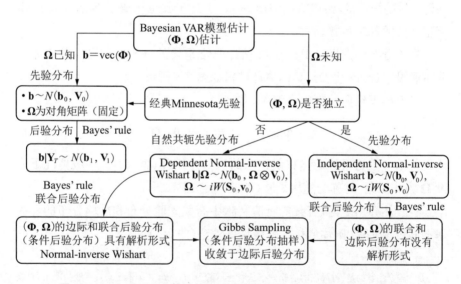

图 2.4　Bayesian VAR 估计的先验分布和后验分布计算的技术路线图

　　当误差项的协方差矩阵 $\mathbf{\Omega}$ 为已知时，对系数矩阵 $\mathbf{\Phi}$ 的后验分布的计算较为简单，其共轭先验分布为正态分布，这也是文献中通常的假设。

　　当 $\mathbf{\Omega}$ 为未知时，文献中关于系数矩阵 $\mathbf{\Phi}$ 和协方差矩阵 $\mathbf{\Omega}$ 的先验假设多为正态-逆 Wishart 分布（自然共轭先验，也被称为非独立正态-逆

Wishart 分布，即 $\boldsymbol{\Phi}$ 的先验分布依赖于 $\boldsymbol{\Omega}$）①，由 Kadiyala & Karlsson (1997，*JAE*)和 Robertson & Tallman(1999)首先提出②。这恰是为了克服经典 Minnesota 先验分布设定时的不足，即"假设误差项的协方差矩阵为固定的对角矩阵"这一不足。

共轭先验分布的优点在于（边际）后验分布具有明确的解析形式，便于使用 Gibbs 抽样。但其较强的先验假设约束，有时候在实际应用时并不完全被满足，因此有时候先验假设也使用独立（independent）的正态-逆 Wishart 分布，也就是说 $\boldsymbol{\Phi}$ 和 $\boldsymbol{\Omega}$ 先验分布相互独立。此时 $\boldsymbol{\Phi}$ 和 $\boldsymbol{\Omega}$ 的（联合和边际）后验分布并不存在解析解，但仍然可使用 Gibbs 算法进行抽样。

Kadiyala & Karlsson(1997，*JAE*)讨论了五种先验分布的情形，并分别推导了相应的后验分布：Minnesota 先验（独立正态）、正态-逆 Wishart 分布（自然共轭先验分布，即非独立的正态-逆 Wishart 分布）、无信息分布（diffuse prior，即系数矩阵和误差项协方差矩阵的联合先验为无信息分布）、正态-无信息分布（误差项的协方差矩阵为无信息分布）、拓展（extended）的自然共轭先验。

接下来首先详细阐述 Bayesian VAR 模型估计的中系数矩阵和协方差矩阵($\boldsymbol{\Phi}$，$\boldsymbol{\Omega}$)的先验分布的设定和后验分布的计算，并对逆 Wishart 分布和 Gibbs 抽样简要介绍，一笔带过。然后介绍两种先验分布的设定方法：Minnesota 先验分布和虚拟观测数据方法③，并分别给出一个具体的例子（先验分布为：Minnesota 先验和独立正态-逆 Wishart 分布）。

（一）系数矩阵 $\boldsymbol{\Phi}$ 的先验分布和后验分布

首先，为了便于指定系数矩阵的先验分布，需要将系数矩阵转换为列向

---

① 在贝叶斯概率理论中，如果先验分布 $p(\theta)$ 和后验分布 $p(\theta|y)$ 具有相同的概率分布类型，称它们为共轭分布。此时相对于似然函数 $p(y|\theta)$，先验 $p(\theta)$ 被称为共轭先验(conjugate prior)。系数矩阵的先验分布为正态分布，其为共轭先验分布；协方差矩阵的先验分布逆 Wishart 分布也是共轭先验分布；自然共轭先验(natural conjugate prior)是指先验分布和数据的似然函数(likelihood)具有相同的概率分布类型。文献中也将系数矩阵 $\boldsymbol{\Phi}$ 和协方差矩阵 $\boldsymbol{\Omega}$ 的先验分布称为正态- Wishart 分布，仍然表达相同的意思。这一称呼的来源是时间序列计量经济学；其通常假设回归系数和误差项方差的倒数（称之为精度参数，precision)具有正态- Wishart 分布。因此误差项的方差则服从逆 Wishart 分布。

② Kadiyala & Karlsson(1997，*JAE*，p.104)：When the assumption of a fixed and diagonal residual variance-covariance matrix is relaxed，the natural conjugate prior for normal data（意指误差项为正态分布）is the Normal-Wishart.

③ 严格地说，虚拟观测数据方法并不是一种先验分布设定方法。文献中，它常常和 Minnesota 先验分布结合使用，解决 Minnesota 先验分布设置中的技术问题。

量。定义列向量 $\mathbf{b}\equiv vec(\mathbf{\Phi}^T)$，即系数矩阵 $\mathbf{\Phi}$ 的行向量的垂直堆叠(即 $\mathbf{\Phi}$ 转置的列向量);然后,指定 $\mathbf{b}$ 的先验分布为正态分布[1],即指定 $\mathbf{b}_0$ 和 $\mathbf{V}_0$:

$$\mathbf{b}\sim N(\mathbf{b}_0, \mathbf{V}_0) \tag{2.2.2}$$

其中 $\mathbf{b}$，$\mathbf{b}_0$ 为 $n*k\times1$ 向量,$\mathbf{V}_0$ 为 $n*k\times n*k$ 矩阵[2],vec 表示列堆叠函数,即将每列按照顺序向下堆叠成一个列向量。由于系数向量 $\mathbf{b}$ 的分量众多,逐一指定分量的均值和方差往往事倍功半。因此在实际操作,会借助于一些"降维"(shrinkage)方法,来简化先验分布的选择。文献中,广泛使用的方法是 Minnesota 先验,即 Bayesian 降维方法,其仅仅通过设定几个超参数(hyper-parameter)的值来快速指定诸多待估参数的先验分布。在本节第二部分会做详细介绍。

为了使得后验分布具有解析形式,以便于抽样,通常假设系数向量 $\mathbf{b}$ 的先验分布是自然共轭(即正态-逆 Wishart 分布):

$$\mathbf{b}|\mathbf{\Omega}\sim N(\mathbf{b}_0, \mathbf{\Omega}\otimes\mathbf{V}_0) \tag{2.2.3}$$

其中 $\mathbf{\Omega}$ 为误差项的协方差矩阵,稍后介绍。在实际使用时,$\mathbf{V}_0$ 通常为 Minnesota 先验关于系数向量 $\mathbf{b}$ 的方差[3]。因此,先验分布也被称为 Minnesota 正态-逆 Wishart 分布。那么在给定协方差矩阵 $\mathbf{\Omega}$ 的条件下,可推导出 $\mathbf{b}$ 的后验分布仍服从正态分布(此处省略技术推导)[4]:

$$\mathbf{b}|\mathbf{\Omega}, \mathbf{Y}_T\sim N(\mathbf{b}_1, \mathbf{V}_1) \tag{2.2.4}$$

$$\mathbf{b}_1=\mathbf{V}_1(\mathbf{V}_0^{-1}\mathbf{b}_0+(\mathbf{\Omega}^{-1}\otimes\mathbf{X}_T'\mathbf{X}_T)\mathbf{b}_{OLS}) \tag{2.2.5}$$

$$\mathbf{V}_1=(\mathbf{V}_0^{-1}+\mathbf{\Omega}^{-1}\otimes\mathbf{X}_T'\mathbf{X}_T)^{-1} \tag{2.2.6}$$

$$\mathbf{b}_{OLS}=vec((\mathbf{X}_T'\mathbf{X}_T)^{-1}\mathbf{X}_T'\mathbf{Y}_T) \tag{2.2.7}$$

---

[1] 在实际估计中,往往需要把系数向量 $\mathbf{b}$ 重新转换为系数矩阵 $\mathbf{\Phi}$,来计算误差项或验证模型的平稳性等。在 Matlab 平台下,可通过 reshape 命令来实现:$\mathbf{\Phi}=reshape(\mathbf{b}, k, n)^T$ 或 $\mathbf{\Phi}^T=reshape(\mathbf{b}, k, n)$,其中 n，k 的含义见"表1.3 本书符号及缩写说明"。reshape 会取 $\mathbf{b}$ 中的前 k 个元素组成第一列,然后接下来的 k 个元素组成第二列,依次类推,理解这些对读懂源码至关重要。

[2] Bayesian VAR 估计中牵涉到诸多符号,为了便于记忆和阅读,此处假设先验分布对应的参数一般带有下标0,表示最初或先有的信息;后验分布对应的参数一般带有下标1,表示由先验分布推导得到的信息。不带下标的变量表示随机变量。比如 $\mathbf{b}$，$\mathbf{b}_0$，$\mathbf{b}_1$ 分别表示系数向量(随机变量)、系数向量的先验均值、系数向量的后验均值。再比如,$\mathbf{V}_0$、$\mathbf{V}_1$ 分别表示系数向量 $\mathbf{b}$ 的先验分布和后验分布的协方差矩阵。

[3] 具体介绍见本节第二部分"二、Minnesota 先验分布"。

[4] 可参考 Koop & Korobilis(2010)、Kadiyala & Karlsson(1997, *JAE*)等。

其中 $\mathbf{X}_T$,$\mathbf{Y}_T$ 的定义见(1.3.16)式,$\mathbf{b}_{OLS}$ 表示由 OLS 估计的 VAR 模型系数向量 $\boldsymbol{\Phi}$,$\otimes$ 表示克氏(kronecker)运算符[①];vec 为列堆叠函数,其说明见 p.65 注①。上标一撇表示矩阵转置。

从形式上看,后验分布均值 $\mathbf{b}_1$ 是先验均值 $\mathbf{b}_0$ 和数据(最小二乘估计 $\mathbf{b}_{OLS}$)的加权平均,权重为二者方差的相对大小。当先验分布为无信息先验时[②],即 $\mathbf{V}_0 = \infty$,即 $1/\mathbf{V}_0 = 0$,此时后验分布均值为 OLS 估计值:$\mathbf{b}_1 = \mathbf{b}_{OLS}$,协方差矩阵为

$$\mathbf{V}_1 = (\boldsymbol{\Omega}^{-1} \otimes \mathbf{X}_T' \mathbf{X}_T)^{-1} \tag{2.2.8}$$

这也是文献中常用的假设,即先验分布为无信息分布,因此(2.2.8)式经常用到。

(二)误差协方差矩阵 $\boldsymbol{\Omega}$ 的先验分布和后验分布

文献中,VAR 模型误差项的协方差矩阵 $\boldsymbol{\Omega}$ 的先验分布,常选做逆 Wishart 分布。先简单介绍 Wishart 分布[③]。Wishart 分布经常见于多元统计分析中,比如似然比检验、多维贝叶斯分析、随机矩阵的谱分析等,它是一维分布——Gamma 分布(Γ 分布)——在多元情况下的推广。

对于 $n \times n$ 随机矩阵 W,如果其概率密度为[④]

$$p_W(w) = c \, |\Delta|^{-v/2} \, |w|^{(v-n-1)/2} \exp\left(-\frac{1}{2} tr(w\Delta)\right) \tag{2.2.9}$$

---

① Wikipedia 给出了非常详细的介绍:https://en.wikipedia.org/wiki/Kronecker_product。Green(2012)附录 A2 给出了部分介绍。kronecker 运算符在此处有两个非常常用的性质:逆运算和转置运算的分配律:任意矩阵 $\boldsymbol{A}$,$\boldsymbol{B}$,有 $(\boldsymbol{A} \otimes \boldsymbol{B})^{-1} = \boldsymbol{A}^{-1} \otimes \boldsymbol{B}^{-1}$;$(\boldsymbol{A} \otimes \boldsymbol{B})^T = \boldsymbol{A}^T \otimes \boldsymbol{B}^T$。更多 kronecker 运算符的介绍和梳理,请参考本章附录:"二、三个关键函数及性质:vec,$trace$ 和 $kron(\otimes)$。"

② 无信息先验,通常情况下是指对于参数或变量的取值没有明确的有用信息,也就是说取任何值的概率是相同的。英文中有多种表达方式,noninformative prior,uninformative prior,diffuse prior,vague prior or flat prior。很多情况下,这些表达方式经常互通。Diffuse prior 有时也被翻译为扩散先验。Flat prior 在某些情况下被认为是位于$(-\infty, +\infty)$上的一致分布(uniform distribution)。在 Bayesian 参数估计时,使用无信息先验分布通常意味着估计结果和经典估计结果(如最大似然估计 MLE)没有太大区别,这是因为后验分布由数据似然函数与先验分布共同确定,当先验分布为无信息时,也就意味着后验分布估计信息主要来源于似然函数,即数据。更多介绍可参考第四章附录"二、先验分布的样本数据等价性"。

③ 苏格兰数学家、农业统计学家 John Wishart 于 1928 年首次发现此分布,因此得名(Wishart,1928)。

④ 一般要求 W 为正定矩阵。该密度函数不是 W 中的 n^2 个元素的联合密度函数,而是 $n(n+1)/2$ 个元素的联合密度函数,这是因为 W 是对称矩阵。Wishart 分布的均值为 $E(W) = v\Delta$,众数为 $(v-n-1)\Delta$。n 与 VAR 模型中内生变量的个数相对应。

$$c = \left(2^{vn/2} \pi^{n(n-1)/4} \prod_{j=1}^{n} \Gamma\left(\frac{v+1-j}{2}\right) \right)^{-1}$$

其中 v 为正整数，表示自由度；tr 表示矩阵的迹（trace）[1]，Δ 为 $n \times n$ 正定矩阵（positive definite），被称为尺度（scale）矩阵；Γ 为 Gamma 函数。一般要求 $v \geqslant n$。那么称 W 服从 Wishart 分布，记为 $W \sim W_n(\Delta, v)$[2]。

Wishart 分布和多元正态分布的样本协方差矩阵密切相关[3]。事实上，协方差矩阵的逆矩阵 $\mathbf{\Omega}^{-1}$，其共轭先验分布就是 Wishart 分布。因此协方差矩阵 $\mathbf{\Omega}$ 的共轭先验分布为逆 Wishart 分布（inverse/inverted）：[4]

$$\mathbf{\Omega} \sim iW(\mathbf{S}_0, v_0) \tag{2.2.10}$$

其中 v_0 为先验分布的自由度[5]，取值为正整数；$\mathbf{S}_0$ 为 $n \times n$ 正定矩阵。逆 Wishart 分布的均值为（Poirier，1995）：

$$E(\mathbf{\Omega}) = \frac{\mathbf{S}_0}{v_0 - n - 1}, \text{ for } v_0 > n+1 \tag{2.2.11}$$

通常情况下假设 $\mathbf{S}_0$ 为对角矩阵，如实际研究中可取 $\mathbf{S}_0 = \mathbf{I}_n$ 为单位矩阵[6]。文献中也使用如下的方法设定 $\mathbf{S}_0$：即设定合适的尺度矩阵 $\mathbf{S}_0$，使得逆 Wishart 分布的均值满足（Kadiyala & Karlsson，1997，*JAE*，eq（7）；Christiano，2016，p.70）：

$$E(\mathbf{\Omega}) = \begin{pmatrix} \sigma_1^2 & 0 & \cdots & 0 \\ 0 & \sigma_1^2 & \cdots & 0 \\ \vdots & \vdots & \ddots & 0 \\ 0 & 0 & \cdots & \sigma_n^2 \end{pmatrix} \tag{2.2.12}$$

---

[1] 一个矩阵的迹（trace）被定义为矩阵对角线上元素之和，也就是特征值之和。更多介绍和梳理，请参考本章附录"二、三个关键函数及性质：*vec*, *trace* 和 *kron*($\otimes$)。"

[2] 当 $n = \Delta = 1$ 时，此即为自由度为 v 的卡方分布（chi-square distribution）。

[3] 对于均值向量和协方差矩阵 $\mathbf{\Omega}_0$ 给定的二元正态分布，比如 100 次抽样，每次抽取 10 000 个样本，可从每次的 10 000 个样本中计算出一个 $2 * 2$ 的协方差矩阵 $\mathbf{\Omega}$。因此可算出 100 个不同的样本协方差矩阵 $\mathbf{\Omega}$，其都会不同于 $\mathbf{\Omega}_0$。请参考：\DSGE_VAR_Source_Codes\ chap2\sec2.2\Two_Dim_Normal_covariance.m。$\mathbf{\Omega}$ 本身是一个随机变量，服从逆 Wishart 分布（共轭先验），即 $\mathbf{\Omega}$ 的逆 $\mathbf{\Omega}^{-1}$（精度矩阵）服从 Wishart 分布。一个更一般的结论是：对多元正态分布，如果其均值已知，那么 Wishart 分布将是其精度矩阵的共轭先验。

[4] 一个随机正定矩阵服从 Wishart 分布，那么它的逆矩阵服从逆 Wishart 分布；反之亦然，即一个随机正定矩阵服从逆 Wishart 分布，那么它的逆服从 Wishart 分布，即：$W \sim W(\mathbf{S}, v)$ 当且仅当 $W^{-1} \sim iW(\mathbf{S}^{-1}, v)$，即随机矩阵 W 变成逆矩阵时，其服从的分布从 Wishart 变成逆 Wishart，而且第一个尺度参数变成原来的逆矩阵，但第二个自由度参数不变。

[5] 一般在 Gibbs 抽样时，可假设 $v_0 = n+1$。

[6] 应用实例 2 的源代码中，设定 $\mathbf{S}_0 = \mathbf{I}_n$ 为单位矩阵。

其中 σ_i 表示 VAR 模型中第 i 个自变量对应的自回归的误差项标准差(自回归模型的滞后阶数应和 VAR 模型保持一致[1],$i=1, 2, \cdots, n$)。此即为后文提及的经典 Minnesota 先验分布下,设定的 VAR 模型误差项的协方差矩阵(固定对角矩阵)。因此尺度矩阵 $\mathbf{S}_0$ 可选为如下的矩阵:

$$\mathbf{S}_0 = (v_0 - n - 1) \begin{pmatrix} \sigma_1^2 & 0 & \cdots & 0 \\ 0 & \sigma_1^2 & \cdots & 0 \\ \vdots & \vdots & \ddots & 0 \\ 0 & 0 & \cdots & \sigma_n^2 \end{pmatrix} \qquad (2.2.13)$$

在给定系数向量 $\mathbf{b}$ 的先验分布(2.2.2)式情况下,$\mathbf{\Omega}$ 的条件后验分布仍为逆 Wishart 分布:

$$\mathbf{\Omega} \,|\, \mathbf{b}, \mathbf{Y}_T \sim iW(\mathbf{S}_1, v_1) \qquad (2.2.14)$$

$$v_1 = v_0 + T, \ \mathbf{S}_1 \equiv \mathbf{S}_0 + \mathbf{S}_T, \ \mathbf{S}_T \equiv (\mathbf{Y}_T - \mathbf{X}_T \mathbf{\Phi}')(\mathbf{Y}_T - \mathbf{X}_T \mathbf{\Phi}')' \qquad (2.2.15)$$

其中 T 表示样本容量,$\mathbf{X}_T$, $\mathbf{Y}_T$ 的定义见(1.3.16)式,$\mathbf{\Phi}$ 为(2.2.1)简化式 VAR 模型的系数矩阵。从(2.2.15)式,可看到先验分布的自由度 v_0 相当于先验分布对应的样本数据的个数,也就是说 v_0 的大小影响先验分布对于后验分布的影响程度(或权重),即部分决定了先验分布的信息富集程度,因此 v_0 越大,先验分布影响越大,反之越小,影响越小。

在无信息先验分布下($v_0 = 0$, $\mathbf{S}_0 = 0$),$\mathbf{\Omega}$ 的条件后验分布(2.2.14)式完全由样本数据确定,可写为

$$\mathbf{\Omega} \,|\, \mathbf{b}, \mathbf{Y}_T \sim iW(\mathbf{S}_T, T) \qquad (2.2.16)$$

为了便于理解,现将系数向量 $\mathbf{b}$ 和误差项的协方差矩阵 $\mathbf{\Omega}$ 的先验和后验分布总结如表 2.2 所示:

表 2.2　系数向量 b 与协方差矩阵 Ω 的先验与后验分布

	系数向量	协方差矩阵
有信息先验分布(informative prior)		
先验分布	$\mathbf{b}\,\|\,\mathbf{\Omega} \sim N(\mathbf{b}_0, \mathbf{\Omega} \otimes \mathbf{V}_0)$, $\mathbf{\Omega} \sim iW(\mathbf{S}_0, v_0)$ 称 $(\mathbf{b}, \mathbf{\Omega}) \sim NiW(\mathbf{b}_0, \mathbf{V}_0, \mathbf{S}_0, v_0)$ 为正态-逆 Wishart 分布(联合分布)[2]	
后验分布	$\mathbf{b}\,\|\,\mathbf{\Omega}, \mathbf{Y}_T \sim N(\mathbf{b}_1, \mathbf{V}_1)$	$\mathbf{\Omega}\,\|\,\mathbf{b}, \mathbf{Y}_T \sim iW(\mathbf{S}_1, v_1)$

---

[1]　后文提及的虚拟观测数据方法,会再次使用该参数。

[2]　参考 Del Negro & Schorfheide(2011)第一章。

	系数向量	协方差矩阵
无信息先验分布(diffuse prior)		
先验分布	$\mathbf{b} \sim N(\mathbf{b}_0, \infty)$	$\mathbf{\Omega} \sim iW(0, 0)$
后验分布	$\mathbf{b} \mid \mathbf{\Omega}, \mathbf{Y}_T \sim N(\mathbf{b}_{OLS}, (\mathbf{\Omega}^{-1} \otimes \mathbf{X}_T' \mathbf{X}_T)^{-1})$	$\mathbf{\Omega} \mid \mathbf{b}, \mathbf{Y}_T \sim iW(\mathbf{S}_T, T)$

注:T 表示样本数据容量;$\mathbf{b}_1$,$\mathbf{b}_{OLS}$,$\mathbf{V}_1$ 定义分别见(2.2.5)式、(2.2.7)式、(2.2.6)式;v_1,$\mathbf{S}_1$,$\mathbf{S}_T$ 定义见(2.2.15)式。$\mathbf{X}_T$,$\mathbf{Y}_T$ 的定义见(1.3.16)式。在自然共轭先验假设下,$\mathbf{V}_0$ 通常设定为 Minnesota 先验关于系数向量 $\mathbf{b}$ 的方差。$\mathbf{S}_0$ 的设定见(2.2.13)。在实际应用中,如果直接使用(2.2.15)式对 $\mathbf{\Omega}$ 进行抽样,则可认为此时 $\mathbf{\Omega}$ 的先验分布为无信息先验分布。

(三)如何从逆 Wishart 分布中随机抽样

此处仅仅给出简单的步骤,详细推导可参考 Gupta & Nagar(2000)。从逆 Wishart 分布 $\mathbf{\Omega} \sim iW(\mathbf{S}, v)$ 中抽取样本分为两个步骤[1]:

(1)从多元正态分布 $N(0, \mathbf{S}^{-1})$ 中抽取 v 个 $1 \times n$ 向量 z_i,$i = 1$,2,$\cdots$,n,组成 $v \times n$ 矩阵 Z_v

$$Z_v' = (z_1', \cdots, z_v')_{n \times v} \tag{2.2.17}$$

(2)构造 $\mathbf{\Omega} = (Z_v' Z_v)^{-1}$,则 $\mathbf{\Omega}$ 为 $iW(\mathbf{S}, v)$ 的一个随机样本$(n \times n)$。

容易看到当 $\mathbf{S} = 0$ 时,对应的多元正态分布的方差为无穷大,此时多元正态为无信息先验分布,此时逆 Wishart 分布也为无信息先验分布。

(四)Gibbs 抽样的内涵与算法简介

后验分布作为待估回归参数的非线性函数,往往需要借助数值模拟的方法来获得参数的矩估计或其他统计量。即使在某些情况下,后验分布具有解析形式,但对于诸如脉冲响应函数、预测或其他感兴趣的对象(比如弹性参数)等,往往是参数的高度非线性函数,因此必须借助数值模拟的方式来获得。因此马尔科夫-蒙特卡洛(Markov Chain Monte Carlo,MCMC)

---

① Matlab 源代码:\DSGE_VAR_Source_Codes\varUtilities\invWishart.m。该源代码为作者自行编写,实现与 Matlab 内置函数 iwishrnd 相同的功能。此外,还有其他替代的三种办法来从逆 Wishart 分布:$\mathbf{\Omega} \sim iW(\mathbf{S}_T, T)$ 中抽取样本:**方法一**,抽取 $\mathbf{Z} \sim iW(T * \mathbf{I}_n, T)$,那么 $\mathbf{H}^T \mathbf{Z} \mathbf{H} \sim iW(\mathbf{S}_T, T)$,其中 $\mathbf{H} = chol(\mathbf{S}_T)$ 为上三角矩阵,chol 为 Matlab 内置函数,即 Choleski 分解。**方法二**,抽取 $\mathbf{Z} \sim T * (W(\mathbf{I}_n, T))^{-1}$;那么 $\mathbf{H}^T \mathbf{Z} \mathbf{H} \sim iW(\mathbf{S}_T, T)$;**方法三**,抽取 $\mathbf{Z} \sim (W(T^{-1} * \mathbf{I}_n, T))^{-1}$;那么 $\mathbf{H}^T \mathbf{Z} \mathbf{H} \sim iW(\mathbf{S}_T, T)$。具体编程实现方式请参考(此处使用了无信息先验,表 2.2):\DSGE_VAR_Source_Codes\chap4\sec4.4\main_MP_China.m。

随机模拟方法便应运而生。Kadiyala & Karlsson(1997，*JAE*)比较了 Bayesian VAR 模型分析中的两种不同的 MCMC 方法:Gibbs 抽样和重点抽样(importance sampling)方法,结果发现 Gibbs 抽样方法要好于重点抽样方法(预测精度),而且 Gibbs 抽样方法受到模型大小变动的影响要少于重点抽样方法。因此,目前文献中较多地采取 Gibbs 抽样方法。

此处先简单地介绍 Gibbs 抽样的内涵和应用背景[①]。简单地说,Gibbs 抽样能够从条件分布中抽样出来近似模拟联合分布(joint distribution)和边际分布(marginal distribution),更多的介绍可参考 Kim & Nelson (1999)。**Gibbs 抽样多适用于条件分布的随机抽样,而且该条件分布的解析形式多为已知而且容易抽样的情形**。而这恰恰契合 Bayesian VAR 模型估计推导出的后验分布。在经典的正态-逆 Wishart 分布假设下,待估计参数和待估计协方差矩阵的后验分布均为条件分布(即条件正态分布和条件逆 Wishart 分布),而且均为解析形式已知且易抽样的分布。

(一)Gibbs 抽样算法的逻辑步骤

Gibbs 抽样的基本思想如下:假设三个待估计参数为(α, β, γ),但联合后验分布

$$p(\alpha, \beta, \gamma | \mathbf{Y}_T) \qquad (2.2.18)$$

形式未知,更无法抽样,而且对应的边际分布

$$p(\alpha | \mathbf{Y}_T) = \iint p(\alpha, \beta, \gamma | \mathbf{Y}_T) \mathbf{d}\beta \mathbf{d}\gamma \qquad (2.2.19)$$

$$p(\beta | \mathbf{Y}_T) = \iint p(\alpha, \beta, \gamma | \mathbf{Y}_T) \mathbf{d}\alpha \mathbf{d}\gamma \qquad (2.2.20)$$

$$p(\gamma | \mathbf{Y}_T) = \iint p(\alpha, \beta, \gamma | \mathbf{Y}_T) \mathbf{d}\alpha \mathbf{d}\beta \qquad (2.2.21)$$

也不易求出或不容易抽样,但是对应的条件分布(此即边际分布)

$$p(\alpha | \mathbf{Y}_T, \beta, \gamma), \ p(\beta | \mathbf{Y}_T, \alpha, \gamma), \ p(\gamma | \mathbf{Y}_T, \alpha, \beta) \qquad (2.2.22)$$

却便于抽样(解析形式一般存在),此时 Gibbs 抽样恰好适用,所抽取的样本渐近收敛于联合分布或边际分布。Kim & Nelson(1999，Chapter 7)提供

---

① 一篇介绍 W. Gibbs 的优秀博客文章,值得阅读:http://swarma.blog.caixin.com/archives/ 221795。

了几个非常简单直观的例子(一元线性回归模型),来说明如何使用 Gibbs 抽样对系数和误差的标准差这两个参数进行估计。

针对上述三参数问题,其 Gibbs 抽样的基本步骤如下:

(1) 任意初始猜测值 $\beta^{(0)}$,$\gamma^{(0)}$;

(2) 抽取 $\alpha^{(j)} \sim p(\alpha | \mathbf{Y}_T, \beta^{(j-1)}, \gamma^{(j-1)})$;

(3) 抽取 $\beta^{(j)} \sim p(\beta | \mathbf{Y}_T, \alpha^{(j)}, \gamma^{(j-1)})$;

(4) 抽取 $\gamma^{(j)} \sim p(\gamma | \mathbf{Y}_T, \alpha^{(j)}, \beta^{(j)})$;

(5) 重复上述步骤,获取 J 个样本($\alpha^{(j)}$,$\beta^{(j)}$,$\gamma^{(j)}$),$j=1, 2, \cdots, J$。

Geman & Geman(1984)证明了当 $J \to \infty$ 时,($\alpha^{(j)}$,$\beta^{(j)}$,$\gamma^{(j)}$)的联合分布和边际分布以指数速率收敛于(α,β,γ)对应的联合分布和边际分布。因此可使用($\alpha^{(j)}$,$\beta^{(j)}$,$\gamma^{(j)}$),$j=1, 2, \cdots, J$ 的经验分布来近似逼近联合分布和边际分布。

因此在 Gibbs 算法下,从三个条件分布:$p(\alpha | \mathbf{Y}_T, \beta, \gamma)$、$p(\beta | \mathbf{Y}_T, \alpha, \gamma)$ 和 $p(\gamma | \mathbf{Y}_T, \alpha, \beta)$ 中获取的样本能近似看作从联合分布 $p(\alpha, \beta, \gamma | \mathbf{Y}_T)$ 中获取的样本;从条件分布 $p(\alpha | \mathbf{Y}_T, \beta, \gamma)$ 中获取足够多的样本,可近似看作从边际分布 $p(\alpha | \mathbf{Y}_T)$ 中获取的样本。比如考察待估计参数 α 的均值,则可使用如下的模拟样本获得近似值[①]:

$$\bar{\alpha} \equiv \frac{1}{J} \sum_{j=1}^{J} \alpha^{(j)} \tag{2.2.23}$$

(二) Bayesian VAR 模型的 Gibbs 抽样的具体步骤

根据 Gibbs 抽样的基本步骤,针对 Bayesian VAR 模型估计,应用 Gibbs 抽样算法,从联合后验分布中获取系数矩阵和误差的协方差矩阵($\mathbf{\Phi}$,$\mathbf{\Omega}$)的抽样,具体如算法 1 所示。

该算法分为五个步骤,基本和 Gibbs 抽样算法相吻合。

算法 1 Bayesian VAR 模型估计的 Gibbs 抽样算法的具体步骤

(1) 设定系数向量 $\mathbf{b}$ 的先验分布为正态分布(可使用 Minnesota 先验或其他先验分布):$N(\mathbf{b}_0, \mathbf{V}_0)$ 和协方差矩阵 $\mathbf{\Omega}$ 的先验分布(逆 Wishart 分布):$iW(\mathbf{S}_0, v_0)$,即文献中通常提及的正态-逆 Wishart 分布(Normal-Inverse Wishart);然后给定初始的协方差矩阵 $\mathbf{\Omega}^{(0)}$。$\mathbf{\Omega}^{(0)}$ 通常被设定为单位矩阵 $\mathbf{I}_n$(通常也假设 $\mathbf{S}_0 = \mathbf{I}_n$)。

---

① 形式上暂不考虑 burn-in。在实际编程模拟时,则需要设定适当的 burn-in period。

（2）给定协方差矩阵 $\boldsymbol{\Omega}^{(j-1)}$，从条件后验分布（2.2.4）中随机抽取 $\mathbf{b}^{(j)} \mid \boldsymbol{\Omega}^{(j-1)}$，$\mathbf{Y}_T \sim N(\mathbf{b}_1, \mathbf{V}_1)$；通常情况下，在抽取 $\mathbf{b}^{(j)}$ 后，一般要进行平稳性检验（即对应的简化式 VAR 模型），具体含义和可参考本章第一节中关于伴随矩阵部分的阐述。[1]

（3）给定系数矩阵 $\mathbf{b}^{(j)}$，从条件后验分布（2.2.14）中随机抽取，$\boldsymbol{\Omega}^{(j)} \mid \mathbf{b}^{(j)}$，$\mathbf{Y}_T \sim iW(\mathbf{S}_1, v_1)$。

（4）重复上述步骤若干次（比如百万次，一般越大越好），保留其中 M 次[2]，因此获得系数向量和协方差矩阵的抽样：$\{\mathbf{b}^{(1)}, \mathbf{b}^{(2)}, \cdots, \mathbf{b}^{(M)}\}$ 和 $\{\boldsymbol{\Omega}^{(1)}, \boldsymbol{\Omega}^{(2)}, \cdots, \boldsymbol{\Omega}^{(M)}\}$。其中 M 根据问题需要和计算资源的可获得性来取值。

（5）最后，计算脉冲响应函数或汇报相关统计量（如均值或中值等）。

二、Minnesota 先验分布

Minnesota 先验是待估计参数先验分布选取的一个基本指导思想，而非指代某个具体先验分布，其优点在于能够通过定义四个简单的超参数值来定义所有待估计参数的先验分布。最初由 Litterman（1986）和 Doan，Litterman & Sims（1984）提出，并首先在美国 Minnesota 联储系统内使用，因此而得名[3]。由于 Litterman 贡献较大，因此也被称为 Litterman 先验（也可称为经典 Minnesota 先验）[4]。现在文献中使用较广的 Minnesota 先验分布的构造方法，是由 Kadiyala & Karlsson（1997）、Robertson & Tallman（1999）和 Sims & Zha（1998）在 Litterman（1986）的基础上修改而来的，后文会进一步说明。[5]

（一）滞后项系数的 Minnesota 先验分布

对待估滞后项系数而言（含常数项，即 $\boldsymbol{\Phi}$），**Minnesota 先验一般指定的**

---

① Matlab 源文件：DSGE_VAR_Source_Codes\chap2\sec2.2\minnesota_prior_var4.m 给出了一个 Bayesian VAR 模型估计的 Gibbs 抽样算法的示例，并进行平稳性检验（即伴随矩阵 $\mathbf{F}$ 的特征值检验，(2.1.7)式）。具体例子请参考本节 Minnesota 先验分布这一部分中给出的一个四变量 VAR 模型的示例。

② 文献中两种典型保留样本的方法：第一种为保留最后若干样本，抛弃前面的样本，称之为 burn-in；第二种为按固定间隔保留一定的样本，这样做的目的是为了尽量减少样本之间的相关性。

③ 事实上，Minnesota 先验分布的思想最初起源于 Litterman 的博士论文：A Bayesian Procedure for Forecasting with Vector Autoregression，MIT，1980。

④ Minnesota 联储曾于 2019 年 9 月刊发了一篇 Robert Litterman 的专访，值得阅读：Robert Litterman interview：Climate change, the financial crisis, and other high-risk problems。访问地址：https://www.minneapolisfed.org/article/2019/interview-with-robert-litterman。

⑤ Litterman（1986）在对待误差的协方差矩阵时，假定其为固定不变的对角矩阵。这显然忽略了误差项之间的相关性问题，后文会进一步说明。

是高斯(Gaussian，即正态分布)先验分布。因此指定 Φ 的先验分布，只需指定均值和方差即可。对于均值，其最核心的思想为：VAR 模型中内生变量服从随机游走(或 AR(1)过程)，即二阶或以上滞后项为零或基本接近于零，这不仅包括自身，而且也包括其他变量对应的二阶或以上滞后项的系数。

在简化式 VAR 模型(1.3.14)形式下，Minnesota 先验最基本的假设意味着所有内生变量服从随机游走过程

$$\mathbf{y}_t = \mathbf{\Phi}_0 + \mathbf{y}_{t-1} + \boldsymbol{\epsilon}_t \tag{2.2.24}$$

即 $\mathbf{\Phi}_1$ 为单位矩阵 $\mathbf{I}_n$，$\mathbf{\Phi}_2$，$\cdots$，$\mathbf{\Phi}_m$ 全为零矩阵。通常情况下，也假设 $\mathbf{\Phi}_0 = 0$，不带漂移的随机游走。

以两变量、两阶滞后项的 VAR 模型(1.3.22)为例($n=2$，$m=2$，$k=5$)，在 Minnesota 先验假设下，各待估参数取均值时，模型可写为①

$$\begin{bmatrix} y_{1t} \\ y_{2t} \end{bmatrix} = \begin{bmatrix} 0 \\ 0 \end{bmatrix} + \begin{bmatrix} b_{11} & 0 \\ 0 & b_{22} \end{bmatrix} \begin{bmatrix} y_{1,t-1} \\ y_{2,t-1} \end{bmatrix} + \begin{bmatrix} 0 & 0 \\ 0 & 0 \end{bmatrix} \begin{bmatrix} y_{1,t-2} \\ y_{2,t-2} \end{bmatrix} + \begin{bmatrix} \epsilon_{1t} \\ \epsilon_{2t} \end{bmatrix} \tag{2.2.25}$$

如果定义向量 $\mathbf{b}$ 为滞后项系数矩阵 $\mathbf{\Phi}$ 所有行的转置按顺序垂直叠加，那么：

$$\mathbf{b} \equiv vec(\mathbf{\Phi}') = \begin{bmatrix} c_1 \\ b_{11} \\ b_{12} \\ d_{11} \\ d_{12} \\ c_2 \\ b_{21} \\ b_{22} \\ d_{21} \\ d_{22} \end{bmatrix} \sim N(\mathbf{b}_0, \mathbf{V}_0), \mathbf{b}_0 = \begin{bmatrix} 0 \\ b_{11} \\ 0 \\ 0 \\ 0 \\ 0 \\ 0 \\ b_{22} \\ 0 \\ 0 \end{bmatrix}, \mathbf{V}_0 = diag \begin{bmatrix} var(c_1) \\ var(b_{11}) \\ var(b_{12}) \\ var(d_{11}) \\ var(d_{12}) \\ var(c_2) \\ var(b_{21}) \\ var(b_{22}) \\ var(d_{21}) \\ var(d_{22}) \end{bmatrix} \tag{2.2.26}$$

其中 $\mathbf{b}$ 为 $n*k \times 1 = 10 \times 1$ 向量，$\mathbf{V}_0$ 为 $n*k \times n*k = 10 \times 10$ 矩阵，

---

① 此处把常数项亦设定为零，即可认为先验假设的随机游走或 AR(1)过程不含有常数项。或者认为内生变量本身是对其均值的偏离，即离差形式。

vec 表示单列堆叠函数,diag 表示对角化函数①。那么 Minnesota 先验则为 **b** 指定了均值为 b_0,方差协方差矩阵为 $\mathbf{V}_0$ 的多元正态分布。在随机游走的假设下 $b_{11}=b_{22}=1$,这也是通常情况下的先验假设。

对于方差协方差矩阵 $\mathbf{V}_0$ 的指定则略显复杂,但仍有核心思想可寻。**首先**,各待估计参数之间相互独立,各参数之间的协方差为零,因此 $\mathbf{V}_0$ 为对角矩阵;而且对角线上元素可近似假设为单方程 OLS 回归的标准差(Kadiyala & Karlsson,1997,*JAE*)。**其次**,滞后阶数越高,其系数越可能为零,而且其他变量滞后项的系数相对于当前变量滞后项的系数来说,更有可能为零。比如对 y_{1t} 的影响大小而言,$y_{2,t-1}$ 对应的系数 d_{12} 相比 $y_{1,t-1}$ 对应的系数 d_{11} 更有可能为零。因此在均值都为零的情形下,d_{12} 相比 d_{11} 的标准差更小,意味着 d_{12} 为零的可能性更大(即更靠近均值)。

为了能够刻画方差协方差矩阵 $\mathbf{V}_0$ 的选取思想,特别定义了四个超参数(hyper-parameter):$\lambda_i(i=1,2,3,4)$,通过四个超参数来设定 $\mathbf{V}_0$,也便于编程和技术处理,其具体含义如表 2.3:

表 2.3 Minnesota 先验分布四个超参数的含义

超参数	超参数的含义	典型取值
λ_1	控制当前变量滞后项对应系数的标准差大小;$\lambda_1 \to 0$ 表示自身滞后项系数标准差趋向于零,即系数本身越靠近于单位 1(随机游走)或 AR(1)系数(即先验分布越靠近随机游走或 AR(1)这一先验假设)。$\lambda_1 \to \infty$ 表示无信息先验。	$\lambda_1=0.2$
λ_2	控制非当前变量滞后项对应系数的标准差大小;$\lambda_2=1$ 表示当前变量滞后项和非当前变量滞后项对应系数的标准差相同。	$\lambda_2=0.7$
λ_3	控制当前变量所有滞后项系数对应标准差的大小,$\lambda_3=0$ 表示所有滞后项系数的标准差无差异,即同等权重。	$\lambda_3=1$ 或 2
λ_4	控制常数项的标准差;当 $\lambda_4 \to 0$ 时,表明常数项越靠近于均值 0。	$\lambda_4=100$

注:典型取值数据来源(第三列):Doan(2013)。

从直观上,参数 λ_1 的取值控制了先验信息相对于数据信息的重要程

① 很遗憾的是,在 Matlab 中并没有单独定义 *vec* 函数,而是嵌套于一个内置函数中:*reshape*,并且功能更为强大,不仅可实现单列堆叠,而且也能实现任意维度矩形列堆叠。为了使用方便,容易记忆,本书提供了一个自编工具包 varUtilities,内涵 *vec* 函数:\DSGE_VAR_Source_Codes\varUtilities\vec.m(提供了两种实现方法,一种是手动编写代码实现此功能,另一种则是使用了内置 reshape 函数)。

度,即二者在后验分布中影响大小的权重;$\lambda_1 \to 0$ 表示后验分布和先验分布相等,数据样本不影响估计;$\lambda_1 \to \infty$ 表示后验分布和 OLS 估计相同,先验分布不起任何作用(Bańbura,Giannone & Reichlin,2010,JAE)。λ_1 取值的大小,应该依据 VAR 模型内生变量的多少来确定。这是因为待估计参数随着内生变量的变化而变化。因此 λ_1 取值应该使得降维幅度足够大[①],从而避免过度拟合问题(over fitting)(De Mol,Giannone & Reichlin,2008)。

很显然,不同的超参数的取值(λ_1,λ_2,λ_3,λ_4),会有不同的先验分布假设。因此合理的超参数取值是一个值得关注的问题。Del Negro & Schorfheide(2011,eq(15))指出超参数的取值应该最大化数据的边际似然值:

$$\underbrace{p(\mathbf{Y}_T)}_{\text{边际似然}} = \int_{\mathbf{\Phi}, \mathbf{\Omega}} p(\mathbf{Y}_T \mid \mathbf{\Phi}, \mathbf{\Omega}) p(\mathbf{\Phi} \mid \mathbf{\Omega}) p(\mathbf{\Omega}) d\mathbf{\Phi} d\mathbf{\Omega} \qquad (2.2.27)$$

即合理的超参数取值应该满足

$$(\widetilde{\lambda}_1, \widetilde{\lambda}_3, \widetilde{\lambda}_3, \widetilde{\lambda}_4) = \arg \max_{\lambda_1, \lambda_3, \lambda_3, \lambda_4} p(\mathbf{Y}_T) \qquad (2.2.28)$$

此外,考虑到不同变量的标准差可能存在较大的差异,因此需要加以调节。假设 σ_i 表示模型中第 i 个方程 OLS 回归的标准差($i=1, 2, \cdots, n$),以 VAR 模型(1.3.22)为例子,各待估参数经标准差调节后的方差被定义为[②]:

$$\text{var}(b_{ij})_{p=1}, \text{var}(d_{ij})_{p=2} = \begin{cases} \left(\dfrac{\lambda_1}{p^{\lambda_3}}\right)^2 & i=j \\ \left(\dfrac{\sigma_i \lambda_1 \lambda_2}{\sigma_j p^{\lambda_3}}\right)^2 & i \neq j \end{cases}, \text{var}(c_i) = (\sigma_i \lambda_4)^2 \qquad (2.2.29)$$

其中 $p=1, 2, \cdots, m$。当 $i \neq j$ 时,$\text{var}(b_{ij})$ 中含有第 i 个和第 j 个标准差比值 σ_i / σ_j,可通过如下的回归方程找到直观的解释:

$$y_{it} = b_{ij} y_{jt} + \epsilon_{it} \qquad (2.2.30)$$

如果第 j 个标准差 σ_j 远大于第 i 个标准差 σ_i,即 y_{it} 的波动性要远远小于 y_{jt},因此 y_{it} 受到 y_{jt} 影响的可能性比较小,也就是说 b_{ij} 应该更加靠近均值

---

① 即使得足够多的系数设定为零(被降维),从而使非零系数的个数在合理的、可估计的范围内。

② 文献中关于协方差矩阵 $\mathbf{V}_0$ 的设定存在多个版本。如 Bańbura,Giannone & Reichlin(2010,JAE)设定:$\lambda_2=1$,$\lambda_3=2$。此外,对于 $i \neq j$ 的情形,则多了一个系数 $\theta \in (0, 1)$ 来调节方差的大小,具体见 eq.(2)。

零才更合理,于是要求其方差接近于零(σ_i/σ_j 接近于零),这也是为什么要加入标准差比值进行方差大小调节的原因。

把 $\mathbf{V}_0$ 写成矩阵形式(VAR 模型(1.3.14)形式下,协方差的维度为 $n*k \times n*k = 10 \times 10$, $n=2$, $m=2$, $k=mn+1$, n 为内生变量的个数,m 为滞后阶数)如下:

	c_1	b_{11}	b_{12}	d_{11}	d_{12}	c_2	b_{21}	b_{22}	d_{21}	d_{22}
c_1	$(\sigma_1\lambda_4)^2$	0	0	0	0	0	0	0	0	0
b_{11}	0	$\left(\dfrac{\lambda_1}{1^{\lambda_3}}\right)^2$	0	0	0	0	0	0	0	0
b_{12}	0	0	$\left(\dfrac{\sigma_1\lambda_1\lambda_2}{\sigma_2 1^{\lambda_3}}\right)^2$	0	0	0	0	0	0	0
d_{11}	0	0	0	$\left(\dfrac{\lambda_1}{2^{\lambda_3}}\right)^2$	0	0	0	0	0	0
d_{12}	0	0	0	0	$\left(\dfrac{\sigma_1\lambda_1\lambda_2}{\sigma_2 2^{\lambda_3}}\right)^2$	0	0	0	0	0
c_2	0	0	0	0	0	$(\sigma_2\lambda_4)^2$	0	0	0	0
b_{21}	0	0	0	0	0	0	$\left(\dfrac{\sigma_2\lambda_1\lambda_2}{\sigma_1 1^{\lambda_3}}\right)^2$	0	0	0
b_{22}	0	0	0	0	0	0	0	$\left(\dfrac{\lambda_1}{1^{\lambda_3}}\right)^2$	0	0
d_{21}	0	0	0	0	0	0	0	0	$\left(\dfrac{\sigma_2\lambda_1\lambda_2}{\sigma_1 2^{\lambda_3}}\right)^2$	0
d_{22}	0	0	0	0	0	0	0	0	0	$\left(\dfrac{\lambda_1}{2^{\lambda_3}}\right)^2$

可看出,当 VAR 模型中含有较多内生变量和较多滞后项时,系数矩阵先验分布的协方差矩阵 $\mathbf{V}_0$ 的维度将呈爆炸式增长,实际上 $\mathbf{V}_0$ 的维度(元素个数)是内生变量 n 的四次函数,即 n^4。当内生变量的个数 $n=5$,滞后项阶数 $m=4$ 时,$\mathbf{V}_0$ 的维度为 105×105,此矩阵的维度尚在可计算的范围内。Bańbura, Giannone & Reichlin(2010, JAE)估计了一个大型 VAR 模型,内生变量的个数 $n=130$,滞后项阶数 $m=13$。此时可计算出 $\mathbf{V}_0$ 的维度为 $n*k \times n*k = 130*(130*13+1) \times 130*(130*13+1) \approx 4.8 \times 10^{10}$,因此该矩阵的维度级别在百亿级,求解其逆矩阵及其相关运算,这显然是很难完成的,甚至是不可能完成的任务[1]。因此需要寻求其他办法来解决。下文详细阐述的虚拟观测数据方法,通过构造"虚拟数据",来巧妙地解决该问题。

---

[1] 一般说来,对于 $n \times n$ 矩阵其逆矩阵的运算所需的资源为 $\mathrm{O}(n^3)$。

此外,在设置 Minnesota 先验时,并不排除同时结合其他的先验信息来共同设置系数矩阵的协方差矩阵 $\mathbf{V}_0$。也就是说,可以同时综合两种或更多种先验信息,来设定系数矩阵的先验均值和协方差矩阵。比如在考虑特殊时期的货币政策时,若是零利率下限(zero lower bound),此时利率在样本区间内不对其他变量的变化做出响应,即利率方程中对应的其他变量滞后项的系数为零或非常接近于零。这一先验信息应该在模型估计时加以充分利用。具体如何操作,可参考四变量 VAR 模型的例子(2.2.32)。

(二)协方差矩阵 $\mathbf{\Omega}$ 的 Minnesota 先验分布

从严格意义上讲,经典的 Minnesota 先验分布(即 Litterman 最初提出的)关于协方差矩阵 $\mathbf{\Omega}$ 的设定是一个极端情况,即 $\mathbf{\Omega}$ 被认为是一个固定不变的对角矩阵(Kadiyala & Karlsson, 1997, JAE):

$$\mathbf{\Omega} = \begin{bmatrix} \sigma_1 & 0 & \cdots & 0 \\ 0 & \sigma_2 & \cdots & 0 \\ \vdots & \vdots & \ddots & 0 \\ 0 & 0 & \cdots & \sigma_n \end{bmatrix} \tag{2.2.31}$$

σ_i 为 VAR 模型中第 i 个自变量对应的自回归的误差项标准差($i=1$, $2, \cdots, n$)。也就是说当样本数据选定后,σ_i 为固定不变的常数。这意味着先验和后验分布在 VAR 模型的每个方程之间是相互独立的。这显然是较强的先验约束,因此可对此加以放松,比如允许 $\mathbf{\Omega}$ 为非对角矩阵或随机等。通常情况下,假设 $\mathbf{\Omega}$ 为非对角矩阵且随机,并服从逆 Wishart 分布。这种通常的假设下,条件后验分布仍有解析解,仍适用于 Gibbs 抽样算法。因此,假设正态分布(系数矩阵)-逆 Wishart 分布(协方差矩阵)仍是标准的做法,用以计算无信息先验假定下的可信集,特别是 SVAR 分析中更为常见(Uhlig, 2005, JME)。接下来将采取这一基本假定:正态-逆 Wishart 分布。

(三)应用示例:四变量 VAR 模型的 Bayesian 估计与 Minnesota 先验

此部分以一个四变量 VAR 模型为例,说明(1)如何编程实现 Minnesota 先验分布;(2)如何编程实现 Minnesota 先验和其他有用的先验信息相结合来设置新的先验分布。

1. Minnesota 先验分布

应用实例 2　中国宏观经济四变量 VAR 模型:Bayesian 估计与 Minnesota 先验

考虑四变量 VAR(2)模型(内生变量个数 $n=4$,滞后项阶数 $m=2$,单

个方程中待估参数的个数 $k=9$),并考察一单位货币供应量冲击的脉冲响应问题:

$$\mathbf{y}_t = \mathbf{\Phi}_0 + \mathbf{\Phi}_1 \mathbf{y}_{t-1} + \mathbf{\Phi}_2 \mathbf{y}_{t-2} + \boldsymbol{\epsilon}_t \tag{2.2.32}$$

其中

$$\mathbf{y}_t \equiv \begin{pmatrix} R_t \\ \pi_t \\ GDP_t \\ M2_t \end{pmatrix}, \quad \boldsymbol{\epsilon}_t = \begin{pmatrix} \epsilon_{1t} \\ \epsilon_{2t} \\ \epsilon_{3t} \\ \epsilon_{4t} \end{pmatrix} \tag{2.2.33}$$

$$\mathbf{\Phi}_0 \equiv \begin{pmatrix} c_1 \\ c_2 \\ c_3 \\ c_4 \end{pmatrix}, \quad \mathbf{\Phi}_1 = \begin{pmatrix} b_{11} & b_{12} & b_{13} & b_{14} \\ b_{21} & b_{22} & b_{23} & b_{24} \\ b_{31} & b_{32} & b_{33} & b_{34} \\ b_{41} & b_{42} & b_{43} & b_{44} \end{pmatrix}, \quad \mathbf{\Phi}_2 = \begin{pmatrix} d_{11} & d_{12} & d_{13} & d_{14} \\ d_{21} & d_{22} & d_{23} & d_{24} \\ d_{31} & d_{32} & d_{33} & d_{34} \\ d_{41} & d_{42} & d_{43} & d_{44} \end{pmatrix}$$
$$\tag{2.2.34}$$

其中 R_t 表示短期利率,GDP_t 表示实际 GDP 同比增长率,$M2_t$ 表示名义货币增长率,π_t 表示 CPI 通货膨胀率。数据采取中国宏观经济数据,1996Q1—2018Q4。

首先来设定系数 $\mathbf{\Phi}$ 的均值。假定系数向量 $\mathbf{\Phi}_0$,$\mathbf{\Phi}_1$,$\mathbf{\Phi}_2$ 的先验均值的定义如下:

$$E(\mathbf{\Phi}_0) = \begin{pmatrix} 0 \\ 0 \\ 0 \\ 0 \end{pmatrix}, \quad E(\mathbf{\Phi}_1) = \begin{pmatrix} 0.8 & 0 & 0 & 0 \\ 0 & 0.8 & 0 & 0 \\ 0 & 0 & 0.8 & 0 \\ 0 & 0 & 0 & 0.8 \end{pmatrix}, \quad E(\mathbf{\Phi}_2) = \begin{pmatrix} 0 & 0 & 0 & 0 \\ 0 & 0 & 0 & 0 \\ 0 & 0 & 0 & 0 \\ 0 & 0 & 0 & 0 \end{pmatrix}$$
$$\tag{2.2.35}$$

然后按顺序从上到下叠加可得:

$$E(\mathbf{\Phi}') = \begin{pmatrix} E(\mathbf{\Phi}_0') \\ E(\mathbf{\Phi}_1') \\ E(\mathbf{\Phi}_2') \end{pmatrix} = \begin{pmatrix} 0 & 0 & 0 & 0 \\ 0.8 & 0 & 0 & 0 \\ 0 & 0.8 & 0 & 0 \\ 0 & 0 & 0.8 & 0 \\ 0 & 0 & 0 & 0.8 \\ 0 & 0 & 0 & 0 \\ 0 & 0 & 0 & 0 \\ 0 & 0 & 0 & 0 \\ 0 & 0 & 0 & 0 \end{pmatrix} \tag{2.2.36}$$

那么系数向量 **b** 的均值 $\mathbf{b}_0$ 可定义为:

$$\mathbf{b}_0 \equiv \underbrace{vec(E(\mathbf{\Phi}'))}_{36 \times 1} \qquad (2.2.37)$$

其维度为 $n * k \times 1 = 36 \times 1$,$vec$ 表示矩阵列堆叠函数。

其次,来考察系数向量 **b** 的协方差矩阵 $\mathbf{V}_0$,维度为 $n * k \times n * k = 36 \times 36$,其为对角矩阵,可依据(2.2.29)设定。

最后,考虑 VAR 模型的误差项的协方差矩阵 $\mathbf{\Omega}$。此处采取文献中常用的做法,假设 $\mathbf{\Omega}$ 未知且为非对角矩阵,服从逆 Wishart 分布,自由度设为 $n+1$,尺度(scale)矩阵设为单位矩阵 $\mathbf{I}_n$。

至此,完成了系数向量 **b** 和误差项的协方差矩阵 $\mathbf{\Omega}$ 的先验分布设置。然后根据表 2.2 所列的计算公式,可得 **b** 和 $\mathbf{\Omega}$ 的条件后验分布。然后使用算法 1 中所列步骤,对 **b** 和 $\mathbf{\Omega}$ 进行 Gibbs 抽样。[①]

在上述抽样结果的基础上,可计算脉冲响应或其他感兴趣的变量。图 2.5 给出了一单位正向货币供应量冲击(M2,可视为量化宽松政策)的脉

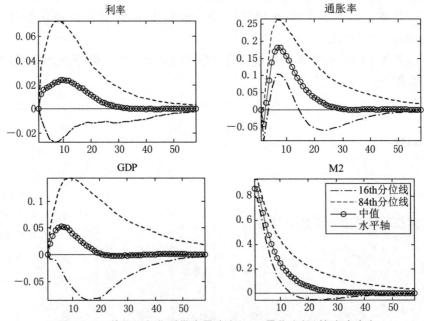

图 2.5　一单位正向货币供应量冲击(M2,量化宽松)的脉冲响应

注:图中两条虚线分别表示 16% 和 84% 的分位数(percentile)。一单位表示 100 基点(bp),即百分之一(原始数据为百分点,percentage point)。

---

① 由于 36×36 阶矩阵较大,此处不再列示出来,具体请参考(2.2.29)式和 Matlab 源代码: DSGE_VAR_Source_Codes\chap2\sec2.2\minnesota_prior_var4.m。

冲响应图。短期利率、通货膨胀率和 GDP 均出现不同程度的上涨。[①]

2. Minnesota 先验分布和其他先验信息

应用实例 3 四变量 VAR 模型:Minnesota 先验与 ZLB

为了更清楚地理解如何在 Minnesota 先验分布的基础上施加其他先验信息,将(2.2.34)式重新整理如(2.2.38)式。

(2.2.38)式中第一列代表 VAR 模型(2.2.32)的第一个方程中的系数向量,如此类推。因此系数向量 $\mathbf{b} \equiv vec(\mathbf{\Phi}^T)$ 是 36×1 维列向量,是(2.2.38)式中第一、二、三和四列按顺序从上到下叠加而成。

$$\mathbf{\Phi}' \equiv \begin{pmatrix} \mathbf{\Phi}_0' \\ \mathbf{\Phi}_1' \\ \mathbf{\Phi}_2' \end{pmatrix} = \begin{pmatrix} c_1 & c_2 & c_3 & c_4 \\ b_{11} & b_{21} & b_{31} & b_{41} \\ b_{12} & b_{22} & b_{32} & b_{42} \\ b_{13} & b_{23} & b_{33} & b_{43} \\ b_{14} & b_{24} & b_{34} & b_{44} \\ d_{11} & d_{21} & d_{31} & d_{41} \\ d_{12} & d_{22} & d_{32} & d_{42} \\ d_{13} & d_{23} & d_{33} & d_{43} \\ d_{14} & d_{24} & d_{34} & d_{44} \end{pmatrix} \tag{2.2.38}$$

如果在样本期间内,短期名义利率处于零利率下限(Zero Lower Bound, ZLB),也就是说短期利率不对其他变量做出反应,因此在 VAR 模型中,短期利率对应的方程中,除自身滞后项外,其他变量滞后项的系数应该为零(几乎确定)。如果将利率置于内生变量 $\mathbf{y}_t$(2.2.33)式中第一个位置,那么利率变量的一阶和二阶滞后项系数分别为 b_{11} 和 d_{11},因此利率方程中其他变量的滞后项系数为零,意味着 $b_{12} = b_{13} = b_{14} = d_{12} = d_{13} = d_{14} = 0$。而这一先验信息如何和 Minnesota 先验分布相结合呢?事实上,只需要在系数向量 $\mathbf{b}$ 的协方差矩阵 $\mathbf{V}_0$ 中 b_{12},b_{13},b_{14},d_{12},d_{13},d_{14} 对应的方差设置为零或一个较小的数即可,如 10^{-9}。这是因为这六个系数的先验均值已被设置为零,因此零方差或非常小的方差意味着该系数变量为零或非常靠近零。此时 $\mathbf{V}_0$ 可解释为 Minnesota 先验分布和其他先验信息综合作用的结果。

---

① 此处脉冲响应的计算并没有采取伴随矩阵的方法,而是直接计算出来(即采用 Choleski 分解的形式手动计算)。短期利率的脉冲响应似乎和直觉并不相符。货币供应量的增长,一般说来应该伴随短期名义利率的下降。这从一个侧面也说明 VAR 模型有时候并不是准确的或者恰当的数据产生过程(DGP),因此在建模时 SVAR 模型应该是更好的选择。

图 2.6 显示了在零利率下限情况下,一单位正向货币供应量冲击(M2,可视为量化宽松政策)的脉冲响应。可看出短期名义利率没有发生任何变化。通货膨胀率和 GDP 增长都有不同程度的上升。[①]

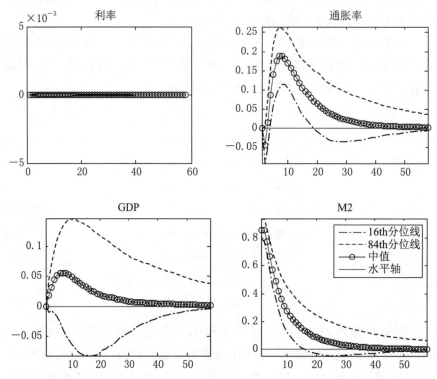

图 2.6　零利率下限时一单位正向货币供应量冲击(M2,量化宽松)的脉冲响应

注:图中两条虚线分别表示 16% 和 84% 的分位数(percentile)。一单位冲击表示 100 基点(bp),即百分之一(原始数据为百分点,percentage point)。

三、虚拟观测数据及方法

(一)虚拟观测数据的由来

虚拟观测数据(dummy observation)是一类外生数据(额外信息)的统称,其本意为使用某种方法获取外部有用信息,将该外部信息纳入数据样本中用于估计,这将有助于 VAR 模型的参数估计,提升 VAR 模型的估计和预测精度,比如施加滞后项系数之和的约束(Sims, 1992; Sims & Zha,

---

① Matlab 源文件:DSGE_VAR_Source_Codes\chap2\sec2.2\minnesota_prior_var4_ZLB.m。注意,此处仅为示例,样本期间内我国短期名义利率数据并不存在 ZLB 现象。

1998;Robertson & Tallman,1999)。从直观上讲,虚拟观测数据被认为是简化式 VAR 模型(1.3.14)式的观测值。虚拟观测数据一旦获得,只需要将其和原始数据一起堆叠成新的数据集,这相当于扩大了原始样本的容量。虚拟观测数据可有多种来源。既可以是其他国家的类似观测数据,也可来源于宏观经济模型的模拟数据,也可是人为构造的虚拟数据等。

此处简单介绍如何构造虚拟观测数据,来实现前文提及的 Minnesota 先验分布,这种方法被称为虚拟观测数据方法。该方法不仅解决了大型 VAR 模型的 Bayesian 估计问题,而且还解决了 Minnesota 先验分布的其他问题(待估系数之间的相关性问题)。换句话说,Minnesota 先验分布,既能直接指定(即系数矩阵的均值和协方差矩阵),也能通过虚拟观测数据方法加以实现。该虚拟数据实际上描述了待估参数的先验信息,只不过以所谓"观测数据"的形式出现。

使用虚拟观测数据方法来构造先验分布还有另外一个原因。由于 Minnesota 先验假设系数矩阵 $\boldsymbol{\Phi}$ 的协方差矩阵为对角矩阵(非对角元素全为零,即系数之间的协方差都被设置为零),这种"人为"假设忽略了系数之间的可能关系,导致那些原本具有较低"概率密度"的参数空间(组合)获得较高的"概率密度",从而可能导致内生变量之间具有不合理的变化关系。虚拟观测数据方法则是一种能够引入参数之间相关性的一种非常简洁的方法。

虚拟观测数据方法,也同样引入几个超参数,来构造先验信息。虚拟观测数据方法使用如下的四个超参数:

1. τ 控制总体先验的松紧程度(先验分布围绕"随机游走(或 AR(1))"的松紧程度),τ 越小,先验越靠近随机游走(或 AR(1));

2. d 控制高阶滞后项的离散程度;$d=0$ 意味着各高阶滞后项的先验分布具有相同的方差;

3. c 控制常数项的离散程度,$c>0$;c 越大,常数项的方差越大。

4. σ_i 为 VAR 模型中第 i 个自变量对应自回归的误差项标准差(自回归模型的滞后阶数应和 VAR 模型保持一致)。

此处以简单的 VAR 模型(1.3.22)为例,说明如何构建虚拟观测数据:

$$\begin{bmatrix} y_{1t} \\ y_{2t} \end{bmatrix} = \begin{bmatrix} c_1 \\ c_2 \end{bmatrix} + \begin{bmatrix} b_{11} & b_{12} \\ b_{21} & b_{22} \end{bmatrix} \begin{bmatrix} y_{1,t-1} \\ y_{2,t-1} \end{bmatrix} + \begin{bmatrix} d_{11} & d_{12} \\ d_{21} & d_{22} \end{bmatrix} \begin{bmatrix} y_{1,t-2} \\ y_{2,t-2} \end{bmatrix} + \begin{bmatrix} \epsilon_{1t} \\ \epsilon_{2t} \end{bmatrix} \quad (2.2.39)$$

首先,构造一阶滞后项系数的虚拟观测数据如下:

$$\mathbf{Y}_{D,1} = \begin{bmatrix} \dfrac{1}{\tau}\sigma_1 & 0 \\ 0 & \dfrac{1}{\tau}\sigma_2 \end{bmatrix}, \ \mathbf{X}_{D,1} = \begin{bmatrix} 0 & \dfrac{1}{\tau}\sigma_1 & 0 & 0 & 0 \\ 0 & 0 & \dfrac{1}{\tau}\sigma_2 & 0 & 0 \end{bmatrix} \quad (2.2.40)$$

既然虚拟观测数据被当作"样本数据",那么可将其代入 VAR 模型中。因此将(2.2.40)式代入 VAR 模型(2.2.39)式可得:

$$\begin{bmatrix} \dfrac{1}{\tau}\sigma_1 & 0 \\ 0 & \dfrac{1}{\tau}\sigma_2 \end{bmatrix} = \begin{bmatrix} 0 & \dfrac{1}{\tau}\sigma_1 & 0 & 0 & 0 \\ 0 & 0 & \dfrac{1}{\tau}\sigma_2 & 0 & 0 \end{bmatrix} \begin{bmatrix} c_1 & c_2 \\ b_{11} & b_{21} \\ b_{12} & b_{22} \\ d_{11} & d_{21} \\ d_{12} & d_{22} \end{bmatrix} + \begin{bmatrix} \epsilon_{11} & \epsilon_{21} \\ \epsilon_{12} & \epsilon_{22} \end{bmatrix}$$

$$(2.2.41)$$

考察第一个方程:

$$\frac{\sigma_1}{\tau} = \frac{\sigma_1}{\tau} b_{11} + \epsilon_{11} \quad (2.2.42)$$

此即

$$b_{11} = 1 - \frac{\tau \epsilon_{11}}{\sigma_1} \quad (2.2.43)$$

在(2.2.43)式两边取无条件期望,注意到 $E(\epsilon_{11})=0$,可得 $E(b_{11})=1$,这意味着虚拟观测数据关于 y_{1t} 的一阶滞后项系数 b_{11} 的均值为 1,即 Minnesota 先验分布的假设。b_{11} 的方差为

$$\mathrm{var}(b_{11}) = \frac{\tau^2 \mathrm{var}(\epsilon_{11})}{\sigma_1^2} \quad (2.2.44)$$

因此

$$b_{11} \sim N\left(1, \frac{\sigma_{11}}{\tau^{-2}\sigma_1^2}\right), \ \sigma_{11} \equiv \mathrm{var}(\epsilon_{11}) \quad (2.2.45)$$

很显然,τ 越小,b_{11} 的方差越小,b_{11} 越集中于均值 1 的附近。同样可得其他三个系数的分布为

$$b_{21} \sim N\left(0, \frac{\sigma_{21}}{\tau^{-2}\sigma_1^2}\right), \ b_{12} \sim N\left(0, \frac{\sigma_{12}}{\tau^{-2}\sigma_2^2}\right), \ b_{22} \sim N\left(1, \frac{\sigma_{22}}{\tau^{-2}\sigma_2^2}\right) \quad (2.2.46)$$

$$\sigma_{ij} \equiv \mathrm{var}(\epsilon_{ij}) \quad (2.2.47)$$

变量 y_{2t} 的一阶滞后项系数 b_{22} 的均值也为 1。对非自身滞后项的系数(b_{12},
b_{21}),由(2.2.46)可知,τ 越小,其方差越小,取值越靠近均值 0。

其次,构造二阶滞后项系数的虚拟观测数据:

$$\mathbf{Y}_{D,2} = \begin{pmatrix} 0 & 0 \\ 0 & 0 \end{pmatrix}, \quad \mathbf{X}_{D,2} = \begin{bmatrix} 0 & 0 & 0 & \frac{1}{\tau}\sigma_1 2^d & 0 \\ 0 & 0 & 0 & 0 & \frac{1}{\tau}\sigma_2 2^d \end{bmatrix} \tag{2.2.48}$$

同样的,将(2.2.48)式代入 VAR 模型(2.2.39)式可得:

$$\begin{pmatrix} 0 & 0 \\ 0 & 0 \end{pmatrix} = \begin{bmatrix} 0 & 0 & 0 & \frac{1}{\tau}\sigma_1 2^d & 0 \\ 0 & 0 & 0 & 0 & \frac{1}{\tau}\sigma_2 2^d \end{bmatrix} \begin{pmatrix} c_1 & c_2 \\ b_{11} & b_{21} \\ b_{12} & b_{22} \\ d_{11} & d_{21} \\ d_{12} & d_{22} \end{pmatrix} + \begin{pmatrix} \epsilon_{11} & \epsilon_{21} \\ \epsilon_{12} & \epsilon_{22} \end{pmatrix} \tag{2.2.49}$$

考察(2.2.49)式中的第一个方程:

$$0 = \frac{1}{\tau}\sigma_1 2^d d_{11} + \epsilon_{11} \tag{2.2.50}$$

$$E(d_{11}) = 0, \quad \text{var}(d_{11}) = \frac{\text{var}(\epsilon_{11})}{\tau^{-2}\sigma_1^2 2^{2d}}, \quad d_{11} \sim N\left(0, \frac{\sigma_{11}}{\tau^{-2}\sigma_1^2 2^{2d}}\right) \tag{2.2.51}$$

同样地,考察(2.2.49)式中的第二、三和四个方程,可得:

$$d_{21} \sim N\left(0, \frac{\sigma_{21}}{\tau^{-2}\sigma_1^2 2^{2d}}\right), \quad d_{12} \sim N\left(0, \frac{\sigma_{12}}{\tau^{-2}\sigma_2^2 2^{2d}}\right), \quad d_{22} \sim N\left(0, \frac{\sigma_{22}}{\tau^{-2}\sigma_2^2 2^{2d}}\right)$$
$$\tag{2.2.52}$$

可看到对于所有二阶滞后项系数(d_{11}, d_{12}, d_{21}, d_{22}),其先验均值均为零,
此即 Minnesota 先验假设。

再次,对于误差项的协方差矩阵 $\mathbf{\Omega}$,可构造虚拟观测数据为:

$$\mathbf{Y}_{D,3} = \begin{bmatrix} \sigma_1 & 0 \\ 0 & \sigma_2 \end{bmatrix}, \quad \mathbf{X}_{D,3} = \begin{pmatrix} 0 & 0 & 0 & 0 & 0 \\ 0 & 0 & 0 & 0 & 0 \end{pmatrix} \tag{2.2.53}$$

此意味着

$$\begin{bmatrix} \sigma_1 & 0 \\ 0 & \sigma_2 \end{bmatrix} = \begin{pmatrix} 0 & 0 & 0 & 0 & 0 \\ 0 & 0 & 0 & 0 & 0 \end{pmatrix} \begin{pmatrix} c_1 & c_2 \\ b_{11} & b_{21} \\ b_{12} & b_{22} \\ d_{11} & d_{21} \\ d_{12} & d_{22} \end{pmatrix} + \begin{pmatrix} \epsilon_{11} & \epsilon_{21} \\ \epsilon_{12} & \epsilon_{22} \end{pmatrix} \tag{2.2.54}$$

此即说明 $\mathbf{\Omega}$ 的先验分布的均值为

$$\begin{pmatrix} \sigma_1 & 0 \\ 0 & \sigma_2 \end{pmatrix} \tag{2.2.55}$$

最后,对于常数项,可构造虚拟观测数据为:

$$\mathbf{Y}_{D,4}=(0\quad 0),\ \mathbf{X}_{D,4}=\left(\frac{1}{c}\quad 0\quad 0\quad 0\quad 0\right) \tag{2.2.56}$$

将(2.2.56)式代入 VAR 模型(2.2.39)式可得:

$$0=\frac{c_1}{c}+\epsilon_{11},\ 0=\frac{c_2}{c}+\epsilon_{21} \tag{2.2.57}$$

这意味着

$$c_1\sim N(0,\ c^2\sigma_{11}),\ c_2\sim N(0,\ c^2\sigma_{21}) \tag{2.2.58}$$

即 c_1,c_2 服从均值为零的正态分布,方差大小取决于参数 c 的大小。

将前述四个虚拟观测数据合并,构造如下完整的虚拟观测数据 $\mathbf{Y}_D$,$\mathbf{X}_D$[①]

$$\mathbf{Y}_D\equiv(\mathbf{Y}_{D,1};\ \mathbf{Y}_{D,2};\ \mathbf{Y}_{D,3};\ \mathbf{Y}_{D,4}),\ \mathbf{X}_D\equiv(\mathbf{X}_{D,1};\ \mathbf{X}_{D,2};\ \mathbf{X}_{D,3};\ \mathbf{X}_{D,4}) \tag{2.2.59}$$

即将每个单独的虚拟观测数据垂直堆叠:[②]

$$\mathbf{Y}_D=\begin{pmatrix} \frac{1}{\tau}\sigma_1 & 0 \\ 0 & \frac{1}{\tau}\sigma_2 \\ 0 & 0 \\ 0 & 0 \\ \sigma_1 & 0 \\ 0 & \sigma_2 \\ 0 & 0 \end{pmatrix},\ \mathbf{X}_D=\begin{pmatrix} 0 & \frac{1}{\tau}\sigma_1 & 0 & 0 & 0 \\ 0 & 0 & \frac{1}{\tau}\sigma_2 & 0 & 0 \\ 0 & 0 & 0 & \frac{1}{\tau}\sigma_1 2^d & 0 \\ 0 & 0 & 0 & 0 & \frac{1}{\tau}\sigma_2 2^d \\ 0 & 0 & 0 & 0 & 0 \\ 0 & 0 & 0 & 0 & 0 \\ \frac{1}{c} & 0 & 0 & 0 & 0 \end{pmatrix} \tag{2.2.60}$$

---

① $\mathbf{Y}_{D1}$,$\mathbf{Y}_{D2}$,$\mathbf{Y}_{D3}$,$\mathbf{Y}_{D4}$,$\mathbf{X}_{D1}$,$\mathbf{X}_{D2}$,$\mathbf{X}_{D3}$,$\mathbf{X}_{D4}$ 的排列顺序会对最终结果产生一定影响。

② 在 Matlab 中,矩阵运算中,分号表示垂直堆叠(分号放在句末时表示一行或一个命令的结尾)。

这相当于增加了 7 个观测数据样本。

更一般地,Banbura, Giannone & Reichlin(2010,*JAE*)给出了使用虚拟观测数据方法来实现 Minnesota 先验分布的简洁方法。对于 n 个内生变量,m 阶滞后项的 VAR 模型,与(2.2.60)对应的虚拟观测数据的形式为[①]:

$$\mathbf{Y}_D \equiv \begin{pmatrix} \mathrm{diag}(\delta_1\sigma_1, \cdots, \delta_n\sigma_n)/\tau \\ \mathbf{0}_{n(m-1)\times n} \\ \cdots\cdots \\ \mathrm{diag}(\sigma_1, \cdots, \sigma_n) \\ \cdots\cdots \end{pmatrix} \tag{2.2.61}$$

$$\mathbf{X}_D \equiv \begin{pmatrix} \mathbf{0}_{nm\times 1} & J_m \otimes \mathrm{diag}(\sigma_1, \cdots, \sigma_n)/\tau \\ \mathbf{0}_{n\times 1} & \cdots\cdots \\ 1/c & \mathbf{0}_{n\times nm} \end{pmatrix} \tag{2.2.62}$$

其中 n 为内生变量的个数,m 为滞后阶数,$J_m \equiv \mathrm{diag}(1, 2, \cdots, m)$;参数 τ, c, $\sigma_i(i=1, 2, \cdots, n)$ 均为虚拟观测数据方法使用的超参数,含义见本节开头所述。$\delta_i(i=1, 2, \cdots, n)$ 用来表示变量的 AR(1)系数,即该变量持续性(persistence)程度。Litterman 将其设定为 1(非均值回归过程)。Banbura, Giannone & Reichlin(2010,*JAE*)认为对于服从均值回归的变量(即平稳变量),将其设定为 1 并不合适,应该设置为 0。

此外,Banbura, Giannone & Reichlin(2010)还给出了待估系数之和约束的虚拟观测数据方法的实现方式[②]。首先将简化式 VAR 模型(1.3.14)写成误差修正形式(error correction form)

---

① Matlab 文件\DSGE_VAR_Source_Codes\chap2\sec2.2\dummy_observation_implementation.m 手动编程实现了两变量、两阶滞后项的 VAR 模型的虚拟观测数据(Minnesota 先验分布):$\mathbf{Y}_{D1}$, $\mathbf{Y}_{D2}$, $\mathbf{Y}_{D3}$, $\mathbf{Y}_{D4}$, $\mathbf{X}_{D1}$, $\mathbf{X}_{D2}$, $\mathbf{X}_{D3}$, $\mathbf{X}_{D4}$。但在实际研究中,手动输入虚拟观测数据非常耗时,而且低效,特别是内生变量较多时尤其如此。因此需要编程加以自动实现(任意内生变量个数和任意滞后项阶数的 VAR 模型)。此处提供了一个函数:create_dummies_observations.m,能自动构建所需要的虚拟观测数据,无须手动输入。Matlab 文件 dummy_observation_function.m 调用该函数,计算结果和上述两变量、两阶滞后的模型 dummy_observation_implementation.m 一致。注意,此处的 $\mathbf{Y}_D$, $\mathbf{X}_D$ 和 Banbura, Giannone & Reichlin(2010,*JAE*)中提供的 $\mathbf{Y}_D$, $\mathbf{X}_D$ 在形式上稍有差异,此处将常数项放到第一位,而非最后一位。

② 施加系数之和的约束有助于提高 VAR 模型的预测能力,这是文献中的共识(Sims, 1992; Sims & Zha, 1998; Robertson & Tallman, 1999)。本书提供的 Matlab 源文件 create_dummies_observations.m 提供了该系数之和约束的虚拟观测数据方法的实现功能。

$$\Delta \mathbf{y}_t = \mathbf{c} - \mathbf{\Pi} \mathbf{y}_{t-1} + \mathbf{\Upsilon}_1 \Delta \mathbf{y}_{t-1} + \cdots + \mathbf{\Upsilon}_{m-1} \Delta \mathbf{y}_{t-m+1} + \boldsymbol{\epsilon}_t \qquad (2.2.63)$$

其中

$$\mathbf{\Upsilon}_j = -\sum_{s=1}^{m-j} \mathbf{\Phi}_{s+j}, \ j = 1, 2, \cdots, m-1 \qquad (2.2.64)$$

$$\mathbf{\Pi} \equiv \mathbf{I}_n - \mathbf{\Phi}_1 - \cdots - \mathbf{\Phi}_m \qquad (2.2.65)$$

VAR模型的一阶差分意味着 $\mathbf{y}_{t-1}$ 的系数为零，即

$$\mathbf{\Pi} = \mathbf{I}_n - \mathbf{\Phi}_1 - \cdots - \mathbf{\Phi}_m = 0 \qquad (2.2.66)$$

零约束(2.2.66)式可使用如下的虚拟观测数据来实现：

$$\mathbf{Y}_{D,5} \equiv \frac{1}{\lambda} \begin{pmatrix} \delta_1\mu_1 & 0 & \cdots & 0 \\ 0 & \delta_2\mu_2 & \cdots & 0 \\ \vdots & \vdots & \ddots & 0 \\ 0 & 0 & 0 & \delta_n\mu_n \end{pmatrix}, \ \mathbf{X}_{D,5} \equiv \underbrace{(\mathbf{0}_{n\times1}, \mathbf{1}_{1\times m} \bigotimes \mathbf{Y}_{D,5})}_{n\times(nm+1)}$$

$$(2.2.67)$$

其中，δ_i 的含义如(2.2.61)式；λ 控制缩减程度，当 $\lambda \to 0$ 时，表示完全差分情形(exact differencing)，即(2.2.66)式确定成立(概率为1)；相反当 $\lambda \to \infty$ 时，表示未施加任何约束，即没有任何程度的缩减；当 $\lambda \neq 0$ 时表示不完全差分情形(inexact differencing)，即(2.2.66)式以某一概率成立(概率小于1)，μ_i, $i = 1, 2, \cdots, n$ 表示内生水平变量 $\mathbf{y}_t$ 中第 i 个分量 y_{it} 的样本均值。Bańbura, Giannone & Reichlin(2010, *JAE*) 将的取值设定为：$\lambda = 10\tau$。

以 $n = 2$, $m = 2$ 来解释虚拟观测数据(2.2.67)式，如何来实现系数之和的零约束。将(2.2.67)式代入简化式VAR模型(1.3.14)：

$$\begin{pmatrix} \frac{1}{\lambda}\mu_1 & 0 \\ 0 & \frac{1}{\lambda}\mu_2 \end{pmatrix} = \begin{pmatrix} 0 & \frac{1}{\lambda}\mu_1 & 0 & \frac{1}{\lambda}\mu_1 & 0 \\ 0 & 0 & \frac{1}{\lambda}\mu_2 & 0 & \frac{1}{\lambda}\mu_2 \end{pmatrix} \begin{pmatrix} c_1 & c_2 \\ b_{11} & b_{21} \\ b_{12} & b_{22} \\ d_{11} & d_{21} \\ d_{12} & d_{22} \end{pmatrix} + \begin{pmatrix} \epsilon_{11} & \epsilon_{21} \\ \epsilon_{12} & \epsilon_{22} \end{pmatrix}$$

$$(2.2.68)$$

考察第一个和第二个方程，

$$\frac{1}{\lambda}\mu_1 = \frac{1}{\lambda}\mu_1 b_{11} + \frac{1}{\lambda}\mu_1 d_{11} + \epsilon_{11} \qquad (2.2.69)$$

$$0 = \frac{1}{\lambda}\mu_1 b_{21} + \frac{1}{\lambda}\mu_1 d_{21} + \epsilon_{21} \qquad (2.2.70)$$

容易得到

$$1 - (b_{11} + d_{11}) \sim N\left(0, \frac{\lambda^2 \text{var}(\epsilon_{11})}{\mu_1^2}\right) \qquad (2.2.71)$$

$$-(b_{21} + d_{21}) \sim N\left(0, \frac{\lambda^2 \text{var}(\epsilon_{21})}{\mu_1^2}\right) \qquad (2.2.72)$$

容易看到当 $\lambda = 0$ 时,(2.2.71)式和(2.2.72)式表明(2.2.66)式确定成立。当 $\lambda \neq 0$ 时表示(2.2.71)式和(2.2.72)式表明(2.2.66)式以小于 1 的概率成立。

(二)虚拟观测数据与正态-逆 Wishart 分布

如果假设虚拟观测数据 $\mathbf{Y}_D$,$\mathbf{X}_D$ 具有(2.2.61)和(2.2.62)的形式,那么可以证明,使用虚拟观测数据的方法(即将 $\mathbf{Y}_D$,$\mathbf{X}_D$ 加入原始样本中)等价于对系数向量和协方差矩阵施加了如下的正态-逆 Wishart 先验分布(Bańbura,Giannone & Reichlin,2010,*JAE*):

$$\mathbf{b}|\mathbf{\Omega} \sim N(\mathbf{b}_0, \, \mathbf{\Omega} \otimes (\mathbf{X}_D' \mathbf{X}_D)^{-1}) \qquad (2.2.73)$$

$$\mathbf{\Omega} \sim iW(\mathbf{S}_D, \, T_D - k) \qquad (2.2.74)$$

其中

$$\mathbf{b}_0 = vec(\mathbf{B}_0), \, \mathbf{B}_0 = (\mathbf{X}_D' \mathbf{X}_D)^{-1} \mathbf{X}_D' \mathbf{Y}_D \qquad (2.2.75)$$

$$\mathbf{S}_D = (\mathbf{Y}_D - \mathbf{X}_D \mathbf{B}_0)'(\mathbf{Y}_D - \mathbf{X}_D \mathbf{B}_0) \qquad (2.2.76)$$

其中 T_D 表示虚拟观测数据的个数,$k = mn + 1$,n 为内生变量的个数,m 为滞后阶数,vec 表示列堆叠函数,可参考 p.65 注①。考虑虚拟观测数据后的条件后验分布可表示为①

$$\mathbf{b}|\mathbf{\Omega}, \, \mathbf{Y}^* \sim N(\mathbf{b}^*, \, \mathbf{\Omega} \otimes (\mathbf{X}^{*\prime} \mathbf{X}^*)^{-1}) \qquad (2.2.77)$$

$$\mathbf{\Omega}|\mathbf{b}, \, \mathbf{Y}^* \sim iW(T^*, \, \mathbf{S}^*) \qquad (2.2.78)$$

$$\mathbf{b}^* = vec(\mathbf{B}^*), \, \mathbf{B}^* \equiv (\mathbf{X}^{*\prime} \mathbf{X}^*)^{-1}(\mathbf{X}^{*\prime} \mathbf{Y}^*) \qquad (2.2.79)$$

$$\mathbf{S}^* = (\mathbf{Y}^* - \mathbf{X}^* \mathbf{B}^*)'(\mathbf{Y}^* - \mathbf{X}^* \mathbf{B}^*) \qquad (2.2.80)$$

其中 $\mathbf{Y}^* = [\mathbf{Y}_T; \mathbf{Y}_D]$,$\mathbf{X}^* = [\mathbf{X}_T; \mathbf{X}_D]$(即上下堆叠),其中 $\mathbf{X}_T$,$\mathbf{Y}_T$ 分别为

---

① 推导过程可参考:Kadiyala & Karlsson(1997,*JAE*)。

原始观测样本；T^* 表示 $\mathbf{Y}^*$ 中数据个数（样本容量），$T^* = T + T_D$；由此可得 $\mathbf{Y}^*$ 的维度为 $T^* \times n$；$\mathbf{X}^*$ 的维度为 $T^* \times k$。

容易验证 $\mathbf{b}^*$ 是 $\mathbf{Y}^*$ 关于 $\mathbf{X}^*$ 回归的最小二乘估计量（OLS）[①]，而且和 Minnesota 先验分布设定（2.2.29）式下的后验分布均值是一致的。

Bańbura, Giannone & Reichlin(2010)估计了一个大型 VAR 模型，内生变量的个数 $n = 130$，滞后项阶数 $m = 13$，因此 VAR 模型中每一个方程中待估参数的个数 $k = mn + 1 = 1\,691$。从后验分布的均值（2.2.79）式可知，此时只需计算维度为 $k \times k = 1\,691 \times 1\,691$ 的矩阵的逆矩阵即可，维度适中，计算具有可行性，其维度远远小于 Minnesota 先验分布设定下所需要的计算量，即 $\mathbf{V}_0$ 的逆矩阵，其维度为 $n * k \times n * k = 219\,830 \times 219\,830$，已超出多数可利用的计算资源的范围。因此虚拟观测数据方法所需的计算资源仅仅是其 $1/n^2 = 1/1\,690$，效率较高。虚拟观测数据方法的用处还不止如此。对于施加其他额外的先验信息时，其操作相当便捷。第四章介绍的 **BH** 分析框架也利用了虚拟观测数据方法。

（三）虚拟观测数据方法示例：一个 VAR(2)模型

应用实例 4　中国宏观经济两变量 VAR 模型：虚拟观测数据方法

考虑两变量（$n = 2$）、二阶滞后（$m = 2$）的简化式 VAR 模型（1.3.22）[②]。因此单一方程中待估参数个数为 $k = mn + 1 = 5$。假定 y_{1t} 代表实际 GDP 同比增长率（YoY），y_{2t} 代表 CPI 通货膨胀同比增长率：

$$\mathbf{y}_t \equiv \begin{bmatrix} y_{1t} \\ y_{2t} \end{bmatrix} = \begin{bmatrix} GDP\_growth\_YoY_t \\ CPI\_inflation\_YoY_t \end{bmatrix} \tag{2.2.81}$$

取中国季度数据样本，1996Q1—2018Q4（如图 2.7 所示）。系数矩阵 $\boldsymbol{\Phi}$ 的后验分布的均值为：

$$\hat{\boldsymbol{\Phi}} = \begin{bmatrix} 0.153\,6 & 1.033\,9 & -0.038\,5 & -0.046\,3 & 0.004\,9 \\ -1.017\,2 & 0.188\,5 & 0.972\,2 & -0.018\,1 & -0.116\,7 \end{bmatrix} \tag{2.2.82}$$

对应的 VAR 模型的协方差矩阵 $\boldsymbol{\Omega}$ 为：

$$\hat{\boldsymbol{\Omega}} = \begin{bmatrix} 0.289\,1 & -0.122\,1 \\ -0.122\,1 & 1.135\,9 \end{bmatrix} \tag{2.2.83}$$

---

① 线性回归：$\mathbf{Y}^* = \mathbf{X}^* \mathbf{B}^T + \mathbf{U}$。注意到 $\mathbf{Y}^*$ 和 $\mathbf{X}^*$ 的定义，容易从（2.2.79）式推出：$\mathbf{B}^* = (\mathbf{X}_T^T \mathbf{X}_T + \mathbf{X}_D^T \mathbf{X}_D)^{-1} (\mathbf{X}_T^T \mathbf{Y}_T + \mathbf{X}_D^T \mathbf{Y}_D)$。

② Matlab 源代码：\DSGE_VAR_Source_Codes\chap2\sec2.2\dummy_observation_implementation.m。

图 2.7 同时给出了基于样本数据的中值(median)预测结果(向前三年:2019，2020 及 2021)估计结果,并同时给出了 10%和 90%的分位数区间。

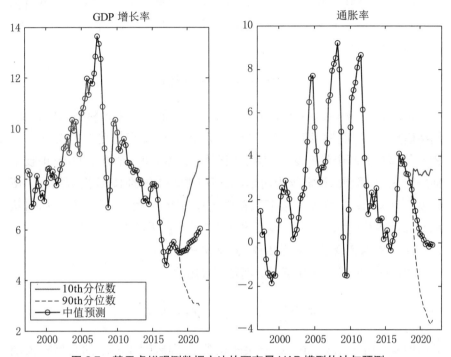

图 2.7 基于虚拟观测数据方法的两变量 VAR 模型估计与预测

第三节 DSGE 框架约束下 VAR 模型估计

从 DSGE 模型(包括 RBC 模型)中构建 VAR 模型参数的先验分布,是 VAR 模型估计研究的最新进展。这方面早期的研究包括 Ingram & Whiteman(1994,本节以下简称 IW(1994)), Del Negro & Schorfheide (2004，2011), Del Negro, Schorfheide, Smets & Wouters(2007)。近期研究则包括 Filippeli & Theodoridis(2015,本节以下简称 FT(2015))和 Filippeli, Harrison & Theodoridis(2020,本节以下简称 FHT(2020)),其主要从 DSGE 模型出发构建 BVAR 模型参数的先验分布,其根本逻辑是利用了 DSGE 模型和 VAR 模型的基本对应关系,即著名的"穷人的可逆性条件"(poor man's invertibility condition)。在此可逆性条件下,简化式 VAR 模型的外生冲击和待估计系数与结构式模型外生冲击和待估计系数建立对应关系,从而能够利用 DSGE 模型中结构参数的先验分布为 VAR 模型待估参数建立先验分布。

接下来分别以 IW(1994)、Del Negro & Schorfheide(2004,以下简称 DNS)、FT(2015)和 FHT(2020)为例阐述如何使用 DSGE 模型为(B)VAR 模型构建先验分布。

一、IW(1994):一阶近似法

Ingram & Whiteman(1994)首次使用了简单的 DSGE 模型(真实经济周期模型,RBC 模型;即 KPR(1988))为 BVAR 模型构建先验分布。该 RBC 模型仅有两个状态变量(即资本存量和技术)和一个外生冲击(即技术冲击)。由于模型的设定较为简单,从而使得线性化的 RBC 模型能够方便地表示为 VAR(1)模型。接下来首先阐述该 RBC 模型,然后介绍如何从 RBC 模型中构建相应 VAR 模型的贝叶斯估计所需的先验假设。

(一)两状态变量的简单 RBC 模型:KPR(1988)

代表性家庭最大化如下无穷期贴现效用[1]:

$$E_0 \sum_{t=1}^{\infty} \beta^t \{\ln(c_t) + \ln(1-h_t)\} \tag{2.3.1}$$

其中即期效用(period utility)是关于消费 c_t 和闲暇 $1-h_t$ 的自然对数函数。家庭预算约束为:

$$c_t + i_t \leqslant y_t = A_t k_t^{\alpha} h_t^{1-\alpha} \tag{2.3.2}$$

其中产出 y_t 为经典的柯布道格拉斯形式,为资本存量 k_t 和劳动 h_t 的一次齐次函数,A_t 为技术冲击的对数,α 为资本存量的产出份额。资本存量 k_t 满足经典的递归律(law of motion):

$$k_{t+1} = i_t + (1-\delta)k_t \tag{2.3.3}$$

其中 i_t 为新增投资,δ 为资本折旧率参数。技术冲击 $a_t = \log(A_t)$ 满足对数 AR(1)过程(其中 $0 < \rho < 1$ 为持续性参数,$\sigma > 0$ 为外生冲击的标准差参数):

$$a_t = \rho a_{t-1} + \epsilon_{at}, \ \epsilon_{at} \sim N(0, \sigma^2) \tag{2.3.4}$$

模型均衡由六个变量 $\{c_t, k_t, h_t, y_t, i_t, a_t\}$ 和六个均衡条件组成:资本递

---

[1] 此处的模型为平稳模型,略去了劳动增强型技术变量 X_t。

归方程(2.3.3)、技术冲击 AR(1)过程(2.3.4)、资源约束(2.3.5)、生产函数
(2.3.6)、消费的欧拉方程(2.3.7)和劳动供给方程(2.3.8)。

$$c_t + i_t = y_t \tag{2.3.5}$$

$$y_t = A_t k_t^\alpha h_t^{1-\alpha} \tag{2.3.6}$$

$$\frac{1}{c_t} = \beta E_t \frac{1}{c_{t+1}} (\alpha A_{t+1} k_{t+1}^{\alpha-1} h_{t+1}^{1-\alpha} + 1 - \delta) \tag{2.3.7}$$

$$\frac{1}{1-h_t} = \frac{1}{c_t}(1-\alpha) A_t k_t^\alpha h_t^{-\alpha} \tag{2.3.8}$$

将上述六个均衡条件对数线性化,然后求解并写出状态空间形式如(1.2.10)
和(1.2.11)所示[①]。选择资本存量和技术变量为模型内生状态变量:

$$\begin{bmatrix} k_{t+1} \\ a_{t+1} \end{bmatrix} = \mathbf{B} \begin{bmatrix} k_t \\ a_t \end{bmatrix} + \mathbf{D} \epsilon_{at+1} \tag{2.3.9}$$

其中

$$\mathbf{B} = \begin{bmatrix} \pi_{kk} & \pi_{kA} \\ 0 & \rho \end{bmatrix}, \ \mathbf{D} = \begin{bmatrix} 0 \\ 1 \end{bmatrix} \tag{2.3.10}$$

选择消费、劳动、产出和投资为模型的观测变量,观测方程可写为

$$z_t \equiv \begin{bmatrix} c_t \\ h_t \\ y_t \\ i_t \end{bmatrix} = \mathbf{A} \begin{bmatrix} k_t \\ a_t \end{bmatrix} \tag{2.3.11}$$

---

① 线性化的 DSGE 模型的求解方法较多,比如 B&K 方法(Blanchard & Kahn, 1980)、Klein
(2000)、Sims(2002)、Uhlig(1999)、Swanson, Anderson & Levin(2005,简称 SAL)等方
法。其中 Klein(2000)和 Sims(2002)的方法属于一般化的 Schur 方法,而 B&K 方法属于
特殊的 Schur 方法;Uhlig(1999)的方法属于待定系数法,更多可参考李向阳(2018, p.35),
SAL(2005)提出了 Perturbation AIM 方法,基于 Mathematica 平台的符号算法,能够提供
更高精度的求解。上述算法本质上都属于扰动(perturbation)算法。此外,文献中还有投
影算法(projection)。Fernández-Villaverde et.al(2016)提供了 DSGE 模型求解与估计的
综述。此外 Dynare 平台提供了求解状态空间形式中系数矩阵的方法。具体可参考
Dynare 官方论坛版主之一的 Johannes Pfeifer 教授的 Github: https://github.com/Johan-
nesPfeifer/DSGE_mod/blob/master/FV_et_al_2007,其中 ABCD_test.m 函数使用了 Dy-
nare 内置函数 kalman_transition_matrix.m 计算 ABCD 四个矩阵并判断可逆性条件是否
满足。而 kalman_transition_matrix.m 函数使用了 Dynare 的 mod 文件计算的结果,比如
oo_, M_等结构数组。

其中矩阵 $\mathbf{A}$ 为 4×2 矩阵,其各元素、π_{kk} 和 π_{kA} 均为模型结构参数 $\mu\equiv(\alpha,\beta,\rho,\delta)$ 的非线性函数。可证明 $\mathbf{A}$ 为列满秩矩阵,即秩为 2。因此根据第一章第二节 DSGE 模型与 VAR 模型的关系,可推导出该线性化的 DSGE 模型的 VAR(1) 表示:

$$z_t = \mathbf{\Phi} z_{t-1} + \epsilon_t \tag{2.3.12}$$

其中 $\mathbf{\Phi}$ 为 4×4 矩阵,秩为 2:

$$\mathbf{\Phi} = \mathbf{A} \begin{bmatrix} \pi_{kk} & \pi_{kA} \\ 0 & \rho \end{bmatrix} (\mathbf{A}^T\mathbf{A})^{-1}\mathbf{A}^T \tag{2.3.13}$$

(二) RBC 模型约束下的 VAR 模型先验假设

在推导 VAR 模型参数,即 $\mathbf{\Phi}$ 的先验假设之前,需要对 RBC 模型的结构参数 μ 的先验进行构造。IW(1994) 对四个结构参数指定了如下简单的多元正态分布,并假设协方差矩阵为对角矩阵,即四个参数为相互独立的参数(即此时结构参数被认为是随机变量,不再是常数):

$$\mu \equiv (\alpha,\beta,\delta,\rho) \sim N(\mu_0,\Sigma_\mu) \tag{2.3.14}$$

其中

$$\mu_0 \equiv \begin{bmatrix} 0.58 \\ 0.988 \\ 0.025 \\ 0.95 \end{bmatrix}, \ \Sigma_\mu \equiv \begin{bmatrix} 0.000\,6 & 0 & 0 & 0 \\ 0 & 0.000\,5 & 0 & 0 \\ 0 & 0 & 0.000\,04 & 0 \\ 0 & 0 & 0 & 0.000\,15 \end{bmatrix} \tag{2.3.15}$$

定义向量函数

$$f(\mu) = f(\alpha,\beta,\rho,\delta) \equiv vec(\mathbf{\Phi}) \tag{2.3.16}$$

为了构造 $\mathbf{\Phi}$ 的先验分布,对函数 f 在结构参数的均值 μ_0 处进行一阶泰勒展开,即存在 μ_0 使得下式近似成立,

$$f(\mu) - f(\mu_0) \approx \nabla_\mu f(\mu_0)(\mu - \mu_0) \tag{2.3.17}$$

其中 $\nabla_\mu f(\mu_0)$ 表示 f 在 $\mu=\mu_0$ 处的雅克比(jacobian)矩阵,即 f 关于 μ 的偏导数矩阵。根据多维正态分布的线性变换性质(分量的线性组合仍然是正态分布),可得到 VAR(1) 模型系数的先验分布如下:

$$f(\alpha,\beta,\rho,\delta) \equiv vec(\mathbf{\Phi}) \sim N(f(\mu_0), \nabla_\mu f(\mu_0) \cdot \Sigma_\mu \cdot \nabla_\mu f(\mu_0)^T) \tag{2.3.18}$$

此时 VAR(1) 模型系数的先验分布的均值为 $f(\mu_0)$。需要注意的是此处的结论是建立在 RBC 模型结构参数的先验分布为正态分布和一阶近似的基础上。

在先验分布确定后,通过单方程估计方法(即每一个观测变量:c_t,h_t,y_t,i_t 在 VAR 模型中都对应一个方程),基于正态分布计算样本的似然函数,再结合导出的正态先验分布(2.3.18),从而推导出参数的后验分布,并以后验分布均值(posterior mean)为估计值。

二、DNS(2004):虚拟观测数据法

DNS(2004)在估计简化式 VAR(m)模型时假设参数和误差协方差矩阵的先验是共轭先验。然后假设 DSGE 模型为真实的 DGP 过程,因此使用 DSGE 模型随机模拟数据,接着使用此模拟数据(即虚拟观测数据)和真实数据形成增强数据集及 OLS 方法估计共轭先验的一阶和二阶矩。假设 DSGE 模型随机模拟的数据为 $\mathbf{Y}(\theta)$

$$\mathbf{Y}(\theta) \equiv \{Y(\theta)_t\}_{t=1}^{\lambda T} \tag{2.3.19}$$

其中 $\lambda \in (0, \infty)$ 为超参数,用来控制模拟数据量;T 为真实数据 $\mathbf{Y}_T$ 的样本量;θ 为简化式 VAR(m)模型的参数向量(含误差项的协方差矩阵中的参数);两个数据形成增强数据集 $[\mathbf{Y}_T; \mathbf{Y}(\theta)]$。此时基于增强数据集的 VAR($m$)模型似然函数可写成两个数据对应似然函数的乘积

$$L(\mathbf{Y}(\theta), \mathbf{Y}_T | \theta) \equiv L(\mathbf{Y}_T | \theta) L(\mathbf{Y}(\theta) | \theta) \tag{2.3.20}$$

DNS(2004)将 $L(\mathbf{Y}(\theta)|\theta)$ 解释为 θ 的先验分布。然而,FT(2015)和 FHT(2020)都指出将 $L(\mathbf{Y}(\theta)|\theta)$ 解释为 θ 的先验分布并不合适,因为这只是 OLS 估计量的分布而已,而非 θ 的先验分布。虽然 OLS 估计量的一致性保证了 VAR 模型参数会收敛于 DSGE 模型导出的先验分布均值,但 OLS 估计量的协方差矩阵却并不代表 VAR 模型参数的协方差矩阵,而前者仅仅代表了估计的误差,其最终随着虚拟观测数据的样本量 $\lambda T \to \infty$ 而趋向于零,因此不能替代 VAR 模型参数的协方差矩阵。故 DNS(2004)采用的方法存在一定缺陷。

三、FT(2015):非共轭先验与向量中值定理

FT(2015)可看作是 IW(1994)的拓展,即在更复杂的 DSGE 模型(通常为新凯恩斯模型,比如带有名义黏性设定的 DSGE 模型,如 Smets &

Wouters，2007，*AER*)下进行分析。此时线性化的 DSGE 模型一般不再有 VAR(1)表示，而通常具有 VAR(∞)表示。但 FT(2015)仍采取 IW(1994) 的一阶近似方法为简化式模型指定先验分布。

(一)状态空间的可逆性条件与向量中值定理

以线性化 DSGE 模型的状态空间(1.2.10)和(1.2.11)为例，由第一章第二节的分析可知，当 $\mathbf{AD}^{1/2}$ 为满秩方阵(此要求外生冲击的个数 $n\eta$ 和观测(控制)变量的个数 ny 相等，即为方阵)且矩阵 $\mathbf{M}$ 特征值的绝对值均小于 1 时(此即可逆性条件)，DSGE 模型的状态空间形式能表示成 VAR(∞)：

$$\mathbf{M}=(\mathbf{I}-\mathbf{D}^{1/2}(\mathbf{AD}^{1/2})^{-1}\mathbf{A})\mathbf{B} \tag{2.3.21}$$

即

$$\mathbf{y}_t=\sum_{j=1}^{\infty}\boldsymbol{\Phi}_j\mathbf{y}_{t-j}+\mathbf{AD}^{1/2}\boldsymbol{\eta}_t \tag{2.3.22}$$

$$\boldsymbol{\Phi}_j\equiv\mathbf{ABM}^j\mathbf{D}^{1/2}(\mathbf{AD}^{1/2})^{-1} \tag{2.3.23}$$

其中矩阵 $\mathbf{A}$，$\mathbf{B}$，$\mathbf{D}$，$\mathbf{M}$ 都是参数 θ 的非线性函数。此时理论模型(DSGE) 的结构参数 θ 和简化式模型(VAR)的参数 $\boldsymbol{\phi}$ 之间存在解析对应关系 f：

$$f:\theta\mapsto\boldsymbol{\phi} \tag{2.3.24}$$

其中 $\boldsymbol{\phi}=[\boldsymbol{\phi}_1，\boldsymbol{\phi}_2，\cdots]$且

$$\boldsymbol{\phi}_j\equiv vec(\boldsymbol{\Phi}_j)=vec(\mathbf{ABM}^j\mathbf{D}^{1/2}(\mathbf{AD}^{1/2})^{-1})，j=1，2，\cdots，\infty \tag{2.3.25}$$

$$\boldsymbol{\Sigma}_\theta=\mathbf{ADA}^T \tag{2.3.26}$$

其中 $\boldsymbol{\Sigma}_\theta$ 为 DSGE 模型对应的 VAR 模型中误差项的协方差矩阵。

另一方面，一个简化式 VAR(m)模型(m 为有限正整数)可表示为

$$\mathbf{y}_t=\sum_{j=1}^{m}\boldsymbol{\Phi}_j\mathbf{y}_{t-j}+\boldsymbol{\epsilon}_t \tag{2.3.27}$$

此处的系数形式上仍和(2.3.22)保持一致。令 $\boldsymbol{\Phi}\equiv[\boldsymbol{\Phi}_1，\boldsymbol{\Phi}_2，\cdots，\boldsymbol{\Phi}_m]$为系数矩阵。在可逆的条件下，简化式 VAR 模型的外生冲击 $\boldsymbol{\epsilon}_t$ 和结构式模型的外生冲击 $\boldsymbol{\eta}_t$ 可唯一对应

$$\boldsymbol{\epsilon}_t=\mathbf{AD}^{1/2}\boldsymbol{\eta}_t \tag{2.3.28}$$

在经典的正态分布假设下，为简化式模型(2.3.27)的参数 $\boldsymbol{\phi}=$ $[\boldsymbol{\phi}_1，\boldsymbol{\phi}_2，\cdots]$指定先验分布，只需指定 $\boldsymbol{\phi}$ 的均值 $\mu_\phi(\theta)$ 和 $\boldsymbol{\phi}$ 的协方差矩阵

$\boldsymbol{\Sigma}_\phi(\theta)$即可。

接下来首先构建 VAR 模型参数 $\boldsymbol{\phi}$ 的先验分布,然后考虑误差协方差矩阵 $\boldsymbol{\Sigma}_\epsilon$ 的先验分布,注意此处采取了独立的正态-逆 Wishart 先验,这意味着参数的后验分布不再具有解析形式。FT(2015)假设 DSGE 模型结构参数服从正态分布,然后使用向量中值定理来推导 $\boldsymbol{\phi}$ 的先验分布[①],形式上不同于 IW(1994)采取的一阶泰勒近似,但二者本质上都是一阶近似,即线性近似。

假定 DSGE 模型结构参数 θ 的先验均值为 μ_θ,记 $\mu_{0\phi}(\theta)\equiv f(\mu_\theta)$ 为 VAR 模型待估参数 $\boldsymbol{\phi}$ 的均值,显然 $\mu_{0\phi}(\theta)$ 来源于 DSGE 模型的先验均值。在一阶近似下(类似于(2.3.17)式),可得 $\boldsymbol{\phi}$ 的方差协方差矩阵 $\boldsymbol{\Sigma}_\phi(\theta)$:

$$\boldsymbol{\Sigma}_\phi(\theta)\equiv\boldsymbol{\nabla}_\theta f(\mu_\theta)\cdot\boldsymbol{\Sigma}_\theta\cdot\boldsymbol{\nabla}_\theta f(\mu_\theta)^T \tag{2.3.29}$$

其中 $\boldsymbol{\Sigma}_\theta$ 由(2.3.26)定义,$\boldsymbol{\nabla}_\theta f(\mu_\theta)$ 表示(2.3.24)中函数 f 在 $\theta=\mu_\theta$ 处的雅克比(Jacobian)矩阵,即 f 关于 θ 的偏导数矩阵。FT(2015)指出由于 DSGE 模型的结构参数的个数往往远远小于 VAR 模型中待估计参数的个数,即 θ 的维度远远小于 $\boldsymbol{\phi}$ 的维度。因此 $\boldsymbol{\Sigma}_\phi(\theta)$ 可能为奇异矩阵,即不是正定矩阵,而是半正定矩阵,其秩等于 θ 的维度,而不是 $\boldsymbol{\phi}$ 的维度。为简化处理,FT(2015)假定此时 $\boldsymbol{\Sigma}_\phi(\theta)$ 为对角矩阵,即不在主对角线上的元素都令其为零。由于主对角线上元素都为 DSGE 模型结构参数的非线性函数的方差,因此一般不为零。所以对角化的 $\boldsymbol{\Sigma}_\phi(\theta)$ 将为非奇异的正定矩阵。

然后考虑简化式 VAR 模型的误差协方差矩阵 $\boldsymbol{\Sigma}_\epsilon$ 的先验分布。通常假定 $\boldsymbol{\Sigma}_\epsilon$ 服从逆 Wishart 分布:

$$\boldsymbol{\Sigma}_\epsilon\sim iW(\mathbf{S}_0,\ v_0) \tag{2.3.30}$$

其中 $\mathbf{S}_0$ 表示尺度矩阵,v_0 表示自由度。再根据(2.2.11)式,可知 $\boldsymbol{\Sigma}_\epsilon$ 的均值 μ_{Σ_ϵ} 满足

$$\mu_{\Sigma_\epsilon}=\frac{\mathbf{S}_0}{v_0-ny-1} \tag{2.3.31}$$

其中 ny 表示观测向量 $\mathbf{y}_t$ 的维度。为简化分析,令 $\mu_{\Sigma_\epsilon}=\boldsymbol{\Sigma}_\theta$,$v_0=ny+2$,因

---

① FT(2015)使用了向量函数的中值定理(Mean Value Theorem,**White**,2001,p.80,Theorem 4.36)来替代一阶泰勒近似方法。从 IW(1994)的推导过程来看,使用中值定理并不合适。如果在结构参数均值处 $\theta=\theta_0$ 使用向量函数的中值定理,$f(\theta)-f(\theta_0)=\boldsymbol{\nabla}_\theta f(\theta^*)(\theta-\theta_0)$,此处 Jacobian 矩阵的取值点 θ^* 一般不同于 θ_0,但中值定理确保此处成立等号,这和一阶泰勒近似不同(近似等于)。然而寻找 θ^* 并不容易,不如直接使用 θ_0 更简单。因此 FT(2015)方程(35)中在指定参数 γ(此处的 ϕ)的先验分布的协方差矩阵时,Jacobian 矩阵仍在均值 μ_γ(即此处的 θ_0)处取值并不妥当。

此 $\mathbf{S}_0 = \mathbf{\Sigma}_\theta$。也就是说对简化式模型(2.3.27),此处设定其误差项的协方差矩阵 $\mathbf{\Sigma}_\epsilon$ 的均值为 DSGE 模型推导的 VAR 模型的协方差矩阵 $\mathbf{\Sigma}_\theta$。现将上述分析总结如表 2.4:

表 2.4　FT(2015):一阶近似下 DSGE 模型先验导出的 VAR 模型先验分布

待估对象	均值	协方差矩阵/自由度
VAR 模型系数 $\boldsymbol{\phi} \sim (\mu_{0\phi}(\theta), \mathbf{\Sigma}_\phi(\theta))$	$\mu_{0\phi}(\theta) \equiv f(\mu_\theta)$	$\mathbf{\Sigma}_\phi(\theta) \equiv \nabla_\theta f(\mu_\theta) \mathbf{\Sigma}_\theta \nabla_\theta f(\mu_\theta)^T$
VAR 模型误差项的协方差矩阵 $\mathbf{\Sigma}_\epsilon \sim iW(\mathbf{S}_0, v_0)$	$\mathbf{S}_0 = \mathbf{\Sigma}_\theta$	$v_0 = ny + 2$

注:只有在 DSGE 模型结构参数的先验分布为正态分布时,VAR 模型系数 $\boldsymbol{\phi}$ 的先验分布在一阶(线性)近似下才为正态分布,即 $\boldsymbol{\phi} \sim N(\mu_{0\phi}(\theta), \mathbf{\Sigma}_\phi(\theta))$。$\mu_\theta$ 为 DSGE 模型结构参数 θ 的先验均值;ny 表示 DSGE 模型状态空间(1.2.10)和(1.2.11)中观测向量 $\mathbf{y}_t$ 的维度。$\mathbf{\Sigma}_\theta$ 为 DSGE 模型推导的 VAR(∞) 模型的协方差矩阵。$\nabla_\theta f(\mu_\theta)$ 表示 (2.3.24)中函数 f 在 $\theta = \mu_\theta$ 处的雅克比(Jacobian)矩阵,即 f 关于 θ 的偏导数矩阵。

(二)正态先验与 DSGE 模型估计的先验分布

为 VAR 模型估计构建先验分布时,通常要求 DSGE 模型结构参数的先验分布为正态分布[①]。由于采取线性近似方法,因此 VAR 模型系数的先验也是正态分布。然而文献中关于 DSGE 模型的结构参数的贝叶斯估计中,通常假设三种类型的先验分布:正态分布、贝塔分布(Beta)和逆伽马分布(Inv. Gamma)。

表 2.5　DSGE 模型参数估计常用的先验假设

参数类型	分布类型
外生过程持续性参数(persistence)、Calvo 黏性参数(概率参数)、指数化参数(indexation)	贝塔分布(Beta)
外生冲击的标准差参数(standard deviation)	逆伽马分布(Inv. Gamma)
其他结构参数	正态分布(Normal)

注:其他可能的先验分布有一致分布和 Gamma 分布。外生过程的持续性参数通常位于 0—1 之间,这恰好和 Beta 分布的定义域为 0—1 相吻合,因此在文献中经常假设持续性参数服从 Beta 分布。逆伽马分布,其定义域为非负实数,在零附近具有较高的密度,即右偏(正偏态)尤其在测量数据的精度(方差)评估中经常用到,因此方差或标准差参数的先验经常被假设为逆伽马分布。正态分布密度的定义域则为整个实数轴,并具有经典的 3-sigma 规则,可作为其他无符号要求参数的先验分布。

---

① DSGE 模型的结构参数通常并不需要全部被估计。换句话说,会有部分参数被校准。如 FT(2015)和 FHT(2020)中均采取了校准和估计相结合的方法。

由于非正态分布(Beta 分布、Inv. Gamma 分布)并不具备正态分布的良好性质(如线性运算性质)[①],因此若 DSGE 模型某些参数的先验分布是 Beta 分布或 Inv. Gamma 分布,那么将无法根据(2.3.17)式或使用向量中值定理推导出简化式 VAR 模型参数的先验分布。为解决这一问题,FT(2015)做了一个随机模拟实验,计算两种情况下 DSGE 模型导出的 VAR 模型的脉冲响应函数[②]:

情况 1:DSGE 模型的结构参数均服从正态分布。

情况 2:DSGE 模型的结构参数服从表 2.5 中所列的分布,即部分服从正态分布,部分则不然。

结果显示,二者的脉冲响应函数差异很小,几乎可忽略。因此 FT(2015)认为假设所有待估计参数服从正态分布,并未对 VAR 模型参数的先验分布造成较大影响,进而未对脉冲响应函数造成较大影响,因此可假设 DSGE 模型中所有待估结构参数服从正态分布。

在获得 VAR 模型参数的先验分布后,即可考虑后验分布 $p(\phi|\mathbf{Y}_T, \theta)$。然而先验分布不是共轭先验,因此后验分布不具有解析形式,但 FT(2015)指出后验分布的核(kernel)可表达成两个条件分布之积:条件正态(N)和逆 Wishart 分布(iW),因此可使用 Gibbs 抽样:

$$p(\phi|\mathbf{Y}_T, \theta) \propto N(\mu_{1\phi}, \boldsymbol{\Sigma}_{1\phi}|\boldsymbol{\Sigma}_\epsilon) iW(\mathbf{S}_1, v_1|\boldsymbol{\Phi}) \qquad (2.3.32)$$

其中 $\mathbf{Y}_T$ 为 $T \times ny$ 矩阵,ny 为观测变量的个数,每行表示所有内生变量的某一期观测值,定义见(1.3.16);T 为样本数据的个数;$v_1 = v_0 + T$;且

$$\boldsymbol{\Sigma}_{1\phi} \equiv (\boldsymbol{\Sigma}_{\phi, ols}^{-1} + \boldsymbol{\Sigma}_\phi(\theta)^{-1})^{-1} \qquad (2.3.33)$$

$$\mu_{1\phi} = \boldsymbol{\Sigma}_{1\phi}[(\boldsymbol{\Sigma}_\phi(\theta)^{-1}\mu_{0\phi}(\theta) + \boldsymbol{\Sigma}_{\phi, ols}^{-1} \cdot \phi_{ols})] \qquad (2.3.34)$$

$$\mathbf{S}_1 \equiv \mathbf{S}_0 + T \cdot \boldsymbol{\Sigma}_\epsilon + (\boldsymbol{\Phi} - \boldsymbol{\Phi}_{ols})^T \mathbf{X}_T' \mathbf{X}_T (\boldsymbol{\Phi} - \boldsymbol{\Phi}_{ols})^T \qquad (2.3.35)$$

其中 $\mathbf{X}_T$ 为 $T \times k$ 矩阵,$k = ny \times m$,每行表示 VAR 模型中单一方程中所有内生变量对应的观测值;ϕ_{ols},$\boldsymbol{\Sigma}_{\phi, ols}$ 表示简化式 $VAR(m)$ 模型(2.3.27)系数

---

① 如 Beta 分布就不满足线性运算性质,因此线性运算后所得变量的分布未知:由于 Beta 分布的定义域为 0—1,因此两个 Beta 分布变量的和或差将不再服从 Beta 分布,因为和或差变量的定义域已不再是 0—1 之间。同样的 Inv. Gamma 分布也不满足,两个 Inv. Gamma 分布变量的差将不再定义在正半轴上,因此差变量也不再是 Inv. Gamma 分布变量,其分布未知。而正态变量,**只要相互独立**,那么其线性运算后的变量仍为正态变量。

② 请参考 Matlab 源文件:\DSGE_VAR_Source_Codes\chap2\sec2.3\exe_sim_irfs.m。

的 OLS 估计和误差协方差矩阵的 OLS 估计。$\mu_{0\phi}(\theta)$，$\Sigma_{\phi}(\theta)$ 的定义见表 2.4。$\Phi \equiv [\Phi_1, \Phi_2, \cdots, \Phi_m]$ 为简化式 VAR(m) 模型（2.3.27）的系数矩阵。Φ_{ols} 为系数矩阵的 OLS 估计①。上述结论说明简化式 VAR(m) 模型系数的后验分布是 DSGE 模型导出的 VAR(∞) 模型先验分布的矩和 OLS 估计的加权平均。

由（2.3.35），在给定 Φ 时，可得简化式 VAR 模型误差项的协方差矩阵 Σ_{ϵ} 的后验 $\Sigma_{\epsilon} \sim iW(S_1, v_1)$。其后验均值 $\mu_{\Sigma_{\epsilon}} = vec(S_1)$ 满足下式②

$$\mu_{\Sigma_{\epsilon}} = \frac{v_0 - ny - 1}{T + v_0 - ny - 1} vec(\Sigma_{\theta}) + \frac{T}{T + v_0 - ny - 1} vec(\Sigma_{\phi, ols})$$
$$+ \frac{1}{T + v_0 - ny - 1} vec[(\Phi - \Phi_{ols})^T X_T' X_T (\Phi - \Phi_{ols})^T] \quad (2.3.36)$$

此即后验分布均值 $\mu_{\Sigma_{\epsilon}}$ 是 DSGE 模型推导的误差项的协方差矩阵 $S_0 = \Sigma_{\theta}$ 与 OLS 估计值 $\Sigma_{\phi, ols}$ 的加权平均，再加上一个调整项。

四、FHT(2020)：非共轭先验与随机模拟

和 FT(2015)相同，FHT(2020)同样假设 VAR 模型参数的先验分布不是共轭先验，而是独立的正态-逆 Wishart 分布（即非共轭先验），即系数矩阵 B 和协方差矩阵 Ω 服从的分布为相互独立的，即 B 服从正态分布，而 Ω 服从逆 Wishart 分布。因此简化式模型参数的后验分布不再具有解析形式，但仍可通过 Gibbs 算法随机抽样。

和 FT(2015)不同的是，FHT(2020)通过两个超参数（hyperparameters）来控制 DSGE 框架下的先验信息约束分别作用于系数矩阵 B 和协方差矩阵 Ω 的紧致程度（tightness）。超参数的选择标准是最大化 BVAR 模型的边际似然函数，从而能够排除那些不合理的先验信息约束。

具体说来，第一个超参数 λ 用来控制简化式 VAR 模型的系数 ϕ 的协方差矩阵 $\Sigma_{\phi}(\theta)$ 在后验分布中所占的"权重"，即定义

$$\Sigma_{\lambda\phi}(\theta) \equiv \lambda \Sigma_{\phi}(\theta) \quad (2.3.37)$$

来替代（2.3.33）和（2.3.34）中的 $\Sigma_{\phi}(\theta)$。FHT(2020)指出当 $\lambda \to \infty$ 时，系数 ϕ 的后验均值和协方差矩阵分别趋于 OLS 估计值 ϕ_{ols} 和 $\Sigma_{\phi, ols}$；当 $\lambda \to 0$ 时，

---

① 注意此处 Φ_{ols} 和 ϕ_{ols} 在本质上是一致的，都是系数的 OLS 估计，但形式上不一致。

② 此处的推导使用了（2.3.35）和（2.2.11）。vec 表示堆叠运算，具体可参考本章附录。

系数 ϕ 的后验均值和协方差矩阵分别趋于 DSGE 模型导出的先验均值 $\mu_{0\phi}(\theta)$ 和零矩阵。

第二个超参数是 VAR 模型误差项的协方差矩阵 Σ_ϵ 所服从的逆 Wishart 分布中的自由度 v_0。根据(2.3.36),误差项的协方差矩阵 Σ_ϵ 的均值是 DSGE 模型推导的误差项的协方差矩阵 $S_0 = \Sigma_\theta$ 与 OLS 估计值 $\Sigma_{\phi,ols}$ 的加权平均。容易看到,可通过参数 v_0(以及 λ)的变化控制后验分布的取值。

最后,FHT(2020)通过蒙特卡洛随机模拟来近似计算先验和后验分布的各阶矩。

值得注意的是,不论 FT(2015)还是 FHT(2020),其使用的方法都受到 Fernandez-Villaverde et al.(2007)中的可逆性条件约束。因此,只有 DSGE 线性化模型能够转换为 VAR 模型时,才能使用 FT(2015)或 FHT(2020) 提出的方法来为 VAR 模型提供先验分布。

附　录

一、OLS 估计的技术推导

最优化问题(2.1.30)需要对于系数矩阵 Φ 进行求导。在推导之前需对采取的形式符号进行说明。矩阵或向量求导有两种常用的形式表达方式:分子布局(numerator layou)和分母布局(denominator layout)。[1]假设 $\mathbf{y} = (y_1, \cdots, y_m)^T$, $\mathbf{x} = (x_1, \cdots, x_n)^T$ 分别为 $m \times 1$, $n \times 1$ 向量。分子布局表示求导的结果矩阵中,$\mathbf{y}$ 的分量按列排列,$\mathbf{x}$ 的分量按行排列(从形式上看 $\mathbf{x}$ 为转置形式),如(2.4.1)式所示,因此求导结果矩阵为 $m \times n$ 矩阵,这也被称为雅克比形式(jacobian formulation)[2]。反之,分母布局则相反,结果为 $n \times m$ 矩阵,也被称为海塞形式(hessian formulation),有时也被称为梯度形式(gradient formulation)。

---

[1] Wiki 百科:http://en.wikipedia.org/wiki/Matrix_calculus#Derivatives_with_matrices。

[2] 雅克比形式非常类似于向量函数中的雅克比矩阵(Jacobian matrix):设 $f: R^n \to R^m$, $\mathbf{x} \to f(\mathbf{x}) = (f_1(\mathbf{x}), \cdots, f_m(\mathbf{x}))$,那么 f 在某点 $\mathbf{x}$ 的导数为一矩阵,称为雅克比矩阵,记作 $J_f(\mathbf{x}) = (\partial f_i(\mathbf{x})/\partial x_j)_{m \times n}$, $i=1, 2, \cdots, m$, $j=1, 2, \cdots, n$。

$$\frac{\partial \mathbf{y}}{\partial \mathbf{x}'} \equiv \begin{bmatrix} \dfrac{\partial y_1}{\partial x_1} & \dfrac{\partial y_1}{\partial x_2} & \cdots & \dfrac{\partial y_1}{\partial x_n} \\[2mm] \dfrac{\partial y_2}{\partial x_1} & \dfrac{\partial y_2}{\partial x_2} & \cdots & \dfrac{\partial y_2}{\partial x_n} \\[2mm] \vdots & \vdots & \ddots & \vdots \\[2mm] \dfrac{\partial y_m}{\partial x_1} & \dfrac{\partial y_m}{\partial x_2} & \cdots & \dfrac{\partial y_m}{\partial x_n} \end{bmatrix}_{m \times n} \tag{2.4.1}$$

此处采取分子布局的方式。对于任意矩阵 $\mathbf{X}$，向量 $\mathbf{a}$，$\mathbf{b}$（非 $\mathbf{X}$ 的函数），有

$$\frac{\partial \mathbf{a}'\mathbf{X}\mathbf{b}}{\partial \mathbf{X}} = \mathbf{b}\mathbf{a}', \quad \frac{\partial \mathbf{a}'\mathbf{X}'\mathbf{b}}{\partial \mathbf{X}} = \mathbf{a}\mathbf{b}' \tag{2.4.2}$$

假设 $\mathbf{X} = \mathbf{\Phi}$，$\mathbf{a} = \mathbf{y}_t$，$\mathbf{b} = \mathbf{x}_{t-1}$（或 $\mathbf{a} = \mathbf{x}_{t-1}$，$\mathbf{b} = \mathbf{y}_t$），容易从（2.4.2）式得到（2.1.31）式。

二、三个关键函数及性质：*vec*，*trace* 和 *kron*（$\otimes$）

在待估参数后验分布的推导过程中，需要经常用到三个矩阵运算符号（函数）：vec，trace 和 kron（$\otimes$），分别是列堆叠函数、迹函数及克氏乘积（kronecker product）。

对于二阶方阵 A、B，

$$A = \begin{pmatrix} a_{11} & a_{12} \\ a_{21} & a_{22} \end{pmatrix}, B = \begin{pmatrix} b_{11} & b_{12} \\ b_{21} & b_{22} \end{pmatrix} \tag{2.4.3}$$

列堆叠函数 vec 表示将矩阵的列依次从上到下堆叠起来，形成列向量；trace 函数表示对角线元素之和，被称为迹函数；克氏乘积是两个任意维度矩阵的"乘积"运算，将第二个矩阵分别乘以第一矩阵的每一个元素，而形成的一个较大的矩阵：假设 A 矩阵的维度为 $n \times m$，B 矩阵的维度为 $s \times l$，那么 $A \otimes B$ 的维度为 $n * s \times m * l$：

$$vec(A) \equiv \begin{pmatrix} a_{11} \\ a_{21} \\ a_{12} \\ a_{22} \end{pmatrix}, \; trace(A) \equiv \sum_{i=1}^{2} a_{ii} = a_{11} + a_{22} \tag{2.4.4}$$

$$A \otimes B = \begin{pmatrix} a_{11}B & a_{12}B \\ a_{21}B & a_{22}B \end{pmatrix} = \begin{pmatrix} a_{11}b_{11} & a_{11}b_{12} & a_{12}b_{11} & a_{12}b_{12} \\ a_{11}b_{21} & a_{11}b_{22} & a_{12}b_{21} & a_{12}b_{22} \\ a_{21}b_{11} & a_{21}b_{12} & a_{22}b_{11} & a_{22}b_{12} \\ a_{21}b_{21} & a_{21}b_{22} & a_{22}b_{21} & a_{22}b_{22} \end{pmatrix} \tag{2.4.5}$$

关于上述三个运算符,如下运算公式经常用到:

逆运算分配律 $\qquad (A\otimes B)^{-1}=A^{-1}\otimes B^{-1}$ $\qquad$ (2.4.6)

转置分配律 $\qquad (A\otimes B)'=A'\otimes B'$ $\qquad$ (2.4.7)

乘积分配律 $\qquad (A\otimes B)(C\otimes D)=(AC\otimes BD)$ $\qquad$ (2.4.8)

单位矩阵运算律 $\qquad \mathbf{I}_n\otimes\mathbf{I}_m=\mathbf{I}_{nm}$ $\qquad$ (2.4.9)

克氏乘积的行列式公式 $\qquad |A_{a\times a}\otimes B_{b\times b}|=|A|^b|B|^a$ $\qquad$ (2.4.10)

循环性质 $\qquad tr(ABC)=tr(CAB)=tr(BCA)$ $\qquad$ (2.4.11)

线性性质 $\qquad tr(A+B)=tr(A)+tr(B)$ $\qquad$ (2.4.12)

二次型公式 $\qquad tr(ABC)=vec(A')'(I\otimes B)vec(C)$ $\qquad$ (2.4.13)

二次型公式 $\qquad tr(A'BCD')=vec(A)'(D\otimes B)vec(C)$ $\qquad$ (2.4.14)

$$vec(ABC)=(C'\otimes A)vec(B) \qquad (2.4.15)$$

三、Bayesian 先验分布与后验分布

使用贝叶斯法则(Bayes' rule)来计算后验分布。考虑 VAR 模型的堆叠形式(1.3.14)

$$\mathbf{y}_t=\mathbf{\Phi}\mathbf{x}_{t-1}+\mathbf{\epsilon}_t,\ \mathbf{\epsilon}_t\sim N(0,\mathbf{\Omega}) \qquad (2.4.16)$$

贝叶斯法则可将联合分布写成边际分布和条件分布之积:

$$\underbrace{p(\mathbf{Y}_T|\mathbf{\Phi},\mathbf{\Omega})}_{\text{条件分布}}\underbrace{p(\mathbf{\Phi},\mathbf{\Omega})}_{\text{边际分布}}=\underbrace{p(\mathbf{Y}_T,\mathbf{\Phi},\mathbf{\Omega})}_{\text{联合分布}}=\underbrace{p(\mathbf{\Phi},\mathbf{\Omega}|\mathbf{Y}_T)}_{\text{条件分布}}\underbrace{p(\mathbf{Y}_T)}_{\text{边际分布}} \qquad (2.4.17)$$

其中 $\mathbf{Y}_T$ 为内生变量的所有观测值(样本)堆叠而成的矩阵,定义如(1.3.16)式。由(2.4.17)式可得

$$\underbrace{p(\mathbf{\Phi},\mathbf{\Omega}|\mathbf{Y}_T)}_{\text{联合后验分布}}=\frac{\overbrace{p(\mathbf{Y}_T|\mathbf{\Phi},\mathbf{\Omega})}^{\text{似然分布}}\overbrace{p(\mathbf{\Phi},\mathbf{\Omega})}^{\text{先验分布}}}{\underbrace{p(\mathbf{Y}_T)}_{\text{边际似然}}} \qquad (2.4.18)$$

当 $\mathbf{\Omega}$ 为已知,且 $\mathbf{\Phi}$ 的先验分布为无信息先验,即 $p(\mathbf{\Phi}|\mathbf{\Omega})=$ 常数时,由 (2.4.18)式可知,$\mathbf{\Phi}$ 的后验分布将和似然函数具有相同的概率分布。再由 VAR 模型向量化形式的似然函数形式(2.4.49)式可知,$\mathbf{\Phi}$ 的条件后验分布为条件多元正态分布。

当即 $p(\mathbf{\Phi}|\mathbf{\Omega})\neq$ 常数时,即为有信息先验时,可使用虚拟观测数据方

法来实现 $p(\mathbf{\Phi}|\mathbf{\Omega})$。使用虚拟观测数据方法的优点在于,能将 $p(\mathbf{\Phi}|\mathbf{\Omega})$ 写成类似于似然分布 $p(\mathbf{Y}_T|\mathbf{\Phi},\mathbf{\Omega})$ 的解析形式:$p(\mathbf{Y}_D|\mathbf{\Phi},\mathbf{\Omega})$(Bańbura,Giannone & Reichlin,2010,JAE,p.75;Chiristiano,2016,pp.59—69):

从而可利用贝叶斯法则求出 $\mathbf{\Phi}$ 的条件后验分布的解析形式:

$$p(\mathbf{\Phi}|\mathbf{\Omega})=p(\mathbf{Y}_D|\mathbf{\Phi},\mathbf{\Omega}) \tag{2.4.19}$$

$$\underbrace{p(\mathbf{\Phi},\mathbf{\Omega}|\mathbf{Y}_T)}_{\text{联合后验分布}}=\underbrace{p(\mathbf{\Phi}|\mathbf{Y}_T,\mathbf{\Omega})}_{\text{条件后验分布}}\underbrace{p(\mathbf{\Omega}|\mathbf{Y}_T)}_{\text{边际后验分布}} \tag{2.4.20}$$

因此根据(2.4.18)—(2.4.20)式,可知

$$
\begin{aligned}
\underbrace{p(\mathbf{\Phi}|\mathbf{Y}_T,\mathbf{\Omega})}_{\text{条件后验分布}}\underbrace{p(\mathbf{\Omega}|\mathbf{Y}_T)}_{\text{边际后验分布}}&=\frac{\overbrace{p(\mathbf{Y}_T|\mathbf{\Phi},\mathbf{\Omega})}^{\text{似然分布}}\overbrace{p(\mathbf{\Phi},\mathbf{\Omega})}^{\text{先验分布}}}{\underbrace{p(\mathbf{Y}_T)}_{\text{边际似然}}}\\
&=\frac{\overbrace{p(\mathbf{Y}_T|\mathbf{\Phi},\mathbf{\Omega})p(\mathbf{Y}_D|\mathbf{\Phi},\mathbf{\Omega})}^{\propto p(\mathbf{\Phi}|\mathbf{Y}_T,\mathbf{\Omega})}\overbrace{p(\mathbf{\Omega})}^{\text{先验分布}}}{p(\mathbf{Y}_T)}
\end{aligned}
\tag{2.4.21}
$$

因此有

$$p(\mathbf{\Phi}|\mathbf{Y}_T,\mathbf{\Omega})p(\mathbf{\Omega}|\mathbf{Y}_T)\propto p(\mathbf{Y}_T|\mathbf{\Phi},\mathbf{\Omega})p(\mathbf{Y}_D|\mathbf{\Phi},\mathbf{\Omega})p(\mathbf{\Omega}) \tag{2.4.22}$$

此处一个关键的问题就是如何选择 $\mathbf{\Omega}$ 的先验分布,使得条件后验分布为已知分布。一个合适的选择是 $\mathbf{\Omega}$ 的先验分布共轭于似然函数 $p(\mathbf{Y}_T|\mathbf{\Phi},\mathbf{\Omega})\cdot p(\mathbf{Y}_D|\mathbf{\Phi},\mathbf{\Omega})$,即先验分布为逆 Wishart 分布 $iW(\mathbf{S}_0,v_0)$。此时联合后验分布和条件后验分布为

$$
\begin{aligned}
\underbrace{p(\mathbf{\Phi},\mathbf{\Omega}|\mathbf{Y}_T)}_{\text{联合后验分布}}&=N(\mathbf{b}^*,\mathbf{\Omega}\otimes(\mathbf{X}^{*'}\mathbf{X}^*)^{-1})\times iW(\mathbf{S}^*,T+T_D-k+v_0)\\
&=\underbrace{p(\mathbf{\Phi}|\mathbf{Y}_T,\mathbf{\Omega})}_{\text{条件后验分布}}\underbrace{p(\mathbf{\Omega}|\mathbf{Y}_T)}_{\text{边际后验分布}}
\end{aligned}
$$

$$\tag{2.4.23}$$

其中 $\mathbf{b}^*$,$\mathbf{S}^*$ 定义分别见(2.2.79),(2.2.80)式;$\mathbf{X}^*=[\mathbf{X}_T;\mathbf{X}_D]$;$T_D$ 表示虚拟观测数据的个数;$k=mn+1$,n 为内生变量的个数,m 为滞后阶数。

四、VAR 模型似然函数的技术推导

VAR 模型的似然函数(likelihood)推导,已有很多优秀的文献,比如 Christiano(2016),Piffer(2019)等。此处仅为了叙述完整性,做简单推导和指引。

(一) 经典形式

考虑简化式 VAR 模型(1.3.14)的似然函数的推导[①]:

$$\mathbf{y}_t = \mathbf{\Phi} \mathbf{x}_{t-1} + \boldsymbol{\epsilon}_t, \ \boldsymbol{\epsilon}_t \sim N(0, \mathbf{\Omega}) \tag{2.4.24}$$

可用样本数据为 $\mathbf{y}_{1-m}$, $\cdots$, $\mathbf{y}_0$, $\mathbf{y}_1$, $\cdots$, $\mathbf{y}_T$。定义样本观测矩阵 $\mathbf{Y}_T \equiv \{\mathbf{y}_1, \cdots, \mathbf{y}_T\}^T$;定义 $\mathbf{x}_0 \equiv \{\mathbf{1}_{n\times 1}; \mathbf{y}_0; \cdots; \mathbf{y}_{1-m}\}$。其中 m 表示 VAR 模型的滞后阶数,T 表示样本容量[②]。

由(2.4.24)式,误差项假设服从多元正态分布,因此对任意给定的 t,有

$$p(\mathbf{y}_t \mid \mathbf{x}_t, \mathbf{\Phi}, \mathbf{\Omega}) = \frac{1}{(2\pi)^{n/2}} \mid \mathbf{\Omega} \mid^{-\frac{1}{2}} \exp\left[-\frac{1}{2}(\mathbf{y}_t - \mathbf{\Phi}\mathbf{x}_t)' \mathbf{\Omega}^{-1}(\mathbf{y}_t - \mathbf{\Phi}\mathbf{x}_t)\right] \tag{2.4.25}$$

在给定系数矩阵 $\mathbf{\Phi}$ 和协方差矩 $\mathbf{\Omega}$ 阵时,数据 $\mathbf{Y}_T$ 似然函数的定义为

$$p(\mathbf{Y}_T, \mathbf{y}_{1-m}, \cdots, \mathbf{y}_0 \mid \mathbf{\Phi}, \mathbf{\Omega}) = p(\mathbf{Y}_T, \mathbf{x}_0 \mid \mathbf{\Phi}, \mathbf{\Omega}) \tag{2.4.26}$$

如果将初始值 $\mathbf{y}_{1-m}$, $\cdots$, $\mathbf{y}_0$ 视为给定,那么此时似然函数(2.4.26)可写为:

$$p(\mathbf{Y}_T \mid \mathbf{\Phi}, \mathbf{\Omega}, \mathbf{y}_{1-m}, \cdots, \mathbf{y}_0) = p(\mathbf{Y}_T \mid \mathbf{\Phi}, \mathbf{\Omega}, \mathbf{x}_0) \tag{2.4.27}$$

通常情况下为了避免冗余,常省略 $\mathbf{x}_0$。反复使用贝叶斯规则,将似然函数式(2.4.27)可写为

$$\begin{aligned} p(\mathbf{Y}_T \mid \mathbf{\Phi}, \mathbf{\Omega}) &= p(\mathbf{y}_T \mid \mathbf{y}_{T-1}, \cdots, \mathbf{y}_{T-m}, \mathbf{\Phi}, \mathbf{\Omega}) \\ &\times p(\mathbf{y}_{T-1} \mid \mathbf{y}_{T-2}, \cdots, \mathbf{y}_{T-m-1}, \mathbf{\Phi}, \mathbf{\Omega}) \\ &\times \cdots \times p(\mathbf{y}_1 \mid \mathbf{y}_1, \mathbf{\Phi}, \mathbf{\Omega}) \times p(\mathbf{y}_1 \mid \mathbf{\Phi}, \mathbf{\Omega}) \end{aligned} \tag{2.4.28}$$

因此根据(2.4.25)和(2.4.28)可得

$$p(\mathbf{Y}_T \mid \mathbf{\Phi}, \mathbf{\Omega}) = \frac{1}{(2\pi)^{\frac{nT}{2}}} \mid \mathbf{\Omega} \mid^{-\frac{T}{2}} \exp\left[-\frac{1}{2}\sum_{t=1}^{T}(\mathbf{y}_t - \mathbf{\Phi}\mathbf{x}_t)' \mathbf{\Omega}^{-1}(\mathbf{y}_t - \mathbf{\Phi}\mathbf{x}_t)\right] \tag{2.4.29}$$

(二) 矩阵堆叠形式

接下来,使用迹函数(trace)的循环性质和线性性质,将(2.4.29)式写成

[①] 该似然函数为条件似然函数(conditional likelihood),这也是文献中最常采用的似然函数。从(2.4.27)式可看出该似然分布是在给定系数矩阵 $\mathbf{\Phi}$、协方差矩阵 $\mathbf{\Omega}$ 以及初始值 $\mathbf{y}_{1-m}$, $\cdots$, $\mathbf{y}_0$……。

[②] 注意 $\mathbf{x}_0$, $\mathbf{Y}_T$ 定义中各分量之间的分隔符号,逗号表示水平堆叠;分号表示垂直堆叠。$\mathbf{y}_i$ 表示 $n\times 1$ 列向量($i = 1-m$, $\cdots$, 0, 1, 2, $\cdots$, T),$\mathbf{x}_0$ 为 $k\times 1$ 向量。

矩阵形式

$$\sum_{t=1}^{T} (\mathbf{y}_t - \mathbf{\Phi}\mathbf{x}_t)' \mathbf{\Omega}^{-1} (\mathbf{y}_t - \mathbf{\Phi}\mathbf{x}_t)$$

$$= \sum_{t=1}^{T} tr\left[(\mathbf{y}_t - \mathbf{\Phi}\mathbf{x}_t)' \mathbf{\Omega}^{-1} (\mathbf{y}_t - \mathbf{\Phi}\mathbf{x}_t) \right]$$

$$= \sum_{t=1}^{T} tr\left[(\mathbf{y}_t - \mathbf{\Phi}\mathbf{x}_t)(\mathbf{y}_t - \mathbf{\Phi}\mathbf{x}_t)' \mathbf{\Omega}^{-1} \right] \qquad (2.4.30)$$

$$= \sum_{t=1}^{T} tr\left[\mathbf{\Omega}^{-1} (\mathbf{y}_t - \mathbf{\Phi}\mathbf{x}_t)(\mathbf{y}_t - \mathbf{\Phi}\mathbf{x}_t)' \right]$$

$$= tr\left[\mathbf{\Omega}^{-1} \sum_{t=1}^{T} (\mathbf{y}_t - \mathbf{\Phi}\mathbf{x}_t)(\mathbf{y}_t - \mathbf{\Phi}\mathbf{x}_t)' \right]$$

$$= tr\left[\mathbf{\Omega}^{-1} (\mathbf{Y}_T - \mathbf{X}_T \mathbf{\Phi}')(\mathbf{Y}_T - \mathbf{X}_T \mathbf{\Phi}')' \right]$$

因此,与 VAR 模型矩阵堆叠形式(1.3.17)相对应的似然函数可表示为

$$p(\mathbf{Y}_T | \mathbf{\Phi}, \mathbf{\Omega}) = \frac{1}{(2\pi)^{\frac{nT}{2}}} |\mathbf{\Omega}|^{-\frac{T}{2}}$$

$$\times \exp\left[-\frac{1}{2} tr\left[\mathbf{\Omega}^{-1} (\mathbf{Y}_T - \mathbf{X}_T \mathbf{\Phi}')(\mathbf{Y}_T - \mathbf{X}_T \mathbf{\Phi}')' \right] \right] \qquad (2.4.31)$$

(三) 向量化形式及启示

根据 VAR 模型的向量化形式(1.3.20),

$$\mathbf{y} = (\mathbf{I}_n \otimes \mathbf{X}_T)\mathbf{b} + \mathbf{\zeta} \qquad (2.4.32)$$

其中

$$\mathbf{y} \equiv \underbrace{vec(\mathbf{Y}_T)}_{nT \times 1}, \ \mathbf{\zeta} \equiv \underbrace{vec(\mathbf{\zeta}_T)}_{nT \times 1} \sim N(0, \mathbf{\Omega} \otimes \mathbf{I}_T) \qquad (2.4.33)$$

其中 nT 表示 n 与 T 的乘积。

系数向量 $\mathbf{b} = vec(\mathbf{\Phi}^T)$ 的最小二乘估计为

$$\mathbf{b}_{OLS} = \left[(\mathbf{I}_n \otimes \mathbf{X}_T)'(\mathbf{I}_n \otimes \mathbf{X}_T) \right]^{-1} (\mathbf{I}_n \otimes \mathbf{X}_T)' \mathbf{y} \qquad (2.4.34)$$

根据克氏乘积的乘积分配律、逆运算分配律和转置分配律,最小二乘估计可简化为

$$\mathbf{b}_{OLS} = (\mathbf{I}_n \otimes (\mathbf{X}_T' \mathbf{X}_T)^{-1} \mathbf{X}_T') \mathbf{y} \qquad (2.4.35)$$

最小二乘估计对应的残差向量为

$$\mathbf{\zeta}_{OLS} \equiv \mathbf{y} - (\mathbf{I}_n \otimes \mathbf{X}_T)\mathbf{b}_{OLS} \qquad (2.4.36)$$

若令

$$\boldsymbol{\Phi}_{OLS} \equiv (reshape(\mathbf{b}_{OLS}, k, n))' \tag{2.4.37}$$

其中 $k = mn + 1$, n 为内生变量的个数, m 为滞后阶数, $reshape$ 为矩阵变形函数(将 $\mathbf{b}_{OLS}$ 按列形成 $k \times n$ 矩阵),可看作 vec 函数的逆函数[①]。此时残差向量可写为

$$\boldsymbol{\zeta}_{OLS} = vec(\mathbf{Y}_T - \mathbf{X}_T \boldsymbol{\Phi}_{OLS}') \tag{2.4.38}$$

此外,可定义幂等矩阵 $\mathbf{M}_{nT}$

$$\mathbf{M}_{nT} \equiv (\mathbf{I}_n \otimes (\mathbf{I}_T - (\mathbf{X}_T' \mathbf{X}_T)^{-1} \mathbf{X}_T')) \tag{2.4.39}$$

此时残差向量可写为

$$\boldsymbol{\zeta}_{OLS} = \mathbf{M}_{nT} \mathbf{y} \tag{2.4.40}$$

容易验证幂等矩阵 $\mathbf{M}_{nT}$ 与样本矩阵 $\mathbf{I}_n \otimes \mathbf{X}_T$ 的正交性[②]:

$$(\mathbf{I}_n \otimes \mathbf{X}_T)' \mathbf{M}_{nT} = \mathbf{0} \tag{2.4.41}$$

因此与 VAR 模型的向量化形式(1.3.20)式,相对应的似然函数可写为

$$p(\mathbf{Y}_T | \boldsymbol{\Phi}, \boldsymbol{\Omega}) = \frac{1}{(2\pi)^{\frac{nT}{2}}} |\boldsymbol{\Omega} \otimes \mathbf{I}_T|^{-\frac{1}{2}} \times \exp\left[-\frac{1}{2} \boldsymbol{\zeta}' (\boldsymbol{\Omega} \otimes \mathbf{I}_T)^{-1} \boldsymbol{\zeta}\right]$$

$$\tag{2.4.42}$$

注意到

$$\begin{aligned}
&\boldsymbol{\zeta}' (\boldsymbol{\Omega} \otimes \mathbf{I}_T)^{-1} \boldsymbol{\zeta} \\
&= (\boldsymbol{\zeta} - \boldsymbol{\zeta}_{OLS} + \boldsymbol{\zeta}_{OLS})' (\boldsymbol{\Omega} \otimes \mathbf{I}_T)^{-1} (\boldsymbol{\zeta} - \boldsymbol{\zeta}_{OLS} + \boldsymbol{\zeta}_{OLS}) \\
&= \boldsymbol{\zeta}_{OLS}' (\boldsymbol{\Omega} \otimes \mathbf{I}_T)^{-1} \boldsymbol{\zeta}_{OLS} + (\boldsymbol{\zeta} - \boldsymbol{\zeta}_{OLS})' (\boldsymbol{\Omega} \otimes \mathbf{I}_T)^{-1} (\boldsymbol{\zeta} - \boldsymbol{\zeta}_{OLS})
\end{aligned} \tag{2.4.43}$$

其中第二个等式由 OLS 估计的正交性质(2.4.41)推出,即

$$(\boldsymbol{\zeta} - \boldsymbol{\zeta}_{OLS})' (\boldsymbol{\Omega} \otimes \mathbf{I}_T)^{-1} \boldsymbol{\zeta}_{OLS} = \mathbf{0} \tag{2.4.44}$$

(2.4.43)式第一部分和第二部分可分别简化为:

[①]　更多信息,可参考 Matlab 的内置函数 reshape。

[②]　幂等矩阵的作用:首先将样本 $\mathbf{y}$ 投影于 $\mathbf{I}_n \otimes \mathbf{X}_T$ 空间,然后求投影后 $\mathbf{y}$ 所剩余的残差项 $\boldsymbol{\zeta}$。从几何意义上讲,该剩余残差项与 $\mathbf{I}_n \otimes \mathbf{X}_T$ 空间是垂直的,即残差项不再与 $\mathbf{I}_n \otimes \mathbf{X}_T$ 空间相关。因此引出幂等矩阵的正交性质。

第一部分:

$$\boldsymbol{\zeta}'_{OLS}(\boldsymbol{\Omega}\otimes\mathbf{I}_T)^{-1}\boldsymbol{\zeta}_{OLS}$$
$$=vec(\mathbf{Y}_T-\mathbf{X}_T\boldsymbol{\Phi}'_{OLS})'(\boldsymbol{\Omega}\otimes\mathbf{I}_T)^{-1}vec(\mathbf{Y}_T-\mathbf{X}_T\boldsymbol{\Phi}'_{OLS}) \quad (2.4.45)$$
$$=tr((\mathbf{Y}_T-\mathbf{X}_T\boldsymbol{\Phi}'_{OLS})'\mathbf{I}_T(\mathbf{Y}_T-\mathbf{X}_T\boldsymbol{\Phi}'_{OLS})\boldsymbol{\Omega}^{-1})$$
$$=tr(\hat{\mathbf{S}}\boldsymbol{\Omega}^{-1})$$

其中

$$\hat{\mathbf{S}}\equiv(\mathbf{Y}_T-\mathbf{X}_T\boldsymbol{\Phi}'_{OLS})'(\mathbf{Y}_T-\mathbf{X}_T\boldsymbol{\Phi}'_{OLS}) \quad (2.4.46)$$

第二部分:

$$(\boldsymbol{\zeta}-\boldsymbol{\zeta}_{OLS})'(\boldsymbol{\Omega}\otimes\mathbf{I}_T)^{-1}(\boldsymbol{\zeta}-\boldsymbol{\zeta}_{OLS})$$
$$=(\mathbf{b}-\mathbf{b}_{OLS})'(\mathbf{I}_n\otimes\mathbf{X}_T)'(\boldsymbol{\Omega}\otimes\mathbf{I}_T)^{-1}(\mathbf{I}_n\otimes\mathbf{X}_T)(\mathbf{b}-\mathbf{b}_{OLS}) \quad (2.4.47)$$
$$=(\mathbf{b}-\mathbf{b}_{OLS})'(\boldsymbol{\Omega}\otimes\mathbf{X}'_T\mathbf{X}_T)^{-1}(\mathbf{b}-\mathbf{b}_{OLS})$$

并且由克氏乘积的行列式公式(2.4.10)可得

$$|\boldsymbol{\Omega}\otimes\mathbf{I}_T|^{-\frac{1}{2}}=|\boldsymbol{\Omega}|^{-\frac{T}{2}} \quad (2.4.48)$$

于是 **VAR 模型的向量化形式(1.3.20)式,相对应的似然函数(2.4.42)最终可写为**

$$p(\mathbf{Y}_T|\boldsymbol{\Phi},\boldsymbol{\Omega})=\frac{1}{(2\pi)^{\frac{nT}{2}}}|\boldsymbol{\Omega}|^{-\frac{T}{2}}\times\exp\left[-\frac{1}{2}tr(\hat{\mathbf{S}}\boldsymbol{\Omega}^{-1})\right]$$
$$\times\exp\left[-\frac{1}{2}(\mathbf{b}-\mathbf{b}_{OLS})'(\boldsymbol{\Omega}\otimes(\mathbf{X}'_T\mathbf{X}_T)^{-1})^{-1}(\mathbf{b}-\mathbf{b}_{OLS})\right]$$
$$(2.4.49)$$

从形式看,似然函数(2.4.49)式酷似系数向量 $\mathbf{b}$ 的概率密度函数,而且具有如下的多元正态分布

$$\mathbf{b}\sim N(\mathbf{b}_{OLS},\boldsymbol{\Omega}\otimes(\mathbf{X}'_T\mathbf{X}_T)^{-1}) \quad (2.4.50)$$

这即为 VAR 模型向量化形式似然函数的一个重要启示。这对于后验分布的推导很重要。

第三章　经典 SVAR 模型识别方法
及算法缺陷:最新进展

本章的主要任务是着重分析两种经典 SVAR 模型识别方法:Choleski 和符号识别方法[①]及文献中流行的符号约束实现算法的谬误问题。作为最经典的识别方法,Choleski 识别是点识别方法(恰好识别)。虽然其简单易行,常作为研究的起点,但却存在较大的理论缺陷,因此符号识别方法应运而生。符号识别方法是一种优秀的识别方法,被广泛采用。但文献中流行的实现算法却有严重缺陷,甚至是错误的(Baumeister & Hamilton,2015,*Econometrica*)。

本章第一节介绍什么是识别问题? 回答识别的手段、对象及分类方法等问题。然后第二节介绍 Choleski 识别方法,并由此引出符号识别方法,并细致举例说明当前其流行的实现算法所固有的缺陷及原因。

第一节　什么是识别问题

"识别"(identification)一词是宏观计量经济学中一个重要的概念,被广泛关注和研究,其本质是将相关性关系解释为因果关系[②]。识别问题之所以重要,是因为模型识别是前置条件,只有识别后的模型才能被估计(或者识别和估计同时进行),才能进行统计推断,比如假设检验等,最后才能用于政策分析(图 3.1)。这不仅适用于经典的联立方程模型(SEM),也适用

---

① Choleski 分解,文献中也常称为 Cholesky 分解。

② Nakamura & Steinsson(2018,*JEP*)对此问题进行了综述,其强调了 SVAR 模型在结构识别中的重要性,并特别对于货币政策冲击(货币政策的外生变动,exogenous variation)的识别做了详细的介绍,比如基于非连续(Discountinuity)的识别方法、叙事型识别方法(Narrative Record),控制混淆因素等方法,非常值得阅读。

于 SVAR 模型。因此模型识别是宏观经验分析的重要前置问题,需要首先关注和解决。

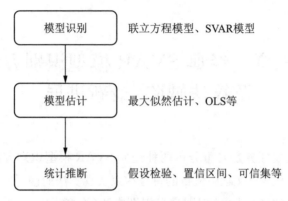

图 3.1　结构方程模型的识别及原因

本节首先对联立方程模型的识别问题进行简单回顾,然后分析 SVAR 模型的识别问题及其不同的表现形式。

一、联立方程模型的识别问题回顾

联立方程模型中的诸多概念,比如识别(恰好识别,完全识别,过度识别,识别不足,点识别,集识别)能够完全移植到 SVAR 模型的研究中。①

为了更好地拟合数据,帮助解决识别问题,联立方程模型在建模时施加了大量的外生约束而形成不同类型的联立方程模型。联立方程模型的外生建模约束可分为两类:第一类和第二类(图 3.2)。

第一类约束通过指定外生变量,来减少待估计参数的个数。第二类约束可分为两类,第一子类通过对内生变量施加一定的约束,比如消费的适应性预期模型和投资的部分调整模型;第二子类通过对误差项施加一定的约束,比如分布滞后模型。

然而施加大量的外生建模约束会造成额外的问题。**首先**,部分调整模型和适应性预期模型使得经济行为人无法对外生的政策调整做出完全反应,这与理性预期的基本思想相抵触。**其次**,这种外生建模约束的选择没有统一标准,具有主观随意性。**最后**,大型联立方程模型在开发时往往由不同

---

① 恰好识别:just identified; exact identified; full identified;点识别:point identified;过度识别:over identified;识别不足:under identified;集识别:set identified。

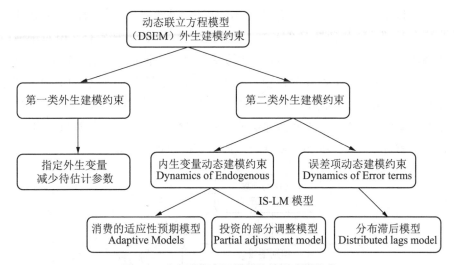

图 3.2　动态联立方程模型的外生建模约束

数据来源:作者自行总结;Kilian & Lütkepohl(2017,chapter 6)。

研究者进行分块开发(block-by-block),往往将未在本模块中确定的、位于其他模块内的变量视为给定,这忽略了块与块之间在一般均衡时可能具有的反馈机制,有违于建模的初衷①。因此 Kilian & Lütkepohl(2017)认为联立方程模型施加了太多不可信(incredible)的外生约束。

二、SVAR 模型的识别问题

关于 SVAR 模型的识别,很自然地会联想到如下的问题:

第一,识别的对象是什么？为什么要进行识别？

第二,识别方法有哪些？历史背景如何？

第三,识别方法的分类如何？

首先,来考察识别的对象和原因。在第一章已对此问题,结合宏观计量经济学的四大任务进行了初步探讨。SVAR 模型识别问题的本质,和联立方程模型的识别问题是一致的,即结构参数的识别,但表现形式不同。

---

① Christ(1994,p.33):... The Cowles workers regarded economic behavior as the result of the simultaneous interaction of different agents, as exemplified most simply by the inter-section of a supply and a demand curve. For this reason they built their econometric meth-ods around systems of simultaneous equations ... Kilian & Lütkepohl(2017,chapter 6)也指出:Dynamic general equilibrium macroeconomic models imply that every variable depends on every other variable in the economy, which contradicts the traditional notion that some variables may be treated as exogenous with respect to others ...

SVAR 模型更侧重于强调对结构冲击的识别，具体表现为结构冲击的脉冲响应及其相关的各种具有经济含义的弹性参数等识别（图 3.3）。但对于结构冲击的识别是建立在对参数识别的基础之上（即对当期系数矩阵 **A** 或 **A**$^{-1}$ 和滞后期系数矩阵 **B** 的识别），因此从本质上说 SVAR 模型的识别就是结构参数的识别，只不过在实际的研究中，研究者在分析中往往忽略对参数本身识别结果，更多地汇报脉冲响应函数、弹性参数和方差分解（FEVD）、历史分解（historical decomposition，HD）等的识别结果。[1]

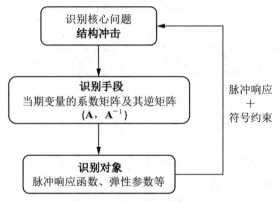

图 3.3 SVAR 模型识别的核心逻辑

考虑 SVAR 模型（1.3.1），并假设 **A** 可逆。在（1.3.1）式两边同时乘以 **A**$^{-1}$，得到

$$\mathbf{y}_t = \mathbf{A}^{-1}\mathbf{B}\mathbf{x}_{t-1} + \mathbf{A}^{-1}\mathbf{u}_t \tag{3.1.1}$$

此即为简化式 VAR 模型（1.3.7）。然而样本数据却往往不足以同时识别或估计出 **A** 和 **B**。这就是识别问题的核心所在。一般情况下，只要能够识别出当期系数矩阵 **A**，那么就很容易识别出结构冲击 $\mathbf{u}_t$ 对应的脉冲响应函数（即是 **A**$^{-1}$ 的函数），也能顺利识别出某些感兴趣的隐含结构参数，比如需求或供给弹性参数[2]。

---

[1] Leeper，Sims & Zha（1996）指出识别结构方程其实就是识别结构冲击：identifying structural shocks as equivalent to identifying structural equations. Stock & Watson（2001，p.103）还指出：*A structural VAR* uses economic theory to sort out the contemporaneous links among the variables … Structural VARs require "identifying assumptions" that allow correlations to beinterpreted causally。

[2] 文献中，常常将 SVAR 模型的识别解释成结构冲击 $\mathbf{u}_t$ 的识别。但这并不意味着直接识别结构冲击的时间序列本身，即结构冲击的实现值（realization），而是识别更具有经济含义或感兴趣的变量，比如结构冲击的脉冲响应函数、弹性参数和各种分解等。当然，在识别出结构矩阵 **A** 或 **A**$^{-1}$ 及冲击的方差和协方差矩阵 **Ω** 后，能够计算出结构冲击的时间序列。

　　因此为了识别 **A** 和 **B**,必须施加更多的约束条件(额外的识别信息)。事实上,**A** 和 **B** 有无穷多个可能性使得(3.1.1)式成立,即使得观测的样本数据 $\mathbf{Y}_T$ 具有相同的概率分布。对于任何可逆矩阵 **Q**,在 SVAR 模型(1.3.1)式两边同时左乘 **Q**,

$$\mathbf{QAy}_t = \mathbf{QBx}_{t-1} + \mathbf{Qu}_t \tag{3.1.2}$$

然后在(3.1.2)式两边同时左乘 $(\mathbf{QA})^{-1}$,可得

$$\mathbf{y}_t = \mathbf{A}^{-1}\mathbf{Q}^{-1}\mathbf{QBx}_{t-1} + \mathbf{A}^{-1}\mathbf{Q}^{-1}\mathbf{Qu}_t \tag{3.1.3}$$

　　很显然,(3.1.3)和(3.1.1)式是等价的。因此 SVAR 模型(1.3.1)和(3.1.2)这两个完全不同的模型具有相同的简化式形式。这也意味着 SVAR 模型(1.3.1)和(3.1.2)是观测等价的(observationally equivalent)。也即是不同 SVAR 模型可以有相同的简化式 VAR 模型。因此,如果不施加额外的识别约束,那么从数据或简化式 VAR 模型估计中无法对 SVAR 模型做出任何有意义的推断。

　　这里的 SVAR 模型的观测等价性,就是 Preston(1978)提及的模型识别问题(model identification):不同的 SVAR 模型却对应相同的简化式 VAR 模型和估计结果[1]。同时,这也是下文提及的集识别方法面临的共同问题:集识别成功解决了结构参数识别问题(structural identification),即能够成功找到符合条件的模型结构参数[2],但却无法解决模型识别问题(结构模型不唯一)。

　　如果假定 **D** 为单位矩阵(即各结构冲击的标准差为单位 1),那么根据简化式 VAR 模型(1.3.10)式,可得

$$\mathbf{\Omega} = \mathbf{A}^{-1}(\mathbf{A}^{-1})' \tag{3.1.4}$$

　　由于协方差矩阵 $\mathbf{\Omega}$ 为对称矩阵,该对称性为 $\mathbf{A}^{-1}$ 的识别施加了 $n(n+1)/2$ 个约束(n 为内生变量的个数),因此 $\mathbf{A}^{-1}$ 的识别仍然存在 $n^2-n(n+1)/2=n(n-1)/2$ 个自由度(Uhlig, 2005),因此仍然需要施加更多的约束才能够识别。后面将介绍两种识别方法,第一种为点识别(point identification),如 Choleski 识别将 $n(n-1)/2$ 个自由度对应的参数全设定为零;第二种为

---

[1] ... the fact there are many models with identified parameters that provide the same fit to the data.

[2] 对于符号约束,识别的参数满足符号约束条件;对于第四章介绍的 **BH** 识别方法,参数满足设定的先验分布。

集识别(set identification)。

其次，来看识别的方法和分类问题。一般说来，识别方法可分为点识别和集识别方法①。这种方法的划分依据是识别结果集合的大小。当识别结果是唯一确定的一个对象，那么该方法就是点识别，否则就是集识别。不论是点识别，还是集识别方法，都是一类方法的统称，含有若干具体的识别方法。

另外识别方法也可从识别约束施加的对象来分，分为结构参数约束(parametric restriction)方法、非结构参数约束方法以及混合参数约束方法。传统约束识别方法多为结构参数约束(即识别对象为当期系数矩阵 **A**)：比如 Choleski 识别约束(Wold, 1951; Quenouille, 1957; Sims, 1980)、短期约束(short-run, Galí, 1992; Stock & Watson, 2001)②和长期约束方法(long-run, Blanchard & Quah, 1989)。非结构参数识别方法通常是指对结构参数的非线性函数施加先验约束的方法(比如 $\mathbf{A}^{-1}$)，比如对脉冲响应施加符号约束。因此符号约束是典型的非结构参数识别方法(Uhlig, 2005)。③混合约束方法则兼顾结构和非结构参数约束于一身，第四

---

① 需要说明的是，该划分不是一个互斥划分(complementary/mutually exclusive)，即一个方法可能在某些情况下是点识别方法，在另外一种情况下为集识别方法。文献中经典的识别方法，比如短期和长期约束方法要依据所研究的问题不同而不同。在最简单的供给需求两变量结构 VAR(1)模型中，施加一个短期或长期约束都能够完全识别该 SVAR 模型。但在更复杂、具有更多内生变量的 SVAR 模型中，施加一个短期或长期约束往往无法完全或恰好识别模型。从而需要结合其他约束条件来识别模型。也就是说不能将短期或长期约束方法简单地归类于点约束或集约束方法。

② Stock & Watson(2001)在其著名的三变量 VAR 模型中研究了货币政策冲击对主要宏观经济变量的影响，即联邦基金利率对通胀和失业率的影响。在结构识别时采取了短期识别约束：即货币政策在当期对通胀和失业率变动(冲击)做出反应(p.107, Fig 1,最后一列，货币政策对通胀和失业率冲击在第一期做出反应，即非零)，而反之不然，即当期通胀和失业率不对当期货币政策变动(冲击)做出反应(p.107, Fig 1,最后一行，通胀和失业率第一期反应为零)。此时货币政策冲击可被识别。通胀和失业率冲击分别代表了(负向)总供给和(负向)总需求冲击，为了识别这两个冲击，仍需做出额外的假设：总供给冲击影响所有三个变量，而总需求冲击影响当期联邦基金利率，而非通胀。至此总需求和总供给冲击被识别，完成三个结构冲击的识别。当三变量的排序为通胀、失业率和联邦基金利率时，上述短期识别约束相当于 SVAR 模型(1.3.1)式中，当期系数矩阵 **A** 为下三角矩阵，即上三角元素均为零。

③ 文献中，也有不同的看法。Fry & Pagan(2011, p.939)则认为符号识别在某些情况下其实暗含了结构参数约束：…, it is shown that sign restrictions do implicitly impose parametric restrictions. Blanchard & Quah(1989)从长期影响的角度区分了总需求冲击(aggregate demand shock)和总供给冲击(aggregatesupply shock)。他们认为在长期内，总需求冲击对产出和失业没有影响；而在长期内，总供给冲击对失业没有影响，但对产出存在影响，这和经典的凯恩斯理论相一致。此处的长期影响可通过加总短期影响得到，比如加总短期脉冲响应而得到累积(cumulative)脉冲响应(可粗略地认为是长期影响)。

章介绍的 **BH** 识别方法则是混合约束方法(可对 **A** 和 $\mathbf{A}^{-1}$ 同时施加约束或施加其他约束)。

此处不打算对经典参数约束方法,如短期约束、长期约束进行细致梳理,仅一笔带过,更多详尽的介绍可参考(Kilian & Lütkepohl, 2017, chapter 8—11; Piffer, 2015; Del Negro & Schorfheide, 2011, chapter 2; Killian, 2013)。从本质上说,参数约束方法是施加适量的约束以为当期变量寻求足够多的工具变量(instrument variable),从而达到识别的目的[①]。为叙述的完整性,此处仅以一个简单模型来说明其内涵,考虑经典的供给和需求结构 VAR 模型来引入短期约束和长期约束的基本思想[②]。

考虑模型(1.1.7)—(1.1.8)式的 SVAR(1)模型:[③]

需求方程 $\qquad\qquad q_t = \alpha p_t + b_{11} q_{t-1} + b_{12} p_{t-1} + u_t^d \qquad\qquad$ (3.1.5)

供给方程 $\qquad\qquad p_t = \beta q_t + b_{21} q_{t-1} + b_{22} p_{t-1} + u_t^s \qquad\qquad$ (3.1.6)

其中 u_t^s 和 u_t^d 分别为供给冲击和需求冲击[④]且 $\alpha\beta \neq 1$。容易得到对应的简化式 VAR 模型:

$$q_t = \frac{b_{11} + \alpha b_{21}}{1 - \alpha\beta} q_{t-1} + \frac{b_{12} + \alpha b_{22}}{1 - \alpha\beta} p_{t-1} + \frac{u_t^d + \alpha u_t^s}{1 - \alpha\beta} \qquad (3.1.7)$$

$$p_t = \frac{\beta b_{11} + b_{21}}{1 - \alpha\beta} q_{t-1} + \frac{\beta b_{12} + b_{22}}{1 - \alpha\beta} p_{t-1} + \frac{\beta u_t^d + u_t^s}{1 - \alpha\beta} \qquad (3.1.8)$$

第一,**Choleski** 识别。该约束方法假设 SVAR 模型存在递归结构(recursive structural),即 $\alpha = 0$,即当期系数矩阵 **A** 为下三角矩阵,即当期需求不受当期价格影响。此时在(3.1.6)式中,$q_t - b_{11} q_{t-1} - b_{12} p_{t-1}$ 可作为 q_t 的工具变量(第二个方程中,因其不与供给冲击 u_t^s 相关),从而可获得 β 的一致估计[⑤]。

第二,**短期约束**。假设需求冲击 u_t^d 在短期内对价格 p_t 没有影响。由(3.1.8)式,这要求 $\beta = 0$(短期约束)。因此基于供给方程(3.1.8)式(或

---

① 更多介绍请参考"第六章第一节　经典内部工具变量法"。

② 第四章"第二节　两变量 SVAR 模型识别:基于 BH 分析框架",介绍了长期约束方法,并其融入 **BH** 识别方法,给出应用实例。

③ 此时暂无法区分供给和需求冲击。命名是为了叙述方便。例子来源于 Fry & Pagan (2011, *JEL*)。

④ 注意以此种方式定义的供给冲击和通常意义上的供给冲击相差一个符号。因为此时价格变量位于等号左边。

⑤ 更多 Choleski 识别约束的内容,请参考本章"第二节　Choleski 识别方法及局限性"。

(3.1.6))的回归方程的残差可作为 p_t 在需求方程(3.1.5)式的工具变量,从而可得参数 α 的一致估计①。

第三,**长期约束**。假设需求冲击 u_t^d 在长期内对价格 p_t 没有影响。由(3.1.6)式,这意味着:$\beta=-b_{21}$(长期约束)②。此时 p_t 为 Δq_t 和 p_{t-1} 的函数,估计可得 β 的一致估计。在需求方程(3.1.6)式估计后,其残差可作为 p_t 在需求方程(3.1.5)式的工具变量,从而可得参数 α 的一致估计,因而完成识别过程。

在此经典的两变量模型中,上述三种约束情况,均能完全识别。

一般说来,只要施加了不等式约束(符号约束是典型的不等式约束),那么基于此约束的识别就是集识别。点识别方法中最经典的要数 Choleski 识别。后续会进一步介绍点识别和集识别方法,特别是符号约束和 Choleski 识别约束。表 3.1 给出了点识别和集识别方法中常见的几个具体方法。

表 3.1　识别方法分类和部分识别方法

识别方法分类	识别方法
点识别 point-identified	● Choleski 识别方法(经典识别方法,即 exclusion restriction,也被称之为递归识别方法③)
集识别 set-identified	● 符号识别与边界约束(sign and boundary restriction) ● BH 识别方法:Baumeister & Hamilton(2015, *Econometrica*)

注:作者自行总结,并未穷尽所有点识别和集识别方法,且未将长期和短期约束方法纳入其中。此处未介绍边界约束,顾名思义,即指定变化范围和界限。

符号识别方法近年来出现了更多进展。比如叙事符号约束方法(narrative sign restriction, Antolín-Díaz & Rubio-Ramírez, 2018, *AER*)。这种方法将结构冲击和历史分解与特定的关键历史事件联系起来,从而确保结构冲击的识别结果与历史事件相符合。Antolín-Díaz & Rubio-Ramírez(2018)利用石油市场和货币政策结构模型,结果表明叙事符号约束方法往往非常有效。因此建议将叙事符号约束和传统符号约束相结合使用。

此外,**BH** 分析框架及其识别方法是近年来较具影响力的一种集合识

---

① 即将 $p_t-b_{21}q_{t-1}-b_{22}p_{t-1}$ 作为的 p_t 工具变量,因为其只与供给冲击 u_t^s 有关,不与需求冲击 u_t^d 相关。

② 此长期约束关系可由(4.2.42)式推出。需求冲击对价格的永久性影响由矩阵 $(\mathbf{A}-\mathbf{B})^{-1}$ 的(2,1)元素确定。

③ 即模型存在所谓的 recursive causal structural/rescursive ordering,从而可对某些结构参数施加排除约束(即零约束),从而其余结构参数能够被唯一识别。下文会专门介绍。

别方法，具有严格的理论基础和应用灵活性，本书在"第四章　基于贝叶斯推断的 SVAR 模型识别最新进展"会详细介绍该方法。接下来，首先介绍 Choleski 识别方法及其问题，然后再介绍符号识别方法及其实现算法的谬误问题。

第二节　Choleski 识别方法及局限性

本节首先以示例的形式介绍 Choleski 分解的内涵[①]。该例子说明了如何将相关的正态随机变量分解为独立的正态随机变量。然后在此基础上引入 Choleski 识别方法。

一、Choleski 分解的含义

（一）引子

此处以二元正态随机变量的正交分解为例，来引入 Choleski 分解。假设 z_i，x_i，$i=1,2$ 为随机变量，且满足如下的线性关系：

$$z_1 = \frac{x_1 - \mu_1}{\sigma_1} \tag{3.2.1}$$

$$z_2 = -\frac{\rho}{\sqrt{1-\rho^2}} \frac{x_1 - \mu_1}{\sigma_1} + \frac{1}{\sqrt{1-\rho^2}} \frac{x_2 - \mu_2}{\sigma_2} \tag{3.2.2}$$

其中 μ_i，σ_i，$\rho \neq 0$，$i=1,2$ 为参数。当 x_1，x_2 相互独立时，由于 $\rho \neq 0$，因此 z_1，z_2 必然相关。如果假设 x_1，x_2 服从如下的二元正态分布，

$$\begin{bmatrix} x_1 \\ x_2 \end{bmatrix} \sim N\left(\begin{bmatrix} \mu_1 \\ \mu_2 \end{bmatrix}, \begin{bmatrix} \sigma_1^2 & \sigma_{12} \\ \sigma_{21} & \sigma_2^2 \end{bmatrix} \right) \tag{3.2.3}$$

其中 $\sigma_{12} = \sigma_{21} = \sigma \equiv \mathrm{cov}(x_1, x_2) \neq 0$。此时 $(z_1, z_2)^T$ 也为二元正态分布变量，z_1，z_2 之间的协方差为：

$$\mathrm{cov}(z_1, z_2) = -\frac{\rho}{\sqrt{1-\rho^2}} + \frac{1}{\sqrt{1-\rho^2}} \frac{\sigma_{12}}{\sigma_1 \sigma_2} \tag{3.2.4}$$

---

① 文献中，Choleski 分解也称作 Cholesky 分解。文献中也将其称为递归识别（recursive）、正交识别（orthogonal）。

因此当且仅当 $\rho=\sigma/(\sigma_1\sigma_2)$ 时,z_1,z_2 不相关(即相互独立)[①]。

不失一般性,接下来假设 $\mu_1=\mu_2=0$,$\sigma_1=\sigma_2=1$,此时(3.2.3)式可写为

$$\begin{bmatrix} x_1 \\ x_2 \end{bmatrix} \sim N\left(\begin{bmatrix} 0 \\ 0 \end{bmatrix}, \begin{bmatrix} 1 & \sigma \\ \sigma & 1 \end{bmatrix} \right) \tag{3.2.5}$$

那么由(3.2.1)—(3.2.2)式,可知 $(z_1,\ z_2)^T$ 满足

$$\begin{bmatrix} z_1 \\ z_2 \end{bmatrix} \sim N\left(\begin{bmatrix} 0 \\ 0 \end{bmatrix}, \begin{bmatrix} 1 & \dfrac{\sigma-\rho}{\sqrt{1-\rho^2}} \\ \dfrac{\sigma-\rho}{\sqrt{1-\rho^2}} & \dfrac{1-2\rho\sigma+\rho^2}{1-\rho^2} \end{bmatrix} \right) \tag{3.2.6}$$

当且仅当 $\rho=\sigma$ 时,z_1,z_2 不相关(相互独立),且为标准的二元正态分布。也就是说当(3.2.1)—(3.2.2)式中的参数 ρ 和 x_1,x_2 之间的协方差 σ 相等时[②],可使用(3.2.1)—(3.2.2)式中的线性变换将两个相关的正态随机变量 (x_1,x_2) 转换为相互独立的正态随机变量 (z_1,z_2),反之亦然。

用矩阵的形式将(3.2.1)—(3.2.2)式写成:

$$\begin{bmatrix} z_1 \\ z_2 \end{bmatrix} = \begin{pmatrix} 1 & 0 \\ -\dfrac{\rho}{\sqrt{1-\rho^2}} & \dfrac{1}{\sqrt{1-\rho^2}} \end{pmatrix} \begin{bmatrix} x_1 \\ x_2 \end{bmatrix} \tag{3.2.7}$$

或者

$$\begin{bmatrix} x_1 \\ x_2 \end{bmatrix} = \begin{pmatrix} 1 & 0 \\ \rho & \sqrt{1-\rho^2} \end{pmatrix} \begin{bmatrix} z_1 \\ z_2 \end{bmatrix} \tag{3.2.8}$$

如果定义上三角矩阵 C

$$C \equiv \begin{bmatrix} 1 & \rho \\ 0 & \sqrt{1-\rho^2} \end{bmatrix} \tag{3.2.9}$$

那么

$$\begin{bmatrix} x_1 \\ x_2 \end{bmatrix} = C \begin{bmatrix} z_1 \\ z_2 \end{bmatrix} \tag{3.2.10}$$

---

① 正态随机变量之间的不相关性与独立性是等价的。

② 当两个随机变量进行标准化转换(均值为零,标准差为单位 1),转换后的随机变量的协方差和相关系数相同。

容易验证

$$C'C=\begin{bmatrix}1 & \rho \\ \rho & 1\end{bmatrix}\equiv\Sigma \tag{3.2.11}$$

如果参数 ρ 和 x_1, x_2 之间的协方差 σ(此时也是相关系数),那么 (3.2.11)式表明,只需要对(x_1, x_2)的协方差矩阵 Σ 进行"恰当分解",根据 (3.2.7)和(3.2.8)式,就能将两个相关的正态随机变量和两个独立的正态随机变量进行相互转换。值得注意的是,该结论对多元(多于二元)情形仍然适用。该恰当分解就是 Choleski 分解,矩阵 C 即为协方差矩阵 Σ 的 Choleski 分解。

此外,(3.2.7)和(3.2.8)式有重要的意义,不仅揭示了独立和相关正态随机变量相互转换的精确关系,而且还是多元正态变量的随机模拟和抽样的理论基础。在很多理论算法和计算机随机模拟、抽样等方面都有广泛应用。通常,从独立多元正态随机分布中抽样很简单,只需要对每一个正态随机变量单独抽样即可,然后组成多元正态随机向量样本。因此根据(3.2.8)式,只需对非独立随机变量的协方差矩阵进行 Choleski 分解,然后使用 (3.2.8)式进行线性变换,即可得到相关的多元正态随机变量的一个抽样。同样的,该结论对多于两元的情形也适用。

(二)理论来源和含义

Choleski 分解的理论背景来源于矩阵分析论,即著名 LU 分解(lower-upper decomposition or factorization)的一个特殊情况。对于任何可逆方阵 A,都能分解成一个下三角矩阵 L 和一个上三角矩阵 U 的乘积:$A=LU$。特别地,对于正定矩阵 A 有:$A=LL^T$,此处 L^T 表示 L 的转置,此即为 Choleski 分解[①]。对于正定矩阵,Choleski 分解不仅存在,而且唯一。这一优良的解析性质使得 Choleski 分解广受欢迎。[②]

由于外生冲击的协方差矩阵往往是正定矩阵,因此将非结构性冲击分解为结构性冲击的过程(即识别过程)恰好就是 Choleski 分解的过程。和

[①] 正定矩阵,positive definite,为对称可逆矩阵,一般说来,其特征根都大于零。

[②] Matlab 对 Choleski 分解和此处的定义有细微差异,但没有本质区别。Matlab 内置函数 chol 用于 Choleski 分解,但输出结果是上三角矩阵:即对正定矩阵 A, $R=chol(A)$ 满足 $R' * R=A$。但无论是 Matlab 的处理方式,还是此处的定义,一个正定矩阵总能唯一分解为一个下三角和上三角矩阵的乘积,而且下三角矩阵位置在前,这一点不变。作为类比,chol 函数非常类似于 Excel 中的平方根函数 sqrt,只不过 chol 函数的作用对象是矩阵,而 sqrt 的作用对象是标量,即数值。当 chol 作用于标量时和 sqrt 等价。

这一分解过程密切相关的一个问题是外生冲击（或内生变量）的排序问题，即所谓的递归排序（recursive ordering）。事实上，对于 n 变量的 SVAR 模型，递归排序的数量达到 $n!$ 种，每种排序对应不同的 VAR 模型，因此系数、残差估计值将不会相同。如果抛开经济含义，在任一递归排序下，对每一个方程使用 OLS 回归，那么得到的残差将会互不相关，这也是递归排序的初衷。

Uhlig(2017)指出 Choleski 分解方便实施，逻辑清晰，但往往难以解释[①]。从经济学角度看，递归排序存在较大问题。递归排序不仅牵涉到存在性问题，还牵涉到唯一性问题。当不存在或者存在多个递归排序时，"强行"指定某个 Choleski 分解，不仅有违经济学含义，而且得到的结论也具有误导性。这恰是 Choleski 分解在 SVAR 模型识别中面临的最大问题之一，因此也是文献寻求其他 SVAR 模型识别方法的重要原因之一。

二、Choleski 识别方法

Choleski 识别方法是文献中最经典的点识别方法。识别方法有时候也称为约束方法，不同识别方法具有不同的约束类型、识别分类及对应的先验分布类型。首先来看一个简单的例子，然后介绍点识别方法定义，并引出 Choleski 识别，最后给出 Choleski 识别与符号识别方法的区别和联系。[②]

（一）两变量 SVAR(2) 模型

考虑一个简单的供给和需求 SVAR 模型：

供给方程

$$q_t = c^s + \alpha^s p_t + b_{11}^s p_{t-1} + b_{12}^s q_{t-1} + b_{21}^s p_{t-2} + b_{22}^s q_{t-2} + \sqrt{d_s} v_t^s$$

$$(3.2.12)$$

需求方程

$$q_t = c^d + \beta^d p_t + b_{11}^d p_{t-1} + b_{12}^d q_{t-1} + b_{21}^d p_{t-2} + b_{22}^d q_{t-2} + \sqrt{d_d} v_t^d$$

$$(3.2.13)$$

---

① Uhlig(2017, p.117)：The Choleski decomposition is convenient, clear. However, the "slow-fast" logic is hard to defend.

② 关于更多 Choleski 识别的例子可参考：第四章"第三节 BH 分析框架的稳健性检验：Choleski 识别再回顾"。更多例子，可参考 Kilian & Lütkepohl(2017)、Kilian(2009, 2013)。

其中 v_t^s，v_t^d 分别表示供给和需求冲击。将其写为矩阵形式

$$\begin{bmatrix} 1 & -\alpha^s \\ 1 & -\beta^d \end{bmatrix}\begin{bmatrix} q_t \\ p_t \end{bmatrix}=\begin{bmatrix} c^s \\ c^d \end{bmatrix}+\begin{bmatrix} b_{12}^s & b_{11}^s \\ b_{12}^d & b_{11}^d \end{bmatrix}\begin{bmatrix} q_{t-1} \\ p_{t-1} \end{bmatrix}+\begin{bmatrix} b_{22}^s & b_{21}^s \\ b_{22}^d & b_{21}^d \end{bmatrix}\begin{bmatrix} q_{t-2} \\ p_{t-2} \end{bmatrix}$$

$$+\begin{bmatrix} \sqrt{d_s} & 0 \\ 0 & \sqrt{d_d} \end{bmatrix}\begin{bmatrix} v_t^s \\ v_t^d \end{bmatrix} \tag{3.2.14}$$

若定义如下符号

$$\mathbf{y}_t\equiv\begin{bmatrix} q_t \\ p_t \end{bmatrix},\ \mathbf{A}\equiv\begin{bmatrix} 1 & -\alpha^s \\ 1 & -\beta^d \end{bmatrix},\ \mathbf{B}_1\equiv\begin{bmatrix} b_{12}^s & b_{11}^s \\ b_{12}^d & b_{11}^d \end{bmatrix},\ \mathbf{B}_2\equiv\begin{bmatrix} b_{22}^s & b_{21}^s \\ b_{22}^d & b_{21}^d \end{bmatrix},$$

$$\mathbf{D}^{1/2}\equiv\begin{bmatrix} \sqrt{d_s} & 0 \\ 0 & \sqrt{d_d} \end{bmatrix},\ \mathbf{c}\equiv\begin{bmatrix} c^s \\ c^d \end{bmatrix},\ \mathbf{v}_t\equiv\begin{bmatrix} v_t^s \\ v_t^d \end{bmatrix} \tag{3.2.15}$$

那么(3.2.15)式可写为：

$$\underset{2\times2}{\mathbf{A}}\ \underset{2\times1}{\mathbf{y}_t}=\underset{2\times1}{\mathbf{c}}+\underset{2\times2}{\mathbf{B}_1}\underset{2\times1}{\mathbf{y}_{t-1}}+\underset{2\times2}{\mathbf{B}_2}\underset{2\times1}{\mathbf{y}_{t-2}}+\underset{2\times2}{\mathbf{D}^{1/2}}\underset{2\times1}{\mathbf{v}_t} \tag{3.2.16}$$

显然，内生变量的排序，即数量 q_t 或价格 p_t 在 $\mathbf{y}_t$ 中排列顺序，将影响系数矩阵 $\mathbf{A}$，$\mathbf{B}_1$，$\mathbf{B}_2$ 的定义。若进一步定义

$$\mathbf{x}_{t-1}\equiv\begin{bmatrix} \mathbf{1} \\ \mathbf{y}_{t-1} \\ \mathbf{y}_{t-2} \end{bmatrix},\ \mathbf{B}\equiv(\mathbf{c},\ \mathbf{B}_1,\ \mathbf{B}_2,\ \cdots,\ \mathbf{B}_m)=\begin{bmatrix} c^s\ b_{12}^s & b_{11}^s b_{22}^s & b_{21}^s \\ c^d\ b_{12}^d & b_{11}^d b_{22}^d & b_{21}^d \end{bmatrix}$$

$$\tag{3.2.17}$$

则(3.2.16)式即为 SVAR 模型的标准形式：(1.3.4)式。此时，$n=2$，$m=2$，$k=mn+1=5$，$\mathbf{B}$ 为 $k\times n=5\times2$ 矩阵。$\mathbf{x}_{t-1}$ 为 $k\times1=5\times1$ 列向量。

（二）点识别方法——以 Choleski 识别为例

所谓点识别，对于系数 $\mathbf{A}$ 和结构冲击的方差矩阵 $\mathbf{D}$ 施加足够的约束，使得对于给定的协方差矩阵，存在唯一的 $\mathbf{A}$ 和 $\mathbf{D}$，使得(1.3.10)式成立，即

$$\boldsymbol{\Omega}=\mathbf{A}^{-1}\mathbf{D}(\mathbf{A}^{-1})' \tag{3.2.18}$$

Choleski 识别方法为点识别方法，对系数 $\mathbf{A}$ 施加较强的约束：$\mathbf{A}$ 为下三角矩阵，且 $\mathbf{A}$ 可逆。也就是说 $\mathbf{A}$ 的上三角中的元素全为零。此时，由于 $\mathbf{D}$ 为对角矩阵，因此 $\mathbf{H}=\mathbf{A}^{-1}\mathbf{D}^{1/2}$ 仍为下三角矩阵。根据线性代数的知识，对称矩阵 $\boldsymbol{\Omega}=\mathbf{H}\mathbf{H}^T$ 的分解存在且唯一，由(3.2.18)式，可唯一确定 $\mathbf{A}$ 和 $\mathbf{D}$。因此从

此意义上说,Choleski 识别约束为等式约束(零约束)。

对于两变量 VAR(2)模型(3.2.16)式,Choleski 识别方法则要求短期供给的价格弹性为零(A 矩阵右上角元素,即(1, 2)元素),即 $\alpha^s = 0$,那么

$$\mathbf{A} \equiv \begin{bmatrix} 1 & 0 \\ 1 & -\beta^d \end{bmatrix} \tag{3.2.19}$$

即 A 为下三角矩阵,因而能够完全识别 A 和 D。事实上,对两变量的 VAR 模型,协方差矩阵 $\boldsymbol{\Omega}$ 为 2×2 对称矩阵,有三个自由度(三个不同元素,对角线两个元素加次对角线一个元素),此时 $\mathbf{H} = \mathbf{A}^{-1}\mathbf{D}^{1/2}$ 中含有三个未知元素,未知量个数和自由度(已知,且可通过 OLS 估计得到)相同,此时可完全识别(full/exact identification)[①]。

接下来进一步分析 Choleski 识别方法施加的等式约束带来的局限性问题。根据结构冲击和简化式模型的非结构冲击之间的对应关系(1.3.9),及两变量 SVAR 模型(3.2.14),Choleski 识别约束意味着

$$\boldsymbol{\epsilon}_t \equiv \mathbf{A}^{-1}\mathbf{u}_t = \begin{bmatrix} 1 & 0 \\ 1 & -\beta^d \end{bmatrix}^{-1} \begin{bmatrix} \sqrt{d_s} & 0 \\ 0 & \sqrt{d_d} \end{bmatrix} \begin{bmatrix} v_t^s \\ v_t^d \end{bmatrix} = \frac{1}{\beta^d} \begin{bmatrix} \sqrt{d_s}\beta^d & 0 \\ \sqrt{d_s} & -\sqrt{d_d} \end{bmatrix} \begin{bmatrix} v_t^s \\ v_t^d \end{bmatrix}$$

$$\tag{3.2.20}$$

此时简化式模型可写为

$$\begin{bmatrix} q_t \\ p_t \end{bmatrix} = \cdots + \begin{bmatrix} \epsilon_t^q \\ \epsilon_t^p \end{bmatrix} = \cdots + \frac{1}{\beta^d} \begin{bmatrix} \sqrt{d_s}\beta^d & 0 \\ \sqrt{d_s} & -\sqrt{d_d} \end{bmatrix} \begin{bmatrix} v_t^s \\ v_t^d \end{bmatrix} \tag{3.2.21}$$

也就是说需求冲击对产量 q_t 没有当期影响,只有滞后期影响。也就是说需求冲击 v_t^d 的变化当期只影响价格 p_t,不影响产量 q_t,因此这说明供给曲线是垂直的(图 3.4)。因此 Choleski 识别约束意味着短期供给曲线是垂直的。而供给冲击 v_t^s 则同时影响价格 p_t 和产量 q_t。需要注意的是,此时产量位于第一个位置(内生变量组成的向量的第一个分量),价格位于第二个位置。[②]

---

① 三变量三方程,一般说来,三变量能够唯一确定,即完全识别。这种估计方法本质上是广义矩(GMM)估计方法。

② 如果假设价格 p_t 位于第一位,产量 q_t 位于第二位,对应需求冲击 v_t^d 为第一位(结构冲击向量的第一个分量),供给冲击 v_t^s 位于第二位。此时施加 Choleski 约束,则意味着需求曲线(demand curve)为垂直的。

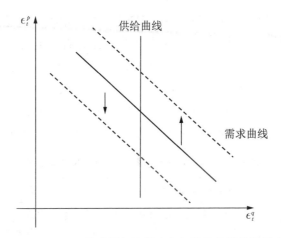

图 3.4　Choleski 约束的经济学含义与供给曲线的倾斜度

注:水平轴表示产量,垂直轴表示价格。需求冲击伴随需求曲线,即需求冲击使得需求曲线产生移动;同样的,供给冲击伴随供给曲线。在非垂直的需求或供给曲线假设下,需求和供给冲击都能够同时影响价格和产量。

在经典的宏观分析模型中,如果 q_t 代表产出水平,p_t 代表名义利率水平(资金的价格),那么 Choleski 识别约束意味着短期内货币政策调控(冲击)对产出没有影响。这似乎和已有经验研究相一致,如 Stock & Watson(2001)给出的短期识别约束。

但在劳动力市场上,Choleski 识别约束和研究结论不一致。假设 q_t 代表就业水平,p_t 代表工资水平,那么施加 Choleski 识别约束意味着短期劳动供给的工资弹性为零(在文献中,该弹性被称为劳动供给的 Frisch 弹性),即短期内劳动供给不随工资的变化而变化,劳动供给曲线是垂直的。但这和很多已有的微观和宏观研究的结论都相左。微观研究的结论大都说明 Frisch 弹性小于 1。Reichling & Whalen(2012)通过收集调查数据发现短期 Frisch 弹性大约在 0.27—0.53 之间。Chetty et al.(2013)的研究发现 Frisch 弹性不大于 0.5。而宏观研究的结论大都说明 Frisch 弹性大于 2(Cho & Cooley,1994;Kydland & Prescott,1982;Smets & Wouters,2007)。[1]

(三)点识别方法的贝叶斯解释

给待估参数赋予恰当的先验分布,这一做法被认为是对完全(恰好)识

---

[1]　从长期来看,劳动供给的 Frisch 弹性为零。这是由于劳动供给的收入效应和替代效应之和为零(Kydland & Prescott,1982:income and substitution effects cancel)。

别方法的一种拓展。比如 Choleski 识别方法假设矩阵 **A** 为下三角矩阵，即位于上三角中的元素被 100% 确认为 0，也就意味着其施加了一种"硬约束"或"强约束"，Baumeister & Hamilton(2019，*AER*)认为这是一种特殊的先验，可称为决断先验分布(dogmatic prior)，因此是退化分布(degenerate distribution)[①]。这种"强约束"会带来识别不确定性(identification uncertainty)问题，即完全排除其他可能的情况，将识别不确定性问题外生化。

表 3.2　Choleski 识别和符号识别的区别与联系

约束类别	Choleski 识别约束	符号识别约束
约束类型	等式约束—零约束 $\alpha = 0$	不等式约束—非零约束 $\alpha < 0,\ \alpha > 0$
识别分类	点识别方法 Point identification	集识别方法 Set identification
先验分布类型	决断先验 dogmatic prior	有信息/无信息先验分布 informative or uninformative prior

数据来源：作者自行总结；零约束也被称为排除约束(exclusion restriction, Kilian & Lütkepohl, 2017)。零约束也往往被称为完全识别约束(complete identification assumption，即下文提及的 all-information)，不等式约束也被称为不完全识别约束(imcomplete)。

Baumeister & Hamilton(2019，*AER*)还将传统经典识别方法比喻为二分类先验分布方法(all-or-nothing approach)。其含义是经典识别方法要么施加完全先验信息(all-information)，即决断先验信息(**A** 中上三角元素被 100% 确认为 0)，要么不施加任何先验信息(**A** 中下三角元素，no information)。

因此，理想的做法应是放松该"强约束"为"软约束"，将识别不确定性问题纳入分析框架中，从而将不确定性内生化。这恰是贝叶斯推断的一个精髓所在，将决断先验分布替换为有信息先验分布(informative prior)或无信息先验分布(uninformative prior)。比如，对于 **A** 中的某些元素，其可能很接近为 0，但不能完全确认其为 0，可赋予其恰当的有信息或无信息先验概率分布 $p(\mathbf{A})$。从文献梳理结果来看，除常规先验分布外[②]，实际研究中常用的先验分布有非标准化的学生 t 分布、非对称 t 分布等[③]。

从贝叶斯推断的角度看，经典识别方法不过是贝叶斯识别方法的一个

[①] dogmatic prior，也可翻译为教条式先验。但决断先验更传神，能反映出其本身的含义。

[②] 常规参数一般使用正态分布或对称 t 分布；标准差参数一般是逆 Gamma 分布(单参数)，逆 Wishart 分布(多参数，即多维情形)；AR(1)过程的持续性参数(persistent)一般是 Beta 分布。

[③] 请参考第五章第一节非对称 t 分布及应用。

特例而已，如 Choleski 识别方法只是指定了一个特殊的先验，即决断先验。因此，当对待估计参数不能完全确定时，应赋予有信息或弱信息（weakly informative）甚至无信息先验，以明确说明研究者对该参数的掌握信息的程度①。从信息的富裕程度来看，无疑决断先验最多②，有信息先验次之，无信息先验最少（图 3.5）。

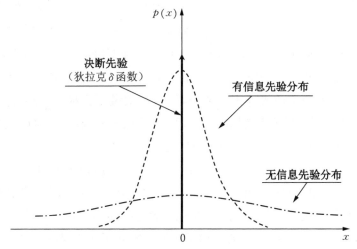

图 3.5　先验分布（prior）假设的信息富裕程度示意图

第三节　符号识别与其算法谬误问题

一、符　号　识　别

正因为 Choleski 识别方法施加了较强的排除性假设，其结果往往脱离实际，所以文献开始寻求放松该假设的各种方法。符号识别就是其中最经典的一种，即依据某些外生冲击对内生变量影响的方向（正负号）进而识别

---

① 文献中经常使用词汇，诸如 belief/doubts/uncertainty 来描述研究者对该参数所掌握信息的程度和多少。

② Dirac δ 分布可看作决断先验的一个典型例子，由 20 世纪伟大的英国理论物理学家 Paul Dirac 引入。维基百科中，关于 Dirac δ 函数，即狄拉克 δ 函数的定义为：定义在实数轴上的一个广义函数或分布。可简单地理解为在除零以外的点上函数值都等于 0，且其在整个定义域上的积分（面积）等于单位 1。需注意是这个简单的定义并不严格，因为任何在实数轴上如此定义的函数，其积分并不等于 1。δ 函数有时可看作是在原点处无限高、无限细，但是总面积为 1 的一个尖峰，因此也被称为单位脉冲函数（unit impulse）。

冲击和估计未知参数。通常情况下,识别冲击是通过计算内生变量对于冲击的脉冲响应函数加以实现。符号约束往往施加于冲击实现的当期(即所谓的静态符号约束,static restriction),即考察冲击期或冲击效应(impact effect);当然也可施加于冲击后的任意期(即所谓的动态约束,dynamic restriction),即考察动态效应(dynamic effict)。未知参数的估计,往往考察的是矩阵 $\mathbf{A}$ 或 $\mathbf{A}^{-1}$ 中的元素,但有时会考察更具经济含义的参数的估计,如供给和需求的弹性参数。符号识别这一领域开创性的代表作有:Faust (1998),Canova & De Nicoló(2002,*JME*)和 Uhlig(2005,*JME*)。

符号识别在文献中应用非常广泛。Uhlig(2017)以经典的供给和需求两变量模型及货币政策冲击为例,对符号约束做了详尽的介绍,并提出了 17 个有关使用符号约束使用的基本原则。Kilian & Zhou(2020)对符号约束在石油供需模型中的应用做了详尽的综述。

符号识别是集识别(set Identification)方法。所谓集识别方法,直观地说,即识别结果不再是一个点,而是一个集合(identified Set)。集识别可视为点识别的拓展,即不再施加等式约束,而是施加不等式约束,即符号约束或边界约束。一般说来,只要施加了不等式约束,那么识别的结果都是一个集合,而非一个固定点。在前文的语境下,符号识别方法寻找所有满足如下三个条件矩阵 $\mathbf{H}=\mathbf{A}^{-1}\mathbf{D}^{1/2}$ 的集合:

(1) $\mathbf{HH}'=\mathbf{\Omega}$;

(2) $\mathbf{H}$ 满足给定的符号约束;

(3) $\mathbf{H}$ 的列两两正交。

所有满足上述三个条件 $\mathbf{H}$ 构成一个矩阵集合。若假设方差矩阵 $\mathbf{D}$ 为单位矩阵,那么该矩阵集合构成了 $\mathbf{A}$ 的集识别。

对于供给和需求两变量 VAR(2)模型(3.2.16),假设其满足如下的符号约束,即需求冲击使价格 p_t 和产量 q_t 同向变动,供给冲击则使价格 p_t 和产量 q_t 负向变动①:

---

① 此处 $\mathbf{H}$ 的符号仅仅表示产量和价格在两个不同冲击下的反应是相反的。因此在具体识别时,要识别其他可能的符号模式(两变量共有四种模式),余下的三种符号模式为:[+,+;+,−];[−,−;−,+];[−,+;−,−]。每种符号模式代表某些具体的供给和需求冲击的反应:比如[+,+;+,−]代表正向的需求冲击和正向的供给冲击。正向的需求冲击带来产量和价格的同时上升(+),正向的供给冲击带来产量的上升(+)和价格的下降(−)。很显然模型内生变量的个数增加,要识别符号模式的数量呈指数式增加。因此符号识别应用于大型模型的识别较为困难。

$$\mathbf{H}=\begin{bmatrix} \dfrac{\partial q_t}{\partial v_t^d} & \dfrac{\partial q_t}{\partial v_t^s} \\[2mm] \dfrac{\partial p_t}{\partial v_t^d} & \dfrac{\partial p_t}{\partial v_t^s} \end{bmatrix}=\begin{bmatrix} + & - \\ + & + \end{bmatrix} \tag{3.3.1}$$

值得指出的是,$\mathbf{H}$ 的第一列代表需求冲击脉冲响应,第二列代表供给冲击的脉冲响应。因此 $\mathbf{H}$ 被称为**冲击矩阵**(impact matrix)[1]。那么如何获取 $\mathbf{H}$ 以达到集识别目的呢? 通常情况下,通过构造旋转矩阵 $\mathbf{Q}$,保持外生冲击的正交性,同时要求保持外生冲击仍具有相同的分布,则要求旋转矩阵 $\mathbf{Q}$ 具有规范性,因此一个自然的选择就是正交矩阵。即如果 $\mathbf{QQ}^T=\mathbf{I}$ 那么 $\mathbf{H}^*=\mathbf{HQ}$ 仍满足上述集识别中的第一和第三个条件。此时,通过构造不同的正交矩阵,来寻找那些满足给定符号约束的 $\mathbf{H}^*$,从而获得集识别[2]。

目前,文献中符号识别方法最流行的实现算法是正交矩阵分解方法。这种算法最初由 Uhlig(2005)提出,并由 Rubio-Ramírez,Waggoner & Zha(2010,*RES*)实现模拟算法。正交矩阵分解方法,在文献中也被称为 HT 方法(householder transformation,Fry & Pagan,2011,*JEL*,p.945;Kilian & Lütkepohl,2017,p.427)。该方法和文献中另外一种符号约束算法——Canova & De Nicoló(2002)和 Peersman(2005)提出的给定旋转矩阵(given rotation matrix)——在理论上是等价的,只不过正交矩阵方法在计算速度上更胜一筹,因此在大型模型的符号识别时应选择正交矩阵方法(Fry & Pagan,2007)。

正交矩阵分解方法的具体算法如下:

算法 2　符号识别的正交矩阵分解方法

(1) 从无信息先验分布:正态—逆 Wishart 分布中抽取 $\mathbf{\Omega}$;(Uhlig(2005,p.410),此处考虑到简化式参数估计不确定性问题(estimation uncertainty/sampling uncertainty),因此不直接使用简化式模型估计得到的协方差矩阵 $\mathbf{\Omega}$);
(2) 对 $\mathbf{\Omega}$ 进行 Choleski 分解:$\mathbf{\Omega}=\mathbf{HH}'$,可将 $\mathbf{H}$ 称之为 $\mathbf{\Omega}$ 的 **Choleski** 矩阵;

---

[1] Kilian & Lütkepohl(2017)将该冲击矩阵称为结构冲击乘数矩阵(structural impact multiplier matrix)。

[2] 应该注意的是,结构性冲击经过旋转运算后,虽然仍保持正交性质,但往往不具备明确的经济学含义。比如对于供给冲击和需求冲击进行选后得到新的冲击,其是二者的线性组合,很难给出其明确的经济解释(Kilian & Lütkepohl,2017,Chapter 13.2,There is, of course, no reason for these shocks to correspond to economically interpretable structural shocks such as demand and supply shocks ...)。

(3) 随机抽取正交矩阵 **Q**；(首先随机抽取一个 $n \times n$ 正态矩阵 **X**，即每一个元素是独立同分布的标准正态分布；然后使用了 **QR** 分解算法，**X = QR**，其中 **Q** 为正交矩阵，**R** 为上三角矩阵①)；

(4) 将 **HQ** 作为待选矩阵(Impact Matrix)，并以此计算脉冲响应函数；

(5) 如果得到的脉冲响应函数满足既定的符号约束条件，则保留 **HQ**；否则继续重复步骤(1)—(4)，再次抽取 **Q**，重新计算 **HQ**，并计算新的脉冲响应函数。

注：后文会看到 Q 的先验分布，即旋转角对应的一致分布恰是符号识别算法谬误的根源。

　　然而这种算法在文献中被广泛采用。Baumeister & Hamilton(2018, *JME*)在附录中提供了一个长达 100 多篇的权威期刊论文列表，均采取正交矩阵分解方法。Arias, Rubio-Ramírez & Waggone(2018, *Econometrica*)就是其中一篇，其指出(**Φ**, **Ω**, **Q**)的先验分布隐含了(**A**, **B**, **D**)的先验分布，但并未明确指出(**A**, **B**, **D**)的后验分布严重依赖于 **Q** 的先验分布。Baumeister & Hamilton(2015)、Hamilton(2019)都指出了这一算法的问题和错误所在。这一算法的核心问题在于正交矩阵的随机抽取算法实际上暗含了有信息先验分布，而该先验分布是独立于任何既定的研究问题和样本数据(只和模型内生变量的个数有关)，即所有研究问题都有相同的先验，因此任何基于此模拟结果的推断与分析都是荒唐，甚至是错误的。②

　　接下来，以一个简单的两变量 VAR 模型来说明正交矩阵分解算法引致的错误及其根源所在。

二、符号识别算法的谬误问题

(一) Haar-uniform 分布、Haar 测度与脉冲响应识别

　　假设内生变量的个数 $n = 2$，根据正交矩阵分解算法 2，将随机抽取的矩阵 **X = QR** 展开

$$\begin{bmatrix} x_{11} & x_{12} \\ x_{21} & x_{22} \end{bmatrix} = \begin{bmatrix} q_{11} & q_{12} \\ q_{21} & q_{22} \end{bmatrix} \begin{bmatrix} r_{11} & r_{12} \\ 0 & r_{22} \end{bmatrix} \tag{3.3.2}$$

① 为了使得分解具有唯一性，一般要求上三角矩阵 **R** 对角线上的元素全为正。

② 此外，正交矩阵分解算法在实际使用时，可能由于约束条件非常苛刻导致满足条件的样本非常少。Kilian & Murphy(2014, *JAE*)模拟了 500 万次，最终只有 16 个样本被保留。也就是说百万模拟只有约 3 个可用样本，这说明该算法并不有效。此外，Bacchiocchi & Kitagawa(2021)通过反例指出 Rubio-Ramírez, Waggoner & Zha(2010)中的定理 7 存在错误，即该定理的充分条件不成立(p.6, The first result in this note is that the "if" statement of this theorem(定理 7) is false, as shown by the following counterexample ...)，因此会对后续分析或文献产生误导。

由于 **Q** 为正交矩阵,因此不难从(3.3.2)式得到(3.3.3)式中第一个等式:

$$\begin{pmatrix} q_{11} \\ q_{21} \end{pmatrix} = \begin{pmatrix} \dfrac{x_{11}}{\sqrt{x_{11}^2+x_{21}^2}} \\ \dfrac{x_{21}}{\sqrt{x_{11}^2+x_{21}^2}} \end{pmatrix} = \begin{pmatrix} \cos\theta \\ \sin\theta \end{pmatrix} \tag{3.3.3}$$

因此在二维坐标平面内,对于给定的矩阵 **X**,(q_{11}, q_{12}) 是单位圆上的一点,对应某一旋转角 θ

$$\theta = \arccos \frac{x_{11}}{\sqrt{x_{11}^2+x_{21}^2}} \tag{3.3.4}$$

于是可由三角函数加以表示,即(3.3.3)式中第二个等式。事实上,具有如下形式的旋转矩阵恰好是正交矩阵 **Q**:[①]

$$\mathbf{Q} = \begin{pmatrix} \cos\theta & -\sin\theta \\ \sin\theta & \cos\theta \end{pmatrix}, \ \theta \in [-\pi, \pi] \tag{3.3.5}$$

因此随机抽取 **Q**,可等价为随机抽取旋转角 θ。更进一步,这种正交矩阵分解算法认为如果将 θ 视为一个随机变量,其服从 $[-\pi, \pi]$ 上的一致分布,那么 **Q** 也是随机矩阵。这就是文献中所说的 Haar-uniform 分布(Baumeister & Hamilton, 2018, *JME*),而旋转角 θ 则被称为 Haar 测度(Haar measure, Baumeister & Hamilton, 2019)。

但问题恰恰出在这里。虽然旋转角服从一致分布,被认为是无信息先验分布,也就是说 θ 的选取是随机的(uninformtaive),每个 $[-\pi, \pi]$ 内的值都有均等的机会被选中。但是虽然 **Q** 仍然是随机矩阵,但其中的元素(随机变量)对应的先验分布却不再是无信息分布,而是有信息分布,也就意味着,对于该元素,其对应的可能样本被选中的机会不再是均等的。

接下来详细说明。由于是 **X** 标准正态随机矩阵,每个元素都服从标准正态分布。对于第一列元素,$x_{i1} \sim N(0, 1)$, $i=1, 2, \cdots, n$,那么 $x_{i1}^2 \sim \chi^2(1)$。因此 $x_{11}^2 + \cdots + x_{n1}^2 \sim \chi^2(n)$。此外,若 $X \sim \chi^2(\alpha)$, $Y \sim \chi^2(\beta)$,那么根据 Devroye(1986, p.403), Theorem 3.1,可得:

$$\frac{X}{X+Y} \sim \text{Beta}\left(\frac{\alpha}{2}, \frac{\beta}{2}\right) \tag{3.3.6}$$

[①]　此处未考虑反射矩阵(reflection):(3.3.5)式第二列乘以 -1 即得到反射矩阵。

其中 Beta 表示 Beta 分布。因此由 **QR** 分解(3.3.3)式，可得

$$q_{i1}^2 = \frac{x_{i1}^2}{x_{11}^2 + \cdots + x_{n1}^2} \sim \text{Beta}\left(\frac{1}{2}, \frac{n-1}{2}\right) \tag{3.3.7}$$

因此根据 Beta 分布的定义，容易得到第一列元素 q_{i1} 的概率密度函数

$$p(q_{i1}) = \begin{cases} \dfrac{\Gamma(n/2)}{\Gamma(1/2)\Gamma((n-1)/2)} (1-q_{i1}^2)^{(n-3)/2}, & \text{若 } q_{i1} \in [-1, 1] \\ 0, & \text{其他} \end{cases}$$

$$\tag{3.3.8}$$

其中 $\Gamma(\cdot)$ 为 Gamma 函数，n 为 VAR 模型中内生变量个数。

接下来考察冲击矩阵 $\mathbf{H} = \mathbf{PQ}$ 和脉冲响应函数的计算。仍以 $n=2$ 为例。

$$\begin{bmatrix} \omega_{11} & \omega_{12} \\ \omega_{21} & \omega_{22} \end{bmatrix} = \mathbf{\Omega} = \mathbf{PP'} = \begin{bmatrix} p_{11} & 0 \\ p_{21} & p_{22} \end{bmatrix} \begin{bmatrix} p_{11} & p_{21} \\ 0 & p_{22} \end{bmatrix} = \begin{bmatrix} p_{11}^2 & p_{11}p_{21} \\ p_{21}p_{11} & p_{21}^2 + p_{22}^2 \end{bmatrix}$$

$$\tag{3.3.9}$$

其中 $\mathbf{\Omega}$ 是简化式 VAR 模型估计后的方差—协方差矩阵[①]，$\mathbf{P}$ 为 $\mathbf{\Omega}$ 的 Choleski 矩阵，$\mathbf{Q}$ 为随机抽取的正交矩阵：

$$\begin{bmatrix} h_{11} & h_{12} \\ h_{21} & h_{22} \end{bmatrix} = \mathbf{H} = \mathbf{PQ} = \begin{bmatrix} p_{11} & 0 \\ p_{21} & p_{22} \end{bmatrix} \begin{bmatrix} q_{11} & q_{12} \\ q_{21} & q_{22} \end{bmatrix}$$

$$= \begin{bmatrix} p_{11}q_{11} & p_{11}q_{12} \\ p_{21}q_{11} + p_{22}q_{21} & p_{21}q_{12} + p_{22}q_{22} \end{bmatrix} \tag{3.3.10}$$

首先来看 $\mathbf{H}$ 中 $(1, 1)$ 元素 h_{11} 的含义。很显然，h_{11} 代表了一单位的第一个结构冲击对 VAR 中第一个变量的脉冲响应(第一期，冲击发生时)，因此 h_{11} 所服从的分布也是该脉冲响应服从的分布。由(3.3.9)和(3.3.10)两式，不难得到

$$h_{11} = \sqrt{\omega_{11}}\, q_{11} \tag{3.3.11}$$

在估计后，$\omega_{11}^{1/2}$ 是固定不变的[②]，因此(3.3.11)式表明脉冲响应本身是一个随

---

① 在选定的样本下，可使用 OLS, MLE 等方法进行估计。估计后，方差—协方差矩阵不发生变化。

② 此处暂不考虑估计不确定性问题，即 sampling uncertainty 问题，更多请参考本章"第四节 样本不确定性和识别不确定性问题"。

机变量。由 q_{11} 的密度函数(3.3.8)和 h_{11} 的定义(3.3.11)式，不难得到脉冲响应 h_{11} 的概率密度函数

$$p(h_{11}|\boldsymbol{\Omega}) = \begin{cases} \dfrac{\Gamma(n/2)}{\Gamma(1/2)\Gamma((n-1)/2)} \dfrac{\left(1-\dfrac{h_{11}^2}{\omega_{11}}\right)^{\frac{n-3}{2}}}{\omega_{11}^{1/2}}, & \text{若 } h_{11} \in [-\omega_{11}^{1/2}, \ \omega_{11}^{1/2}] \\ 0, \text{其他} \end{cases}$$

(3.3.12)

在给定方差和协方差矩阵 $\boldsymbol{\Omega}$ 后，(3.3.12)式表明，h_{11} 的概率密度函数和 VAR 模型中变量的个数密切相关。当 $n=3$ 时，概率分布是一致分布；当 $n \neq 3$ 时，密度分布不是一致分布，如图 3.6 所示[①]。随着 VAR 模型中变量个数增加，脉冲响应函数的方差逐渐减少。其他变量和冲击的概率密度函数亦可类似推导。

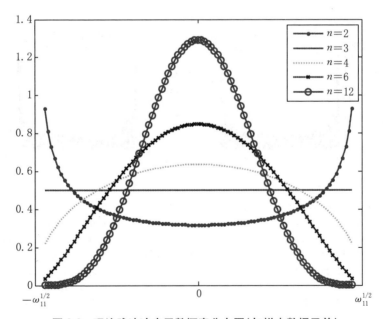

图 3.6 理论脉冲响应函数概率分布图(与样本数据无关)

这说明一个无信息先验分布(旋转角服从的一致分布)经非线性变换后 ($h_{11}=\omega_{11}^{1/2}q_{11}=\omega_{11}^{1/2}\cos\theta$) 通常是一个有信息先验分布(如(3.3.12)中的 Beta 分布)。这就意味着任何使用该算法的统计推断都暗含了这样一个有

---

① Matlab 源代码：DSGE_VAR_Source_Codes\chap3\sign_restriction_Haar_uniform_plot.m。

信息先验，因此**在此基础上的符号识别及其后续统计推断都存在较大的问题，甚至是错误的**。[①]

为了验证上述推理结果，此处分别构建了两变量、三变量和四变量的简化式 VAR 模型，使用 OLS 估计，获取协方差矩阵 Ω 并在**无符号约束下**[②]，通过正交分解算法并画出了脉冲响应图的概率分布，以验证是否和图 3.6 的理论结果相一致。

对于两变量 VAR 模型，考虑（3.2.16）式对应的简化式供给和需求模型。

应用实例 5　中国国产轿车供给和需求两变量 VAR 模型：符号约束识别

具体考察我国国产乘用轿车生产和销售的情况。选取 q_t 为国产乘用轿车月度生产增长率，p_t 为轿车实际价格（名义价格除以 CPI），数据频率为月度，样本期为 2007M3—2019M2，滞后期 $m=24$，即估计 VAR(24) 模型。[③]

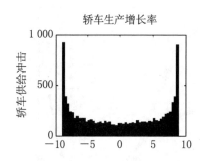
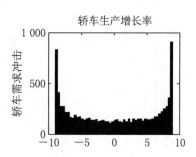

---

①　因此，Baumeister & Hamilton(2018，*JME*)在摘要中指出 'Point estimates(点估计)and error bands for SVARs that are set identified are only justified if the research is persuaded that some parameter values are a priori more plausible than others'. 文献中符号约束通常采取这种算法，并汇报中值(median)，即这里的点估计以及 68% 或 90% 的 error band。而事实上这种算法暗含(implied)了一个有信息先验分布，也就是说参数的某些值，相比其他值有更高的概率密度，即更可能被抽取到，但研究者通常并没有提及这一先验分布，更没有对此解释，因此其推理往往是站不住脚的(not justified)。用 Prof. Baumeister 另外一句话来解释就是：Without acknowledging prior information，there is no statistical justification for reporting the median and the upper and lower $a\%$ range around this(median) where $a=68$ or 90。

②　上述的理论推导和符号约束无关，因此暂不考虑符号约束。

③　滞后期数并不显著影响结论。数据来源：CEIC。汽车生产：汽车行业：生产：乘用车：轿车：国内制造(ID=56384001，CRAACAQ)，产量增长率此处采取同比；此外，使用季节调整后的产量环比增长率亦可得到类似结论；名义价格数据：汽车价格：国产：乘用车：轿车(ID=143117601，CPADGL)。CPI 采取定基数据。具体数据见\DSGE_VAR_Source_Codes\chap3\中国 CPI 居民消费价格指数.xlsx，中国乘用车价格、销售和生产.xlsx。

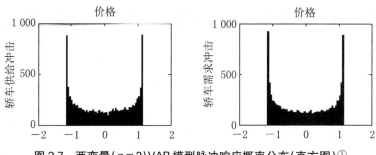

图 3.7　两变量($n=2$)VAR 模型脉冲响应概率分布(直方图)①

图 3.7 画出了产量 q_t 和价格 p_t 的脉冲响应概率分布的直方图。在供给和需求冲击下,脉冲响应直方图均呈现 U 形。图 3.8 画出了使用了正交分解算法获取的脉冲响应图,未施加任何符号约束。实线表示中位数脉冲响应,几乎为零。最大和最小脉冲响应,几乎是对称的,完全包含了水平 x 轴。这说明未施加任何符号约束的脉冲响应关于 $y=0$ 两边对称分布(图 3.7)。

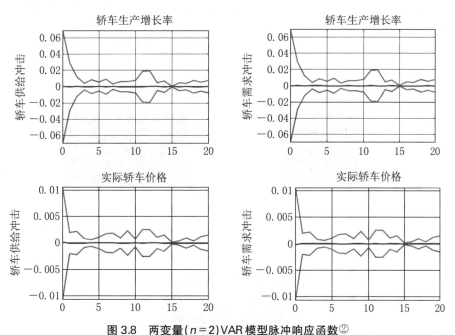

图 3.8　两变量($n=2$)VAR 模型脉冲响应函数②

注:实线表示脉冲响应的中位数。虚线表示识别集的最大和最小值。

---

① Matlab 绘图源代码:\DSGE_VAR_Source_Codes\chap3\nosign_2variables_Car.m。源代码中,可选择使用同比数据和环比数据。car.txt 代表同比数据;car2.txt 代表环比数据,具体可见源代码说明。

② Matlab 绘图源代码:\DSGE_VAR_Source_Codes\chap3\nosign_2variables_Car.m。

应用实例6　中国宏观经济三变量和四变量VAR模型:符号约束识别

对于三变量选取如下的变量通货膨胀率π_t、GDP增长率ΔGDP_t和利率R_t。四变量模型中则增加货币供应量增长率ΔM_t这一变量:

$$\mathbf{y}_t \equiv \begin{bmatrix} \pi_t \\ \Delta GDP_t \\ R_t \\ \Delta M_t \end{bmatrix} \tag{3.3.13}$$

两个模型均使用中国宏观经济数据,π_t由GDP平减指数计算得到,ΔGDP_t采取实际GDP增长率,R_t采取7天回购利率,ΔM_t表示名义货币增长率,样本期均为1996Q1—2018Q4,频率为季度,滞后期$m=4$,即估计VAR(4)模型。[①]

从图3.7,图3.9和图3.10中可看出,脉冲响应图的概率分布和图3.6中的理论分布基本一致:即$n=2$时脉冲响应为U形,$n=3$为一致分布;$n=4$时为倒U形。

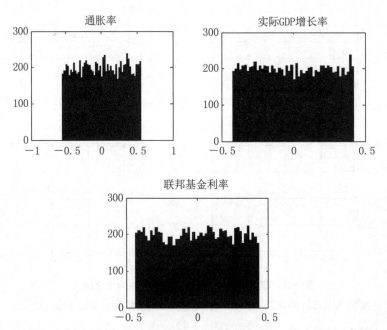

图3.9　三变量($n=3$)VAR模型脉冲响应概率分布(直方图):总供给冲击[②]

---

① 滞后期数并不显著影响结论。

② Matlab绘图源代码:\DSGE_VAR_Source_Codes\chap3\nosign_3variables_China.m。

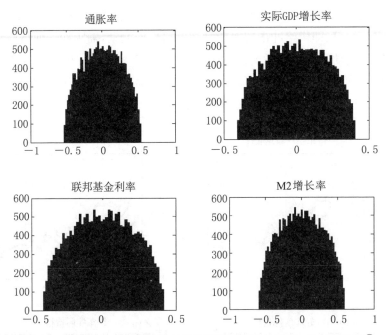

图 3.10　两变量($n=4$)模型脉冲响应概率分布(直方图)：总供给冲击[1]

值得指出的是，上述的理论推导尚未涉及符号约束。也就是说，无论施加什么样的符号约束，脉冲响应函数服从的概率分布是固定的，这种随机性来源于正交矩阵分解算法本身，和符号约束无关。施加**符号约束的本质是对随机抽取的样本是否保留的一个选择标准而已(即只影响样本选择)**。因此并不改变所抽取样本固有的概率分布，其结果是一个有约束的抽样结果。

因此通过上述算法进行抽样，如果施加了符号约束，则保留符合条件的**脉冲响应函数，从而得到该脉冲响应的识别集合。这同时也是符号识别的一个缺陷，即只能得到识别集合，而不是一个点估计**。为了得到点估计，文献中的标准做法的汇报该识别集的中值(median)，并汇报 16% 和 84% 的可信集(credibility set)[2]。

以汽车供给和需求两变量 VAR 模型(应用实例5)为例,施加(3.3.1)式中的符号约束(即供给冲击使得产量和价格反向变动,需求冲击使得产量和价格同向变动),内生变量的脉冲响应如图 3.11 所示①。在一单位正向供给冲击下,产量上升,价格下降,在一单位正向需求冲击下,产量上升,价格也上升。这和施加的符号约束完全一致。

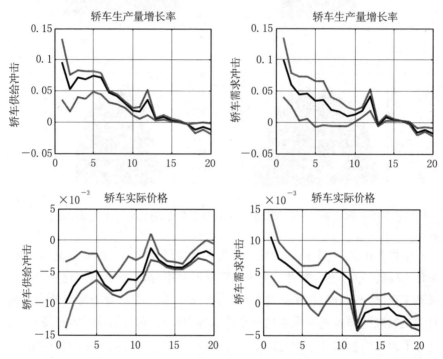

图 3.11　供给和需求冲击下,汽车产量和价格的脉冲响应图(正向、一个标准差)②
注:实线表示脉冲响应的中值,虚线分别表示 16% 和 84% 的可信集分位数。

图 3.11 所示的脉冲响应识别集合较大,甚至在某些情况下水平 x 轴位于识别区间内。如果将全部识别集合画出,如图 3.12 所示,会发现识别集更大,包括更多的零值,这意味着脉冲响应和零值并无显著差异。这是基于正交矩阵分解算法实现符号识别的第二个主要问题:识别集较大,无法准确

---

① 此处 VAR 模型中使用的变量是增长率变量,而非水平变量,因此脉冲响应看上去并不平滑。

② Matlab 绘图源代码:\DSGE_VAR_Source_Codes\chap3\withsign_2variables_Car_irf.m。此处增长率使用同比数据。如果使用季节调整后产量的环比增长率,也能得到类似的结论。源代码中,可选择使用同比数据和环比数据。car.txt 代表同比数据;car2.txt 代表环比数据,具体可见源代码说明。

识别(此处为脉冲响应函数),即识别能力并不强。

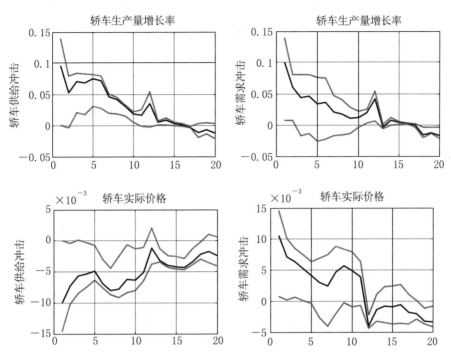

图 3.12　供给和需求冲击下,汽车产量和价格的脉冲响应图(正向、一个标准差)①

注:实线表示脉冲响应的中值,虚线分别表示最大和最小。

(二) Haar-uniform 分布、Haar 测度与弹性参数识别

此处仍以供给和需求 VAR 模型(3.2.14)为例,来说明供给和需求弹性参数的识别问题。首先来看矩阵 **A** 及 **A**⁻¹:

$$\mathbf{A}=\begin{pmatrix}1 & -\alpha^s \\ 1 & -\beta^d\end{pmatrix}, \ \alpha^s\neq\beta^d, \ \mathbf{A}^{-1}=\frac{1}{\alpha^s-\beta^d}\begin{pmatrix}-\beta^d & \alpha^s \\ -1 & 1\end{pmatrix} \quad (3.3.14)$$

为简单起见,不妨假设结构冲击的标准差为单位 1,即 $d_s=d_d=1$,那么 (3.2.14)式可写为:

$$\begin{pmatrix}q_t \\ p_t\end{pmatrix}=\begin{pmatrix}c^s \\ c^d\end{pmatrix}+\cdots+\frac{1}{\alpha^s-\beta^d}\begin{pmatrix}-\beta^d & \alpha^s \\ -1 & 1\end{pmatrix}\begin{pmatrix}v_t^s \\ v_t^d\end{pmatrix} \quad (3.3.15)$$

如果 q_t, p_t 分别表示产量和价格(对数)增长率,那么不难看出参数 α^s, β^d

---

① Matlab 源代码:\DSGE_VAR_Source_Codes\chap3\withsign_2variables_Car_irf.m。

分别表示短期供给的价格弹性、短期需求的价格弹性[1]。事实上，对于一单位的供给冲击 v_t^s，从直观上看，$\mathbf{A}^{-1}$ 中的 $(1，1)$ 元素，则代表了第一个内生变量对于第一个冲击（供给冲击）的反应，$(2，1)$ 元素则代表了第二个内生变量对供给冲击的反应。

因此第一列中的元素则代表了所有内生变量对于第一个冲击的反应。此外，将供给曲线从 Supply1 的位置平移到 Supply2 的位置，此时产量的变化是沿着需求曲线变化的，因此产量相对于价格的相对变化为需求的价格弹性（如图 3.13），而此时变动的比率分别为

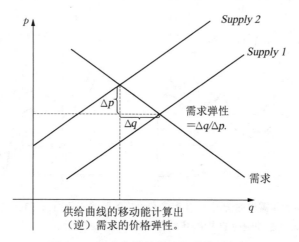

图 3.13　需求和供给的价格弹性示意图

注：图中 q 和 p 分别表示数量和价格对应的对数水平变量。

$$\frac{\Delta q_t}{\Delta p_t} = \frac{-\beta^d/(\alpha^s - \beta^d)}{-1/(\alpha^s - \beta^d)} = \beta^d \tag{3.3.16}$$

这说明 β^d 表示需求的价格弹性。同样，α^s 表示供给的价格弹性。

除上述问题（暗含有信息先验分布和识别能力不强）外，符号识别方法仍然还存在至少如下两个问题。

第一，部分识别模型（partially identified）中可能会存在较大的识别偏误。 对于给定的符号约束，识别出每一个冲击，从技术上来讲往往比较困难，特别是当 VAR 中模型变量较多时，更是如此[2]。因此在大型 VAR 模

---

① 暂时不考虑正负号。

② 此处的"技术"是指：随着变量增加，对每一个冲击施加互不相同，即唯一的符号约束模式（distinct sign pattern）变得越来越困难，因为只有互不相同的符号约束才将各（转下页）

型中使用符号约束,往往只能识别出一部分冲击,也就是说模型中仍有不少冲击无法识别出来,即部分识别[①]。在实际研究中(往往大多数情况),只能给定部分可识别冲击(比如 u_{1t})的特定符号约束 a(sign pattern a),比如 $a=(+,-,+)$,而完全忽略其他未识别冲击(比如 u_{2t},u_{3t})可能具有相同的符号约束 a。换句话说,基于特定 a 约束进行的识别将保留所有满足 a 约束的随机样本(系数矩阵和协方差矩阵),而不管该样本是否可能来自其他冲击(比如 u_{2t},u_{3t}),因此基于正交矩阵分解算法的识别,在部分识别中可能造成较大的识别偏误。

第二,施加动态符号约束时会面临更多问题。本节前半部分的讨论,都是静态约束(即符号约束施加于冲击发生的当期)。当符号约束为动态约束时(即符号约束施加于冲击发生的第二期(或以后)时),基于上述正交矩阵分解算法的符号识别方法,可能会面临更多的问题。以结构冲击 $\mathbf{u}_t$ 的脉冲响应为例,冲击发生当期(即 $s=0$)和第一期(即 $s=1$),脉冲响应函数的定义分别(2.1.15)、(2.1.16)式:

$$\frac{\partial \mathbf{y}_t}{\partial \mathbf{u}_t'} = \mathbf{A}^{-1}$$

$$\frac{\partial \mathbf{y}_{t+1}}{\partial \mathbf{u}_t'} = \mathbf{\Phi}_1 \mathbf{A}^{-1}$$

其中 $\mathbf{\Phi}_1$ 为简化式 VAR 模型滞后一期变量的系数矩阵。对某个结构冲击 $u_{jt}(j=1,2,\cdots,n)$ 和某个内生变量 $y_{it}(i=1,2,\cdots,n)$,如果施加了如下的动态符号约束

(接上页)个冲击识别出来。也就是说两个不同的冲击可能对内生变量造成完全相同的影响,即相同的符号约束模式,比如两变量的模型中,两个结构冲击的识别模式都同时为$(+,-)$或$(+,+)$。为此,作者特意请教了 Christiane Baumeister 教授,她给出了如下的回答:there is a limited number of shocks that you can identify with sign restrictions not because it is tedious to program but because the larger your model gets, the harder it will be to come up with sign restrictions for each shock such that they have a distinct pattern to allow you to distinguish them. People often use sign restrictions to identify a subset of shocks in larger systems leaving the rest of the model unidentified or they combine them with other restrictions like zero restrictions。此外,冲击识别的编程也较为单调、繁琐。在两变量 VAR 模型中,识别两个冲击,需要 120 余行代码(Matlab)才能识别出供和需求冲击(见\DSGE_VAR_Source_Codes\chap3\withsign_2variables_Car_irf.m)。

① Canay & Shaikh(2017),Ho & Rosen(2017)给出了部分识别文献的很好的综述。

$$\left(\begin{array}{c} \dfrac{\partial y_{it}}{\partial u_{jt}} \\[4mm] \dfrac{\partial y_{i,\,t+1}}{\partial u_{jt}} \end{array} \right) = \left(\begin{array}{c} + \\ + \end{array} \right) \tag{3.3.17}$$

即冲击当期和后一期结构冲的影响方向一致，相当于要求系数矩阵 $\boldsymbol{\Phi}_1$ 的 (i,j) 元素为正。如果 $\boldsymbol{\Phi}_1$ 的 (i,j) 元素为负时，那么在随着样本容量 T 的增大，将没有后验分布满足这一动态符号约束，因此基于动态符号约束的识别将会完全不可靠。Canova & Paustian(2011，*JME*)对一个结构乘数基于动态符号约束进行识别，发现这一识别结果普遍是不稳健的。

鉴于基于正交矩阵分解算法的符号约束方法存在的诸多问题，在实际研究中应审慎使用或甚至果断抛弃。需要注意的是，虽然正交矩阵分解算法存在很大问题，但并不意味着符号识别方法也有问题。相反，符号识别方法是一种强大的、优秀的识别方法。因此需要借助其他更可靠的方法，来发挥符号约束方法的识别作用。

在第四章中将介绍一种全新的 SVAR 识别算法：**BH** 识别方法（图 3.14），该算法完全避免了暗含先验信息的严重缺陷，明确假设参数的先验分布，将识别不确定性问题内生化考量，从更一般的角度拓展了符号约束识别方法。

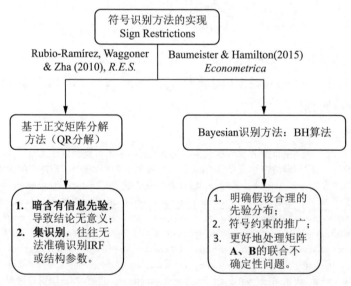

图 3.14　符号约束算法的实现：QR 分解与 BH 识别方法

（三）正交矩阵分解算法缺陷的可能解决方法

符号约束是一种较好的识别方法，但基于正交矩阵分解算法的统计推断存在很大问题，甚至是错误的。Baumeister & Hamilton(2020a)提供了四种可能的解决办法。

第一、**汇报全识别集合**。通常情况下，如果识别约束只有符号约束或零约束，那么研究者应该汇报全部识别集合，而非 16% 和 84% 或其他百分比的可信集合(credibility set)。在符号约束方法对应的实现算法(算法 2，正交矩阵分解算法)中，识别的脉冲响应集合中含有两种不确定性，也就是说该识别集合是考虑两种不确定性后得到的。第一种不确定性为样本不确定性(第四节会做更多介绍)；第二种不确定性来自算法本身的随机性(和考虑的问题无关)，即隐含的有信息先验分布。[①]如果只汇报 16% 和 84% 的可信集，将不能充分反应第二种不确定性应有的结果，也就是说"利用"了第二种不确定性而并不承认它，从而造成结论的误导。

第二、**获得更多识别信息**。除了符号识别外，获取更多的其他识别信息，比如有关大小度量的先验信息。事实上，如果将某一结构冲击对某一内生变量的识别集(脉冲响应)画出对应的直方图(近似概率分布，图 3.6)，算法 2 隐含的有信息先验分布，意味着该直方图，在未结合任何样本数据的情况下，已对脉冲响应做出概率推断：即某些值比另外一些值具有更大的概率值，因此更可能出现。在没有获取任何额外信息，以此推断作为结论显然是错误。Baumeister & Hamilton(2020a，图 2)给出了一个示例，该示例画出了一单位美国货币政策紧缩冲击下，流向新兴市场资本的脉冲响应(冲击发生的第一期)的直方图，该直方图的中值为 −0.41。也就是说美国货币政策紧缩冲击(一单位)导致了流向新兴市场资本下降了 0.41 个单位。但该中值完全来自算法 2，是由纯算法的随机性导致，而和样本数据无关。如果没有进一步的额外数据支撑，直接以此为结论显然是不恰当的。因此除了原有的符号约束信息，寻求额外的有关冲击造成影响的定量数据作为支撑非常必要，也是解决该问题的办法之一。

第三、**使用完全识别信息**。这种方法寻求额外其他的信息或变量，能确定知晓，比如简化式模型的系数或协方差矩阵，或结构冲击对内生变量的影响方向和(或)大小(即完全信息)。一种比较常见的方法是使用工具变量法(Stock & Watson，2012，2018；Mertens & Ravn，2014)：即寻求一个工具变量，使得该工具变量和待识别结构冲击相关，但不和其他结构冲击相关。

---

① Baumeister & Hamilton(2020a)：a nonlinear transformation of uniform distribution(旋转角 θ 对应的分布) is no longer a flat distribution.

Noh(2019) 和 Paul(2019) 指出工具变量法可通过 OLS 回归的方式来简便的实现。更多可参考"第六章 基于外部工具变量方法的 SVAR 模型识别的最新进展"。

第四，**BH 分析框架方法**[①]。如果可获得的工具变量不能完全确定是否准确或是一个弱工具变量(weak)时，此时不能使用完全信息的方法来推断。同样的，如果有额外的零约束信息来帮助识别，无法完全确定是否为零。此时可借助 **BH 分析框架**，从 Bayesian 分析的角度，使用先验分布来描述工具变量和零约束，以考虑其不确定性问题。更多内容可参考"第四章 基于贝叶斯推断的 SVAR 模型识别最新进展：识别不确定性内生化"。

第四节 样本不确定性和识别不确定性问题

样本不确定性和识别不确定性是宏观计量分析中，特别是 VAR 模型分析中的重要问题，也是研究者必须处理好的问题。

一、样本不确定性

样本不确定性(sampling uncertainty)，也称之为估计不确定性(estimation uncertainty)。本意是指，对于内生变量 $\mathbf{y}_t$，只有有限样本容量 T 用于估计，比如 OLS 估计量：(2.1.36)式中的系数矩阵估计量 $\hat{\mathbf{\Phi}}$ 和(2.1.38)式中的协方差矩阵估计量 $\hat{\mathbf{\Omega}}$。此时并不知道真实值 $\mathbf{\Phi}$ 和 $\mathbf{\Omega}$ 是什么。但真实值可能在 $\hat{\mathbf{\Omega}}$(或 $\hat{\mathbf{\Phi}}$)附近，或大或小。因此为了描述此不确定性，在实际使用时，经常从 $\mathbf{\Omega}$ 或($\mathbf{\Phi}$)的先验概率分布中随机模拟，并且 OLS 或 MLE 估计结果常常作为模拟的起点或用于设定其先验概率分布的参数(如均值)。在符号识别的正交矩阵分解算法(算法 2)中，就考虑到了样本不确定性问题。反过来，在随机模拟(算法 2)时，如果将估计量 $\hat{\mathbf{\Omega}}$(或 $\hat{\mathbf{\Phi}}$)固定不变，会产生什么后果呢？事实上，若将 $\hat{\mathbf{\Omega}}$(或 $\hat{\mathbf{\Phi}}$)固定不变，则意味着此时并没有考虑样本不确定性问题，因此相当于此时有无穷多的样本数据($T \to \infty$)，也即假设真值 $\mathbf{\Phi}$ 和 $\mathbf{\Omega}$ 完全确定知晓。[②]

---

① 请参考"第四章 基于贝叶斯推断的 SVAR 模型识别最新进展"。

② 具体的例子或源代码可参考：应用实例 2 或应用实例 7。

二、识别不确定性

识别不确定性(identification uncertainty)是指识别约束是否完全准确或合理存在不确定性或疑问。在大多数情况下,研究者对施加的识别约束并不完全确信是准确的,即存在一定的疑问。识别不确定性的本质是研究者对结构参数知之甚少,仅依赖于数据本身无法唯一识别结构模型。Baumeister & Hamilton(2015)首次将识别不确定性问题明确提出,将其内生化考量(抛弃外生化处理的经典假设),并应用于 SVAR 模型的识别中,以明确先验分布对后验分布的影响程度和机制。

从空间角度来说[即 n 变量 SVAR 模型,由待估参数($\mathbf{A}$, $\mathbf{B}$, $\mathbf{D}$)组成的参数空间],施加识别约束,意味着仅仅选取该参数空间的某一部分来识别(满足识别约束),而不考虑其余部分(即不满足识别约束)。比如 Choleski 识别,设定 $\mathbf{A}$ 为下三角矩阵,因此在所有可能 $\mathbf{A}$ 组成的参数空间中,仅仅选择满足"下三角矩阵"这一约束条件的 $\mathbf{A}$ 进行识别。考虑识别不确定性问题时,则会考虑赋予 $\mathbf{A}$ 中上三角中的元素以某些先验分布,即以某种概率接近于零,而不是直接设定为零。换句话说,此时考虑的参数空间会大大增加。以 $n=3$ 为例。$\mathbf{A}$ 是由九个元素组成的矩阵,因此所有 $\mathbf{A}$ 中的元素组成了一个九维空间:

$$\mathbf{A}=\begin{bmatrix} a_{11} & a_{12} & a_{13} \\ a_{21} & a_{22} & a_{23} \\ a_{31} & a_{32} & a_{33} \end{bmatrix} \tag{3.4.1}$$

Choleski 识别约束则将待识别空间缩减为一个六维子空间:即 Choleski 识别要求:$a_{12}=a_{13}=a_{23}=0$,即其余六个非零元素组成的子空间:

$$\mathbf{A}=\begin{bmatrix} a_{11} & 0 & 0 \\ a_{21} & a_{22} & 0 \\ a_{31} & a_{32} & a_{33} \end{bmatrix} \tag{3.4.2}$$

施加 Choleski 约束相当于完全不考虑识别不确定性问题,将其外生化。但是,如果不使用 Choleski 约束或者不施加如此"强约束",那么此时 SVAR 模型处于识别不足的状态,即存在多个满足条件的 $\mathbf{A}$,因此存在不确定性。

考虑识别不确定性时(即内生化识别不确定性),将 a_{12}, a_{13}, a_{23} 视为随机变量,并赋予合适的先验分布,比如正态分布(或其他分布):

$$p(a_{12}), \ p(a_{13}), \ p(a_{23}) \sim N(0, \sigma^2) \qquad (3.4.3)$$

其中 $\sigma > 0$ 为标准差。为了刻画 a_{12}, a_{13}, a_{23} 较为接近于零,σ 常取较小的值,比如 $\sigma = 0.02$(图 3.15)[1]。较小的标准差 σ 意味着获得样本分散程度越小,越集中于均值零。因此该分布能作为先验分布较好地刻画识别约束本身的不确定性。

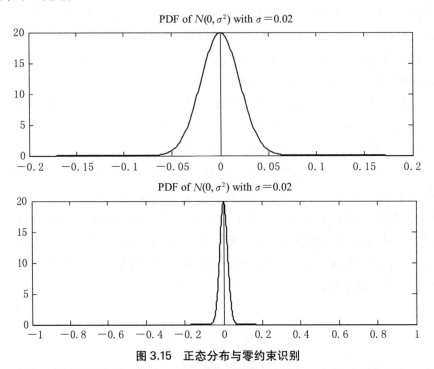

图 3.15　正态分布与零约束识别

注:上图和下图为同一图形,二者水平轴的范围存在差异。上图:水平轴为$[-0.2, 0.2]$;下图:水平轴为$[-1, 1]$。PDF 表示概率密度函数。

第四章的 **BH** 识别方法从根本上解决了识别不确定性问题。对每一个待估参数赋予恰当的先验分布,以明确说明识别约束的不确定性,从而使得识别不确定性问题内生化,也就是说识别结果能清楚地看到识别不确定性问题带来的影响。

三、样本不确定性、可信集与 Fry & Pagan(2011)批判

(一)可信集

所有的集识别方法,最终识别结果都为集合,而非唯一确定的元素。比

---

① Matlab 源代码:\DSGE_VAR_Source_Codes\chap3\student_t_0_sigma_small.m。

如符号约束或第四章介绍的 **BH** 分析框架下的脉冲响应的识别集合：一单位供给冲击对通货膨胀率的脉冲响应，为若干可能的结果组成的集合。对第 s 期脉冲响应($s=0, 1, 2, \cdots, S-1$)，都有若干个满足识别约束条件的模拟结果(比如满足给定的符号约束脉冲响应)组成一个集合。这些集合被称为可信集(credibility set)。有时，可信集也被称为误差区间(error band)，但可信集和概率统计中的置信区间(confidence interval)是两个完全不同的概念。[①]

在 Bayesian VAR 模型估计时，也会产生可信集，此时和识别无关，是样本不确定性以及后验分布的随机模拟的结果，类似于 **BH** 分析框架下的可信集。

本书共涉及三种不同应用场景下的可信集(表 3.3)。应用实例 5、应用实例 6 给出了符号识别约束下的三个可信集的例子。应用实例 8、应用实例 10、应用实例 11 给出了三个 **BH** 分析框架下可信集的例子。此处使用应用实例 9 中的数据，给出 Bayesian VAR 估计下的可信集(见应用实例 7)。

表 3.3　三种不同应用场景下的可信集(脉冲响应)

方　法	实　例	可信集产生的原因
符号约束识别	应用实例 5、应用实例 6	满足给定符号约束的集合；随机性来源于正交矩阵算法本身(或样本不确定性＋正交矩阵算法)
BH 识别方法	应用实例 8、应用实例 10、应用实例 11	后验分布随机模拟的集合；随机性来源于后验分布假设
Bayesian VAR 模型估计	应用实例 2、应用实例 7	后验分布随机模拟的集合；随机性来源于样本不确定性和后验分布假设

注：应用实例 2 中在提取分位数时，直接使用了 Matlab 内置函数 prctile(或 quantile)，并不能清楚地看到 Fry&Pagan(2011)批判的根源所在。此处以应用实例 9 为背景，手动编程(使用 sort 函数排序并手动选取分位数)来计算可信集，从而能够清楚地看到批判的根源所在。

应用实例 7　Bayesian VAR 模型估计中的可信集与样本不确定性

中国宏观经济四变量 VAR(4)模型，变量和数据说明请参考应用实例 9。图 3.16 显示了 84％和 16％的脉冲响应可信集，这也是文献中通常的做法。

[①]　本书 p.125 注释②给出了详细的解释。

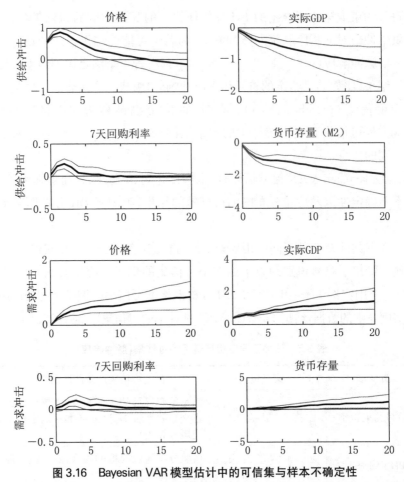

图 3.16　Bayesian VAR 模型估计中的可信集与样本不确定性

注:为了节省篇幅,此处仅汇报总供给和总需求一单位正向冲击。实线:脉冲响应可信集的中值(median);虚线:84%和16%的脉冲响应可信集。货币政策冲击和货币需求冲击的脉冲响应请参考源代码。[①]

　　Bayesian VAR 模型估计的脉冲响应可信集的不确定性,来源于两个方面:样本不确定性和后验分布随机抽样。样本不确定性,主要体现在对协方差矩阵 $\mathbf{\Omega}$ 的 Gibbs 抽样中。通常情况下,以 OLS 估计的协方差为均值,从逆 Wishart 分布中随机抽取,从而将样本不确定性问题内生化考量。然后在给定抽取的 $\mathbf{\Omega}$,从后验分布中随机抽取系数矩阵 $\mathbf{\Phi}$,并使用 Choleski 识别计算结构脉冲响应(即正交化脉冲响应)。当然,也可完全不考虑样本不确定性问题,即不从逆 Wishart 分布中抽取 $\mathbf{\Omega}$,而是直接使用固定的 $\mathbf{\Omega}$。即

---

①　Matlab 源代码:\DSGE_VAR_Source_Codes\chap4\sec4.4\main_MP_China.m。

从后验分布抽取系数矩阵时,一直使用 OLS 估计的协方差矩阵 $\mathbf{\Omega}$,此时假设该固定的 $\mathbf{\Omega}$ 为真值(Baumeister & Hamilton,2020),即完全排除了不确定性。

Fry&Pagan(2011)指出图 3.16 中汇报的脉冲响应,并不来源于某一个固定的系数 $\mathbf{\Phi}$。[①]每一个不同的 $\mathbf{\Phi}$,其实对应着不同的 SVAR 模型及冲击,此即 Fry&Pagan(2011)批判[②]。从源代码 4 中可看到,Gibbs 循环抽样时,每一次都抽取不同的系数 $\mathbf{\Phi}$ 和协方差矩阵 $\mathbf{\Omega}$,而脉冲响应的完全取决于 $\mathbf{\Phi}$ 和 $\mathbf{\Omega}$,因此每一个脉冲响应都来源于不同的模型,不是由某一固定系数矩阵 $\mathbf{\Phi}$ 和协方差矩阵 $\mathbf{\Omega}$ 确定。同样的,由所有脉冲响应组成的可信集,其统计量(中值、均值或分位数)亦然。

事实上,可用一个非常简单的单变量 AR(1)的例子来说明 Fry&Pagan(2011)批判:

$$y_t = \phi y_{t-1} + \epsilon_t, \ \epsilon_t \sim \text{iid } N(0, \sigma^2) \tag{3.4.4}$$

容易得到脉冲响应函数

$$\left(\frac{\partial y_{t+1}}{\partial \epsilon_t}, \frac{\partial y_{t+2}}{\partial \epsilon_t} \right) = (\phi, \phi^2) \tag{3.4.5}$$

假设参数 ϕ 的后验分布为正态分布:

$$\phi \mid \mathbf{Y}_T \sim N(\mu, \sigma^2) \tag{3.4.6}$$

其中 $\mathbf{Y}_T$ 表示样本数据矩阵,定义见(1.3.16)式。μ,σ 分别表示正态分布的均值和标准差。不难得到(3.4.5)式的均值统计量

$$(E(\phi \mid \mathbf{Y}_T), E(\phi^2 \mid \mathbf{Y}_T)) = (\mu, \mu^2 + \sigma^2) \tag{3.4.7}$$

比较(3.4.5)式和(3.4.7)式,可发现均值统计量并不和任一给定的 ϕ 相一致,即第二期的脉冲响应期望值($\mu^2 + \sigma^2$)并不是第一期脉冲响应期望值(μ)的平

[①] 虽然 Fry&Pagan(2011)是针对符号约束下的可信集提出的,但其同样适用于 Bayesian VAR 模型以及 **BH** 识别方法对应的可信集。

[②] Fry&Pagan(2011, p.947—948):Each value of $\boldsymbol{\theta}$(VAR coefficients)produces a new model constituting a new set of structural equations and shocks. Consequently, although we have converted any given systems of equations to one that has a structure that is identified, we have not identified a unqie model … it is important to recognize that the distribution here is across models. Baumeister & Hamilton(2018, *JME*, p.51)也指出:… the posterior median impulse response function from a sign-restricted SVAR is not consistent with any fixed value for $\boldsymbol{\theta}$.

方,相差一个方差,这恰恰是著名的詹森不等式(Jensen inequality)的结果,即非线性函数期望值并不等于期望的非线性函数值。

对于中值统计量(median)则较为复杂。为了简化问题①,此处假设均值为零,标准差为单位一,即 ϕ 的后验分布为标准正态分布:

$$\phi \mid \mathbf{Y}_T \sim N(0,\ 1) \tag{3.4.8}$$

容易知道

$$\phi^2 \mid \mathbf{Y}_T \sim \chi^2(1) \tag{3.4.9}$$

此时

$$(\mathrm{Med}(\phi \mid \mathbf{Y}_T),\ \mathrm{Med}(\phi^2 \mid \mathbf{Y}_T)) \approx \left(0,\ \left(\frac{7}{9}\right)^3\right) \tag{3.4.10}$$

其中 Med(·)表示中位数。因此从(3.4.10)式可推断,中值统计量同样不和任一给定的 ϕ 相一致。②

源代码4　Bayesian VAR 模型估计中的可信集与样本不确定性：Matlab 实现逻辑

```
......

% 数据准备过程
% Construct XT and YT for YT = XT * B + Error,
% ess stands for effective sample size, that is size of YT
[XT, YT, ess] = prepareXY(data,ndet,nlags);


% OLS estimation of reduced-form coefficients B for
% YT = XT * B + Error
betaols = inv(XT' * XT) * XT' * YT;


% residual from OLS for Error term
e = YT-XT * betaols;
```

① 均值(数学期望)运算符具有线性运算特征:$E(X \pm Y)=E(X) \pm E(Y)$,但很遗憾的是中值操作符 Med 不具有线性运算性质:$Med(X \pm Y) \neq Med(X) \pm Med(Y)$。一个简单的反例为:$X=(3, -3, 10)$, $Y=(0, 3, 10)$, $X+Y=(3, 0, 20)$, $Med(X+Y)=3 \neq 6=3+3=Med(X)+Med(Y)$。但对于具有相同排序顺序的时间序列(都为降序或升序),中值操作符具有线性性质。均值为数量运算符,中值为位置运算符。
② 对于卡方分布 $\chi^2(v)$,其均值为 v,中位数约为 $v(1-2/(9v))^3$。卡方分布为非对称分布,中位数和均值不同,且中值不具有简单的解析式。

```
% variance-covariance matrix of OLS, Ω, for Error
omegMat = e' * e / ess;

% Bayesian estimation, initial setup from OLS estimation
ncoefs = nvars * nlags + 1;  % k = nm + 1

nhorizon = 21;      % horizon for impulse responses
ndraws = 1000;      % number of draws for simulation
bupp = 0.84;        % upper error band or credibility set(percentile)
blow = 0.16;        % lower error band or credibility set(percentile)
......
% implementing the Gibbs algorithm by iteration
while icount<ndraws
    icount = icount + 1;
    %样本不确定性(以 OLS 回归的协方差矩阵为均值,进行抽样),每次抽取不同的 Ω
    sigmaT = iwishrnd(size(YT,1) * omegMat,size(YT,1));

    %从正态后验中,抽取系数(给定抽取的协方差矩阵 sigmaT)
    %每次模拟都会抽取不同的系数 Φ
    uu = randn(1,ncoefs * nvars) * chol(inv(kron(inv(sigmaT),XT' * XT)));
    betau = reshape(uu,ncoefs,nvars);
    betadraw = betaols + betau;

    % impact matrix: Cholesky identification
    CI = chol(sigmaT)';

    % compute candidate impulse responses for each draw;
    % as we can see that once we have the beta,i.e., the
coefficient, we could calculate IRF for this beta;
    irf = varIRF(betadraw',CI,ndet,nlags,nhorizon);
    ......
end
......
% sort(X) sorts each column of X in ascending order.
% irsup1 is of size ndraw * nhorizon
% By sorting, it will disordering the simulations orders. And this is what the
Fry&Pagan(2011) critique comes from.
irsup1 = sort(irsup1);
......
% IRFs to aggregate supply shock
% imp resp of CPI to aggregate supply shock
gem11 = median(irsup1);
......
% find the upper bound as indicated by upp by coding mannually, without using
Matlab built-in function quantile().
```

```
upp11 = irsup1(fix(ndraws * bupp),:); % fix, round toward to zero
......
% find the lower bound
low11 = irsup1(fix(ndraws * blow),:);
......
```

(二) 可信集的描述统计量

文献中,关于脉冲响应可信集的描述统计量多为均值、中位数和分位数。Baumeister & Hamilton(2018,*JME*)对此给出了理论解释:Bayesian 决策理论,即均值或中位数是依据"某种"损失标准而得到的最优化决策结果。[①]

根据正交化脉冲响应函数的定义(2.1.14)式,第 j 个结构冲击 u_t^j 对第 i 个内生变量 y_{it} 的第 s 期脉冲响应为 $\mathbf{H}_s \equiv \boldsymbol{\Psi}_s \mathbf{A}^{-1}$ 矩阵的 (i,j) 元素。如果令 $h_{ij}^s(\boldsymbol{\theta})$ 表示 $\mathbf{H}_s$ 的 (i,j) 元素,其中 $\boldsymbol{\theta}$ 为待识别参数。因此对给定的 i,j,对应的 S 期结构脉冲响应为:

$$\mathbf{h}_{ij}(\theta) = (h_{ij}^0(\theta), h_{ij}^1(\theta), \cdots, h_{ij}^{S-1}(\theta)) \tag{3.4.11}$$

Baumeister & Hamilton(2018)认为 $\mathbf{h}_{ij}$ 的最优估计 $\mathbf{h}_{ij}^*$ 应该满足某种期望损失:

$$\mathbf{h}_{ij}^* = \arg\min_{\widetilde{\mathbf{h}}_{ij}} \int g(\mathbf{h}_{ij}(\theta), \widetilde{\mathbf{h}}_{ij}) p(\theta \mid \mathbf{Y}_T) d\theta \tag{3.4.12}$$

其中 $g(\cdot,\cdot)$ 为某种非负损失函数,即真值和最优值之间"差距"。此外,该期望损失是针对待估参数的后验分布而言。通常情况下,不同的损失函数,(3.4.12)式会有不同的最优估计值。文献中,通常有两种标准的距离(欧式距离或加权欧式距离):

$$g(\mathbf{h}_{ij}(\theta), \mathbf{h}_{ij}^*) \equiv [\mathbf{h}_{ij}^* - \mathbf{h}_{ij}(\theta)]' \mathbf{W} [\mathbf{h}_{ij}^* - \mathbf{h}_{ij}(\theta)] \tag{3.4.13}$$

及绝对值距离:

$$g(\mathbf{h}_{ij}(\theta), \mathbf{h}_{ij}^*) = \omega_0 |h_{ij}^0 - h_{ij}^{*0}| + \omega_1 |h_{ij}^1 - h_{ij}^{*1}| + \cdots + \omega_{S-1} |h_{ij}^{S-1} - h_{ij}^{*,S-1}| \tag{3.4.14}$$

[①] 正如 Rothenberg(1973)所指出的那样,从频率学派(frequentist)的角度看,当额外识别信息为完整识别约束(complete identification assumption)形式时,最大似然估计(MLE)是最优的,因为它有最小的渐近方差。从贝叶斯学派的角度来看,当额外识别信息约束为贝叶斯先验分布的形式时,贝叶斯推断是最优的,即最小化后验分布的期望损失(损失函数给定)(Baumeister & Hamilton,2020)。

在欧式距离和绝对值距离下，Baumeister & Hamilton(2018)证明了(3.4.12)式的最优估计分别是后验均值(posterior mean)和中值(posterior median)，其中 **W** 为权重矩阵，一般为正定对称矩阵；$\omega_s \geqslant 0$ 表示权重($s = 0$, 1, 2 …, $S-1$)。

（三）符号约束与可信集的"缩减"

符号约束下，识别的脉冲响应可信集往往较大，而且汇报的中值或百分位脉冲响应受到了 Fry&Pagan(2011)批判。因此文献中出现了多种方法来缩小可信集(shrinkage)。

第一种可能的方法是：在脉冲响应的第一、二期或以后某期，施加相应的符号约束（这相当于对当期系数矩阵 **A** 和滞后项系数 **B** 施加了联合先验约束：$p(\mathbf{A}, \mathbf{B})$，这是因为第一、二期或以后其他期脉冲响应是 **A**，**B** 的非线性函数，见(2.1.14)式)或其他约束①。从直观上看，施加更多约束的确有助于缩小可信集，帮助识别。根据结构脉冲响应的定义(2.1.14)式，第 s 期脉冲响应为($s = 0$, 1, 2 …)：

$$\frac{\partial \mathbf{y}_{t+s}}{\partial \mathbf{u}_t'} = \mathbf{\Psi}_s \mathbf{A}^{-1} \tag{3.4.15}$$

其中 $\mathbf{\Psi}_s$ 可从简化式 VAR 模型中估计得到，无须结构信息。若基于第 s 期脉冲响应的约束间接转换为对 $\mathbf{A}^{-1}$ 的约束，那么很有可能减少满足条件的 $\mathbf{A}^{-1}$ 的个数（不同的 $\mathbf{A}^{-1}$ 对应不同的结构模型）。如果这些约束为定量约束(quantitative)，这将大大减少可能的 $\mathbf{A}^{-1}$，因此能在较大程度上缩小可信集。但如果这些约束为定性约束(qualitative)，则并不必然能缩小可信集。如当 $\mathbf{A}^{-1} < 0$，并且简化式 VAR 估计结果 $\mathbf{\Psi}_1 > 0$，那么施加第一期脉冲响应($\mathbf{\Psi}_1 \mathbf{A}^{-1} < 0$)小于零的约束无助于识别②。

然而文献对此方法的观点不一。Paustian(2007)从随机模拟的角度对此进行了分析，认为施加滞后期（即第一、二期或以后期）脉冲响应将非常有助于缩小可信集，但 Fry&Pagan(2011)却并不认同该结论。

第二种可能的方法是：施加脉冲响应大小(magnitude)的约束。Uhlig(2005)则对此进行了探讨，即选取合适的惩罚函数，该惩罚函数是脉冲响应大小的函数，通过最小化该惩罚函数，能够较大程度的减少可能的 $\mathbf{A}^{-1}$，从

---

① 文献中大多数符号识别是基于冲击当期(upon impact)的符号识别约束，即 $s=0$。第一期脉冲响应对应 $s=1$，第二期对应 $s=2$，依次类推。

② 此处表达的矩阵大于或小于零，只是为了叙述方便，表示对应的某个冲击的脉冲响应符号。

而缩小可信集。然而惩罚函数的选择并没有统一的标准或方法,需依据研究的问题而确定,具有随意性。

第三种可能的方法是:Fry&Pagan(2005)提出的目标中值法(Median Target,MT),该方法能够规避 Fry&Pagan(2011)批判。MT 方法的思想较为简单:既然可信集的中值统计量不是来源于某一固定的模型(即同一个系数矩阵 **Φ** 和协方差 **Ω** 确定的模型),那么可以寻找一个固定的系数矩阵 **Φ** 和协方差 **Ω**,使得其脉冲响应和中值脉冲响应的距离最短。从直观上说,这种方法往往能够唯一识别模型或者至少能很大程度上缩小可信集的大小。但是经验研究表明,MT 方法识别的脉冲响应和中值脉冲响应之间的差异并不显著(Fry&Pagan, 2005; Rasmus, Sanchez & Shen, 2007; Canova & Paustan,2011)。因此这从侧面说明,MT 方法的意义并不大。

第五节 结构弹性估计的误区

结构弹性的估计是 SVAR 模型结构识别的一个重要任务。在两变量经典的供给和需求模型(3.3.15)中,可从冲击矩阵 $\mathbf{A}^{-1}$ 中对需求的价格弹性 β^d 和供给的价格弹性 α^s 进行识别。

然而在含有更多内生变量的 SVAR 模型中(即 $n \geqslant 3$),直接从 $\mathbf{A}^{-1}$ 中计算结构弹性参数将可能导致错误的结果。

此处以 Kilian(2009,AER)的三变量全球石油市场的 SVAR 模型为例来说明[①]:

$$q_t = \alpha_{qy}y_t + \alpha_{qp}p_t + \mathbf{b}_1'\mathbf{x}_{t-1} + u_t^s \tag{3.5.1}$$

$$y_t = \alpha_{yq}q_t + \alpha_{yp}p_t + \mathbf{b}_2'\mathbf{x}_{t-1} + u_t^y \tag{3.5.2}$$

$$p_t = \alpha_{pq}q_t + \alpha_{py}y_t + \mathbf{b}_3'\mathbf{x}_{t-1} + u_t^d \tag{3.5.3}$$

其中 $\mathbf{y}_t = (q_t, y_t, p_t)^T$ 中三个分量分别为:全球石油产量、世界实际 GDP 和实际石油价格(假设均为对数水平变量),$\mathbf{u}_t = (u_t^s, u_t^y, u_t^d)^T$ 为结构冲击向量。(3.5.1)式表示石油供给曲线,因此 α_{qp} 表示短期供给弹性。(3.5.2)式表示世界实际 GDP 曲线。(3.5.3)式表示石油需求曲线,因此 α_{pq} 的倒数表示短期需求弹性。

---

① Kilian(2009,AER)使用了 Choleski 识别方法对结构冲击进行识别:即 $\alpha_{qy} = \alpha_{qp} = \alpha_{yp} = 0$。

此时与 SVAR 模型(1.3.1)式：$\mathbf{A}\mathbf{y}_t = \mathbf{B}\mathbf{x}_{t-1} + \mathbf{u}_t$ 对应的当期系数矩阵 $\mathbf{A}$ 的定义为(以下分析为了简化可假设 $\mathbf{B}=0$)：

$$\mathbf{A} = \begin{pmatrix} 1 & \alpha_{qy} & \alpha_{qp} \\ -\alpha_{yq} & 1 & -\alpha_{yp} \\ -\alpha_{pq} & -\alpha_{py} & 1 \end{pmatrix} \tag{3.5.4}$$

对应的冲击矩阵可写为：

$$\frac{\partial \mathbf{y}_t}{\partial \mathbf{u}_t'} = \mathbf{A}^{-1} = \frac{1}{|\mathbf{A}|} \begin{pmatrix} 1-\alpha_{py}\alpha_{yp} & -\alpha_{py}\alpha_{qp}-\alpha_{qy} & -\alpha_{qp}-\alpha_{qy}\alpha_{yp} \\ \alpha_{pq}\alpha_{yp}+\alpha_{yq} & \alpha_{pq}\alpha_{qp}+1 & \alpha_{yp}-\alpha_{qp}\alpha_{yq} \\ \alpha_{pq}+\alpha_{py}\alpha_{yq} & \alpha_{py}-\alpha_{pq}\alpha_{qy} & \alpha_{qy}\alpha_{yq}+1 \end{pmatrix} \tag{3.5.5}$$

其中 $|\mathbf{A}|$ 表示 $\mathbf{A}$ 的行列式。

在一单位供给冲击 u_t^s 下，产量 q_t 和价格 p_t 的变动分别为 $|\mathbf{A}|^{-1}(1-\alpha_{py}\alpha_{yp})$，$|\mathbf{A}|^{-1}(\alpha_{pq}+\alpha_{py}\alpha_{yq})$，即 $\mathbf{A}^{-1}$ 的 $(1, 1)$ 和 $(3, 1)$ 元素。因此其对应的比值为

$$\frac{\Delta q_t}{\Delta p_t} = \frac{1-\alpha_{py}\alpha_{yp}}{\alpha_{pq}+\alpha_{py}\alpha_{yq}} \tag{3.5.6}$$

很显然该比值不是需求弹性：$1/\alpha_{pq}$。只有当价格 p_t 不对收入 y_t 做出反应，即 $\alpha_{py}=0$ 时，(3.5.6)式才表示需求弹性。[①]

同样的，在一单位需求冲击 u_t^d 下，产量 q_t 和价格 p_t 的变动分别为 $\mathbf{A}^{-1}$ 的 $(1, 3)$ 和 $(3, 3)$ 元素，其对应的比值为

$$\frac{\Delta q_t}{\Delta p_t} = \frac{-\alpha_{qp}-\alpha_{qy}\alpha_{yp}}{\alpha_{qy}\alpha_{yq}+1} \tag{3.5.7}$$

同样的，(3.5.7)式并不表示供给弹性 α_{qp}(相差一个负号)[②]，除非短期供给不对收入做出反应(即 $\alpha_{qy}=0$)。这到底是什么原因呢？事实上，供给或需求冲击的变动，不仅仅影响产量和价格，而且还影响收入。以需求冲击为例，一单位需求冲击的变动，使得价格变动 $\Delta p_t = |\mathbf{A}|^{-1}(1+\alpha_{qy}\alpha_{yq})$，使得

---

① 供给冲击使得供给曲线发生平移，因此对应了需求曲线的产量和价格的变动。于是对应的是需求弹性。更多请参考图 3.13。

② 需要注意的是，此处定义的需求冲击 u_t^d 应为通常意义下的负需求冲击。因为(3.5.3)式中，价格 p_t 位于等号左边。因此会相差一个负号。

收入变动 $\Delta y_t = |\mathbf{A}|^{-1}(\alpha_{yp} - \alpha_{qp}\alpha_{yq})$,因此根据供给曲线(3.5.1)式可得(相差一个负号),

$$\Delta q_t = \alpha_{qy}\Delta y_t + \alpha_{qp}\Delta p_t = \alpha_{qp} + \alpha_{qy}\alpha_{yp} \qquad (3.5.8)$$

因此(3.5.7)式和(3.5.6)式是需求和供给对价格和收入的综合反应,而非仅对价格的反应。也就是说只有剔除收入的影响后,才能准确估计结构弹性。因此如果将(3.5.7)式和(3.5.6)式解释为相应的结构弹性,则会导致错误的结果。很遗憾的是,很多文献都使用了这种方式来估计结构弹性:如 Kilian & Murphy(2012,2014),Güntner(2014),Riggi & Venditti(2015),Kilian & Lütkepohl(2017),Antolín-Díaz & Rubio-Ramírez(2018),Basher et al. (2018),Herrera & Rangaraju(2020)和 Zhou(2020)。

Baumeister & Hamilton(2020b)指出在某些条件下可使用最大似然估计或工具变量法来对石油需求曲线中的结构参数 α_{pq},α_{py}加以估计。假设石油供给曲线(3.5.1)式表示和世界实际 GDP 曲线(3.5.2)式为已知(即系数为已知)。那么供给冲击 u_t^s 和收入冲击 u_t^y 可作为正确的工具变量来估计参数 α_{pq},α_{py}:[①]

$$u_t^s = q_t - \alpha_{qy}y_t - \alpha_{qp}p_t - \mathbf{b}_1'\mathbf{x}_{t-1} \qquad (3.5.9)$$

$$u_t^y = y_t - \alpha_{yq}q_t - \alpha_{yp}p_t - \mathbf{b}_2'\mathbf{x}_{t-1} \qquad (3.5.10)$$

为了简化分析,假设 $\mathbf{B}=0$。那么容易计算出石油需求曲线中的参数 α_{pq},α_{py}的工具变量估计:

$$\begin{bmatrix} \hat{\alpha}_{pq} \\ \hat{\alpha}_{py} \end{bmatrix} = \begin{bmatrix} \sum_{t=1}^{T} u_t^s q_t & \sum_{t=1}^{T} u_t^s y_t \\ \sum_{t=1}^{T} u_t^y q_t & \sum_{t=1}^{T} u_t^y y_t \end{bmatrix}^{-1} \begin{bmatrix} \sum_{t=1}^{T} u_t^s p_t \\ \sum_{t=1}^{T} u_t^y p_t \end{bmatrix} \qquad (3.5.11)$$

对此例,Baumeister & Hamilton(2020b)指出工具变量估计和最大似然估计的结果是一致的。

---

① u_t^s 和 u_t^y 与产出 y_t 和数量 q_t 都相关,但和 u_t^d 不相关。因此均可作为石油需求曲线(3.5.3)式中 y_t 和 q_t 的工具变量。

第四章　基于贝叶斯推断的 SVAR 模型识别最新进展:识别不确定性内生化

基于正交矩阵分解算法的符号约束识别存在较大缺陷,其核心问题是该正交分解算法本身暗含了一个有信息先验分布。该先验分布是问题无关的,只和 VAR 模型中的变量个数有关,从而使得基于此算法的统计推断都是有偏的或没有意义的,甚至是错误的。因此有必要寻求其他算法,结合符号约束,来进行 SVAR 模型的识别。

Baumeister & Hamilton(2015,*Econometrica*)正是基于此背景,提出了一个原创性、全新的 SVAR 识别方法:**BH** 分析框架,对待识别参数的先验分布予以明确,从而避免了暗含先验分布的尴尬,其仍然属于集识别方法,而非点识别方法。值得一提的是,该分析框架首次将识别不确定性纳入分析,从而将其内生化处理。该算法不仅适用于恰好识别(just-identified)、识别不足(under-identified)的情形,而且也适用于过度识别(over-identified)的情形①。Baumeister & Hamilton(2018,*JME*)在 Baumeister & Hamilton(2015)的基础上,将基于 $\mathbf{A}^{-1}$ 的先验信息灵活地嵌入了 **BH** 框架,进一步说明了 **BH** 分析框架的延展性和稳健性。

本章基于 Baumeister & Hamilton(2015),首先介绍 **BH** 分析框架及其理论贡献;然后给出具体实例来说明如何使用 **BH** 分析框架;最后,在 **BH** 分析框架中,施加 Choleski 识别约束,以检验 **BH** 分析框架的稳健性。

---

① 本章会给出在 **BH** 分析框架下,三种识别类型的定义。

第一节　Bayesian SVAR 识别:BH 分析框架及其理论贡献

一、BH 分析框架的理论贡献

Baumeister & Hamilton(2015)对于 Bayesian SVAR 模型的识别具有重要的理论贡献,具有里程碑的意义。其原创性的 **BH** 分析框架,适用于各种识别类型(识别不足、恰好识别和过度识别)的 SVAR 模型,在一般性的设定下,不仅探讨了后验分布的渐近统计性质,而且从 Bayesian 先验分布的角度,将常见的约束识别算法(如符号约束、排除约束和其他类型的约束,如长期约束)纳入 **BH** 框架的分析范畴内。**BH** 框架不仅简化式了 Sims & Zha(1998)的分析方法,而且进行一般性拓展。因此基于 **BH** 框架的分析结果,不仅再现了经典分析方法结论(如 MLE),而且能得到更为深刻的结论。因此从此意义上说 Bayesian 推断方法"渐近"等价于 MLE,从而获得一致估计量。在经典的分析方法中,对于恰好识别的模型,参数的先验分布 (**A, B, D**)都将是渐近无关的(asymptotically irrelevant),也就是说随着样本容量的无限增大,先验分布对后验分布的影响越来越小,直至为零。而 **BH** 分析框架的结论则更近一步,比如对于识别不足或过度识别的模型,参数的先验分布(**A**)对后验分布的影响将不会随着样本容量的增加而慢慢消失,即保持不变。**BH** 分析框架导出的识别方法可称之为 **BH** 识别方法(或 **BH** 方法)。

（一）识别不确定性问题内生化

BH 分析框架要求对所有的待估计参数(**A, B, D**)应明确赋予先验分布[①],并说明缘由。这种做法的好处在于能更好地处理系数矩阵(**A, B**)的联合不确定性问题,也能更清楚地看到先验分布对后验分布的影响与作用。事实上,赋予待估参数以合理的先验分布,是将识别不确定性问题(identification uncertainty)内生化,纳入分析。因此能将识别不确定性对后验分布的影响"可视化",从而能很好地解决识别不确定性问题。

（二）明确 A 的后验分布的根本特征

在解析框架下,**BH** 识别方法得到了系数矩阵 **A** 的后验分布的理论解析形式(见 Baumeister & Hamilton, 2015, eq(20)或 eq(21)),明确了其解

---

① 其言下之意是,不应该像传统符号识别那样暗含先验假设,导致不合理或错误的结论。

表 4.1　BH 分析框架下待估计系数的先验分布假设

待估参数	先验分布假设	先验分布的渐近性质
A	任意先验分布:实际研究中常用的多为学生 t 分布[非标准、截断(符号约束)、非对称]。非标准学生 t 分布可包含无信息先验分布	**点识别模型**:**A** 的先验分布呈现渐近无关性
		过度识别和识别不足模型:**A** 的先验分布完全确定后验分布,不存在渐近无关性
B	正态分布(每行相互独立)	先验分布呈现渐近无关性
D	Gamma 分布	先验分布呈现渐近无关性

注:渐近无关性是指样本数据和先验分布对后验分布的影响程度。当样本数据的容量无限增加时,先验分布对后验分布的影响逐渐消失,比如先验均值在后验分布均值的权重随着样本容量 $T \to \infty$ 时,权重 $\to 0$。也就是说此时后验分布完全有数据确定,和先验分布无关。

析特征及其与先验分布的根本关系。得益于解析分析框架,**BH** 识别方法明确指出了在识别不足或过度识别的情况下,先验分布的影响将不再是渐近无关的,而是一直存在:即 **A** 的后验分布和先验分布成比例(后验分布完全由先验分布确定)。

(三)将传统识别方法纳入统一分析框架内

BH 分析框架将传统识别方法,包括符号识别和 Choleski 识别、长期识别方法等纳入其中,并给予全新的 Bayesian 解释。因此可认为 **BH** 分析框架是传统识别方法的一般化拓展和推广。这些传统方法可在 **BH** 分析框架内同时使用,优势互补,并不互相排斥。

首先,BH 框架明确推导了传统符号约束识别中脉冲响应分析隐含的先验分布。这种第三章"第三节　符号识别与其算法谬误问题"已经做过介绍。也就是说传统符号识别方法仅仅适用于非常特殊的先验分布:一致 Harr 先验分布(Harr,1933)[1]。这种基于正交矩阵旋转的方法,虽然表面"看起来"是无信息先验分布(即旋转角服从一致分布),但对应的脉冲响应函数或其他结构参数(如弹性参数)却是有信息的先验分布。因此,获取的脉冲响应或弹性参数的估计往往只是从这些固定的先验分布中抽取的样本而已,而和研究者所使用的数据或研究的问题相关性不大,只和研究的 VAR 模型中内生变量的个数有关。**然后**,对于经典的排除约束(零约束),

---

[1]　更多可参考第三章"第三节　符号识别与其算法谬误问题"中"(一)Haar-uniform 分布、Haar 测度与脉冲响应识别"。

BH 分析框架则认为该待识别参数即某种概率接近于零，比如以 95% 的概率落入靠近于零的一个区间，并将该概率分布赋予待估参数。因此可认为 **BH** 分析框架是经典约束在严格意义上的拓展（strict generalization）。**其次**，**BH** 分析框架讨论了范围更广的先验分布，并为后验分布提供了解析形式及其随机抽样的数值模拟算法。特别关于当期系数矩阵 **A** 的先验分布涵盖了任意可能的分布类型。**最后**，**BH** 分析框架给予传统的符号约束方法一个全新的 Bayesian 解释。**BH** 识别方法不再使用一致 Harr 先验分布，而是将矩阵 **A** 或 $\mathbf{A}^{-1}$ 中待识别参数作为随机变量，赋予某种合适的先验分布，比如截断学生 t 分布或其他可能的先验分布。

二、BH 分析框架的基本逻辑

考虑 SVAR 模型的一般形式（1.3.1）：

$$\underset{n\times n}{\mathbf{A}}\,\underset{n\times 1}{\mathbf{y}_t}=\underset{n\times 1}{\lambda}+\underset{n\times n}{\mathbf{B}_1}\underset{n\times 1}{\mathbf{y}_{t-1}}+\cdots+\underset{n\times n}{\mathbf{B}_m}\underset{n\times 1}{\mathbf{y}_{t-m}}+\underset{n\times n}{\mathbf{D}^{1/2}}\underset{n\times 1}{\mathbf{v}_t} \quad (4.1.1)$$

$$\mathbf{v}_t\sim\text{iid }N(\mathbf{0},\ \mathbf{I}_n),\ \mathbf{D}^{1/2}=\begin{bmatrix}\sqrt{d_{11}} & 0 & \cdots & 0 \\ 0 & \sqrt{d_{22}} & \cdots & 0 \\ \vdots & \vdots & \cdots & \vdots \\ 0 & 0 & \cdots & \sqrt{d_{nn}}\end{bmatrix} \quad (4.1.2)$$

BH 识别方法可分为三个阶段：识别前先验分布的选择和后验分布计算、使用 **BH** 识别方法从后验分布中抽样、识别后分析。

假设模型的先验信息可用 $p(\mathbf{A},\ \mathbf{B},\ \mathbf{D})$ 来表示，那么根据贝叶斯法则（Bayes' Rule），

$$p(\mathbf{A},\ \mathbf{D},\ \mathbf{B})=p(\mathbf{A})\times p(\mathbf{D}|\mathbf{A})\times p(\mathbf{B}|\mathbf{A},\ \mathbf{D}) \quad (4.1.3)$$

其中关于当期系数矩阵 **A** 的先验信息可以是任何形式的，既可以是经典的符号约束或排除约束（exclusion restriction，即零约束），也可以不包含任何符号约束或排除约束。由（4.1.3）式，允许通过设定条件先验分布 $p(\mathbf{B}|\mathbf{A}, \mathbf{D})$ 和 $p(\mathbf{D}|\mathbf{A})$ 来描述待估参数之间的可能先验依赖关系。

为了简化分析，并能够得到解析形式的结果，对滞后期系数矩阵 **B** 及方差协方差矩阵 **D** 的先验分布采取文献中通常的假设，即自然共轭先验分布（natural conjugate priors），并假设 **B** 和 **D** 的先验信息依赖于 **A**。一旦数据 $\mathbf{Y}_T$ 给定，那么就可以通过如下的 Bayesian 公式推导待估参数的后验分布：

$$p(\mathbf{A}, \mathbf{B}, \mathbf{D} \mid \mathbf{Y}_T) = p(\mathbf{A} \mid \mathbf{Y}_T) \times p(\mathbf{D} \mid \mathbf{A}, \mathbf{Y}_T) \times p(\mathbf{B} \mid \mathbf{A}, \mathbf{D}, \mathbf{Y}_T)$$

$$= \frac{p(\mathbf{Y}_T \mid \mathbf{A}, \mathbf{B}, \mathbf{D}) p(\mathbf{A}, \mathbf{B}, \mathbf{D})}{\int p(\mathbf{Y}_T \mid \mathbf{A}, \mathbf{B}, \mathbf{D}) p(\mathbf{A}, \mathbf{B}, \mathbf{D}) \mathrm{d}\mathbf{A}\mathrm{d}\mathbf{D}\mathrm{d}\mathbf{B}}$$

$$(4.1.4)$$

接下来的重点是对待估参数$(\mathbf{A}, \mathbf{B}, \mathbf{D})$如何选择先验和后验分布进行梳理。鉴于当期系数矩阵 $\mathbf{A}$ 的先验分布的指定依赖于具体的问题,因此这里不做具体讨论,会在具体应用示例中介绍,此处仅对 $\mathbf{B}$ 和 $\mathbf{D}$ 做详细介绍。

(一)协方差矩阵 D 的先验与后验分布

假设 $\mathbf{D}$ 中各元素 $d_{ii}(i=1, \cdots, n)$相互独立,且 d_{ii}^{-1} 服从经典的 Gamma 分布:

$$d_{ii}^{-1} \mid \mathbf{A} \sim \Gamma(\kappa_i, \tau_i) \qquad (4.1.5)$$

其中 κ_i 为形状参数(shape parameter),τ_i 为比率参数(rate parameter,尺度参数的倒数)[①]。Gamma 分布的均值和方差分别为:

$$\mathrm{E}(d_{ii}^{-1} \mid \mathbf{A}) = \frac{\kappa_i}{\tau_i}, \ \mathrm{var}(d_{ii}^{-1} \mid \mathbf{A}) = \frac{\kappa_i}{\tau_i^2}$$

当 $\kappa_i, \tau_i \rightarrow 0$ 时,(4.1.5)表示无信息先验分布(Baumeister & Hamilton, 2015, p.1969)[②]。d_{ii}^{-1} 的概率密度为

$$p(d_{ii}^{-1} \mid \mathbf{A}) = \begin{cases} \dfrac{\tau_i^{\kappa_i}}{\Gamma(\kappa_i)} (d_{ii}^{-1})^{\kappa_i-1} \exp(-\tau_i d_{ii}^{-1}), & d_{ii}^{-1} \geqslant 0 \\ 0, & \text{其他} \end{cases} \qquad (4.1.6)$$

$$p(\mathbf{D} \mid \mathbf{A}) = \prod_{i=1}^{n} p(d_{ii} \mid \mathbf{A}) \qquad (4.1.7)$$

由于假设矩阵 $\mathbf{D}$ 中各元素 d_{ii}^{-1} 的先验分布和似然函数为自然共轭,不

---

① Gamma 分布属于两参数概率分布族,指数分布、卡方分布(chi square)都是其特殊情况。通常情况下,Gamma 分布有三种书写方法:第一个参数均为形状参数,第二个参数分别为**尺度参数**(scale parameter,比率参数的倒数)、**比率参数**和**均值参数**(mean parameter,为形状参数和尺度参数的乘积,代表 Gamma 分布的均值)。三者只是形式不同而已,并无本质区别。(4.1.5)式属于第二种书写方法,通常在贝叶斯计量经济学中用到。Matlab 内置函数 gampdf(x, k, θ)则使用了第一种书写方法,k 表示形状参数,θ 表示尺度参数。

② 直觉是:当二者趋于零时速度相同时,Gamma 分布的方差 $\kappa_i/(\tau_i)^2$ 会趋于无穷大,因此可认为是无信息先验分布。或者当 τ_i 的平方趋于零的速度大于 κ_i 趋于的速度时,方差同样会趋于无穷大。

难得到其后验分布为

$$d_{ii}^{-1} \mid \mathbf{A}, \mathbf{Y}_T \sim \Gamma(\kappa_i^*, \tau_i^*) \tag{4.1.8}$$

$$\kappa_i^* = \kappa_i + \frac{T}{2} = \frac{2\kappa_i + T}{2} \tag{4.1.9}$$

$$\tau_i^* = \tau_i + \frac{\zeta_i^*(\mathbf{A})}{2} \tag{4.1.10}$$

$$\zeta_i^*(\mathbf{A}) = \widetilde{\mathbf{Y}}_i' \widetilde{\mathbf{Y}}_i - \widetilde{\mathbf{Y}}_i' \widetilde{\mathbf{X}}_i (\widetilde{\mathbf{X}}_i' \widetilde{\mathbf{X}}_i)^{-1} \widetilde{\mathbf{X}}_i' \widetilde{\mathbf{Y}}_i \tag{4.1.11}$$

其中 $\zeta_i^*(\mathbf{A})$ 为回归

$$\widetilde{\mathbf{Y}}_i = \widetilde{\mathbf{X}}_i \beta + \epsilon_t \tag{4.1.12}$$

的 OLS 残差平方和(具体推导见本章附录), $\widetilde{\mathbf{Y}}_i$, $\widetilde{\mathbf{X}}_i$ 的定义见(4.3.19)和 (4.3.20)式。当样本容量 $T \to \infty$ 时, d_{ii} 依概率收敛于其真实值。也就是说随着数据样本量的增加,先验分布对后验分布的影响逐渐减弱,此时 $\mathbf{D}$ 的先验分布呈现渐近无关性(asymptotically irrelevant)。

(二)滞后期变量的系数矩阵 B 的先验与后验分布

滞后期变量系数矩阵 $\mathbf{B}$ 的定义为:

$$\mathbf{B} \equiv (\mathbf{c}, \mathbf{B}_1, \mathbf{B}_2, \cdots, \mathbf{B}_m) \tag{4.1.13}$$

假设 $\mathbf{B}$ 中各行 $\mathbf{b}_i$ 之间相互独立[①],并服从多元正态分布:

$$\mathbf{b}_i \mid \mathbf{A}, \mathbf{D} \sim N(\mathbf{m}_i, d_{ii} \mathbf{V}_i), \; i = 1, 2, \cdots, n \tag{4.1.14}$$

其中 $\mathbf{m}_i$, $d_{ii} \mathbf{V}_i$ 分别为均值和方差矩阵[②]。在实际研究中,经常使用 Minnesota 先验分布来设定 $\mathbf{m}_i$ 和 $\mathbf{V}_i$,具体例子可参考本章第二节[③]。进一步,在给定 $\mathbf{A}$, $\mathbf{D}$ 的条件下, $\mathbf{B}$ 的先验分布为

$$p(\mathbf{B} \mid \mathbf{D}, \mathbf{A}) = \prod_{i=1}^{n} p(\mathbf{b}_i \mid \mathbf{D}, \mathbf{A}) \tag{4.1.15}$$

其中 $\mathbf{B}$ 的第 i 行对应系数向量 $\mathbf{b}_i$ 的先验分布为:

---

① 假设 B 的各行之间相互独立,使其后验分布具有解析形式,便于定性分析。

② $\mathbf{m}_i$ 和 $\mathbf{V}_i$ 是 A 的函数,而不再是 D 的函数。

③ 请参考第二章"第二节 Bayesian VAR 模型分析框架:估计"中的"二、Minnesota 先验分布"部分。

$$p(\mathbf{b}_i \mid \mathbf{D},\ \mathbf{A}) = \frac{1}{(2\pi)^{k/2} \mid d_{ii}\mathbf{V}_i \mid^{1/2}} \times \exp\left[-\frac{1}{2}(\mathbf{b}_i - \mathbf{m}_i)'(d_{ii}\mathbf{V}_i)^{-1}(\mathbf{b}_i - \mathbf{m}_i)\right]$$

$$(4.1.16)$$

当 $\mathbf{V}_i^{-1} = 0$ 时,(4.1.14)式表示无信息先验分布。与(4.1.14)式对应的后验分布为[①]

$$\mathbf{b}_i \mid \mathbf{A},\ \mathbf{D},\ \mathbf{Y}_T \sim N(\mathbf{m}_i^*,\ d_{ii}\mathbf{V}_i^*) \tag{4.1.17}$$

$$\mathbf{m}_i^* = (\widetilde{\mathbf{X}}_i'\widetilde{\mathbf{X}}_i)^{-1}\widetilde{\mathbf{X}}_i'\widetilde{\mathbf{Y}}_i \tag{4.1.18}$$

$$\mathbf{V}_i^* = (\widetilde{\mathbf{X}}_i'\widetilde{\mathbf{X}}_i)^{-1} \tag{4.1.19}$$

其中 $\widetilde{\mathbf{Y}}_i$,$\widetilde{\mathbf{X}}_i$ 的定义见(4.3.19)和(4.3.20)式。当样本容量 $T \to \infty$ 时,$\mathbf{m}_i^*$ 依概率收敛于其真实值,$\mathbf{V}_i^* \to 0$。这同样说明 $\mathbf{B}$ 的先验分布对后验分布的影响是渐近无关的。样本 $\mathbf{Y}_T$ 的似然函数为:

$$p(\mathbf{Y}_T \mid \mathbf{A},\ \mathbf{D},\ \mathbf{B}) = \frac{1}{(2\pi)^{nT/2}} \mid \det(\mathbf{A}) \mid^T \mid \mathbf{D} \mid^{-T/2}$$

$$\times \exp\left(-\frac{1}{2}\sum_{t=1}^{T}(\mathbf{A}\mathbf{y}_t - \mathbf{B}\mathbf{x}_{t-1})'\mathbf{D}^{-1}(\mathbf{A}\mathbf{y}_t - \mathbf{B}\mathbf{x}_{t-1})\right)$$

$$(4.1.20)$$

或写成向量的形式[②]:

$$p(\mathbf{Y}_T \mid \mathbf{A},\ \mathbf{D},\ \mathbf{B}) = \frac{1}{(2\pi)^{nT/2}} \mid \det(\mathbf{A}) \mid^T \mid \mathbf{D} \mid^{-T/2}$$

$$\times \prod_{t=1}^{T}\exp\left(-\frac{(\mathbf{a}_i'\mathbf{y}_T - \mathbf{b}_i'\mathbf{x}_{t-1})'(\mathbf{a}_i'\mathbf{y}_T - \mathbf{b}_i'\mathbf{x}_{t-1})}{2d_{ii}}\right)$$

$$(4.1.21)$$

（三）当期变量的系数矩阵 A 的先验与后验分布

对于矩阵 **A** 中的元素,一般情况下无法统一指定其服从的先验分布,需要依照具体问题具体分析。一般情况下,可假定其服从带有符号约束的某种分布,比如学生 t 分布。

此外为了简化分析,Baumeister & Hamilton(2015)则假定 **A** 中的元素相互独立。以(3.2.15)式为例

---

① 后验分布的推导可使用虚拟观测数据方法来方便的推导。具体见本章附录。

② 向量形式能为使用虚拟观测数据方法提供更多直觉。

$$\mathbf{A} \equiv \begin{bmatrix} 1 & -\alpha^s \\ 1 & -\beta^d \end{bmatrix}$$

A 中的元素相互独立则意味着

$$p(\mathbf{A}) = p(\alpha^s) p(\beta^d) \tag{4.1.22}$$

Baumeister & Hamilton(2015)的定理 1 给出了后验分布的解析公式。此处不再列示该公式，仅仅讨论一个有趣的特殊情况：矩阵 **B** 和 **D** 的先验为无信息先验(noninformative priors)，即当 κ_i，$\tau_i \to 0$，$\mathbf{V}_i^{-1} \to 0$ 时。这一特殊情况之所以重要，是因为我们往往对 **B** 和 **D** 的先验分布知之甚少或一无所知，因此通常会考虑无信息先验分布。在 **B** 和 **D** 的先验分布为无信息先验分布时，**A** 的后验分布为(Baumeister & Hamilton，2015，eq(21))

$$p(\mathbf{A} | \mathbf{Y}_T) = \frac{k_T p(\mathbf{A}) |\det(\mathbf{A}\tilde{\Omega}_T \mathbf{A}')|^{T/2}}{|\det(\mathrm{diag}(\mathbf{A}\tilde{\Omega}_T \mathbf{A}'))|^{T/2}} \tag{4.1.23}$$

其中 det 表示取矩阵行列式；diag 表示取对角线组成的对角矩阵；k_T 为常数；$\tilde{\Omega}_T$ 为对应简化式 VAR 模型 OLS 估计或 MLE 的方差协方差矩阵[①]；

$$\tilde{\Omega}_T = T^{-1} \sum_{t=1}^{T} \tilde{\epsilon}_t \tilde{\epsilon}_t' \tag{4.1.24}$$

$$\tilde{\epsilon}_t = \mathbf{y}_t - \hat{\Phi}_t \mathbf{x}_{t-1} \tag{4.1.25}$$

其中 $\hat{\Phi}_t$ 表示简化式 VAR 模型系数的拟合值。由矩阵论中的 Hadamard 不等式，可知

$$\det(\mathbf{A}\tilde{\Omega}_T \mathbf{A}') \leqslant \det(\mathrm{diag}(\mathbf{A}\tilde{\Omega}_T \mathbf{A}')) \tag{4.1.26}$$

其中等号成立当且仅当 $\mathbf{A}\tilde{\Omega}_T \mathbf{A}' = \mathrm{diag}(\mathbf{A}\tilde{\Omega}_T \mathbf{A}')$。因此 $p(\mathbf{A} | \mathbf{Y}_T) \to 0$，当 $T \to \infty$。也就是说随着样本容量 T 的增加，对于那些不能够对角化 $\tilde{\Omega}_T$ 的矩阵 **A** 在后验分布中的概率越来越小。反之，如果 **A** 能够对角化 $\tilde{\Omega}_T$，此时 (4.1.23)式简化为

$$p(\mathbf{A} | \mathbf{Y}_T) = k_T p(\mathbf{A}) \tag{4.1.27}$$

也就是说，对于能够对角化协方差矩阵的 **A**，其后验分布"完全支持"先验分布，只相差一个常数，也就是说后验分布由先验分布唯一决定。因此先验分布

---

① 在正态误差项的假设下，OLS 估计量和 MLE 估计量在数值上是等价的。具体可参考第二章"第一节 经典 VAR 模型估计"。

的影响不随样本容量 T 的增加而消失。此时，先验分布不是渐近无关的。[①]

三、BH 分析框架的实现逻辑

BH 识别方法的识别逻辑顺序如图 4.1 所示。第一步是设定系数矩阵 **A**，**B**，**D** 的先验分布及其他额外的先验信息。

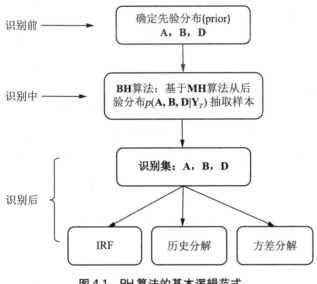

图 4.1　BH 算法的基本逻辑范式

当先验分布设定完毕后，**BH** 分析框架的下一步骤是从联合后验分布 $p(\mathbf{A}, \mathbf{B}, \mathbf{D}|\mathbf{Y}_T)$ 中随机抽取 **A**，**B**，**D**，从而获得关于 **A**，**B**，**D** 的识别集合。其基本的逻辑步骤如下：

算法 3　BH 识别方法：联合后验分布抽样的逻辑步骤

第一，从 $p(\mathbf{A}|\mathbf{Y}_T)$ 中抽取 $\mathbf{A}^{(1)}$；
第二，从 $p(\mathbf{D}|\mathbf{A}, \mathbf{Y}_T)$ 中抽取 $\mathbf{D}^{(1)}$；
第三，从 $p(\mathbf{B}|\mathbf{A}, \mathbf{D}, \mathbf{Y}_T)$ 中抽取 $\mathbf{B}^{(1)}$，其中 l 为第 l 次抽取的样本，$l = 1, 2, \cdots, L$。此即为从条件后验分布中按顺序抽取样本。

---

① 当存在至少两个或更多的 **A** 能够对角化协方差矩阵时，此时的识别被称为识别不足(under identified)，此时先验分布的影响不会消失。当只存在一个 **A** 能够对角化协方差矩阵，此即恰好识别的情形(exact identified, point-identified)，此时 **A** 的后验分布将退化为 Dirac Delta function(dogmatic)，因此此时 **A** 的先验分布也是渐近无关的，这恰好也是点估计的经典结论，此时 Bayesian 估计渐近等价于最大似然估计，因此 Bayesian 估计也是一致估计。

由(4.1.4)可知,上述算法抽取的 $\mathbf{A}^{(l)}$, $\mathbf{B}^{(l)}$, $\mathbf{D}^{(l)}$, $l=1, 2, \cdots, L$,即为后验分布 $p(\mathbf{A}, \mathbf{B}, \mathbf{D} | \mathbf{Y}_T)$ 中抽取的样本。

上述算法只给出了简单的逻辑步骤,在具体实现时仍需要解决一个重要的问题:一般情况下 $p(\mathbf{A} | \mathbf{Y}_T)$ 没有解析形式或直接抽样非常困难,甚至无法直接抽样。对此文献中通常的做法是使用 Metropolis-Hastings 算法(简称 MH 算法)。MH 算法是贝叶斯计量分析中首选的随机模拟算法之一,也是标准的 MCMC 算法[①],特别适用于高维度的随机抽样。该算法可形象地理解为近似逼近抽样算法。当待抽样分布(此处为 A 的后验分布),有时也被称为目标分布(target distribution),无法直接抽样时,往往会选择一个容易抽样的建议分布(proposal distribution/blanket distribution)[②],将该目标分布“包裹”起来,按照一定的算法,通过对建议分布的抽样取舍来达到对目标分布抽样的目的。其中抽样的取舍是依据目标分布和建议分布的在该样本处密度大小来决定,从而能够较好地从目标分布中抽取样本(图4.2)。

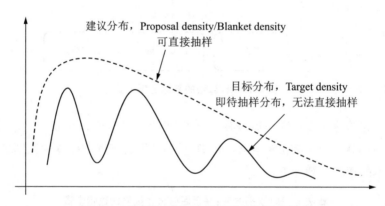

建议分布,Proposal density/Blanket density 可直接抽样

目标分布,Target density 即待抽样分布,无法直接抽样

图 4.2　MH 算法示意图:建议分布和目标分布

建议分布中样本随机抽取的方法决定了 MH 算法的类型。一个最常用的类型是随机游走 MH 算法(random walk MH,简称 RW-MH),另外一种常见的算法为独立 MH 算法(independence MH)。此处仅对 RW-MH 算法做简单介绍。

---

① MH 算法应用非常广泛。比如 DSGE 模型的 Bayesian 估计,恰使用了此算法(Dynare 软件包)。李向阳(2018, p.171)对此有详细的解释,并给出实例。

② 有时也被翻译成提议分布或提案分布。Blanket distribution 也被翻译成包裹分布或铺盖分布。

所谓随机游走算法是指当前待抽取样本 $\theta^{(t)}$ 和下一个待抽取的样本 $\theta^{(t+1)}$，满足经典的随机游走过程：

$$\theta^{(t+1)} = \theta^{(t)} + e_t \tag{4.1.28}$$

其中 e_t 为独立同分布（iid）序列。

Baumeister ＆ Hamilton（2018，*JME*）在 Baumeister ＆ Hamilton（2015）的基础上将 **BH** 分析框架进一步拓展，加入更多的先验信息用于结构识别。Baumeister ＆ Hamilton（2018）的一个重要贡献在于拓展了 **BH** 识别方法。传统的识别方法主要对于结构参数本身，即矩阵 **A** 中的元素，施加先验信息。而 Baumeister ＆ Hamilton（2018）不仅提出了对矩阵 **A** 的逆矩阵，即 $\mathbf{A}^{-1}$ 中元素施加先验约束，这种先验分布不仅从符号（sign）上，而且从大小（magnitude）上给予约束，并且将其灵活融入 **BH** 识别方法中。这种 **BH** 识别方法的一个鲜明特征就是允许调节该额外施加约束的权重（当权重设置为零时，即不施加该额外约束），从而使得识别方法更为灵活、有效。很显然 $\mathbf{A}^{-1}$ 中元素是 **A** 中元素的非线性组合，其具有经济学含义，即代表着外生结构冲击的脉冲响应的大小和方向，对 $\mathbf{A}^{-1}$ 中元素施加先验约束的初衷也恰恰来源于此。

结合本节前半部分的分析，现将 **BH** 分析框架下所使用的先验分布与后验分布总结于表 4.2。**B**，**D** 矩阵的先验和后验分布都具有经典的形式，但 **A** 却不同。通常假设 **A** 的先验分布为某种形式的学生 t 分布，但其后验分布往往不具有解析形式。因此为了获得 **A** 的后验分布统计量，需要使用数值模拟算法来计算。

表 4.2　BH 分析框架下 A，B，D 矩阵的先验与后验分布

随机变量	先验分布	后验分布
A	任意分布（依据具体问题进行选择：截断学生 t 分布、无信息非标准学生 t 分布、非对称学生 t 分布）	无解析形式（RW-MH 算法随机抽样获得近似分布）
D	条件多元正态分布（给定 **A**）（Minnesota 先验分布）	条件多元正态分布
B	条件逆 Gamma 分布（给定 **A**，**D**）	条件逆 Gamma 分布
A，**B**，**D**	长期约束关系	—
$\mathbf{A}^{-1}$	符号约束	—

在实际研究中，对当期系数矩阵 **A** 多采取学生 t 分布。学生 t 分布具

有许多优良的性质。学生 t 分布内嵌柯西分布（Cauchy distribution，即自由度为1，是第三章提及的符号约束实现算法：正交矩阵算法中隐含的一种分布，Baumeister & Hamilton(2015, eq(34))）。同时，当学生 t 分布的自由度为无穷时，学生 t 分布为正态分布（通常情况下当自由度不小于30时，可近似认为学生 t 分布即为正态分布）。通常情况下假设学生 t 分布的自由度为3，一方面允许学生 t 分布具有适当的厚尾特征（相对正态分布），也允许先验分布具有有限方差，以方便地计算后验分布的均值。第二节会以实例的方式详细介绍。

四、多先验信息源的结合

通常情况下，先验信息的来源会是多方面、多渠道的。SVAR 模型先验信息的来源，不仅仅来自矩阵 $\mathbf{A}$ 中参数，而且还来源于 $\mathbf{A}^{-1}$，即 $\mathbf{A}$ 中元素的非线性组合。因此在后验分布的计算时就面临如何将多个信息源有效地结合问题。接下来以一个简单的例子来说明。

假设对正态总体的均值 μ 进行估计，方差 σ^2 已知：$N(\mu, \sigma^2)$。来自该总体有两组样本。$\mathbf{x}_{T_1} = \{x_1, \cdots, x_{T_1}\}$，$\mathbf{y}_{T_2} = \{y_1, \cdots, y_{T_2}\}$，样本容量分布为 T_1 和 T_2。如果使用第一组样本对均值 μ 进行估计，那么会使用如下的先验分布

$$p_1(\mu) \sim N\left(\bar{x}, \frac{\sigma^2}{T_1}\right), \ \bar{x} \equiv \frac{1}{T_1}\sum_{t=1}^{T_1} x_t \tag{4.1.29}$$

同样的，如果使用第二组样本，会使用如下的先验分布：

$$p_2(\mu) \sim N\left(\bar{y}, \frac{\sigma^2}{T_2}\right), \ \bar{y} \equiv \frac{1}{T_2}\sum_{t=1}^{T_2} y_t \tag{4.1.30}$$

更好的办法是将二者结合起来使用（即样本容量为 T_1+T_2），并使用如下的先验分布[①]：

$$p(\mu) \sim N\left(\frac{T_1\bar{x}+T_2\bar{y}}{T_1+T_2}, \frac{\sigma^2}{T_1+T_2}\right) \tag{4.1.31}$$

比较(4.1.29)—(4.1.31)式会发现，多信源结合使用会使得先验分布的方差变小，从而能提高估计的准确性。从形式上看，两个信源结合相当于将新的先验分布（可称为联合先验分布）设置为两个不同样本对应先验分布密度函

---

① 使用正态分布的线性性质，很容易通过简单地推导得到。

数的乘积：

$$p(\mu) = p_1(\mu) p_2(\mu) \tag{4.1.32}$$

在实际研究中，面对更复杂的情况时，并不需要解析求解联合先验分布，而是简单地将多个信源对应的先验分布相乘即可。在 **BH** 分析框架下，其算法会保证联合先验分布的基本概率性质，即正负无穷区间上的定积分为单位一。

第二节　两变量 SVAR 模型识别：基于 BH 分析框架

本节以一个简单劳动力市场的双变量结构 VAR 模型来介绍 **BH** 识别方法如何实现估计两个重要的结构参数：劳动供给弹性和劳动需求弹性。

应用实例 8　美国劳动力市场两变量 SVAR 模型：BH 分析框架

该 SVAR(m) 模型的两变量为：Δn_t，Δw_t 分别表示劳动增长率和工资增长率[①]。首先给出劳动需求和供给方程。劳动需求方程为：

$$\begin{aligned}
\Delta n_t = {} & c^d + \beta^d \Delta w_t + b_{11}^d \Delta w_{t-1} + b_{12}^d \Delta n_{t-1} \\
& + b_{21}^d \Delta w_{t-2} + b_{22}^d \Delta n_{t-2} + \cdots + b_{m1}^d \Delta w_{t-m} \\
& + b_{m2}^d \Delta n_{t-m} + u_t^d
\end{aligned} \tag{4.2.1}$$

其中 β^d 表示短期劳动需求弹性，通常假设 $\beta^d \leqslant 0$，即劳动需求曲线向下倾斜；u_t^d 表示劳动需求冲击。

劳动供给方程为：

$$\begin{aligned}
\Delta n_t = {} & c^s + \alpha^s \Delta w_t + b_{11}^s \Delta w_{t-1} + b_{12}^s \Delta n_{t-1} \\
& + b_{21}^s \Delta w_{t-2} + b_{22}^s \Delta n_{t-2} + \cdots + b_{m1}^s \Delta w_{t-m} \\
& + b_{m2}^s \Delta n_{t-m} + u_t^s
\end{aligned} \tag{4.2.2}$$

其中 α^s 表示短期劳动供给弹性，通常假设 $\alpha^s \geqslant 0$，即劳动供给曲线向上倾斜；u_t^s 为劳动供给冲击。两个短期弹性参数及其先验信息总结于表 4.3。定义

$$\mathbf{y}_t = \begin{pmatrix} \Delta w_t \\ \Delta n_t \end{pmatrix}, \ \mathbf{A} = \begin{pmatrix} -\beta^d & 1 \\ -\alpha^s & 1 \end{pmatrix}, \ \mathbf{c} = \begin{pmatrix} c^d \\ c^s \end{pmatrix}, \ \mathbf{u}_t = \begin{pmatrix} u_t^d \\ u_t^s \end{pmatrix} \tag{4.2.3}$$

---

① 此例子来源于 Baumeister & Hamilton(2015，*Econometrica*)。原始数据为对数增长率。

$$\mathbf{B}_1 = \begin{bmatrix} b_{11}^d & b_{12}^d \\ b_{11}^s & b_{12}^s \end{bmatrix}, \ \mathbf{B}_2 = \begin{bmatrix} b_{21}^d & b_{22}^d \\ b_{21}^s & b_{22}^s \end{bmatrix}, \ \cdots, \ \mathbf{B}_m = \begin{bmatrix} b_{m1}^d & b_{m2}^d \\ b_{m1}^s & b_{m2}^s \end{bmatrix} \quad (4.2.4)$$

那么(4.2.1)和(4.2.2)式可写成 SVAR 模型的经典形式(1.3.1)。

表 4.3　待识别弹性参数及先验信息

弹性参数	先验信息(符号约束)
短期劳动需求弹性 β^d	$\beta^d \leqslant 0$
短期劳动供给弹性 α^s	$\alpha^s \geqslant 0$

接下来首先设置待估系数的先验分布和其他可利用的先验信息(如长期约束)。并特别阐述了 **A** 矩阵先验分布的设定(非标准学生 t 分布)。然后使用 **BH** 识别方法进行识别。

一、A 的先验分布

矩阵 **A** 的先验分布被设定为各组成元素先验分布的积[①]:

$$p(\mathbf{A}) = p(\alpha^s) p(\beta^d) \quad (4.2.5)$$

因此 **A** 的先验分布转化为两个结构弹性参数先验分布的设定。在具体设定之前,先引入非标准学生 t 分布及其截断分布。

(一)非标准学生 t 分布

此处均采取 Baumeister & Hamilton(2015)的先验假设:截断学生 t 分布[②]:正向和负向截断。

首先介绍非标准学生 t 分布的定义,然后介绍截断学生 t 分布。非标准学生 t 分布具有三个参数:位置参数 c,调节参数 σ[③],和自由度 v 的学生 t 分布(可称为"非标准学生 t 分布",后文也写作 Student $t(c, \sigma, v)$ 或 $t(c,$

---

① 注:作者在和 Prof. Baumeister 教授交流的过程中,曾提出这个问题:为什么要把 **A** 中的元素视为相互独立? Prof. Baumeister said that it is very hard to imagine there are any reasonable or known relationships between the entires in **A** since there are little or no theories or evidences available that supports dependence between entries of **A**. Thus the most intuitive way to go is to assume that they are independent with each other.

② 截断学生 t 分布是非对称 t 分布的一种特殊情况(第五章"第一节　非对称 t 分布及应用")。在统计推断中,特别是小样本和总体标准差未知的情况下,经常用到 t 分布。此外,t 分布的厚尾特性,能够很好地描述金融时间序列数据的特征,因此在金融计量中也经常用到。

③ 也可翻译为尺度参数(scale parameter),类似于 Wishart 分布中的尺度矩阵(scale matrix)。

σ, v))其密度函数如下[①]:

$$f(x;c,\sigma,v) \equiv \frac{\Gamma((v+1)/2)}{\sigma\sqrt{v\pi}\,\Gamma(v/2)}\left(1+\frac{(x-c)^2}{\sigma^2 v}\right)^{-(v+1)/2} \qquad (4.2.6)$$

其中 $\Gamma(\cdot)$ 为 Gamma 函数,$\Gamma(1)=1$,$\Gamma(1/2)=\pi^{1/2}$。非对称学生 t 分布的均值为 $E(\mathbf{x})=c$(当 $v>1$ 时),方差为 $\mathrm{var}(\mathbf{x})=v/(v-2)$(当 $v>2$ 时)[②]。

接下来考察截断学生 t 分布。正向截断表示只保留正半轴;负向截断

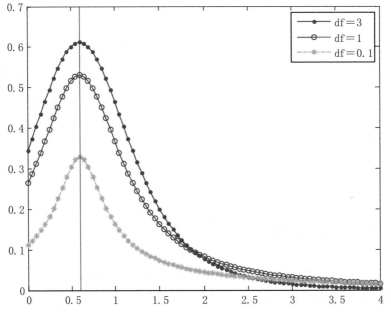

图 4.3　正向截断的学生 t 分布($c=0.6$, $\sigma=0.6$, df 为自由度)

注:此处截断图形未做概率分布调整(即在正轴上的定积分不为 1),即直接截断
(4.2.6)式。

---

①　当 $c=0$,$\sigma=1$ 时,可称之为标准学生 t 分布。因此当 $c\neq 0$ 或 $\sigma\neq 1$ 时,可称之为非标准学
生 t 分布。考虑到第五章中介绍的非对称 t 分布,本书共涉及四种 t 分布:标准和非标准 t
分布、截断学生 t 分布和非对称 t 分布。在 Matlab 中,与标准学生 t 分布对应的概率密度
函数(pdf)和概率累计分布函数(cdf)分别为 $f(x;0,1,v)=\mathrm{tpdf}(x,v)$ 和 $F(x;0,1,v)$
$=\mathrm{tcdf}(x,v)$。假设 $\mathbf{y}\sim f(y;c,\sigma,v)$,容易验证 $\mathbf{x}=(\mathbf{y}-c)/\sigma\sim f(x;0,1,v)$。因此
非标准 t 分布的 pdf 函数为 $f(y;c,\sigma,v)=\mathrm{tpdf}((y-c)/\sigma,v)/\sigma$;cdf 函数为 $F(y;c,$
$\sigma,v)=\mathrm{tcdf}((y-c)/\sigma,v)$。Matlab 源文件:\DSGE_VAR_Source_Codes\varUtilities\
student_pdf_loc_scale_df.m 用来计算非标准 t 分布的 pdf 函数值。
②　当自由度 $v=1$ 时,$f(x;c,\sigma,v)=\sigma^{-1}\pi^{-1}/[1+(x-c)^2]$,学生 t 分布也被称为柯西分
布(Cauchy distribution)。此时其均值和方差均不存在。

表示只保留负半轴。在三种不同自由度($v=3,1,0.1$)下,正向和负向截断学生 t 分布的概率密度函数(PDF),分别如图 4.3 和图 4.4 所示[①]。可看出,自由度越小,其尾部越厚。当自由度趋向于无穷大时,学生 t 分布趋向于正态分布。

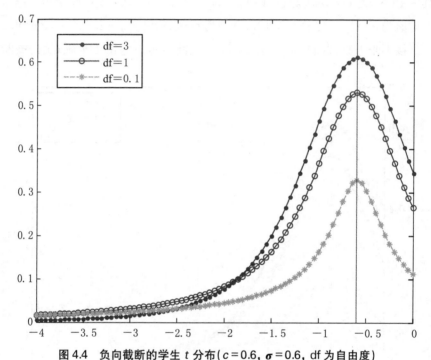

图 4.4　负向截断的学生 t 分布($c=0.6$, $\sigma=0.6$, df 为自由度)

注:此处截断对图形未做概率分布调整,即直接截断(4.2.6)式。

此外,无信息先验分布在实际研究中经常用到。当 $\sigma \to \infty$ 时,非标准化学生 t 分布表示无信息分布。一般情况下,在实际研究中取 $\sigma=30$ 或 $\sigma=100$ 即可用来表示无信息分布。图 4.5 给出了当 $\sigma=30$ 和 $\sigma=1$ 两种情况下学生 t 分布的概率分布图。可看到当 $\sigma=30$ 时,学生 t 分布已非常平坦(flat prior),因此基本可认为是无信息分布。

(二)劳动供给弹性参数 α^s

劳动供给弹性参数 α^s 的先验分布为正向截断的学生 t 分布,其概率密度为:

---

① 　Matlab 源文件:\DSGE_VAR_Source_Codes\\chap4\sec4.2\truncated_student_t_pdf.m。

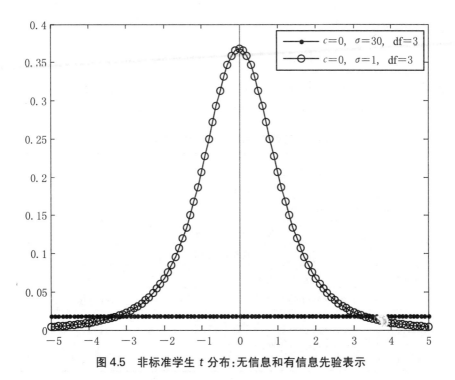

图4.5　非标准学生 t 分布:无信息和有信息先验表示

$$p(\alpha^s) = p(\alpha^s; c_\alpha, \sigma_\alpha, v_\alpha) \equiv \begin{cases} \dfrac{f(\alpha^s; c_\alpha, \sigma_\alpha, v_\alpha)}{1 - F(0; c_\alpha, \sigma_\alpha, v_\alpha)} & \alpha^s \geqslant 0 \\ 0 & \alpha^s < 0 \end{cases}$$

$$(4.2.7)$$

$$F(x; c_\alpha, \sigma_\alpha, v_\alpha) \equiv \int_{-\infty}^{x} f(s; c_\alpha, \sigma_\alpha, v_\alpha) \mathrm{d}s \qquad (4.2.8)$$

其中 $F(x; c_\alpha, \sigma_\alpha, v_\alpha)$ 为概率密度函数 $f(x; c_\alpha, \sigma_\alpha, v_\alpha)$ 对应的累积分布函数。接下来选择合适的参数值: c_α, σ_α, v_α 来完成先验分布(截断学生 t 分布)的指定。

　　一般说来,为了使得学生 t 分布存在均值和方差,自由度 v_α 应不小于 2。于是选择 $v_\alpha = 3$。为了选取 c_α, σ_α 的值,Baumeister ＆ Hamilton (2015)认为应基于文献中与供给弹性参数 α^s 相关的先验信息进行校准,因此需要对 α^s 的大小进行界定和文献梳理。

　　表4.4 给出了文献中关于劳动供给弹性参数的经验证据,既有长期弹性,也有短期弹性的经验值,既有宏观证据,也有微观证据,但差别巨大。此处将 α^s 解释为短期弹性,并兼顾微观和宏观经验证据,可设定 α^s 落入[0.1,

161

2.5]内的概率为 90%:

$$\text{Prob}\{\alpha^s \in [0.1, 2.5]\} = 90\% \qquad (4.2.9)$$

此即 α^s 落入 $[0, 0.1] \cup [2.5, \infty)$ 内的概率是 10%[①]。因此对于 c_α, σ_α 的校准应在(4.2.9)式的约束下进行。

表 4.4　劳动供给弹性参数 α^s 的经验证据

文　　献	α^s
长期弹性	
Kydland & Prescott(1982)[②]	0
短期弹性(Frisch 弹性)	
微观经验证据	
Chetty, Guren, Manoli & Weber(2013)	<0.5
Reichling & Whalen(2012)	[0.27, 0.53]
宏观经验证据	
Kydland & Prescott(1982), Cho & Cooley(1994), Smets & Wouters(2007)	≥1 或 2

数据来源:Baumeister & Hamilton(2015)。

关于 c_α, σ_α 的具体如何择取,Baumeister & Hamilton(2015)并未具体介绍。一般说来,给定自由度 v_α,由于位置参数 c_α 具有明显的经济含义(均值[③]),可选择校准其中一个参数或两个同时校准。因此可有多种方法来校准 c_α, σ_α。表 4.5 中列示了三种可能的校准方法。

表 4.5　位置参数 c_α 和调节参数 σ_α 的校准

方　　法	校准对象	校准自由度	校准约束
方法 1:给定 c_α	σ_α	1	(4.2.9)式
方法 2:给定约束 $c_\alpha = \sigma_\alpha$	σ_α	1	(4.2.9)式
方法 3:施加外生约束	c_α, σ_α	2	(4.2.9)式+外生约束

① 区间上下限的选取、概率大小依据文献梳理和需要而选择。此处的选择不同于 Baumeister & Hamilton(2015)。

② 从长期来看,劳动的收入效应(income effect)和替代效应(substitution effect)相互抵消。也就是说工资的变动在长期来看并不会引起劳动供给的变化,此即劳动供给的工资弹性为零。

③ 在截断学生 t 分布下,位置参数不再是均值,但一般离均值应该不远。因此可大致认为其为均值。

对于方法 1 和 2,由于校准参数为两个 c_α、σ_α,而约束只有一个,即 (4.2.9)式,因此为了校准必须额外多施加一个内生校准约束条件。于是方法 1 和 2 分别施加了不同的内生校准约束,使得校准自由度变为 1,即只需校准其中一个。方法 3 不对校准对象施加内生约束,因此需要施加外生约束才能校准。对于方法 3,在给定(4.2.9)式,一个可能的外生约束条件是:

$$\text{Prob}\{\alpha^s \in [0, 0.1]\} = 5\% \tag{4.2.10}$$

或

$$\text{Prob}\{\alpha^s \in [2.5, \infty)\} = 5\% \tag{4.2.11}$$

即两侧等概率。此处以方法 3 为例,施加约束(4.2.9)和(4.2.10)式,可得到位置参数和调节参数的校准值为:$c_\alpha = 0.5563$,$\sigma_\alpha = 0.7255$,对应的先验分布如图 4.6 所示:[①]

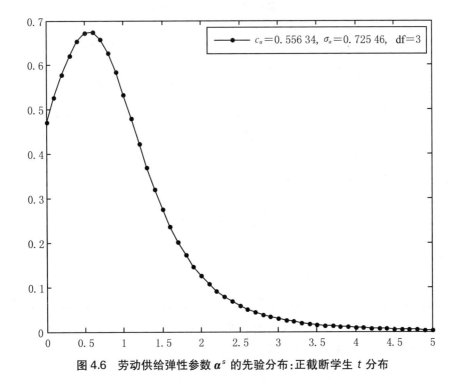

图 4.6 劳动供给弹性参数 α^s 的先验分布:正截断学生 t 分布

---

① Matlab 源代码:\DSGE_VAR_Source_Codes\\chap4\sec4.2\find_location_scale_of_truncated_t.m。方法 1 和 2 使用了 Matlab 内置函数 fzero 来找到零点(单变量单方程零点)。方法 3 使用内置函数 fsolve 来找到零点(多方程多变量零点)。

（三）劳动需求弹性参数 β^d

劳动需求弹性参数 β^d 的先验分布为负向截断的学生 t 分布,其概率密度为:

$$p(\beta^d)=p(\beta^d\,;\,c_\beta,\,\sigma_\beta,\,v_\beta)\equiv\begin{cases}\dfrac{f(\beta^d\,;\,c_\beta,\,\sigma_\beta,\,v_\beta)}{F(0\,;\,c_\beta,\,\sigma_\beta,\,v_\beta)}&\beta^d\leqslant0\\[12pt]0&\beta^d>0\end{cases}$$

$$(4.2.12)$$

其中 $F(x\,;\,c_\beta,\,\sigma_\beta,\,v_\beta)$ 为 $f(x\,;\,c_\beta,\,\sigma_\beta,\,v_\beta)$ 对应的累积分布函数,见 (4.2.8)式。β^d 的先验分布完全由三个参数确定:$c_\beta,\,\sigma_\beta,\,v_\beta$。选取 $v_\beta=3$。同样的,为了校准 $c_\beta,\,\sigma_\beta$ 的值,需要对 β^d 的大小进行界定和文献梳理。

和需求弹性参数一样,文献中关于 β^d 的宏观和微观经验值差别同样巨大(表4.6)。

表 4.6　劳动需求弹性参数 $\boldsymbol{\beta}^d$ 的微观和宏观证据

文　献	$-\beta^d$
微观经验证据	
Hamermesh(1996)	$[0.15,\,0.75]$
Lichter, Peichl & Siegloch(2014)	0.15
宏观经验证据	
Akerlof & Dickens(2007) Galí, Smets & Wouters(2012)	$\geqslant2.5$

数据来源:Baumeister & Hamilton(2015)。

为了识别 $c_\beta,\,\sigma_\beta$,此处兼顾微观和宏观经验证据,可设定 β^d 落入 $[-3.0,\,-0.1]$ 内的概率为 90%:

$$\mathrm{Prob}\{\beta^d\in[-3.0,\,-0.1]\}=90\%\qquad(4.2.13)$$

此即 β^d 落入 $(-\infty,\,-3.0]\cup[-0.1,\,0]$ 内的概率是 10%。同样的,对于 $c_\beta,\,\sigma_\beta$ 的校准应在(4.2.13)式约束下进行。和劳动供给参数 α^s 识别方法一致,采取方法3,并施加外生约束:

$$\mathrm{Prob}\{\beta^d\in[-0.1,\,0]\}=5\%\qquad(4.2.14)$$

或

$$\mathrm{Prob}\{\beta^d\in(-\infty,\,-3.0]\}=5\%\qquad(4.2.15)$$

可得到位置参数和调节参数的校准值为:$c_\beta = -0.504\ 9$,$\sigma_\beta = 0.899\ 2$,对应的先验分布如图 4.7 所示:[①]

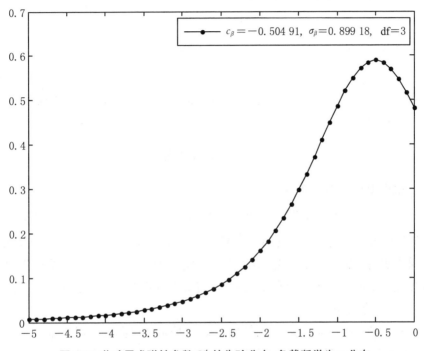

图例：$c_\beta = -0.504\ 91$,$\sigma_\beta = 0.899\ 18$,df$=3$

图 4.7　劳动需求弹性参数 $\boldsymbol{\beta}^d$ 的先验分布:负截断学生 t 分布

二、D 的先验分布

双变量模型意味着 $n=2$,因此 $\mathbf{D}$ 的定义

$$\mathbf{D} = \begin{bmatrix} d_{11} & 0 \\ 0 & d_{22} \end{bmatrix} \tag{4.2.16}$$

根据 **BH** 识别方法关于协方差矩阵 **D** 的先验分布的设定(4.1.5)式,

$$d_{ii}^{-1} \mid \mathbf{A} \sim \boldsymbol{\Gamma}(\kappa_i,\ \tau_i) \tag{4.2.17}$$

此处需要设定 κ_i,τ_i。这需要充分利用样本数据信息,来寻找 d_{ii}^{-1} 的近似或估计值。假设 e_i 表示第 i 个内变量的 AR(m) 回归的残差向量:$T \times 1$ 维向量($i=1$, 2)。定义协方差矩阵($n=2$)

---

① Matlab 源代码:\DSGE_VAR_Source_Codes\\chap4\sec4.2\find_location_scale_of_truncated_t.m。

$$\hat{\mathbf{E}} = \underbrace{(e_1, e_2)'}_{2 \times 2} \underbrace{(e_1, e_2)}_{2 \times T} / T \qquad (4.2.18)$$

根据(1.3.10)式，将 $\hat{\mathbf{E}}$ 视为 $\boldsymbol{\Omega}$ 的近似估计量，因此有

$$\text{diag}(\mathbf{D}) = \text{diag}(\mathbf{A}\hat{\mathbf{E}}\mathbf{A}') \qquad (4.2.19)$$

由于 $E(d_{ii}^{-1}|\mathbf{A}) = \kappa_i/\tau_i$，因此由(4.2.19)式，可知

$$\tau_i = \kappa_i \mathbf{a}_i' \hat{\mathbf{E}} \mathbf{a}_i \qquad (4.2.20)$$

其中 $\mathbf{a}_i'$ 表示 $\mathbf{A}$ 的第 i 行。取 $\kappa_i = 2$，即意味着相当于先验分布的权重为 4 个样本观测值[①]。

三、B 的先验分布

根据 $\mathbf{B}$ 的先验分布(4.1.14)式

$$\mathbf{b}_i | \mathbf{A}, \mathbf{D} \sim N(\mathbf{m}_i, d_{ii}\mathbf{V}_i), \ i = 1, 2, \cdots, n \qquad (4.2.21)$$

$\mathbf{B}$ 的先验分布设定需要指定 $\mathbf{m}_i$ 和 $\mathbf{V}_i$。此处使用 Minnesota 先验分布设定的基本思想。需要注意的是，此处 $\mathbf{V}_i$ 并不是严格意义上的协方差矩阵，因此使用 Minnesota 先验分布设定时，不需要进行协方差的大小调整。

（一）均值 $\mathbf{m}_i$

在经典 Minnesota 先验分布的假设下（服从随机游走过程），即(2.2.24)式，可知简化式 VAR 模型(1.3.7)的系数矩阵 $\boldsymbol{\Phi}$ 的先验均值为

$$E\left(\underset{n \times k}{\boldsymbol{\Phi}}\right) = \left(\underset{n \times 1}{\mathbf{0}}, \underset{n \times n}{\mathbf{I}_n}, \underset{n \times (k-n-1)}{\mathbf{0}}\right) \equiv \underset{n \times k}{\boldsymbol{\eta}} \qquad (4.2.22)$$

根据简化式 VAR 模型(1.3.7)式和结构 VAR 模型(1.3.1)式中系数的对应关系，$\boldsymbol{\Phi} = \mathbf{A}^{-1}\mathbf{B}$，因此

$$E(\mathbf{B}|\mathbf{A}) = \mathbf{A}\boldsymbol{\eta} \qquad (4.2.23)$$

其中

$$\underset{n \times k}{\mathbf{B}} = \begin{pmatrix} \underset{1 \times k}{\mathbf{b}_1'} \\ \vdots \\ \underset{1 \times k}{\mathbf{b}_n'} \end{pmatrix}, \ \underset{n \times n}{\mathbf{A}} = \begin{pmatrix} \underset{1 \times n}{\mathbf{a}_1'} \\ \vdots \\ \underset{1 \times n}{\mathbf{a}_n'} \end{pmatrix} \qquad (4.2.24)$$

---

① 根据 $\mathbf{D}$ 中元素的后验分布的均值公式：(4.1.9)式，$2\kappa_i$ 可视为先验分布相当于样本观测值的数目，注意 $2\kappa_i$ 相对应于样本观测数目 T。关于更多先验分布和样本数据之间的关系，请参考本章附录。

其中 $\mathbf{a}_i^T$，$\mathbf{b}_i^T$ 分别是 $\mathbf{A}$，$\mathbf{B}$ 第 i 行$(i=1, 2, \cdots, n)$[1]。因此

$$\underbrace{\mathbf{m}_i}_{k\times 1}=\mathbf{m}_i(\mathbf{A})=\underbrace{E(\mathbf{b}_i\,|\,\mathbf{A})}_{k\times 1}=\underbrace{\boldsymbol{\eta}'}_{k\times n}\underbrace{\mathbf{a}_i}_{n\times 1} \tag{4.2.25}$$

至此完成了先验均值 $\mathbf{m}_i$ 的设定，其是 $\mathbf{A}$ 的函数。[2]

（二）协方差矩阵 $\mathbf{V}_i$

为了前后一致，此处采取第二章第二节"二、Minnesota 先验分布"中的符号，即$(2.2.29)$式中的超参数符号 $\lambda_j (j=1, 2, 3, 4)$。对于任意给定的 i，当内生变量的个数 n 和滞后项阶数 m 较大时，手动指定协方差矩阵 $\mathbf{V}_i$ 往往事倍功半。此时可采取克氏乘积（kronecker product）的方法，非常简便地构造 $\mathbf{V}_i$。首先，定义三个向量：

$$\mathbf{v}_1'=\left(\frac{1}{1^{2\lambda_3}}, \frac{1}{2^{2\lambda_3}}, \cdots, \frac{1}{m^{2\lambda_3}}\right)_{1\times m} \tag{4.2.26}$$

$$\mathbf{v}_2'=\left(\frac{1}{\sigma_1^2}, \frac{\lambda_2^2}{\sigma_2^2}, \cdots, \frac{\lambda_2^2}{\sigma_m^2}\right)_{1\times n} \tag{4.2.27}$$

$$\mathbf{v}_3=\lambda_1^2\begin{pmatrix}\lambda_4^2\\ \mathbf{v}_1\bigotimes\mathbf{v}_2\end{pmatrix}_{(mn+1)\times 1} \tag{4.2.28}$$

然后，可直接定义 $\mathbf{V}_i$ 为[3]：

$$\mathbf{V}_i=\underbrace{\mathrm{diag}(\mathbf{v}_3)}_{k\times k} \tag{4.2.29}$$

其中 $k=mn+1$，n 为内生变量的个数，m 为滞后阶数。比如当 $n=2$，$m=3$ 时，

$$\mathbf{v}_1\bigotimes\mathbf{v}_2=\left(\frac{1}{1^{2\lambda_3}}\frac{1}{\sigma_1^2}, \frac{1}{1^{2\lambda_3}}\frac{\lambda_2^2}{\sigma_2^2}, \frac{1}{2^{2\lambda_3}}\frac{1}{\sigma_1^2}, \frac{1}{2^{2\lambda_3}}\frac{\lambda_2^2}{\sigma_2^2}, \frac{1}{3^{2\lambda_3}}\frac{1}{\sigma_1^2}, \frac{1}{3^{2\lambda_3}}\frac{\lambda_2^2}{\sigma_2^2}\right)'$$
$$\tag{4.2.30}$$

此时由$(4.2.29)$式，可得完整的协方差矩阵 $d_{ii}\mathbf{V}_i$

---

① 注意，$\mathbf{a}_i$，$\mathbf{b}_i$ 本身是列向量。

② 在随机模拟时，每次抽取不同的 $\mathbf{A}$，那么每次计算的 $\mathbf{b}_i$ 的均值 $\mathbf{m}_i$ 也将不同。

③ 前文已指出，$\mathbf{b}_i$ 的协方差矩阵为 $d_{ii}\mathbf{V}_i$，因此指定 $\mathbf{V}_i$ 时，不需要进行方差调节。此处构造方法和 Baumeister & Hamilton（2015）稍有不同，此处将常数项置于第一项，而非最后一项。

$$d_{ii}\mathbf{V}_i = \begin{array}{c|ccccccc} & c_i & b_{1,i1} & b_{1,i2} & b_{2,i1} & b_{2,i2} & b_{3,i1} & b_{3,i2} \\ \hline c_i & d_{ii}\lambda_1^2\lambda_4^2 & 0 & 0 & 0 & 0 & 0 & 0 \\ b_{1,i1} & 0 & \dfrac{\lambda_1^2 d_{ii}}{1^{2\lambda_3}\sigma_1^2} & 0 & 0 & 0 & 0 & 0 \\ b_{1,i2} & 0 & 0 & \dfrac{\lambda_1^2\lambda_2^2 d_{ii}}{1^{2\lambda_3}\sigma_2^2} & 0 & 0 & 0 & 0 \\ b_{2,i1} & 0 & 0 & 0 & \dfrac{\lambda_1^2 d_{ii}}{2^{2\lambda_3}\sigma_1^2} & 0 & 0 & 0 \\ b_{2,i2} & 0 & 0 & 0 & 0 & \dfrac{\lambda_1^2\lambda_2^2 d_{ii}}{2^{2\lambda_3}\sigma_2^2} & 0 & 0 \\ b_{3,i1} & 0 & 0 & 0 & 0 & 0 & \dfrac{\lambda_1^2 d_{ii}}{3^{2\lambda_3}\sigma_1^2} & 0 \\ b_{3,i1} & 0 & 0 & 0 & 0 & 0 & 0 & \dfrac{\lambda_1^2\lambda_2^2 d_{ii}}{3^{2\lambda_3}\sigma_2^2} \end{array}$$

$$(4.2.31)$$

可验证由 (4.2.31) 式定义的 $\mathbf{V}_i$ 与 (2.2.9) 式定义的 $\mathbf{V}_0$ 是一致的[①]。此处选择：$\lambda_1 = 0.2$（总体先验分布的紧致程度），$\lambda_2 = 1$（当前变量和非当前变量的滞后项系数方差等权重），$\lambda_3 = 1$（当前变量所有滞后项系数对应标准差的大小），$\lambda_4 = 100$（控制常数项标准差大小）。[②]

四、长期约束方法与 BH 分析框架

BH 分析框架的灵活性和延展性在于其能方便地融入其他约束信息，比如经典的长期约束方法。在 **BH** 分析框架下，长期约束方法可以"虚拟观测数据"的形式融入其中。

在劳动力市场的两变量 SVAR 模型 (4.2.1) 和 (4.2.2) 式中，一个可能的长期约束是：劳动需求冲击在长期内对就业没有影响。接下来看如何施加此长期约束来帮助识别。

[①] 由 (4.2.31) 式定义的 $\mathbf{V}_i$ 与 (4.2.29) 式定义 $\mathbf{V}_0$ 是不同的，$\mathbf{V}_i$ 仅仅表示第 i 行系数的协方差矩阵。而 $\mathbf{V}_0$ 表示所有行系数的协方差矩阵，因此 $\mathbf{V}_i$ 仅是 $\mathbf{V}_0$ 的一部分。此处 $b_{p,ij}$ 表示第 p 阶滞后项系数矩阵的 (i,j) 元素，仅作为矩阵 $d_{ii}\mathbf{V}_i$ 中元素位置的标识，本身不是 $d_{ii}\mathbf{V}_i$ 的组成部分。

[②] $\lambda_4 = 100$ 意味着常数项的先验分布为无信息先验。

（一）长期约束方法的理论基础

使用滞后算子 L（lag operator），将简化式 VAR 模型（1.3.14）式写为:

$$\mathbf{y}_t = \mathbf{c} + \mathbf{\Phi}_1 L^1 \mathbf{y}_t + \cdots + \mathbf{\Phi}_m L^m \mathbf{y}_t + \boldsymbol{\epsilon}_t \qquad (4.2.32)$$

整理后可得

$$(\mathbf{I}_n - \mathbf{\Phi}_1 L^1 - \cdots - \mathbf{\Phi}_m L^m)\mathbf{y}_t = \mathbf{c} + \boldsymbol{\epsilon}_t \qquad (4.2.33)$$

定义

$$\mathbf{\Phi}(L) \equiv \mathbf{I}_n - \mathbf{\Phi}_1 L^1 - \cdots - \mathbf{\Phi}_m L^m \qquad (4.2.34)$$

因此（4.2.33）式可写为

$$\mathbf{\Phi}(L)\mathbf{y}_t = \mathbf{c} + \boldsymbol{\epsilon}_t \qquad (4.2.35)$$

此时简化式 VAR 模型（1.3.14）式的解可写为

$$\mathbf{y}_t = (\mathbf{\Phi}(L))^{-1}(\mathbf{c} + \boldsymbol{\epsilon}_t) \qquad (4.2.36)$$

若形式定义

$$(\mathbf{\Phi}(L))^{-1} \equiv \mathbf{\Psi}_0 + \mathbf{\Psi}_1 L^1 + \cdots + \mathbf{\Psi}_m L^m \qquad (4.2.37)$$

那么（4.2.36）式可得

$$\mathbf{y}_t = \mu + (\mathbf{\Psi}_0 + \mathbf{\Psi}_1 L^1 + \cdots + \mathbf{\Psi}_m L^m)\boldsymbol{\epsilon}_t \qquad (4.2.38)$$

其中

$$\mu \equiv (\mathbf{\Psi}_0 + \mathbf{\Psi}_1 L^1 + \cdots + \mathbf{\Psi}_m L^m)\mathbf{c} = (\mathbf{\Psi}_0 + \mathbf{\Psi}_1 + \cdots + \mathbf{\Psi}_m)\mathbf{c} \qquad (4.2.39)$$

若简化式 VAR 模型（1.3.14）式的内生变量为对数增长率的形式表示。在（4.2.38）式中,用 $\Delta\mathbf{y}_t$ 替代 $\mathbf{y}_t$,可得内生变量关于结构冲击的正交化脉冲响应函数（第 s 期）为:

$$\frac{\partial \Delta\mathbf{y}_{t+s}}{\partial \mathbf{u}_t'} = \frac{\partial \Delta\mathbf{y}_{t+s}}{\partial \boldsymbol{\epsilon}_t'}\frac{\partial \boldsymbol{\epsilon}_t}{\partial \mathbf{u}_t'} = \mathbf{\Psi}_s \mathbf{A}^{-1} \qquad (4.2.40)$$

于是内生变量 $\Delta\mathbf{y}_t$ 对应的对数水平变量 $\mathbf{y}_t$ 关于结构冲击的脉冲响应函数（第 s 期）为:

$$\frac{\partial \mathbf{y}_{t+s}}{\partial \mathbf{u}_t'} = \frac{\partial \Delta\mathbf{y}_{t+s}}{\partial \mathbf{u}_t'} + \frac{\partial \Delta\mathbf{y}_{t+s-1}}{\partial \mathbf{u}_t'} + \cdots + \frac{\partial \Delta\mathbf{y}_t}{\partial \mathbf{u}_t'} \qquad (4.2.41)$$

$$= \mathbf{\Psi}_s \mathbf{A}^{-1} + \mathbf{\Psi}_{s-1}\mathbf{A}^{-1} + \cdots + \mathbf{\Psi}_0 \mathbf{A}^{-1},$$

因此结构冲击 $\mathbf{u}_t$ 对内生变量 $\mathbf{y}_t$ 的永久或长期效应可表示为

$$
\begin{aligned}
\lim_{s \to \infty} \frac{\partial \mathbf{y}_{t+s}}{\partial \mathbf{u}_t'} &= (\mathbf{\Psi}_0 + \mathbf{\Psi}_1 + \mathbf{\Psi}_2 + \cdots) \mathbf{A}^{-1} \\
&= (\mathbf{I}_n - \mathbf{\Phi}_1 - \mathbf{\Phi}_2 - \cdots - \mathbf{\Phi}_m)^{-1} \mathbf{A}^{-1} \\
&= [\mathbf{A}(\mathbf{I}_n - \mathbf{\Phi}_1 - \mathbf{\Phi}_2 - \cdots - \mathbf{\Phi}_m)]^{-1} \\
&= (\mathbf{A} - \mathbf{B}_1 - \mathbf{B}_2 - \cdots - \mathbf{B}_m)^{-1}
\end{aligned} \tag{4.2.42}
$$

其中 $\mathbf{B}_j = \mathbf{A}\mathbf{\Phi}_j$ 表示结构性 VAR 模型（1.3.6）式的滞后项系数（$j = 1$, 2, $\cdots$, m）。

从长期看,劳动需求对就业的影响由(4.2.42)式中矩阵 $\mathbf{A} - \mathbf{B}_1 - \mathbf{B}_2 - \cdots - \mathbf{B}_m$ 的第二行和第一列元素确定。根据 $\mathbf{A}$ 的定义(4.2.3)式和 $\mathbf{B}_j$ 的定义(4.2.4)式,有:

$$
0 = -\alpha^s - b_{11}^s - b_{21}^s - \cdots - b_{m1}^s \tag{4.2.43}
$$

或

$$
b_{11}^s + b_{21}^s + \cdots + b_{m1}^s = -\alpha^s \tag{4.2.44}
$$

此即为经典的长期约束(关于工资及其滞后项的系数,(4.2.2)式)。如果施加此长期约束,即使没有其他任何约束时,模型仍为恰好识别。而此时 **BH** 识别方法则假设

$$
b_{11}^s + b_{21}^s + \cdots + b_{m1}^s \mid \mathbf{A}, \mathbf{D} \sim N(-\alpha^s, d_{22}\mathbf{\Sigma}_2) \tag{4.2.45}
$$

当 $\mathbf{\Sigma}_2 \to 0$ 时,(4.2.45)式即为(4.2.43)式,因此长期约束(4.2.43)式是(4.2.45)式的一个特例。Baumeister & Hamilton(2015)指出 **BH** 架识别方法和经典长期约束方法相比,具有如下的优点:第一,通常情况下,长期约束方法依赖于简化式 VAR 模型的估计值 $\hat{\mathbf{\Phi}}$,而 **BH** 识别方法则同时考虑到 $\mathbf{A}$ 和 $\mathbf{B}$ 估计时存在误差,赋予合理的先验分布,能够很好地处理 $\mathbf{A}$ 和 $\mathbf{B}$ 联合不确定性,从统计意义上能做出二者的最优推断。第二,诸如(4.2.43)式的长期约束关系其实并没有完全确凿的经验证据支撑。因此明智和合理的选择是给予一定的不确定性度量(即给予先验概率分布),并予明示,使其成为结果的一个"显性"组成部分。

（二）长期约束与 **BH** 识别方法

长期约束对应的先验分布(4.2.45)式,可以很方便地使用虚拟观测数据的方法实现。对于给定 i(第 i 个内生变量或方程,$i = 1$, 2, $\cdots$, n):施加

h_i 个滞后项系数的线性约束 $(\mathbf{R}_i \mathbf{b}_i)$,该线性约束服从均值为 $\mathbf{r}_i$,方差 $d_{ii} \mathbf{\Sigma}_i$ 的 h_i 元正态分布:

$$\mathbf{R}_i \mathbf{b}_i \mid \mathbf{A}, \ \mathbf{D} \sim N(\mathbf{r}_i, \ d_{ii} \mathbf{\Sigma}_i) \tag{4.2.46}$$

根据本章附录"一、虚拟观测数据方法与 OLS 回归",可构造如下的虚拟观测数据:

$$\underset{h_i \times 1}{\mathbf{r}_i} = \underset{h_i \times k}{\mathbf{R}_i} \ \underset{k \times 1}{\mathbf{b}_i} + \underset{h_i \times 1}{\mathbf{v}_i}, \ \mathbf{v}_i \sim N\Big(\mathbf{0}, \ d_{ii} \underset{h_i \times h_i}{\mathbf{\Sigma}_i} \Big) \tag{4.2.47}$$

此时 $\widetilde{\mathbf{Y}}_i$,$\widetilde{\mathbf{X}}_i$ 的定义(4.3.19)和(4.3.20)可分别重新定义为:

$$\underset{1 \times (T+k)}{\widetilde{\mathbf{Y}}_i'} \equiv \Big[\underset{1 \times n}{\mathbf{a}'} \underset{n \times 1}{\mathbf{y}_1}, \cdots, \mathbf{a}' \mathbf{y}_T, \ \underset{1 \times k}{\mathbf{m}_i'} \mathbf{P}_i, \ \underset{1 \times h_i}{\mathbf{r}_i'} \underset{h_i \times h_i}{\mathbf{P}_{\Sigma i}} \Big], \tag{4.2.48}$$

$$\underset{k \times (T+k+h_i)}{\widetilde{\mathbf{X}}_i'} \equiv \Big[\underset{k \times 1}{\mathbf{x}_0} \mathbf{x}_1, \cdots, \mathbf{x}_{T-1}, \ \mathbf{P}_i, \ \underset{k \times h_i}{\mathbf{R}_i'} \underset{h_i \times h_i}{\mathbf{P}_{\Sigma i}} \Big] \tag{4.2.49}$$

其中

$$\mathbf{P}_i \mathbf{P}_i' = \mathbf{V}_i^{-1}, \ \mathbf{P}_{\Sigma i} \mathbf{P}_{\Sigma i}' = \mathbf{\Sigma}_i^{-1} \tag{4.2.50}$$

由长期约束(4.2.45)式,由于对第二个方程施加了一个长期约束,$i=2$,$h_2=1$ 且 $\mathbf{r}_2 = -\alpha^s$,$\mathbf{P}_{\Sigma i} = 0.1^{1/2}$ 相当于 10 个样本数据[①],设定 $\mathbf{R}_2 = (0, \ \mathbf{1}_m' \otimes \mathbf{e}_2')$ 用于从系数矩阵 $\mathbf{B}$ 中选取满足约束条件(4.2.45)式的系数。其中 $\mathbf{1}_m$ 表示 m 维由 1 组成的列向量,$\mathbf{e}_2 = (1, \ 0)^T$。如滞后阶数 $m=2$,$k=mn+1=5$,$n=2$ 为内生变量的个数,此时

$$\mathbf{R}_2 = (0, \ 1, \ 0, \ 1, \ 0), \ \mathbf{b}_2 = \begin{pmatrix} c^s \\ b_{11}^s \\ b_{12}^s \\ b_{21}^s \\ b_{22}^s \end{pmatrix}, \ \mathbf{R}_2 \mathbf{b}_2 = b_{11}^s + b_{21}^s \tag{4.2.51}$$

---

① Baumeister & Hamilton(2015,p.1981)脚注 13 以及本章附录"二、先验分布的样本数据等价性",可解释为什么如此校准使得先验分布相当于 10 个样本数据。此外,Baumeister & Hamilton(2015)还讨论了不同后验方差的大小的影响(Figure 8,p.1992),从 $\mathbf{\Sigma}_i = 1$ 到 $\mathbf{\Sigma}_i = 0.1\%$(长期约束的权重愈来愈大),可看到短期供给弹性 α^s 越来越小,从而劳动需求冲击性下,就业的脉冲响应应愈来愈趋向于零。

即选取工资变量及其滞后项对应的系数:(4.2.44)式等号左边的项。

五、数值模拟与结果分析

在待识别系数 $\mathbf{A}$,$\mathbf{B}$,$\mathbf{D}$ 的先验分布及其他额外约束设置完毕后,根据"算法 3   **BH** 识别方法:联合后验分布抽样的逻辑步骤",从后验分布中抽取样本[①]。表 4.7 给出了两个短期弹性参数的 2 个识别统计量:均值和众数。

表 4.7   短期劳动供给弹性 $\pmb{\alpha}^s$ 和需求弹性参数 $\pmb{\beta}^d$:后验均值和众数

弹性参数	均值(mean)	众数(mode)
β^d	$-1.478\,0$	$-1.254\,6$
α^s	$0.206\,8$	$0.132\,5$

数据来源:根据自行模拟结果进行的统计。

两个弹性参数的先验和后验分布如图 4.8 所示。结合表 4.7 和图 4.8,会发现,短期供给弹性的后验分布对先验修正较大,后验均值和众数均值在 0.1 和 0.25 之间,说明数据更支持微观证据,而非宏观经验证据。相比而言,短期需求弹性的后验分布和先验分布较接近,后验均值和众数接近于先验分布均值和众数,说明数据更支持宏观证据,而非微观经验证据。

图 4.9 为劳动和工资的水平变量对结构冲击的脉冲响应,阴影部分表示 95% 的可信集。该可信集综合反映了样本不确定性和识别不确定性[②]。

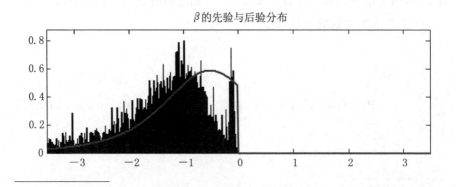

β 的先验与后验分布

---

① Matlab 源代码位于目录:DSGE_VAR_Source_Codes\chap4\sec4.2\bivariate_labor_svar 中,直接运行目录下的 main_bivariate_labor.m 即可。更多识别算法及实现细节请参考 Baumeister & Hamilton(2015)。

② 更多关于两种不确定性的阐述请参考第三章"第四节   样本不确定性和识别不确定性问题"。

α 的先验与后验分布

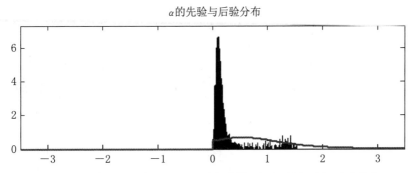

图 4.8　劳动供给弹性 α^s(下)和需求弹性 β^d(上)的先验与后验分布

注:直方图表示后验分布;实曲线表示先验分布;模拟次数 $N = 5 * 10^4$,burn-in = $2 * 10^4$;因此保留的样本数目为:$3 * 10^4$。随着模拟次数和保留样本数目的增大,后验分布会趋于平滑。

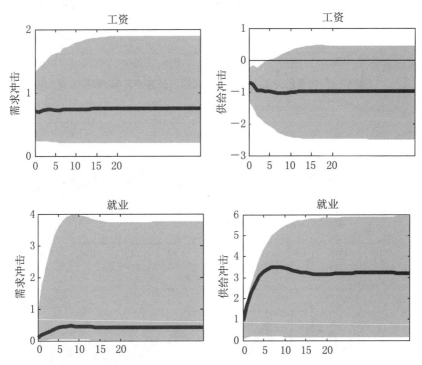

**图 4.9　双变量劳动力 SVAR 模型:劳动和实际工资对供给
和需求冲击的脉冲响应(后验中值,$\Sigma_2 = 0.1$)**

在 1% 的劳动需求冲击下,工资大约上升 1%(冲击发生当期),就业上升远小于 1%(冲击发生当期),这是由于较小的短期劳动供给弹性所致。在 1% 的劳动供给冲击下,工资下跌,就业上升较快,且具有较长的持续性。

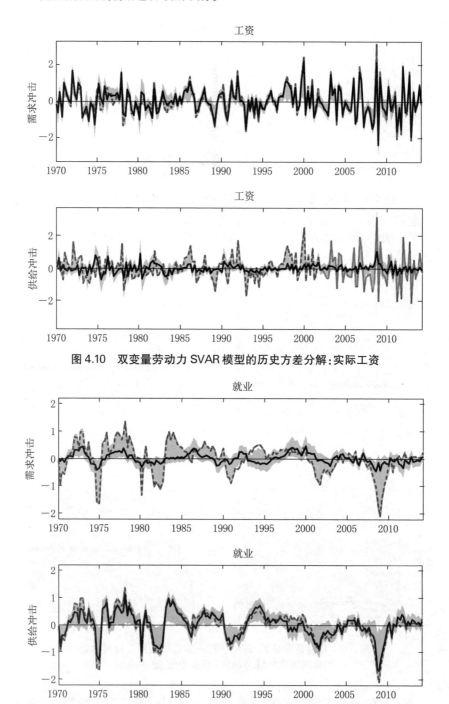

图 4.10　双变量劳动力 SVAR 模型的历史方差分解：实际工资

图 4.11　双变量劳动力 SVAR 模型的历史方差分解：就业

注：虚线表示就业波动观测值，实线表示相应冲击的贡献度，阴影部分表示 68% 的误差区间。

从历史分解看,工资波动主要有总需求冲击来解释,而就业主要有总供给冲击解释。

第三节 BH 分析框架的稳健性检验:Choleski 识别再回顾

本节将通过一个 SVAR 模型实例,并分别使用 OLS 方法估计和 **BH** 分析框架进行识别,以验证 **BH** 识别方法的稳健性。Choleski 识别约束方法能恰好并唯一识别出结构冲击,因此在 OLS 估计后,施加 Choleski 约束能识别出结构冲击的脉冲响应,便于和 **BH** 分析框架(同样施加 Choleski 约束)下识别的结果比较。最终结论表明,在无信息先验的情况下,OLS 方法与 **BH** 分析框架的估计结果(IRF)完全一致。此即说明 **BH** 分析框架能复制出 Choleski 约束的结果,因此 **BH** 分析框架具有稳健性。

一、四变量 VAR 模型

应用实例 9 中国宏观经济四变量 VAR 模型:OLS 估计与 Choleski 识别

考虑如下四变量 VAR 模型

$$\mathbf{y}_t \equiv \begin{bmatrix} \pi_t \\ \Delta GDP_t \\ R_t \\ \Delta M_t \end{bmatrix} \tag{4.3.1}$$

四变量分别为:实际 GDP 增长率 ΔGDP_t,名义货币供应量(M2)增长率 ΔM_t,通货膨胀率 π_t(GDP 平减指数),短期利率(7 天回购利率)R_t;此处增长率数据均采取环比增长率(QoQ)。数据采取中国宏观经济数据,1996Q1—2018Q4。$n=4$ 为模型内生变量的个数,选择滞后阶数 $m=4$,$k=mn+1=17$。

使用 OLS 估计,VAR 模型的误差项协方差矩阵为[①]:

---

① 需要说明的是,误差项协方差矩阵估计结果是滞后项阶数 m 的函数,即滞后阶数不同,估计的协方差矩阵将不同。

$$\Omega_{OLS} \equiv \begin{pmatrix} 0.288\,5 & -0.048\,8 & 0.011\,2 & -0.084\,0 \\ -0.048\,8 & 0.167\,4 & 0.005\,3 & 0.042\,7 \\ 0.011\,2 & 0.005\,3 & 0.177\,0 & -0.062\,5 \\ -0.084\,0 & 0.042\,7 & -0.062\,5 & 0.351\,4 \end{pmatrix} \quad (4.3.2)$$

容易验证 Ω_{OLS} 为正定矩阵（特征值全大于零），其对应的 Choleski 分解为：

$$chol(\Omega_{OLS}) = \begin{pmatrix} 0.537\,2 & 0 & 0 & 0 \\ -0.090\,9 & 0.398\,9 & 0 & 0 \\ 0.020\,9 & 0.018\,2 & 0.419\,8 & 0 \\ -0.156\,3 & 0.071\,5 & -0.144\,3 & 0.548\,7 \end{pmatrix} \quad (4.3.3)$$

在 OLS 估计后，使用 Choleski 识别方法从 SVAR 模型(1.3.1)式（简化式 VAR 模型(4.3.1)式对应）中来识别结构冲击 $\mathbf{u}_t$，并画出结构冲击对应的脉冲响应图（简化式 VAR 模型）。

Choleski 识别要求变量之间存在递归顺序（recursive ordering）。(4.3.4)式给出了一种可能的递归顺序：通货膨胀率、GDP 增长率、短期名义利率和名义货币增长率。[1]

$$\begin{pmatrix} \epsilon_t^s \\ \epsilon_t^d \\ \epsilon_t^{mp} \\ \epsilon_t^{md} \end{pmatrix} = \underbrace{\begin{pmatrix} a_{11}^{-1} & 0 & 0 & 0 \\ * & a_{22}^{-1} & 0 & 0 \\ * & * & a_{33}^{-1} & 0 \\ * & * & * & a_{44}^{-1} \end{pmatrix} \begin{pmatrix} u_t^s \\ u_t^d \\ u_t^{mp} \\ u_t^{md} \end{pmatrix}}_{\epsilon_t = \mathbf{A}^{-1}\mathbf{u}_t \text{ 非正交化（非结构）冲击}} \quad (4.3.4)$$

施加(4.3.4)式的 Choleski 识别约束，一个可能的合理解释为：第一个方程为总供给方程（AS），第二个方程为总需求方程（AD）。u_t^s 能够使得通胀和 GDP 同时发生变化，因此应该对应 AS 曲线的平移。而 u_t^d 不能影响当期通胀，因此对应了总需求曲线 AD 的平移，并且意味着总供给曲线 AS 是水平的。第三个方程可解释为货币政策函数。第四个方程可认为是从费雪（Fisher）货币数量方程：$MV = PY$ 推导而来，其中 V 代表货币流通速率，Y 表示实际收入。因此 u_t^{md} 可被解释为货币流通速率冲击或货币需求冲击。[2]

---

[1] Killian(2013, p.522)给出了另外一种递归排序方法：通货膨胀率、GDP 增长率、名义货币增长率和短期名义利率。

[2] 很明显，这种排序方法存在不少缺陷。为什么利率不对当期货币需求做出反应？水平供给曲线是否真的合理？如果总需求曲线 AD 是垂直的，总供给曲线 AS 为向上倾斜，那么第一个和第二个方程则需要交换位置。如果总需求曲线 AD 向下倾斜，总供给曲线 AS 向上倾斜，那么递归排序将不复存在。这也解释了为什么 Choleski 分解现在研究中基本不被采用的根本原因。

(4.3.5)式中递归顺序的基本含义为:名义货币增长率对其他所有经济变量做出立即反应。央行在设定利率时不考虑当期货币增长率,只考虑通胀和 GDP 增长率。企业在考虑生产决策时不考虑当期货币需求和货币政策变化(生产调整需要时间)。价格决策不对当期需求、利率和货币增长率的变化做出立即反应(即价格具有一定的黏性,调整需要时间和成本)。或从结构冲击的角度来看,所有经济变量对总供给冲击 u_t^s 做出立即反应;通货膨胀率不对总需求冲击 u_t^d 做出立即反应;货币政策冲击 u_t^{mp} 不对通货膨胀率和 GDP 增长产生立即的影响;货币需求冲击 u_t^{md} 不对通货膨胀率、GDP 增长率以及利率产生立即的影响。

$$
\begin{bmatrix} \pi_t \\ \Delta GDP_t \\ R_t \\ \Delta M_t \end{bmatrix} = \cdots + \underbrace{\begin{bmatrix} a_{11}^{-1} & 0 & 0 & 0 \\ * & a_{22}^{-1} & 0 & 0 \\ * & * & a_{33}^{-1} & 0 \\ * & * & * & a_{44}^{-1} \end{bmatrix}}_{\epsilon_t = \mathbf{A}^{-1}\mathbf{u}_t \text{非正交化(非结构)冲击}} \begin{bmatrix} u_t^s \\ u_t^d \\ u_t^{mp} \\ u_t^{md} \end{bmatrix} \tag{4.3.5}
$$

Choleski 识别要求当期系数矩阵 $\mathbf{A}$ 必须是下三角矩阵,因此其逆矩阵 $\mathbf{A}^{-1}$ 也是下三角矩阵,假设具有如下的形式(对角线上元素是 $\mathbf{A}$ 中元素的逆):

$$
\mathbf{A}^{-1} = \begin{bmatrix} a_{11}^{-1} & 0 & 0 & 0 \\ * & a_{22}^{-1} & 0 & 0 \\ * & * & a_{33}^{-1} & 0 \\ * & * & * & a_{44}^{-1} \end{bmatrix} \tag{4.3.6}
$$

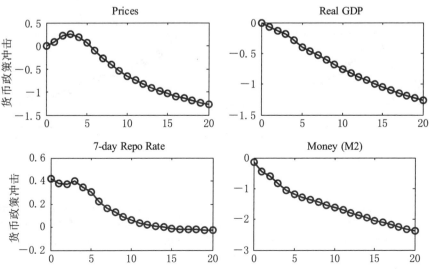

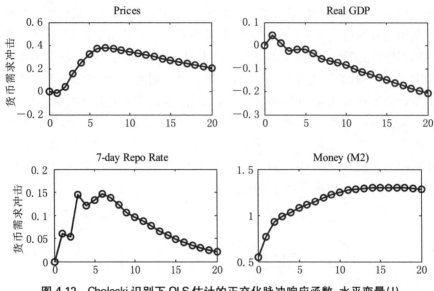

图 4.12　Choleski 识别下 OLS 估计的正交化脉冲响应函数：水平变量（Ⅰ）

　　因此由 Choleski 因子（4.3.3）式、$\mathbf{A}^{-1}$ 的 Choleski 识别约束形式（4.3.6）式及结构式和简化式模型冲击的协方差之间的关系（1.3.10）式，可识别出结构冲击（此处暂时不考虑矩阵 $\mathbf{D}$ 或解释为一单位的脉冲响应，即大小为单位 1）及其正交化脉冲响应函数。

　　图 4.12 和图 4.13 画出了四个结构冲击下的水平变量的脉冲响应图：价格（prices，与 GDP deflator inflation 对应）、实际 GDP（real GDP）、7 天回购利率（7-day repo rate）和名义货币供应量（money，M2）。[①]

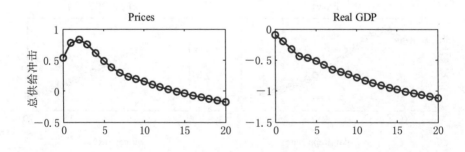

[①]　Matlab 源代码：\DSGE_VAR_Source_Codes\chap4\sec4.3\OLS\main_MP_China.m。由于 VAR 模型中使用了环比增长率数据，因此源代码中使用 cumsum 函数来累积加总，从而获取水平变量的脉冲响应函数。如果使用同比增长率数据，那么累积加总将没有经济含义。

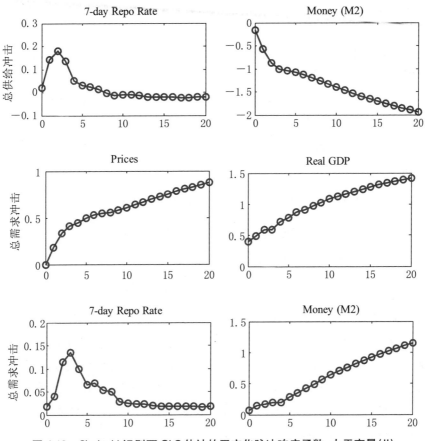

图 4.13　Choleski 识别下 OLS 估计的正交化脉冲响应函数:水平变量(II)

容易看出,除利率外的其他三个水平变量存在不同程度的非平稳脉冲响应函数。一单位紧缩性货币政策冲击使得短期利率水平上升,价格水平、实际 GDP 和 M2 永久性下降。一单位货币需求冲击使得价格、利率呈现上升、货币供给呈现永久性上升。

一单位正向总供给冲击下,价格和利率则呈现不同程度的上升,而实际 GDP 和货币需求则呈现永久性下降。在一单位总需求冲击性,所有的经济变量呈现出上升趋势,除利率外,都为永久性上升,呈现出非平稳态势。

二、四变量 SVAR 模型:BH 分析框架与 Choleski 识别

正如前文所述,**BH** 分析框架能融合多种经典约束方法,本节考察经典约束方法:Choleski 约束识别方法如何融入 **BH** 分析框架,并验证 **BH** 分析

框架的灵活性及其稳健性，特别地，对矩阵 **A** 和 **B** 采取无信息先验分布（uninformative prior）。

应用实例 10　中国宏观经济四变量 SVAR 模型：BH 框架与 Choleski 识别

考虑应用实例 9 对应的结构 VAR 模型。简化式 VAR 模型中的四个方程分别对应四个经典的凯恩斯模型：菲利普斯曲线（Philips curve）(4.3.7)式、总需求曲线(4.3.8)式、扩展的 Taylor 规则(4.3.9)式和货币需求方程(4.3.10)式：

$$\pi_t = \alpha_{\pi y}\Delta GDP_t + \alpha_{\pi r}R_t + \alpha_{\pi m}\Delta M_t + \mathbf{b}_1'\mathbf{y}_{t-1} + u_t^s \tag{4.3.7}$$

$$\Delta GDP_t = \alpha_{y\pi}\pi_t + \alpha_{yr}R_t + \alpha_{ym}\Delta M_t + \mathbf{b}_2'\mathbf{y}_{t-1} + u_t^d \tag{4.3.8}$$

$$R_t = \alpha_{r\pi}\pi_t + \alpha_{ry}\Delta GDP_t + \alpha_{rm}\Delta M_t + \mathbf{b}_3'\mathbf{y}_{t-1} + u_t^{mp} \tag{4.3.9}$$

$$\Delta M_t = \alpha_{m\pi}\pi_t + \alpha_{my}\Delta GDP_t + \alpha_{mr}R_t + \mathbf{b}_4'\mathbf{y}_{t-1} + u_t^{md} \tag{4.3.10}$$

其中 $\alpha_{\pi y}$ 表示菲利普斯曲线的斜率，$\alpha_{\pi r}$ 表示通胀对短期利率的敏感程度，$\alpha_{\pi m}$ 表示通胀对货币增长率的敏感程度。$\alpha_{y\pi}$ 表示产出增长对通胀的反应系数，α_{yr} 表示产出对利率的反应系数；α_{ym} 表示产出对货币增长率的反应系数。$\alpha_{r\pi}$，α_{ry}，α_{rm} 分别表示 Taylor 规则中利率对通胀、产出和货币供应量增长率的反应系数；$\alpha_{m\pi}$，α_{my}，α_{mr} 分别表示货币供应量增长率对应通胀、产出和利率的反应系数。

将(4.3.7)—(4.3.10)式写成 SVAR 模型(1.3.1)式，当期系数矩阵 **A** 为

$$\mathbf{A} = \begin{pmatrix} 1 & -\alpha_{\pi y} & -\alpha_{\pi r} & -\alpha_{\pi m} \\ -\alpha_{y\pi} & 1 & -\alpha_{yr} & -\alpha_{ym} \\ -\alpha_{r\pi} & -\alpha_{ry} & 1 & -\alpha_{rm} \\ -\alpha_{m\pi} & -\alpha_{my} & -\alpha_{mr} & 1 \end{pmatrix} \tag{4.3.11}$$

（一）A 的先验分布：Choleski 约束＋非标准学生 t 分布

在 Choleski 识别约束下，**A** 须是下三角矩阵，即 $\alpha_{\pi y} = \alpha_{\pi r} = \alpha_{\pi m} = \alpha_{yr} = \alpha_{ym} = \alpha_{rm} = 0$，于是

$$\mathbf{A} = \begin{pmatrix} 1 & 0 & 0 & 0 \\ -\alpha_{y\pi} & 1 & 0 & 0 \\ -\alpha_{r\pi} & -\alpha_{ry} & 1 & 0 \\ -\alpha_{m\pi} & -\alpha_{my} & -\alpha_{mr} & 1 \end{pmatrix} \tag{4.3.12}$$

假定 **A** 的下三角中所有元素相互独立，联合先验分布可写为：

$$p(\mathbf{A})=p(\alpha_{y\pi})p(\alpha_{r\pi})p(\alpha_{ry})p(\alpha_{m\pi})p(\alpha_{my})p(\alpha_{mr})\qquad(4.3.13)$$

各元素均满足非标准学生 t 分布（定义见(4.2.6)）：

$$t\left[\underset{\text{位置参数}}{c},\ \underset{\text{调节参数}}{\sigma},\ \underset{\text{自由度}}{\upsilon}\right]=t(0,50,3)\qquad(4.3.14)$$

此即假设下三角中元素的均值都为零；对应的先验分布的自由度为 3，调节参数 $\sigma=50$，使得该先验分布为无信息先验分布[①]（可参考图 4.5）。

（二）**B** 和 **D** 的先验分布

由(4.2.28)式，设置参数 λ_1 为足够大（控制总体待估计参数方差的大小），即可将 **B** 的先验分布设置为无信息先验分布，如 $\lambda_1=10^9$。矩阵 **D** 的先验分布也采取无信息先验分布（即形状参数 κ_i 的取值相当于 $2\kappa_i$ 个观测数据，设定 $\kappa_i=0.5$，此即设定该先验分布相当于 1 个观测数据的权重，因此相比于较大的样本容量，比如 $T=100$ 或 200，此先验分布可认为是无信息的[②]。比率参数 τ_i 则依据数据校准，可参考(4.2.20)式）。

（三）识别结果分析

图 4.14 给出了 **A** 的下三角中六个元素的先验和后验分布（先验分布为黑线，后续分布为直方图）。由于先验分布为无信息先验，因此后验分布主要由数据的似然函数决定。

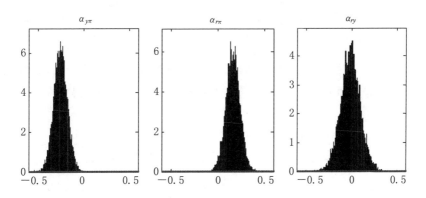

----

① 一般说来，当调节参数大于或等于 30 时，即可认为该非标准学生 t 分布为无信息先验分布。此处 **A** 中下三角元素必须为无信息先验分布，否则无法复制出 Choleski 识别的结果。

② 可参考(4.1.9)式，$2\kappa_i$ 位置和样本数据 T 相当，因此可将 $2\kappa_i$ 视为先验分布相当于的样本数据大小。更多阐述可参考本章附录"二、先验分布的样本数据等价性"。

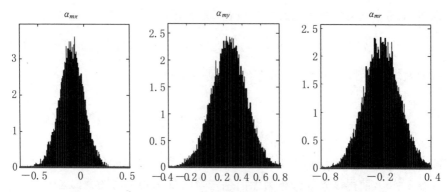

图 4.14　BH 分析框架与 Choleski 识别：A 的先验分布与后验分布

从均值来看，先验分布假设其都为零。但数据表明，六个元素 $\alpha_{y\pi}$，$\alpha_{r\pi}$，$\alpha_{r\pi}$，$\alpha_{m\pi}$，α_{my}，α_{mr} 的后验分布均值（众数和中值）都不为零（表 4.8）[①]，尽管 α_{ry}，$\alpha_{r\pi}$ 的后验统计量较为接近于零。

表 4.8 给出了 **A** 的下三角中六个元素的识别结果：均值、众数和中位数。

表 4.8　Choleski 识别约束与 BH 识别方法：A 中下三角元素的识别结果

	$\alpha_{y\pi}$	$\alpha_{r\pi}$	α_{ry}	$\alpha_{m\pi}$	α_{my}	α_{mr}
均值	−0.170 5	0.045 8	0.045 0	−0.242 8	0.197 1	−0.347 2
众数	−0.181 3	0.055 9	0.017 5	−0.200 1	0.337 5	−0.407 5
中位数	−0.170 9	0.045 8	0.045 4	−0.243 2	0.196 7	−0.348 1

数据来源：根据作者自行模拟结果计算。

图 4.15 和图 4.16 画出了 **BH** 分析框架与 OLS 估计的四个结构冲击的水平变量的脉冲响应图（对增长率变量的脉冲响应累积加总得到[②]）。

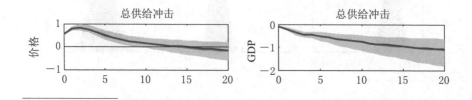

---

① Matlab 源代码：\DSGE_VAR_Source_Codes\chap4\sec4.3\BH_Choleski\main_monetary_China.m。模拟次数为 20 万次，burn-in 为 10 万次，保留 10 万个后验样本。此时对应的结果文件（mat）大约为 240 MB。

② Matlab 内置函数 cumsum 可计算累积加总值。

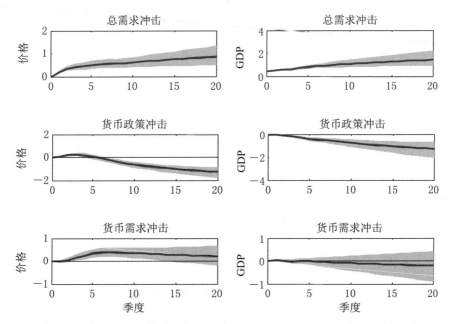

图 4.15　BH 分析框架与 Choleski 识别:结构冲击的一单位脉冲响应分析(I)

　　注:虚线、实线分别表示 OLS 估计与 **BH** 识别对应的脉冲响应;阴影部分表示 95%的可信集。此处实线和虚线基本重合,说明两种方法得到的结果一致。

　　结果表明,二者识别的结构冲击完全一致。这说明 **BH** 分析框架具有相当的稳健性和灵活性。

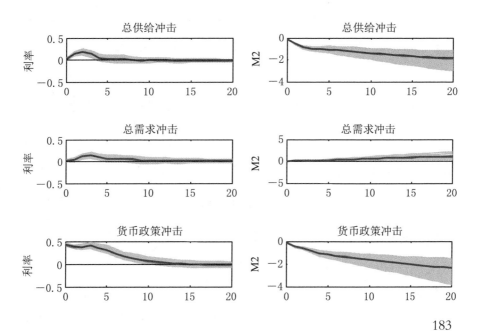

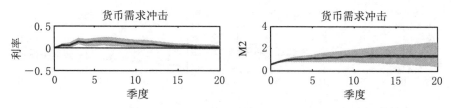

图 4.16 BH 分析框架与 Choleski 识别：结构冲击的一单位脉冲响应分析(Ⅱ)

注：虚线、实线分别表示 OLS 估计与 **BH** 识别对应的脉冲响应；阴影部分表示 95%
的可信集。

附　　录

一、虚拟观测数据方法与 OLS 回归

后验分布的计算可使用第二章中提及的虚拟观测数据（Dummy Observation）方法来方便的推导。对于给定的 i（第 i 个内生变量或方程，$i=1, 2, \cdots, n$）可验证使用如下的虚拟观测数据：(4.3.19)和(4.3.20)式，进行 OLS 回归：$\widetilde{\mathbf{Y}}_i = \widetilde{\mathbf{X}}_i \beta + \boldsymbol{\epsilon}_t$，所得到的 OLS 估计量恰好是后验分布的均值，其方差恰好是后验分布的方差（Baumeister & Hamilton，2015）。

事实上，若定义

$$\mathbf{x}_i^* \equiv \mathbf{P}_i', \ \mathbf{y}_i^* \equiv \mathbf{P}_i' \mathbf{m}_i \qquad (4.3.15)$$

其中 $\mathbf{m}_i$ 的定义见(4.1.14)式，$\mathbf{P}_i'$ 的定义见(4.3.20)式后的解释。那么先验分布(4.1.16)可写成

$$p(\mathbf{b}_i \mid \mathbf{D}, \mathbf{A}) = \frac{1}{(2\pi)^{k/2} \mid d_{ii} \mathbf{V}_i \mid^{1/2}} \exp\left[-\frac{(\mathbf{y}_i^* - \mathbf{x}_i^* \mathbf{b}_i)'(\mathbf{y}_i^* - \mathbf{x}_i^* \mathbf{b}_i)}{2 d_{ii}} \right]$$

$$(4.3.16)$$

如果计算线性回归

$$\mathbf{y}_i^* = \mathbf{x}_i^* \mathbf{b}_i + \boldsymbol{\epsilon}_t \qquad (4.3.17)$$

的 OLS 估计量及其方差，会发现

$$\hat{\mathbf{b}}_i = \mathbf{m}_i, \ \mathrm{var}(\hat{\mathbf{b}}_i) = \mathbf{V}_i \qquad (4.3.18)$$

也就是说，在正态误差项的假设下，此时作为随机变量的 OLS 估计量 $\hat{\mathbf{b}}_i$ 的

概率密度函数为(4.3.16)式。反过来,若一个随机变量的概率密度函数为(4.3.16)式,那么通过构造特殊的"虚拟数据":即使用该随机变量的均值和方差构造如(4.3.15)式的虚拟数据,那么以该虚拟数据为样本的线性回归对应的 OLS 估计量的均值和方差恰好为该随机变量的均值和方差。

比较 $\mathbf{b}_i$ 的先验分布函数(4.3.16)和似然函数(4.1.21),可将先验信息以虚拟数据的形式,写入到样本数据中。因此定义增强(augmented)数据集(即样本数据加虚拟数据)

$$\underset{1\times(T+k)}{\widetilde{\mathbf{Y}}_i'} \equiv \left[\underset{1\times n}{\mathbf{a}_i'}\,\underset{n\times 1}{\mathbf{y}_1}\,,\,\cdots,\,\mathbf{a}_i'\,\mathbf{y}_T\,,\,\underset{1\times k}{\mathbf{m}_i'\mathbf{P}_i}\right],\,\mathbf{P}_i\mathbf{P}_i'=\mathbf{V}_i^{-1} \qquad (4.3.19)$$

$$\underset{k\times(T+k)}{\widetilde{\mathbf{X}}_i'} \equiv \left[\underset{k\times 1}{\mathbf{x}_0}\,\mathbf{x}_1\,,\,\cdots,\,\mathbf{x}_{T-1}\,,\,\mathbf{P}_i\right] \qquad (4.3.20)$$

其中 $i=1,\,2,\,\cdots,\,n$,n 为 SVAR 模型内生变量的个数,$\mathbf{m}_i$,$\mathbf{V}_i$ 的定义由(4.1.14)式给出,$\mathbf{a}_i'$ 表示矩阵 $\mathbf{A}$ 的第 i 行;$\mathbf{P}_i$ 为矩阵 $\mathbf{V}_i^{-1}$ 的 Choleski 分解:$\mathbf{V}_i^{-1}=\mathbf{P}_i\mathbf{P}_i'$,为下三角矩阵;$\mathbf{x}_{t-1}$,$\mathbf{y}_t$ 的定义见(1.3.1)式,T 为样本容量,$k=mn+1$,m 为 SVAR 模型的滞后期阶数。

根据(4.3.16)—(4.3.18)式的逻辑推理,可知以上述增强数据集(4.3.19)—(4.3.20)为样本的线性回归的 OLS 估计(均值 $\mathbf{m}_i^*$、方差为 $\mathbf{V}_i^*$)即为 $\mathbf{b}_i$ 的后验分布均值:

$$(\widetilde{\mathbf{Y}}_i-\widetilde{\mathbf{X}}_i\mathbf{b}_i)'(\widetilde{\mathbf{Y}}_i-\widetilde{\mathbf{X}}_i\mathbf{b}_i)$$
$$=(\widetilde{\mathbf{Y}}_i-\widetilde{\mathbf{X}}_i\mathbf{m}_i^*+\widetilde{\mathbf{X}}_i\mathbf{m}_i^*-\widetilde{\mathbf{X}}_i\mathbf{b}_i)'(\widetilde{\mathbf{Y}}_i-\widetilde{\mathbf{X}}_i\mathbf{m}_i^*+\widetilde{\mathbf{X}}_i\mathbf{m}_i^*-\widetilde{\mathbf{X}}_i\mathbf{b}_i)$$
$$=(\widetilde{\mathbf{Y}}_i-\widetilde{\mathbf{X}}_i\mathbf{m}_i^*)'(\widetilde{\mathbf{Y}}_i-\widetilde{\mathbf{X}}_i\mathbf{m}_i^*)+(\widetilde{\mathbf{X}}_i\mathbf{m}_i^*-\widetilde{\mathbf{X}}_i\mathbf{b}_i)'(\widetilde{\mathbf{X}}_i\mathbf{m}_i^*-\widetilde{\mathbf{X}}_i\mathbf{b}_i) \qquad (4.3.21)$$
$$=\widetilde{\mathbf{Y}}_i'\widetilde{\mathbf{Y}}_i-\widetilde{\mathbf{Y}}_i'\widetilde{\mathbf{X}}_i(\widetilde{\mathbf{X}}_i'\widetilde{\mathbf{X}}_i)^{-1}\widetilde{\mathbf{X}}_i'\widetilde{\mathbf{Y}}_i+(\mathbf{b}_i-\mathbf{m}_i^*)'\widetilde{\mathbf{X}}_i'\widetilde{\mathbf{X}}_i(\mathbf{b}_i-\mathbf{m}_i^*)$$
$$=\boldsymbol{\zeta}_i^*+(\mathbf{b}_i-\mathbf{m}_i^*)'(\mathbf{V}_i^*)^{-1}(\mathbf{b}_i-\mathbf{m}_i^*)$$

其中第二等号使用了 OLS 估计的正交性质,即回归残差和解释变量正交。

此外在计算系数矩阵 $\mathbf{B}$ 的后验分布时,经常用到增强数据集的各种运算(矩),现推导如下:

$$\begin{aligned}\widetilde{\mathbf{Y}}_i' &= \left[\underset{1\times n}{\mathbf{a}_i'}\,\underset{n\times 1}{\mathbf{y}_1}\,,\,\cdots,\,\mathbf{a}_i'\,\mathbf{y}_T\,,\,\mathbf{m}_i'\mathbf{P}_i\right]\\&=(\mathbf{a}_i'\mathbf{y}_1\,,\,\cdots,\,\mathbf{a}_i'\mathbf{y}_T\,,\,\mathbf{a}_i'\boldsymbol{\eta}\mathbf{P}_i)\\&=\mathbf{a}_i'(\mathbf{y}_1\,,\,\cdots,\,\mathbf{y}_T\,,\,\boldsymbol{\eta}\mathbf{P}_i)\\&=\mathbf{a}_i'(\mathbf{Y}_T'\,,\,\boldsymbol{\eta}\mathbf{P}_i)\end{aligned} \qquad (4.3.22)$$

其中 $\boldsymbol{\eta}$ 的定义见(4.2.22)式。

$$\underset{k\times(T+k)}{\widetilde{\mathbf{X}}'_i} \equiv \left[\underset{k\times 1}{\mathbf{x}_0}\ \mathbf{x}_1,\ \cdots,\ \mathbf{x}_{T-1},\ \mathbf{P}_i\right] = (X'_T,\ P_i) \tag{4.3.23}$$

其中 $\mathbf{X}_T$ 的定义见(1.3.16)式。因此

$$\widetilde{\mathbf{Y}}'_i\widetilde{\mathbf{Y}}_i = \mathbf{a}'_i(\mathbf{Y}'_T,\ \boldsymbol{\eta}\mathbf{P}_i)\begin{bmatrix}\mathbf{Y}_T \\ \mathbf{P}'_i\boldsymbol{\eta}'\end{bmatrix}\mathbf{a}_i \tag{4.3.24}$$

$$= \mathbf{a}'_i(\mathbf{Y}'_T\mathbf{Y}_T + \boldsymbol{\eta}\mathbf{P}_i\mathbf{P}'_i\boldsymbol{\eta}')\mathbf{a}_i = \mathbf{a}'_i(\mathbf{Y}'_T\mathbf{Y}_T + \boldsymbol{\eta}\mathbf{V}_i^{-1}\boldsymbol{\eta}')\mathbf{a}_i$$

$$\widetilde{\mathbf{X}}'_i\widetilde{\mathbf{X}}_i = (\mathbf{X}'_T,\ \mathbf{P}_i)\begin{bmatrix}\mathbf{X}_T \\ \mathbf{P}'_i\end{bmatrix} = \mathbf{X}'_T\mathbf{X}_T + \mathbf{P}_i\mathbf{P}'_i = \mathbf{X}'_T\mathbf{X}_T + \mathbf{V}_i^{-1} \tag{4.3.25}$$

$$\widetilde{\mathbf{X}}'_i\widetilde{\mathbf{Y}}_i = (\mathbf{X}'_T,\ \mathbf{P}_i)\begin{bmatrix}\mathbf{Y}_T \\ \mathbf{P}'_i\boldsymbol{\eta}'\end{bmatrix}\mathbf{a}_i = (\mathbf{X}'_T\mathbf{Y}_T + \mathbf{P}_i\mathbf{P}'_i\boldsymbol{\eta}')\mathbf{a}_i = (\mathbf{X}'_T\mathbf{Y}_T + \mathbf{V}_i^{-1}\boldsymbol{\eta}')\mathbf{a}_i$$

$$\tag{4.3.26}$$

二、先验分布的样本数据等价性

根据贝叶斯法则(Bayes' rule)，先验分布与样本数据的似然函数共同确定了后验分布(可参考(2.4.18)式)。那么如何度量先验分布对后验分布影响的大小呢？即要解决"权重"问题。为了生动地理解权重问题，可将先验分布"转化"为样本数据，即先验分布对后验分布的影响权重相当于多少样本数据，从而将先验分布和样本数据的"量纲"统一，赋予先验分布以"经济学直觉"，此即先验分布的样本数据等价性问题。

Hamilton(1994，p.352)给出了一个生动的单变量 Bayesian 估计的例子，解释了后验分布如何由先验和数据共同确定。但其并未明确指出先验分布的样本数据等价性问题。

该例子假设方差 σ^2 已知，来估计均值 μ。考虑如下的特殊线性回归，即数据 y_t 关于常数 μ 的回归：

$$y_t = \mu + \epsilon_t,\ \epsilon_t \sim \text{iid } N(0,\ \sigma^2) \tag{4.3.27}$$

其中 $t = 1,\ 2,\ \cdots,\ T$。误差项 ϵ_t 为独立同分布的时间序列。这实际上相当于 y_t 为独立同分布的正态分布：$y_t \sim \text{iid } N(\mu,\ \sigma^2)$。容易得到数据 $\mathbf{y}_T = \{y_1,\ \cdots,\ y_T\}$ 的似然函数

$$p(\mathbf{y}_T \mid \mu, \sigma) = \frac{1}{(2\pi\sigma^2)^{T/2}} \exp\left[-\frac{\sum_{t=1}^{T}(y_t - \mu)^2}{2\sigma^2}\right] \qquad (4.3.28)$$

为了使用 Bayesian 估计,需要对均值 μ 赋予适当的先验分布。假设 μ 服从如下的正态分布

$$\mu \sim N\left(\mu_0, \frac{\sigma^2}{v}\right) \qquad (4.3.29)$$

其中 μ_0 为先验分布均值,v 为参数,用于控制 μ 的方差大小。如果联想到均值统计量的方差①,v 的位置相当于样本容量 T 的位置,因此可认为 v 是先验分布的样本数据等价量:即先验分布相当于 v 个样本数据。这可从 (4.3.32)式得到更多直觉。

接下来推导后验分布。

$$p(\mu | \mathbf{y}_T; \sigma) p(\mathbf{y}_T) = p(\mathbf{y}_T, \mu; \sigma) = p(\mathbf{y}_T | \mu; \sigma) p(\mu) \quad (4.3.30)$$

由于先验分布是共轭先验(相对于似然函数),因此容易推导 μ 的后验分布仍为正态分布:

$$\mu | \mathbf{y}, \sigma^2 \sim N(\mu_1, \sigma_1^2) \qquad (4.3.31)$$

其中

$$\mu_1 \equiv \frac{v}{v+T}\mu_0 + \frac{T}{v+T}\bar{y}, \; \bar{y} \equiv \frac{1}{T}\sum_{t=1}^{T} y_t \qquad (4.3.32)$$

$$\sigma_1^2 \equiv \frac{\sigma^2}{v+T} \qquad (4.3.33)$$

从(4.3.32)式,可看到后验均值是先验均值和数据均值的加权平均,权重的大小由 v 和样本容量 T 共同确定。v 的大小决定了先验均值 μ_0 对后验均值 μ_1 的影响程度大小。因此可将 v 解释为先验分布相当于样本数据的"量"。

当 $v \to 0$ 时,后验均值由数据均值确定,也就是说先验分布无任何影响(对应无信息先验分布,uninformative/diffuse prior);相反,当 $v \to \infty$ 时,此时先验均值的方差为零(对应有信息分布,informative prior),即先验分布

---

① 一般地,如果随机变量 $x_t \sim \text{iid } N(\mu, \sigma^2)$,那么均值统计量 $(1/T)\sum_{t=1}^{T} x_t \sim N(\mu, \sigma^2/T)$。

完全确定后验分布，也就是说先验分布影响无限大。

在实际研究中，可依据先验分布的样本数据等价性，反过来校准先验分布的均值或标准差参数。比如本章"第一节　Bayesian SVAR 识别：BH 分析框架及其理论贡献"中对结构冲击误差项的先验分布的校准时，使用了 Gamma 分布：

$$d_{ii}^{-1} \,|\, \mathbf{A} \sim \Gamma(\kappa_i, \tau_i) \tag{4.3.34}$$

理论推导结果(4.1.5)式显示，$2\kappa_i$ 为该先验分布的样本数据等价量。因此如果赋予该先验分布为无信息先验，可校准 $\kappa_i = 0.5$，此时该先验分布相当于一个样本数据。此外，本章"第二节　两变量 SVAR 模型识别：基于 BH 分析框架"中涉及的长期约束识别方法，在参数校准时，也涉及了先验分布的样本数据等价量，具体请参考 p.171 注①。

第五章 基于 DSGE 框架约束下的 SVAR 识别与估计最新进展与应用

基于 DSGE 框架的约束（restriction）信息有两个主要方面：第一，基于 DSGE 模型估计的参数估计值或校准值构成的先验约束信息（大小）；第二，基于 DSGE 模型外生结构冲击的脉冲响应符号构成的稳健（robust）先验约束信息（符号）。这两个方面的约束，为 SVAR 模型的识别提供了非常有用的先验识别信息。本章将基于这两个方面进行展开。第一节首先介绍一个全新的参数分布，非对称 t 分布。该分布在指定待估参数的先验分布时经常使用，为第二节和第四节做好铺垫。第二节将基于 DSGE 模型估计得到的参数估计值的先验信息，并结合非对称 t 分布，对 SVAR 模型进行识别和估计。第三节针对基于 DSGE 模型的稳健符号约束构建的四个重要问题进行阐述，并给出示例和相应的解决办法。第四节将基于 DSGE 模型的脉冲响应的符号作为先验信息，为 SVAR 模型施加可信的符号识别约束。

第一节 非对称 t 分布及应用

Baumeister & Hamilton(2018，*JME*)首次正式提出了非对称 t 分布（asymmetric t distribution）的概念①，并将其应用于 SVAR 模型结构识别中。非对称 t 分布的有用性在于将有关符号识别的先验信息以非决断方式（non-dogmatic）引入到贝叶斯识别和推断中，从而很好地解决了决断先验分布带来的各种问题。

之所以选择非对称学生 t 分布，一方面考虑到其内嵌了截断分布，能很

---

① Baumeister & Hamilton(2018，*JME*)获得 2020 年 JME 期刊最佳论文奖（Best Paper Award）。https://www.journals.elsevier.com/journal-of-monetary-economics/news/announcing-the-winner-of-the-2021-best-paper-award.

好地满足符号约束的要求，另一方面，其内嵌了对称学生 t 分布，其厚尾特性能更好地刻画参数分布的特征。

一、非对称 t 分布的定义

假设一随机变量 **h** 的概率密度函数为：

$$p(h) = k \frac{1}{\sigma_h} p_{v_h}\left(\frac{h-\mu_h}{\sigma_h}\right) \Phi\left(\frac{\lambda_h h}{\sigma_h}\right), \ h \in \mathbb{R} \tag{5.1.1}$$

此处 μ_h，$\sigma_h > 0$，$v_h \in \mathbb{Z}^+$，λ_h 为给定参数，k 为待定常数①，其取值使得概率密度函数在实数轴上的积分为 1。$\Phi(\cdot)$ 为标准正态分布的累积分布函数（CDF），$p_v(\cdot)$ 为标准学生 t 分布的密度函数，即：

$$p_v(x) \equiv \frac{\Gamma\left(\frac{v+1}{2}\right)}{(v\pi)^{1/2}\Gamma\left(\frac{v}{2}\right)} \left(1 + \frac{x^2}{v}\right)^{-(v+1)/2}, \ x \in \mathbb{R}$$

其中 $\Gamma(\cdot)$ 为 Gamma 函数，v 为自由度参数。此时称 **h** 服从非对称学生 t 分布（asymmetric t distribution），可记为

$$\mathbf{h} \sim Asy\text{-}t(\mu_h, \sigma_h, v_h, \lambda_h) \tag{5.1.2}$$

事实上，非对称学生 t 分布的密度函数（5.1.1）式是如下非标准对称学生 t 分布的密度函数（5.1.3）式和标准正态累计分布函数的乘积：

$$p_v(x; \mu, \sigma) \equiv \frac{\Gamma\left(\frac{v+1}{2}\right)}{\sigma(v\pi)^{1/2}\Gamma\left(\frac{v}{2}\right)} \left(1 + \frac{1}{v}\left(\frac{x-\mu}{\sigma}\right)^2\right)^{-(v+1)/2} \tag{5.1.3}$$

$$\mathbf{x} \sim \text{Student } t(\mu, \sigma, v) \tag{5.1.4}$$

因此非对称学生 t 分布中的参数和非标准对称学生 t 分布的具有相同的含义：第一个参数 μ 表示位置参数（location），第二个参数表示形状或尺度参数（scale），第三个参数 v 表示自由度。②

对于对称学生 t 分布，第一个位置参数不仅表示均值，而且表示众数。

---

① 很显然，待定参数 k 是给定参数 μ_h，σ_h，v_h，λ_h 的函数。本书提供的 Matlab 源代码：\DSGE_VAR_Source_Codes\prior_toolkits\asymmetric_tpdf_normalization_constant.m，给定参数 μ_h，σ_h，v_h，λ_h 为输入，输出该待定参数 k。

② 更多学生 t 分布的解释，可参考 p.159 注①。

但第二个形状参数并不表示标准差。对于非对称学生 t 分布第一个参数仅仅表示众数，而非均值，具体如表 5.1 所示。

表 5.1　标准、非标准学生 t 分布和非对称学生 t 分布中的参数的含义

分布类型/参数	位置参数 μ	形状参数 σ	自由度参数 v	偏态参数 λ
标准学生 t 分布 $t(0, 1, v)$	$\mu=0$ 均值、众数	$\sigma=1$ 非标准差	自由度	$\lambda=0$，关于 $x=0$ 对称
非标准学生 t 分布 $t(\mu, \sigma, v)$	均值、众数	非标准差	自由度	$\lambda=0$ 关于 $x=\mu$ 对称
非对称学生 t 分布 $Asy\text{-}t(\mu, \sigma, v, \lambda)$	非众数①	非标准差	自由度	偏态参数

数据来源：作者自行总结。Matlab 软件中仅有标准学生 t 分布对应的函数，比如密度函数、累积分布函数和抽样函数等。此处提供了非标准和非对称学生 t 分布对应的工具包（基于 Matlab 平台）。\DSGE_VAR_Source_Codes\prior_toolkits\。该工具包要求运行于 Matlab2013a 及以上版本中（涉及内置 makedist 函数，该函数为 2013a 版本新引入函数）。

二、非对称 t 分布中的内嵌截断分布

从定义（5.1.1）可知，非对称 t 分布内蕴了很多具体的常用分布，如正态分布、柯西分布、截断学生 t 分布等。参数 λ_h 的取值决定了非对称 t 分布的偏态性和蕴含的分布类型。特别地，当 λ_h 为无穷大时，非对称 t 分布为截断 t 分布。接下来依照 λ_h 的取值来讨论：

1. 当 $\lambda_h=0$，那么 $\Phi(h\lambda_h/\sigma_h)=1/2$ 且 $k=2$，此时非对称 t 分布为对称的学生 t 分布：$t(\mu_h, \sigma_h, v_h)$，其中 $\Phi(\cdot)$ 为标准正态分布的累积分布函数。

2. 当 $\lambda_h=0$，$v_h\to+\infty$ 时，该学生分布为正态分布 $N(\mu_h, \sigma_h^2)$。

3. 当 $\lambda_h=0$，$v_h=1$ 时，该学生分布为柯西分布：$Cauchy(\mu_h, \sigma_h)$。

4. 当 $\lambda_h\neq0$，即为一般的非对称 t 分布：$t(\mu_h, \sigma_h, v_h, \lambda_h)$；当 $\lambda_h>0$ 时，为正向偏态；当 $\lambda_h<0$ 时，为负向偏态。

5. 当 $\lambda_h\to+\infty$ 时，对于任意 $h<0$，有 $\Phi(h\lambda_h/\sigma_h)=0$；对于任意 $h>0$，有 $\Phi(h\lambda_h/\sigma_h)=1$，此时非对称 t 分布为正向截断 t 分布②。

6. 当 $\lambda_h\to-\infty$ 时，对于任意 $h>0$，有 $\Phi(h\lambda_h/\sigma_h)=0$；对于任意 $h<0$，有 $\Phi(h\lambda_h/\sigma_h)=1$，此时非对称 t 分布为负向截断 t 分布。

将上述讨论总结如下表 5.2：

---

① 请参考图 5.1，图中竖线为 $x=\mu$。很显然和峰值有距离。

② 即正向截取，舍弃负半轴，或认为负半轴为零，被截断，只剩下正半轴。通常情况下，在作图时，常常选取较大的 λ，比如 $\lambda=100$ 或 $\lambda=-100$，此时即可认为此时为正向截取或负向截取。

表 5.2　非对称 t 分布中的内嵌分布

偏态参数 λ_h	参数取值	内嵌分布类型
$\lambda_h=0$	$v_h=1$	柯西分布 Cauchy(μ_h, σ_h)
	$v_h<+\infty$	学生 t 分布
	$v_h=+\infty$	正态分布 $N(\mu_h$, $\sigma_h^2)$
$\lambda_h\neq 0$	$-\infty<\lambda_h<+\infty$	非对称学生 t 分布
	$\lambda_h=+\infty$	正向截断 t 分布
	$\lambda_h=-\infty$	负向截断 t 分布

注:正向截断为除去负半轴,截取正半轴。负向截断则相反。学生 t 分布中包含了标准和非标准的学生 t 分布。

对于负偏态和正偏态的非对称学生 t 分布,其密度函数如图 5.1 所示。从中可看到自由度(自由度分别为 3 和 30),只对分散程度产生影响(即方差)。自由度越大,尾部越薄,样本向众数集中。

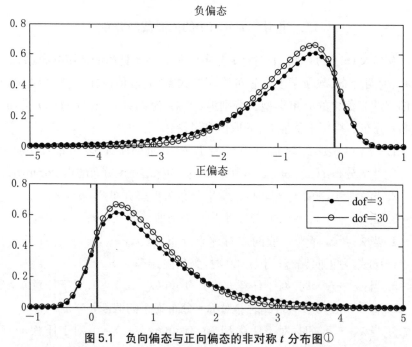

图 5.1　负向偏态与正向偏态的非对称 t 分布图①

注:负向偏态:$\mu_h=-0.1$, $\sigma_h=1$, $v_h=3$, $\lambda_h=-4$;正向偏态:$\mu_h=0.1$, $\sigma_h=1$, $v_h=3$, $\lambda_h=4$。竖线为 $x=\mu_h$。可看到众数并不是 $x=\mu_h$。

① 绘图请参考 Matlab 源代码:\DSGE_VAR_Source_Codes\prior_toolkits\asymmetric_t_prior_plot_main.m。其中调用了非对称 t 分布的密度函数 asymmetric_tpdf.m 和标准化参数 k 的计算函数 asymmetric_tpdf_normalization_constant.m。

对于负向截断和正向截断的学生 t 分布,其密度函数如图 5.2 所示。其非常接近于直接对对称学生 t 分布进行截断,存在细微差异(只要 λ_h 不等于无穷大,即为有限数)。

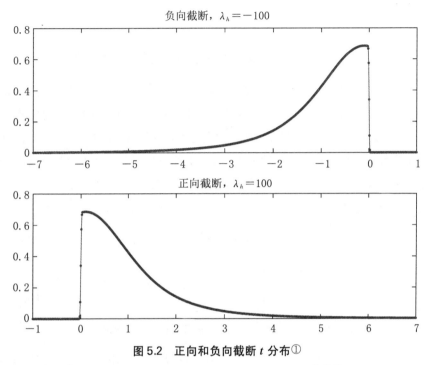

图 5.2 正向和负向截断 t 分布①

注:负向截取:$\mu_h = -0.1$,$\sigma_h = 1$,$v_h = 3$,$\lambda_h = -100$;正向截取:$\mu_h = 0.1$,$\sigma_h = 1$,$v_h = 3$,$\lambda_h = 100$。

第二节 基于 DSGE 模型参数信息的 SVAR 识别与估计

DSGE 模型的理论基础、数据模拟结果,为 SVAR 模型的构建提供重要的理论支持,其参数校准(calibration)或估计结果(Bayesian 估计、ML 估计或 GMM 估计等)也为 SVAR 模型参数的识别与估计提供了关于参数大小(magnitude)的先验信息,因此有助于 SVAR 模型的识别(李向阳,2018)。

---

① 绘图请参考 Matlab 源代码:\DSGE_VAR_Source_Codes\prior_toolkits\asymmetric_t_prior_plot_main.m,将 λ_h 修改为−100 和 100 即可。

正如第一章所述,DSGE 模型是动态模型,不仅考虑以前(状态),更考虑现在和将来(前瞻性,forward-looking),这显著区别于 SVAR 和 VAR 模型的根本特征:后顾性(backward-looking),即模型只关注当期(t 期)和前期变量($t-1$,$t-2$ 期等)之间的动态关系,并没有预期变量($t+1$,$t+2$ 期等)。因此使用此类 DSGE 模型的先验信息时,要恰当处理。

一、经典三变量新凯恩斯模型与对应的 SVAR 模型

经典的新凯恩斯模型,经对数线性化(log-linearized)后,可以最终表达为三方程经典形式,这包括总供给曲线(菲利普斯曲线,NKPC)、总需求曲线和货币政策规则(李向阳,2018,p.291)。Baumeister & Hamilton(2018)在经典凯恩斯三方程模型的基础之上,构建了如下扩展的三方程 SVAR 模型,变量分别为产出缺口(y_t)、短期名义利率(r_t)及通货膨胀率(π_t):

1. 总供给曲线

$$y_t = c^s + \alpha^s \pi_t + (\mathbf{b}^s)' \mathbf{x}_{t-1} + u_t^s \tag{5.2.1}$$

2. 总需求曲线(Euler 方程)

$$y_t = c^d + \beta_\pi^d \pi_t + \beta_r^d r_t + (\mathbf{b}^d)' \mathbf{x}_{t-1} + u_t^d \tag{5.2.2}$$

3. 货币政策规则(可认为是扩展的泰勒(Taylor)规则)

$$r_t = c^r + \gamma_y^r y_t + \gamma_\pi^r \pi_t + (\mathbf{b}^r)' \mathbf{x}_{t-1} + u_t^r \tag{5.2.3}$$

其中 u_t^s,u_t^d,u_t^r 分别为总供给、总需求和货币政策冲击,c^s,c^d,c^m,α^s,β_r^d,β_π^d,γ_y^r,γ_π^r 均为待估参数,并且

$$\mathbf{x}_{t-1} \equiv \begin{pmatrix} 1 \\ \mathbf{y}_{t-1} \\ \mathbf{y}_{t-2} \\ \vdots \\ \mathbf{y}_{t-m} \end{pmatrix}, \quad \mathbf{y}_t \equiv \begin{pmatrix} y_t \\ \pi_t \\ r_t \end{pmatrix}, \quad \mathbf{u}_t \equiv \begin{pmatrix} u_t^s \\ u_t^d \\ u_t^r \end{pmatrix} \tag{5.2.4}$$

将此三变量 SVAR 模型写成(1.3.1)式,此时

$$\mathbf{A} = \begin{pmatrix} 1 & -\alpha^s & 0 \\ 1 & -\beta_\pi^d & -\beta_r^d \\ -\gamma_y^r & -\gamma_\pi^r & 1 \end{pmatrix} \tag{5.2.5}$$

那么 **A** 中有五个待识别参数。

本节以此模型为例,说明如何使用 DSGE 模型提供的结构参数的校准或估计信息,来构建参数的先验分布,来进行 SVAR 模型的贝叶斯识别和估计。

二、实例应用:三变量 SVAR 模型示例

应用实例 11　中国宏观经济三变量 SVAR 模型:基于 DSGE 先验约束识别

DSGE 模型的文献中常见泰勒(Taylor)规则:

$$r_t - r = \rho(r_{t-1} - r) + (1-\rho)(\psi^y y_t + \psi^\pi(\pi_t - \pi)) + u_t^r \qquad (5.2.6)$$

其中 r、π 分别为稳态(steady)或目标(targeted)短期利率水平和通货膨胀率;ρ 为利率平滑系数;ψ^y,ψ^π 分别为短期利率对产出缺口和通胀率的反应系数。容易看到(5.2.6)式是(5.2.3)式的一个特殊形式,二者系数对应关系为:

$$\gamma_y^r = (1-\rho)\psi^y, \ \gamma_\pi^r = (1-\rho)\psi^\pi \qquad (5.2.7)$$

此时(5.2.5)式中的 **A** 可进一步写为

$$\mathbf{A} = \begin{pmatrix} 1 & -\alpha^s & 0 \\ 1 & -\beta_\pi^d & -\beta_r^d \\ -(1-\rho)\psi^y & -(1-\rho)\psi^\pi & 1 \end{pmatrix} \qquad (5.2.8)$$

此时 **A** 中有六个待识别参数:ρ,α^s,β_r^d,β_π^d,ψ^y,ψ^π;假设其相互独立,那么 **A** 的先验分布(元素的联合分布)可写为:

$$p(\mathbf{A}) = p(\alpha^s) p(\beta_r^d) p(\beta_\pi^d) p(\psi^y) p(\psi^\pi) p(\rho) \qquad (5.2.9)$$

(一) **A** 中元素的先验分布构建

首先,考虑货币政策方程中参数的先验分布:产出缺口的权重 ψ^y 和通货膨胀的权重 ψ^π,及利率平滑参数 ρ。文献中关于这三个参数的典型校准或估计值可参考表 5.3。此处考虑,$\rho \sim Beta(2, 2)$,其均值、众数都为 0.5,标准差约为 0.05,如图 5.3 所示。[1]

---

[1]　Beta(α, β)分布是定义于$[0, 1]$区间上的两参数概率分布族,α, $\beta > 0$,为形状参数(shape),α, β 的不同取值,使得 *beta* 分布呈现出多种形状,其非常适合于描述位于$[0, 1]$区间上的百分比或比率变量。它是多元概率分布狄利克雷分布(Dirichlet distribution)的一元情形。Beta(α, β)分布的期望值为:$E(X) = \alpha/(\alpha+\beta)$;方差为:$var(X) = \alpha\beta/[(\alpha+\beta)^2(\alpha+\beta+1)]$;众数为:$(\alpha-1)/(\alpha+\beta-2)$, α, $\beta > 1$。Matlab 用于 *beta* 分布的内置函数有:密度函数 betapdf,累积分布函数 betacdf,随机抽样函数 betarnd 等。绘图 Matlab 源代码:\DSGE_VAR_Source_Codes\prior_toolkits\beta_prior_plot.m。

表5.3　货币政策方程中参数的校准和先验假设

文　献	ψ^y	ψ^π	ρ
Taylor(1993)	$\psi^y=0.5$	$\psi^\pi=1.5$	—
Smets &. Wouters(2007)	0.12(先验假设) 0.08(后验估计)	1.5(先验假设) 2.04(后验估计)	0.75(先验假设) 0.81(后验估计)
Baumeister &. Hamilton(2018)	$\psi^y \sim t(1.5, 0.4, 3)$ 非标准学生 t 分布, 正向截取	$\psi^\pi \sim t(1.5, 0.4, 3)$ 非标准学生 t 分布, 正向截取	$\rho \sim Beta(2.6, 2.6)$ 均值、众数均为 0.5 (Beta 分布)

数据来源:作者自行总结。正向截取,即保留正半轴,舍弃负半轴。非标准学生 t 分布的更多信息可参考 p.159 注①。非标准学生 t 分布的自由度均取 3,以保证分布的方差存在。

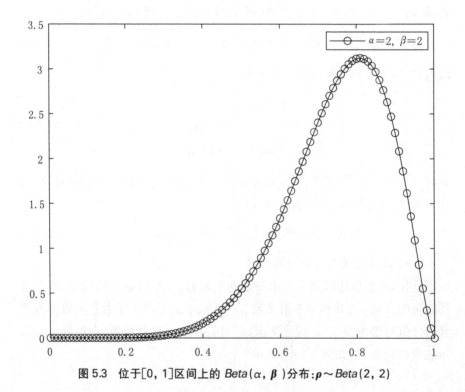

图5.3　位于[0,1]区间上的 $Beta(\alpha, \beta)$ 分布: $\rho \sim Beta(2, 2)$

然后,考虑总需求方程中参数的先验分布: β_r^d, β_π^d。

在 DSGE 文献中,总需求方程有时也被视为消费的 Euler 方程或动态的 IS 曲线,通常具有如下的形式:

$$y_t = c_0^d + \xi E_t y_{t+1} - \tau(r_t - E_t \pi_{t+1}) + u_t^d \qquad (5.2.10)$$

其中 ξ,τ 分别为产出的前瞻变量、(实际)利率的权重。在经典 DSGE 模型中,τ 被解释为消费的跨期替代弹性。在标准的 CRRA 效用函数形式下,τ 也是相对风险规避系数的倒数,同时也是效用函数曲率参数的倒数(李向阳,2018,p.255)。

表 5.4 和表 5.5 给出了文献中关于 ξ 和 τ 的校准或估计值。可看出文献中 ξ 和 τ 的取值并不统一。

表 5.4　产出前瞻变量权重参数 ξ 的校准

文　献	值	说明
Benati(2008)	$\xi=0.5$	均值
Benati & Surico(2009)	$\xi=0.25$	众数
Lubik & Schorfheide(2004) 李向阳(2018,p.299)	$\xi=1$	—
Baumeister & Hamilton(2018)	$\xi=2/3$	—

数据来源:作者自行总结。

对 ξ 的校准或估计值多小于 1,中值位于 1/2 附近,故综合考虑,选取 $\xi=0.5$。对 τ 的校准或估计值多数在 1 附近,综合考虑选取 $\tau^{-1}=\sigma=1.5$,此即 $\tau=2/3$。

表 5.5　CRRA 效用下 τ 与消费的跨期替代弹性的倒数 σ 的校准

文　献	τ	$\sigma=\tau^{-1}$
Baumeister & Hamilton(2018)	$\tau=1/2$	$\sigma=2$
Smets & Wouters(2007)	$\tau=2/3$	$\sigma=1.5$(先验) $\sigma=1.39$(后验)
Smets & Wouters(2003)	$\tau=1$	$\sigma=1$(先验) $\sigma=1.35$(后验)
Christiano, Eichenbaum & Vigfusson (2006)、Christiano Motto, et al.(2014)	$\tau=1$	$\sigma=1$

数据来源:作者自行总结。

正如前文所述,SVAR 模型中的总需求方程(5.2.2)式和 DSGE 文献中的动态 IS 曲线(5.2.10)式有较大的差别,即前者含有预期项(产出和通胀,forward-looking),而后者为后顾型(backward-looking),因此为了使用 DSGE 模型提供的先验信息,此处必须使用一定的方法加以处理。第一种方法是构建一个典型的 DSGE 模型,寻求理性预期解:

$$E_t y_{t+1} = \phi^{y'} \mathbf{x}_t \tag{5.2.11}$$

$$E_t \pi_{t+1} = \phi^{\pi'} \mathbf{x}_t \tag{5.2.12}$$

其中 ϕ^y, ϕ^π 分别表示产出缺口和通胀的期望对应的系数。然后将其代入 (5.2.10)式中，并与(5.2.2)式进行比较，从而得到 β_r^d, β_π^d 的校准值。但这种方法略微复杂，较为耗时，需要构建一个完整的 DSGE 模型并求解。第二种方法较为简单、直观。该方法使用 Minnesota 先验分布的基本思想：预测任何变量最有用的变量就是其滞后项：[①]

$$E_t y_{t+1} = \phi^{y'} \mathbf{x}_t \approx c_0^y + \phi^y y_t \tag{5.2.13}$$

$$E_t \pi_{t+1} = \phi^{\pi'} \mathbf{x}_t \approx c_0^\pi + \phi^\pi \pi_t \tag{5.2.14}$$

将(5.2.13)、(5.2.14)式代入(5.2.10)式中，可得

$$\begin{aligned} y_t &= c_0^d + \xi(c_0^y + \phi^y y_t) - \tau(r_t - (c_0^\pi + \phi^\pi \pi_t)) + u_t^d \\ &= c_0^d + \xi c_0^y + \tau c_0^\pi + \xi \phi^y y_t - \tau(r_t - \phi^\pi \pi_t) + u_t^d \end{aligned} \tag{5.2.15}$$

整理后可得，

$$y_t = \frac{c_0^d + \xi c_0^y + \tau c_0^\pi}{1 - \xi \phi^y} - \frac{\tau}{1 - \xi \phi^y} r_t + \frac{\tau \phi^\pi}{1 - \xi \phi^y} \pi_t + \frac{1}{1 - \xi \phi^y} u_t^d \tag{5.2.16}$$

与(5.2.2)式进行比较可得：

$$\beta_r^d = -\frac{\tau}{1 - \xi \phi^y}, \ \beta_\pi^d = \frac{\tau \phi^\pi}{1 - \xi \phi^y} \tag{5.2.17}$$

此处采取第二种方法。选取 $\phi^y = \phi^\pi = 0.75$，并注意到 $\xi = 0.5$，$\tau = 2/3$，由(5.2.17)式，$\beta_r^d = -16/15$，$\beta_\pi^d = 4/5$。因此设定 β_r^d, β_π^d 的先验分布为

$$\beta_r^d \sim \text{Student } t\left(-\frac{16}{15}, \frac{2}{5}, 3\right)，负向截取 \tag{5.2.18}$$

$$\beta_\pi^d \sim \text{Student } t\left(\frac{4}{5}, \frac{2}{5}, 3\right) \tag{5.2.19}$$

其中 β_r^d 施加了非正约束，这是因为较高的利率一般有抑制总需求的作用。β_π^d 则未施加符号约束，即对"通胀对总需求的影响方向"不施加先验符号约束。

最后，考虑总供给方程中参数 α^s 的先验分布。

---

① 更多关于 Minnesota 先验的阐述，请参考第二章第二节"二、Minnesota 先验分布"。

DSGE 文献中,标准的新凯恩斯菲利普斯曲线 NKPC 具有如下的形式（如 Gali,2008,p.47）：

$$\pi_t = \kappa y_t + \beta E_t \pi_{t+1}, \ \kappa = \frac{(1-\theta)(1-\beta\theta)}{\theta}(\sigma+\eta) \quad (5.2.20)$$

其中 θ 为 Calvo 黏性价格参数,σ 为消费的跨期替代弹性的倒数,η 为劳动供给的 Frisch 弹性的倒数,β 为主观贴现因子。结合（5.2.14）式,(5.2.20)式可写为：

$$y_t = \frac{1}{\kappa}\pi_t - \frac{\beta}{\kappa}E_t\pi_{t+1} = \frac{1}{\kappa}\pi_t - \frac{\beta}{\kappa}(c_0^\pi + \phi^\pi \pi_t)$$

$$= -\frac{\beta}{\kappa}c_0^\pi + \frac{1-\beta\phi^\pi}{\kappa}\pi_t \quad (5.2.21)$$

比较(5.2.1)可知

$$\alpha^s = \frac{1-\beta\phi^\pi}{\kappa} \quad (5.2.22)$$

此处校准 $\theta=0.75$,$\sigma=1.5$,$\beta=0.99$。劳动供给的 Frisch 弹性的倒数 η,在不同的文献中有不同的校准或估计值,如表 5.6 所示。当 $\eta=0$ 时,$\kappa=0.1288$。由(5.2.22)式,可得 $\alpha^s=2$。这和 Lubik & Schorfheide(2004)、Baumeister & Hamilton(2018)的校准结果相一致。

表 5.6 劳动供给的 Frisch 弹性的倒数 η 的校准

文　献	η	说　明
Smets & Wouters(2007)	2(先验假设) 1.86(后验估计)	美国宏观数据
Lubik & Schorfheide(2004) Baumeister & Hamilton(2018)	0	暗含,未明确说明
Smets & Wouters(2003)	2(先验假设) 2.4(后验估计)	欧盟宏观数据

数据来源:作者自行总结。

综合考虑取 $\eta=0.5$。此时 $\kappa=0.1717$,$\alpha^s=1.5$。于是可假设其先验分布如下：

$$\alpha^s \sim \text{Student } t\left(\frac{3}{2}, \frac{2}{5}, 3\right), \text{正向截取} \quad (5.2.23)$$

此处对 α^s 施加了非负约束:即通胀对短期总产出(总供给)影响非负。为了便于理解,将各待识别参数的先验分布假设总结如表 5.7 所示。

表 5.7　结构矩阵 A 中元素的先验分布假设

方　程	参数的先验分布	含义	符号约束
NKPC 曲线	$\alpha^s \sim \text{Student } t\left(\dfrac{3}{2}, \dfrac{2}{5}, 3\right)$	通胀对产出的影响的权重	非负
总需求曲线(DIS 曲线)	$\beta_\pi^d \sim \text{Student } t\left(\dfrac{4}{5}, \dfrac{2}{5}, 3\right)$	通胀对需求影响的权重	无约束
总需求曲线(DIS 曲线)	$\beta_r^d \sim \text{Student } t\left(-\dfrac{16}{15}, \dfrac{2}{5}, 3\right)$	利率对总需求影响的权重	非正
货币政策规则	$\psi^y \sim \text{Studentt } t\left(0.5, \dfrac{2}{5}, 3\right)$	产出的权重	非负
货币政策规则	$\psi^\pi \sim \text{Student } t\left(1.5, \dfrac{2}{5}, 3\right)$	通胀的权重	非负
货币政策规则	$\rho \sim Beta(2, 2)$	利率平滑参数	$[0, 1]$

注:学生 t 分布调节系数(第二个参数)的校准参考 Baumeister & Hamilton(2018),均设定为 2/5。

(二) $\mathbf{A}^{-1}$ 中元素的先验分布构建

当结构冲击存在已知的先验信息时,可对 $\mathbf{A}^{-1}$ 中的元素(待识别参数的非线性组合,代表结构冲击发生当期的脉冲响应,可参考(2.1.15)式)施加约束,来辅助结构识别。根据线性代数的知识:

$$\mathbf{A}^{-1} = \frac{1}{\det(\mathbf{A})}\mathbf{H} \tag{5.2.24}$$

其中 det 表示矩阵行列式;$\mathbf{H}$ 可利用与逆矩阵相关的伴随矩阵(Adjugate matrix)的概念来非常简单得求出[①]:

$$\mathbf{H} \equiv \begin{pmatrix} -(\beta_\pi^d + \beta_r^d(1-\rho)\psi^\pi) & \alpha^s & \alpha^s\beta_r^d \\ \beta_r^d(1-\rho)\psi^y - 1 & 1 & \beta_r^d \\ -(1-\rho)(\psi^\pi + \beta_\pi^d\psi^y) & (1-\rho)(\psi^\pi + \alpha^s\psi^y) & \alpha^s - \beta_\pi^d \end{pmatrix} \tag{5.2.25}$$

[①] 对于高阶矩阵,比如 6×6,或 8×8 或更高阶矩阵,可借助符号求解软件,比如 Mathematica 或 Maple。此外,很多在线网站也能方便地求解出字符矩阵的逆矩阵,比如 https://www.symbolab.com/solver/matrix-inverse-calculator。对于 5×5 或以下维度的矩阵可使用此方法求解,较为简便。注意,此处的伴随矩阵和简化 VAR 模型脉冲响应中的伴随矩阵(2.1.8)式是两个完全不同的概念,应注意区分。

$$\det(\mathbf{A}) = \alpha^s (1 - \beta_r^d (1-\rho) \psi^y) - (\beta_\pi^d + \beta_r^d (1-\rho) \psi^\pi) \quad (5.2.26)$$

可看到，$\mathbf{A}^{-1}$ 中元素均为 $\mathbf{A}$ 中元素的非线性组合。根据 $\mathbf{A}$ 中元素的先验分布构建的假设（表 5.7），不难得到 $\mathbf{H}$ 中元素的符号满足：

$$\mathrm{sign}(\mathbf{H}) = \begin{bmatrix} ? & + & - \\ - & + & - \\ ? & + & ? \end{bmatrix} \quad (5.2.27)$$

其中 $(1,1)$、$(3,1)$、$(3,3)$ 元素的符号未知。$\mathbf{H}$ 的第一、二、三列分别表示总供给冲击 u_t^s、需求冲击 u_t^d 和货币政策冲击 u_t^r 对产出缺口（y_t）、短期名义利率（r_t），以及通货膨胀率（π_t）的脉冲响应符号。但此时 $\det(\mathbf{A})$ 的符号未知（(5.2.26)式中第一项为非负，第二项符号未知）。

为了能够识别三个结构冲击，施加如下的额外先验约束：

（1）正向供给冲击（对应第一列）使得产出上升（第一行），通货膨胀下降（第二行）；

（2）紧缩性货币政策冲击（对应第三列）使得经济呈现出紧缩效应（第一行）；

首先来看第一个额外约束。正向供给冲击使得产出上升，这要求 $\mathbf{A}^{-1}$ 的 $(1,1)$ 元素大于零，即

$$-(\beta_\pi^d + \beta_r^d (1-\rho) \psi^\pi) / \det(\mathbf{A}) > 0 \quad (5.2.28)$$

(5.2.28)式成立的一个充分条件是[①]：

$$h_1 \equiv \beta_\pi^d + \beta_r^d (1-\rho) \psi^\pi < 0 \quad (5.2.29)$$

因此可施加(5.2.29)式的约束，将 h_1 视为随机变量，其均值和标准差均可通过随机模拟的形式来计算出来（即通过对 β_π^d，β_r^d，ψ^π 的模拟来计算 h_1）[②]。

为了使得第二个额外先验约束更加具体，来进一步推导。根据 (5.2.25)式，一单位利率冲击带来产出的下降比例为 $\mathbf{H}$ 中 $(1,3)$ 元素与 $(3,3)$ 元素的比值：

---

① (5.2.28)式成立的另一个充分条件是 $h_1 > \alpha^s (1 - \beta_r^d (1-\rho) \psi^y) > 0$。这显然比(5.2.29)式更复杂。

② 用于模拟 h_1 的 Matlab 源代码：\DSGE_VAR_Source_Codes\prior_toolkits\simulate_h.m。

$$h_2 = \frac{\alpha^s \beta_r^d}{\alpha^s - \beta_\pi^d} \tag{5.2.30}$$

很显然，第二个先验约束要求 $h_2 < 0$。由先验假设 $\alpha^s \beta_r^d < 0$。这要求 $\alpha^s > \beta_\pi^d$ 在任何时候都成立，很显然这是一个强假设（dogmatic）。为了避免这一较强假设带来的问题，同样假设 h_2 服从负向偏态的非对称 t 分布，其中偏态参数 $\lambda_{h_2} = -2$ 来表示适度的负向偏态（此时 $h_2 > 0$ 的概率约为 5.3%）。对于 h_2 的先验分布中的参数直接给予校准，假定 $\mu_{h_2} = -0.4$，即 1% 的利率冲击使得总需求下降 0.4%，此时施加了大小（magnitude）约束；调节系数设置为 0.5，自由度设置为 3。[①]

接下来指定 h_1 的先验分布。对 (5.2.29) 式进行随机模拟，可计算出的均值大约为 $-0.060\,5$，标准差大约为 $0.956\,3$，因此选择 $\mu_{h_1} = -0.1$，$\sigma_{h_1} = 1$。此外设置其偏态参数 $\lambda_{h_1} = -5.5$，使得 $h_1 > 0$ 的概率约为 5%，总结于表 5.8。[②]

表 5.8　脉冲响应 (A^{-1}) 符号和大小的先验分布：非对称 t 分布

随机变量	分布类型	说　明
h_1	$h_1 \sim Asy\text{-}t(\mu_{h_1}, \sigma_{h_1}, v_{h_1}, \lambda_{h_1}) = (-0.1, 1, 3, -5.5)$	模拟校准
h_2	$h_2 \sim Asy\text{-}t(\mu_{h_2}, \sigma_{h_2}, v_{h_2}, \lambda_{h_2}) = (-0.4, 0.5, 3, -2)$	先验校准

数据来源：作者自行模拟和校准。

图 5.4 给出了 h_1 和 h_2 的概率密度图。虽然指定了 h_1 和 h_2 的位置参数 μ 为负，但对应的 h_1 与 h_2 仍然以某一较小的概率大于零（非负概率）。可通过适当调节偏态参数 λ_h 来调节大于零的概率，比如 5% 或 10%。对非负概率（比如 $h_1 > 0$）的计算使用数值计算方法，为近似计算。具体方法为：在 $[0, 1]$ 的区间内，将区间分割为 100 个小矩形（或更多），步长 1%（或更短），然后加总 100 个矩形（或）的面积即为非负的概率。

在两个额外先验约束下，$\mathbf{H}$ 中元素的符号满足：

[①] 通过对 β_π^d，β_r^d，α^s 的随机模拟，计算出来 h_2 明显偏离先验信息，此处直接校准，有助于反向约束 β_π^d，β_r^d，α^s，取得更为合理的校准值。

[②] Matlab 源代码：\DSGE_VAR_Source_Codes\prior_toolkits\ asymmetric_h1_h2_prior_plot_main.m。需要注意的是，此处 μ_{h_1}，σ_{h_1} 并不代表非对称学生 t 分布的均值和方差，只是取值近似。

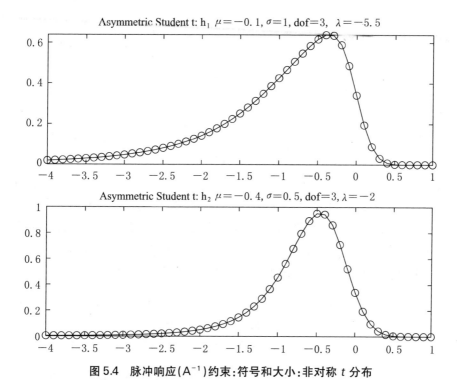

图 5.4 脉冲响应(A^{-1})约束:符号和大小:非对称 t 分布

注:h_1 的先验信息来源于随机模拟,施加了符号约束;h_2 的先验信息来源于非随机模拟,施加了大小和符号约束,由于对 h_2 的先验信息更具有确信,因此假设其调节系数仅为 h_1 的一半,从图形上看 h_2 的方差要小于 h_1 的方差。

$$\text{sign}(\mathbf{H}) = \begin{pmatrix} + & + & - \\ - & + & - \\ ? & + & ? \end{pmatrix} \tag{5.2.31}$$

从符号约束的角度看,(5.2.31)式中三列(对应三个结构冲击)的符号具有不同的模式。因此不论(3,1)和(3,3)元素的符号如何,都能区分三个结构冲击(u_t^s, u_t^d, u_t^r)。

(三)如何结合 $\mathbf{A}$ 与 $\mathbf{A}^{-1}$ 中的先验信息

在本例中,$\mathbf{A}$ 中元素被假设相互独立:

$$\log p(\mathbf{A}) = \log p(\alpha^s) + \log p(\beta_r^d) + \log p(\beta_\pi^d) + \log p(\psi^y)$$
$$+ \log p(\psi^\pi) + \log p(\rho) \tag{5.2.32}$$

但 $\mathbf{A}^{-1}$ 中的先验信息约束是 $\mathbf{A}$ 中元素的非线性组合:h_1 和 h_2 分别由 (5.2.29)式、(5.2.30)式确定,且对数密度为:

$$\log p(h_1) = \log p_v\left(\frac{h_1 - \mu_{h_1}}{\sigma_{h_1}}\right) + \log \Phi\left(\frac{\lambda_{h_1} h_1}{\sigma_{h_1}}\right) \tag{5.2.33}$$

$$\log p(h_2) = \log p_v\left(\frac{h_2 - \mu_{h_2}}{\sigma_{h_2}}\right) + \log \Phi\left(\frac{\lambda_{h_2} h_2}{\sigma_{h_2}}\right) \tag{5.2.34}$$

其中 $p(h_1)$、$p(h_2)$ 由 (5.1.1) 式确定。此处省略了常数项。

使用多个先验信息共同识别是 SVAR 模型识别中常见的现象。但如何结合 $\mathbf{A}$ 与 $\mathbf{A}^{-1}$ 中的先验信息共同识别 $\mathbf{A}$ 中元素？第四章第一节"四、多先验信息源的结合"中给出了简单的解决方法：只需要将先验分布的密度函数相乘即可。除此之外，还可以进行拓展，使用加权相乘的方法：假设两个先验分布 $p_1(x)$，$p_2(x)$，加权相乘的方法，就是引入权重参数 ξ，构造一个加权先验分布（weighted prior）：$\log p_1(x) + \xi \log p_2(x)$，其中 log 表示自然对数。

此处使用加权相乘法，将 $\mathbf{A}$ 与 $\mathbf{A}^{-1}$ 中的先验分布相结合：

$$\begin{aligned}\log p(\mathbf{A}) = &\log p(\alpha^s) + \log p(\beta_r^d) + \log p(\beta_\pi^d) + \log p(\psi^y) \\ &+ \log p(\psi^\pi) + \log p(\rho) \\ &+ \xi_{h_1} \log p(h_1) + \xi_{h_2} \log p(h_2)\end{aligned} \tag{5.2.35}$$

其中 ξ_{h_1}，$\xi_{h_2} \in [0, 1]$ 表示第一个、二个额外先验约束的权重大小，当 $\xi_{h_i} = 0(i=1, 2)$ 时，表示不考虑该额外先验约束；ξ_{h_i} 越大，表明该额外约束的权重越大。值得一提的是，从加权先验看，$\mathbf{A}$ 中待识别元素不再相互独立，因为 $\mathbf{A}^{-1}$ 中含有 $\mathbf{A}$ 中元素的非线性组合。但这并不妨碍 $\mathbf{A}$ 中元素的识别。相反，通过加入结构冲击识别的先验信息，能够使得识别结果更合理。

BH 分析框架提供了灵活的方法，使得加权先验能方便地实现①。接下来将使用 **BH** 识别方法使用线性加权先验来对六个待识别参数（α^s，β_r^d，β_π^d，ψ^y，ψ^π，ρ）进行识别。

（四）模型估计与分析

采取 SVAR(4) 模型，使用中国宏观经济数据（1996Q1—2018Q4）。②

从模拟结果来看，β_π^d，ρ 的先验和后验分布差异稍大。β_π^d 的后验分布均值和中位数都为负，显著不同于先验均值（为正）。ρ 的先验和后验均值和中位数也差异达到 40%，这说明样本数据在后验分布中有较大权重，信息量相对较多。而其余四个参数（α^s，β_r^d，ψ^y，ψ^π）的先验和后验分布差异不大。

---

① **BH** 识别方法并不要求先验概率分布的积分为 1，识别算法会通过随机模拟，自动计算加权先验概率的伴随常数使得积分为 1。

② 产出缺口的构建使用了 HP 滤波。通货膨胀率基于 GDP 平减指数，为环比增长率（QoQ）。

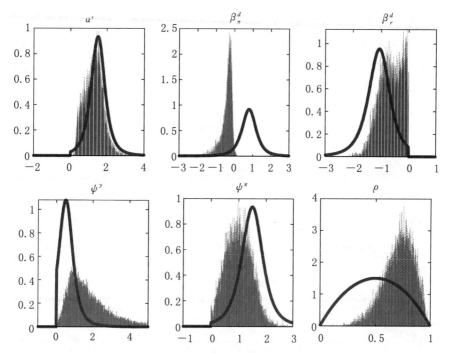

图 5.5 中国宏观经济三变量 SVAR 模型:当期系数矩阵 A 的先验和后验分布

粗实线:先验分布(除 β_r^d, ρ 外均为截断学生 t 分布;β_π^d 为非标准学生 t 分布;ρ 为 beta 分布);直方图:后验分布。模拟次数 20 万次,保留后 10 万次。

表 5.9 中国宏观经济三变量 SVAR 模型:A 的先验和后验分布的均值和中位数

参数/均值 和中位数	均值(mean)		中位数(median)	
	先验	后验	先验	后验
α^s	1.534 5	1.285 8	1.508 0	1.297 3
β_r^d	−1.136 2	−0.403 1	−1.084 8	−0.331 0
β_π^d	**0.800 0**	**−0.650 7**	**0.800 0**	**−0.633 5**
ψ^y	0.667 0	1.921 3	0.580 6	1.548 6
ψ^π	1.533 1	1.014 4	1.506 4	1.000 0
ρ	**0.500 0**	**0.708 4**	**0.500 0**	**0.723 8**

数据来源:后验均值和中位数均来自模拟。$\rho \sim Beta(\alpha, \beta)$ 的先验均值和中位数分别为 $\alpha/(\alpha+\beta)$、$(\alpha-1/3)/(\alpha+\beta-2/3)$(近似);$\beta_\pi^d \sim Student\ t(c, \sigma, v)$ 的先验均值和中位数均为 c(对称分布)。其余四个参数均为截断学生 t 分布,先验均值和中位数均为模拟结果,模拟 1 万次(近似值)①。

① Matlab 源代码:\DSGE_VAR_Source_Codes\chap5\sec5.3\mean_median_of_A.m。

在一单位正向结构冲击下，脉冲响应如图 5.6 所示。在供给冲击下，产出增加、通胀下降，但对短期利率的影响并不明显。在一单位需求冲击下，产出、通胀和利率均呈现上升态势，而且呈现出不同程度的持续性。产出和通胀的持续时间大约为 4 个季度，对利率的影响有 8—10 个季度。

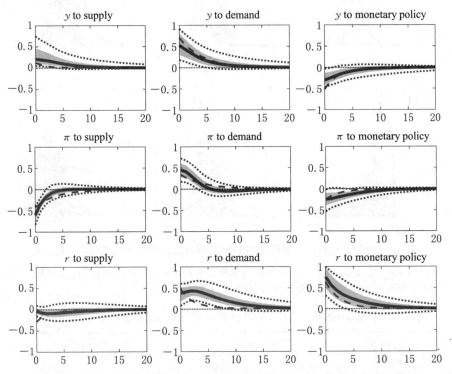

图 5.6　中国宏观经济三变量 SVAR 模型的脉冲响应：DSGE 约束和 BH 识别方法

阴影部分：68％可信集；短虚线：95％可信集；实线：脉冲响应的后验中值（median）；长虚线：先验中位数。第一、二、三列分别表示供给冲击（supply）、需求冲击（demand）和货币政策冲击（monetary policy）对应的脉冲响应。第一、二、三行分别对应产出缺口、通胀和短期利率。

在一单位货币政策冲击性，产出和通货膨胀率均下降，利率上升。但利率上升的幅度不足 1％，这是因为 SVAR 模型设定允许当期经济变量（产出和通货膨胀率）允许对利率变化做出反应。在冲击发生当期，Taylor 规则对应的短期利率曲线上升平移 100 个基点，但在当期内，经济沿着新的 Taylor 规则运行，使得产出下降大约 0.30％，通胀下降 0.25％，因此在均衡时短期利率仅仅上升了 0.75％。

图 5.7—图 5.9 给出了产出、通胀和短期利率的历史分解。可看出最近

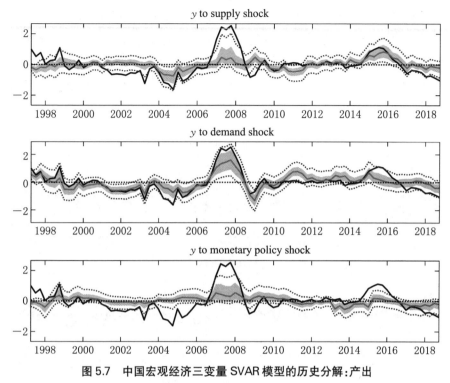

图 5.7　中国宏观经济三变量 SVAR 模型的历史分解：产出

　　灰色实线：结构冲击的贡献度；黑色实线：产出缺口对均值的偏离；点虚线：95％可信集；阴影部分：68％可信集。

二十年来，产出的波动在不同的时间由不同的结构冲击来解释。在 2008 年美国金融危机期间，需求冲击解释了经济波动的主要部分。在 2015—2016 年前后，产出的波动则主要由供给冲击解释。而货币政策冲击的影响则一直较小，这也可以从表 5.10 中看出。

表 5.10　中国宏观三变量 SVAR 模型：方差分解：前向 4 季度预测误差（中值）

变量／冲击	总供给冲击		总需求冲击		货币政策冲击	
	贡献度	％	贡献度	％	贡献度	％
产出缺口	0.13 (0.02, 0.44)	**27.61％**	0.27 (0.07, 0.57)	**57.69％**	0.07 (0, 0.29)	**14.7％**
通胀 (GDP deflator)	0.43 (0.11, 0.77)	**61.92％**	0.19 (0.05, 0.57)	**27.68％**	0.07 (0, 0.27)	**10.41％**
短期利率 (7 日回购)	0.03 (0.02, 0.44)	**4.04％**	0.36 (0.05, 0.83)	**48.03％**	0.36 (0.10, 0.78)	**47.93％**

　　数据来源：作者自行模拟和计算。

从平均历史贡献来说,货币政策冲击的贡献程度,都在 10%—15% 之间,不论是产出还是通货膨胀率的波动,其影响远小于总供给和总需求冲击的影响。但这也和主流文献的结果基本一致,但稍高,如 Baumeister & Hamilton(2018)、Leeper, Sims & Zha(1996)。考虑到我国货币政策的独特性,其贡献程度稍大亦有合理的解释。

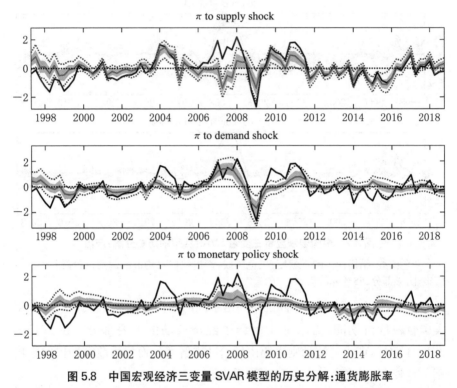

图 5.8　中国宏观经济三变量 SVAR 模型的历史分解:通货膨胀率

灰色实线:结构冲击的贡献度;黑色实线:通货膨胀率(QoQ)对均值的偏离;点虚线:95% 可信集;阴影部分:68% 可信集。

通货膨胀率的历史分解表明,其波动在大部分时间内主要由总供给冲击决定,而需求冲击在某些时期内也起决定性作用。在 2008 年金融危机之前,正向需求冲击导致通胀上升,随后负向需求冲击导致通胀大幅下降。而货币政策冲击对通胀的贡献程度较弱。

从图 5.9 和表 5.10 中可看到,虽然货币政策冲击能解释短期利率的波动很大一部分波动(47%),但需求冲击解释的更多(48%)。此外,供给冲击对短期利率的贡献程度非常小,因此利率的波动主要由需求冲击决定,而非供给冲击。

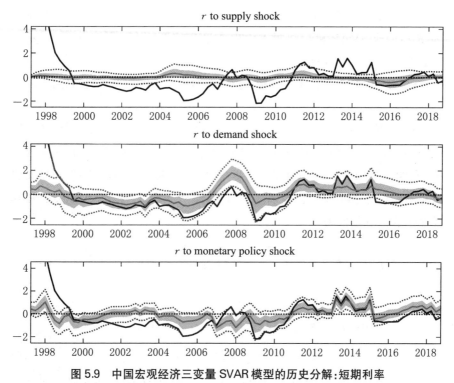

图 5.9　中国宏观经济三变量 SVAR 模型的历史分解：短期利率

灰色实线：结构冲击的贡献度；黑色实线：短期利率对均值的偏离；点虚线：95％可信集；阴影部分：68％可信集。

第三节　DSGE 模型脉冲响应符号约束构建的问题与方法

Canova & Paustian(2011，*JME*)指出理论模型在大多数情况下（包括不同的参数校准、不同的模型设定等）推导出的符号约束都具有稳健性[①]。但在符号约束构建时，针对不同的应用研究，仍然有不少问题需要关注并加以解决。结合李向阳(2020)的研究，本节针对四个符号约束构建的重要问题进行阐述，并给出可能的解决办法和具体示例。

一、结构冲击不匹配问题

通常情况下，大多数 DSGE 模型（包括经典的真实经济周期模型，RBC

[①] Canova & Paustian(2011，*JME*，p.347)：Many impact responses have robust signs both across sub-models and choices of nuisance features(包括黏性价格和工资设定、习惯形成等)。

模型)中都会有较多的内生变量和相对较少的外生结构冲击。与之对应的 VAR 模型或 SVAR 模型则要求内生变量和外生冲击的数目相同，因此出现结构冲击不匹配问题。

应用实例 12　六变量 DSGE 模型、结构冲击不匹配与黏性设定的影响

Erceg, Henderson & Levin(2000，*JME*)、Rabanal & Rubio-Ramirez (2005，*JME*)估计了一个简单的 DSGE 模型中，含有六个内生变量(产出 y_t、劳动 N_t、短期名义利率 R_t、实际工资 w_t、价格通胀率 π_t、工资通胀率 π_t^w)和四个结构冲击(技术冲击 e_t^z、偏好冲击 e_t^b、货币政策冲击 e_t^R 和名义加成冲击 e_t^μ(Markup shock，又称为成本推动型冲击，Cost-push shock))，其线性化的一阶条件为：①

$$e_t^b - \frac{\sigma_c}{1-h}(y_t - hy_{t-1}) = E_t\left[e_{t+1}^b - \frac{\sigma_c}{1-h}(y_{t+1} - hy_t)\right] + (R_t - E_t\pi_{t+1})$$

$$(5.3.1)$$

$$\pi_t^w - \mu_w\pi_{t-1} = \kappa_w\left[-\left(e_t^b - \frac{\sigma_c}{1-h}(y_t - hy_{t-1})\right) + \sigma_l N_t - w_t\right]$$
$$+ \beta(E_t\pi_{t+1}^w - \mu_w\pi_t) \qquad (5.3.2)$$

$$\pi_t - \mu_p\pi_{t-1} = \kappa_p[w_t + N_t - y_t + e_t^\mu] + \beta(E_t\pi_{t+1} - \mu_p\pi_t) \qquad (5.3.3)$$

$$R_t = \rho_R R_{t-1} + (1-\rho_R)[\gamma_\pi\pi_t + \gamma_y y_t] + e_t^R \qquad (5.3.4)$$

$$w_t = w_{t-1} + \pi_t^w - \pi_t \qquad (5.3.5)$$

$$y_t = e_t^z + (1-\alpha)N_t \qquad (5.3.6)$$

其中 h 表示习惯形成参数；σ_c 表示消费跨期替代弹性的倒数；σ_l 表示劳动 Frisch 弹性的倒数；β 表示贴现因子；$1-\alpha$ 表示生产函数中劳动的产出份额；μ_w，μ_p 分别表示黏性价格设定中工资和价格的指数化参数；κ_p，κ_w 为结构参数的非线性函数，定义分别为(5.3.14)、(5.3.17)式；ρ_R 为利率平滑参数；γ_π，γ_y 分别表示利率对通胀和产出缺口的反应程度参数。

为了解决此不匹配问题，考虑到内生变量的可观测性，Canova & Paustian(2011)使用了 5 变量 VAR 模型和 4 变量 VAR 模型与该 DSGE 模型对应。在 5 变量 VAR 模型中，工资通胀率 π_t^w 被忽略，并在(5.3.5)式中加入了一个测量误差项 e_t^m(measurement error)：

$$w_t = w_{t-1} + \pi_t^w - \pi_t + e_t^m \qquad (5.3.7)$$

---

① 模型均衡条件为对数线性化，来源于：Canova & Paustian(2011，*JME*)，Table 1。

从而 5 个外生冲击 (e_t^z, e_t^b, e_t^R, e_t^μ, e_t^m) 与 5 变量 VAR 模型: (y_t, N_t, R_t, w_t, π_t) 的 5 个非结构冲击相对应。在 4 变量 VAR 模型中,忽略了劳动和工资通胀率,因此对应的 4 变量为 (y_t, R_t, w_t, π_t),和 DSGE 模型的 4 个外生冲击相对应。

二、Taylor 规则的变量类型问题

Fry & Pagan(2011,JEL)使用了如下经典的三方程线性化 DSGE 模型(RBC 模型):总需求曲线(NKIS)、总供给曲线(NKPC)以及 Taylor 规则。

应用实例 13　三变量经典 RBC 模型与 Taylor 规则的变量类型问题

$$y_t = \alpha_{1y}y_{t-1} + \beta_{1y}E_t y_{t+1} + \gamma_{1R}(R_t - E_t\pi_{t+1}) + \epsilon_{yt} \tag{5.3.8}$$

$$\pi_t = \alpha_{2\pi}\pi_{t-1} + \beta_{2\pi}E_t\pi_{t+1} + \gamma_{2y}y_t + \epsilon_{\pi t} \tag{5.3.9}$$

$$R_t = \alpha_{3\pi}R_{t-1} + \gamma_{3y}y_t + \beta_{3\pi}E_t\pi_{t+1} + \epsilon_{Rt} \tag{5.3.10}$$

其中ϵ_{yt}, $\epsilon_{\pi t}$, ϵ_{Rt}分别为总需求冲击、成本推动型冲击、货币政策冲击,为独立同分布正态随机变量;y_t, π_t, R_t 分别为产出缺口、通货膨胀率和短期名义利率。

上述 DSGE 模型关于结构冲击脉冲响应的符号大多是稳健的,如表 5.11 所示。但短期名义利率对成本推动型冲击的反应并不稳健。从直觉上说,成本上升,使得产出下降,通胀上升,因此名义利率本应上升以应对通胀,给经济过热"降温"。Taylor 规则(5.3.10)式中使用了预期的通货膨胀率 $E_t\pi_{t+1}$,而非当期通货膨胀率 π_t。这意味着短期利率 R_t 对成本推动型冲击$\epsilon_{\pi t}$的反应变得异常复杂。事实上,由(5.3.9)和(5.3.10)式,消去预期通胀变量,可得

$$R_t = \alpha_{3\pi}R_{t-1} - \frac{\alpha_{2\pi}\beta_{3\pi}}{\beta_{2\pi}}\pi_{t-1} + \frac{\beta_{3\pi}}{\beta_{2\pi}}\pi_t + \left(\gamma_{3y} - \frac{\beta_{3\pi}}{\beta_{2\pi}}\gamma_{2y}\right)y_t - \frac{\beta_{3\pi}}{\beta_{2\pi}}\epsilon_{\pi t} + \epsilon_{Rt}$$

$$\tag{5.3.11}$$

R_t 对成本推动型冲击$\epsilon_{\pi t}$的反应的最终结果(冲击当期),不仅取决于当期通胀和产出缺口的变化,而且也取决于当期利率与通胀对预期通胀反应灵敏度的相对大小。为了使得均衡存在,通常假设短期利率对预期通胀的反应灵敏度要大于通胀对预期通胀的反应灵敏度:$\beta_{3\pi} > \beta_{2\pi}$。在合理的参数校准或估计值下,成本推动型冲击下,产出缺口 y_t 产生负向反应。在冲击当期,短期利率 R_t 的反应取决于参数 $\beta_{3\pi}$ 的校准值。在合理的校准值下(如 $\beta_{3\pi} =$

1.5),R_t 的反应往往为负值,从而和表 5.11 中符号约束不相一致。

表 5.11　经典三方程线性化 DSGE 模型及脉冲响应约束(冲击当期)

变量/结构冲击	总需求冲击 ϵ_{yt}	成本推动型冲击 $\epsilon_{\pi t}$	货币政策冲击 ϵ_{Rt}
y_t	+	−	−
π_t	+	+	−
R_t	+	+	+

数据来源:Fry & Pagan(2011),Table 3。此处的货币政策冲击为利率冲击,此处利率冲击被解释为紧缩性货币(即利率上调)。此处的符号约束与表 5.15 相一致。假设需求曲线向下倾斜,供给曲线向上倾斜。一单位正向需求冲击使得总需求曲线向右上方移动;成本推动型冲击(cost 或 cost-push shock)可解释为供给冲击(supply shock)。一单位正向成本推动型冲击使得需求向右下方移动。

直观上说,利率对预期通胀做出反应,而非当期通胀做出反应,使得利率往往呈现下降。这是因为若当期通胀在正向成本推动型冲击下而上升,那么预期通胀将会下降(变量平稳,均值回归),因此利率也会下降。从理论推导来看,也是如此。由(5.3.11)式,成本推动型冲击对利率变化有显著的负贡献(倒数第二项)。

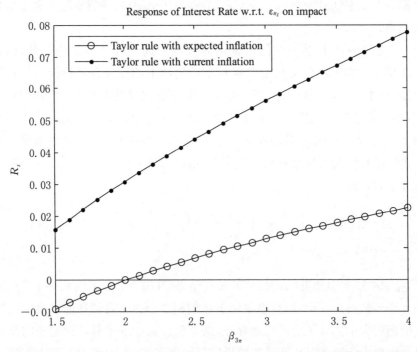

图 5.10　Taylor 规则中变量类型对当期脉冲响应的影响:利率对成本推动型冲击

注:脉冲响应为当期影响(on impact),一单位正向冲击。空心圆圈表示 Taylor 规则使用了预期通胀,实心点表示 Taylor 规则使用了当期通货膨胀。

此时,有两种解决方法。第一种方法为:在其他参数校准不变的情况下,增加短期利率对预期通胀的反应灵敏度,比如 $\beta_{3\pi}=3$;图 5.10 画出了名义利率对成本推动型冲击的当期脉冲响应是参数 $\beta_{3\pi}$ 的增函数。在合理的参数校准下(如 $\beta_{3\pi}=1.5$),脉冲响应为负;大约 $\beta_{3\pi}=2$ 时,脉冲响应为零,此后大于零。[①]

第二种方法为:将 Taylor 规则修改为:

$$R_t = \alpha_{3\pi} R_{t-1} + \gamma_{3y} y_t + \beta_{3\pi} \pi_t + \epsilon_{Rt} \tag{5.3.12}$$

即将预期通胀 $E_t \pi_{t+1}$ 直接替换为当期通胀 π_t,将前向变量替换为当期变量。图 5.10 说明,利率对成本推动型冲击的当期脉冲响应仍然是参数 $\beta_{3\pi}$ 的增函数,且显著大于零。

在此简单的三变量模型下,如果假设 DSGE 模型为真正的 DGP 过程,那么对应的 VAR 模型能够很好地识别结构冲击。事实上,参考 Canova & Paustian(2011)的做法,使用 DSGE 模型模拟产生仿真数据(pseudo-actual),然后使用此数据和最大似然估计方法来估计简化式 VAR(1)模型:

$$\mathbf{y}_t \equiv \begin{bmatrix} \pi_t \\ y_t \\ R_t \end{bmatrix} \tag{5.3.13}$$

最后使用 Choleski 识别方法来识别结构冲击,并计算结构冲击的脉冲响应。将 DSGE 模型和简化式 VAR(1)模型对应的结构脉冲响应画于图 5.11。[②]可看出,在多数情况下,简化式 VAR 模型能正确复制真实的(DSGE 模型)脉冲响应的符号和大小。通胀在总需求和货币政策冲击下(第一列,第二、三行),当期脉冲响应差异较大。但在随后各期能够迅速复制真实的结构冲击过程。值得一提的是,VAR 模型中名义利率冲击在成本推动型冲击下(第一行第三列),能够得到想要的当期脉冲响应符号(正),虽然和真实的过程有差异(负)。

---

① 源代码:\DSGE_VAR_Source_Codes\chap5\sec5.3\Simple_DSGE_VAR\DSGE3VAR_beta3pi_main.m。参数校准请参考代码;更多实现细节,请参考:李向阳(2018)第六章第一节。

② Matlab 源代码:\DSGE_VAR_Source_Codes\chap5\sec5.3\Simple_DSGE_VAR\ols_var3.m。

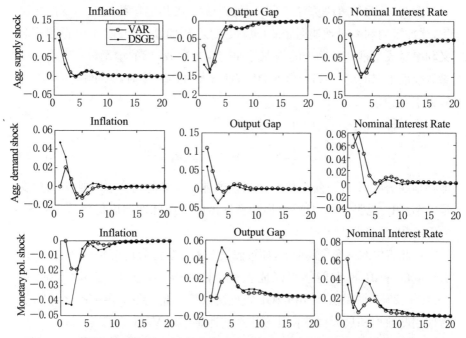

图 5.11　三变量 DSGE 模型与对应简化式 VAR(1)模型的脉冲响应：基于 Choleski 识别约束

注：DSGE 模型中 Taylor 规则采取预期通胀变量，$\beta_{3\pi}=1.5$。第一行为成本推动型冲击（Agg. supply shock）、第二行为总需求冲击，第三行为货币政策冲击（紧缩性）。第一、二和三列分别对应通胀、产出和名义利率（此排序为 Choleski 识别顺序）。脉冲响应为一单位正向结构冲击。

三、不可观测变量问题

DSGE 模型中往往存在不少状态变量，而且大多数状态变量为不可观测（unobservable/latent）。典型的不可观测变量为资本存量 K_t 和技术 A_t（全要素生产率，Total Factor Productivity，TFP）。一般来说，不可观测变量无法进入 VAR 模型中。假设 VAR 模型的内生变量为 $\mathbf{y}_t$，DSGE 模型的变量为 $\mathbf{y}_t^+$（含不可观测变量，因此 $\mathbf{y}_t^+$ 中比 $\mathbf{y}_t$ 中变量要多），那么 $\mathbf{y}_t^+$ 的 VAR 模型能写成 $\mathbf{y}_t$ 的向量自回归—移动平均过程 VARMA(∞)（VAR Moving Average）模型（Wallis，1977，*Econometrica*；Zellner & Palm，1974；李向阳，2018，p.62）。

当只有可观测变量进入 VAR 模型时，VAR 模型只能是原 DSGE 模型的一个近似，因为无法估计一个无穷阶滞后项的 VARMA 模型（Fry & Pagan，2011，p.957）。因此实际估计中，只能估计截断（truncated，有限滞后阶）VARMA 模型，选择合适的滞后阶数，使得 VARMA 模型尽量靠近

DSGE 模型。

四、黏性设定与实际工资问题

经典 DSGE 文献中有关黏性价格和黏性工资设定,通常使用 Calvo (1983,*JME*)的简单设定:即假设每一期内价格和工资(被最优)调整的概率分别是:$1-\xi_p$,$1-\xi_w$,其中 ξ_p,$\xi_w \in [0,1]$。ξ_p,ξ_w 被称为黏性参数。通过控制黏性参数 ξ_p,ξ_w 的值来控制黏性价格和工资的程度,其值越大,黏性程度越高;反之,越小。

Canova & Paustian(2011)发现不同黏性程度的设定,对实际工资的脉冲响应影响是完全不同的。特别地,在货币政策冲击和技术冲击下尤其如此。

考虑六变量线性化 DSGE 模型:(5.3.1)—(5.3.6)式对应的两种不同黏性设定的子模型 Model 1:弹性价格(即 $\xi_p=0$)和子模型 Model 2:弹性工资($\xi_w=0$)。

先考虑子模型 Model 1。注意到参数 κ_p 的定义:

$$\kappa_p \equiv \frac{(1-\xi_p)(1-\beta\xi_p)}{\xi_p}\frac{1-\alpha}{1-\alpha+\alpha\epsilon} \tag{5.3.14}$$

其中 ϵ 表示最终品生产函数中的中间品之间的替代弹性(α,β 的定义见本节第一部分)。当 $\xi_p=0$ 时,$\kappa_p=\infty$。由(5.3.3)式,可知[①]

$$w_t+N_t-y_t+e_t^\mu=0 \tag{5.3.15}$$

并注意到生产函数(5.3.6)式,可得实际工资 w_t 关于货币政策冲击 e_t^R 的当期脉冲响应(on impact)[②]:

$$w_t=-\frac{\alpha}{1-\alpha}y_t \tag{5.3.16}$$

注意,当计算货币政策冲击 e_t^R 时,其他冲击为零(此处涉及技术冲击 e_t^z 和名义加成冲击 e_t^μ,均为零)。

再考虑子模型 Model 2。注意到参数 κ_w 的定义:

---

① 事实上,只需在(5.3.3)式两边同时除以 κ_p 或乘以 ξ_p 即可。

② 不难看出,实际工资的当期脉冲响应为正,主要是由于劳动产出份额小于 1。此处实际工资与产出之间的关系只是用来和(5.3.19)式比较,以说明脉冲响应的符号问题,而非脉冲响应本身。(5.3.19)式亦然。

$$\kappa_w \equiv \frac{(1-\xi_w)(1-\beta\xi_w)}{\xi_w(1+\varphi\sigma_l)} \qquad (5.3.17)$$

其中,当 $\xi_w=0$ 时,$\kappa_w=\infty$。由(5.3.2)式,可得

$$-\left(e_t^b - \frac{\sigma_c}{1-h}(y_t - hy_{t-1})\right) + \sigma_l N_t - w_t = 0 \qquad (5.3.18)$$

并注意到生产函数(5.3.6)式,可得实际工资 w_t 关于货币政策冲击 e_t^R 的当期脉冲响应(on impact):

$$w_t = \left(\frac{\sigma_c}{1-h} + \frac{\sigma_l}{1-\alpha}\right)y_t \qquad (5.3.19)$$

比较(5.3.16)式和(5.3.19)式可发现,实际工资 w_t 关于货币政策冲击 e_t^R 的当期脉冲响应符号,在两个子模型中完全相反(图 5.12)[①]。

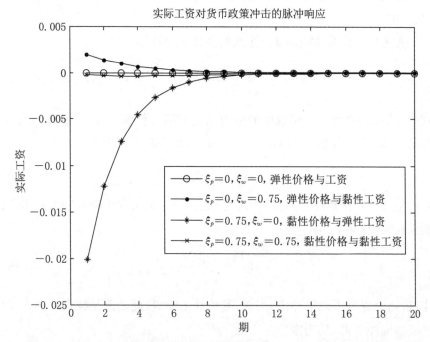

图 5.12　六变量 DSGE 模型中实际工资对货币政策冲击的脉冲响应与黏性设定

注:方向和大小为一单位紧缩冲击(一个标准差,正向);黏性设定为不同黏性价格和黏性工资。

---

① Matlab 源代码:\DSGE_VAR_Source_Codes\chap5\sec5.3\RRR_DSGE_VAR\RRR_DSGE_6_VAR_price_wage_flexible_main.m。

在一单位紧缩性货币政策冲击下(此处为一标准差),Model 1 模型(弹性价格,黏性工资)对应的实际工资的第一期脉冲响应为正,而 Model 2 模型(弹性工资,黏性价格)对应的实际工资的第一期脉冲响应为负。在完全弹性价格设定下,意味着(5.3.16)式和(5.3.19)式同时成立,因此实际工资的第一期脉冲响应为零。这和经典的结论相一致:弹性价格和弹性工资下,名义冲击没有实际作用。此外,同时存在黏性价格和黏性工资设定时,实际工资的脉冲响应并不显著,这说明黏性价格和黏性工资设定分别带来的负效应和正效应相互抵消,从而使得最终脉冲响应不显著。

在实际冲击(技术冲击)下,Model 1 和 Model 2 两个子模型中实际工资的脉冲响应同样呈现出完全相反的结果(图 5.13)。

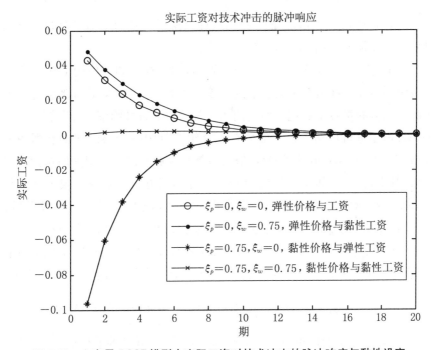

实际工资对技术冲击的脉冲响应

图 5.13 六变量 DSGE 模型中实际工资对技术冲击的脉冲响应与黏性设定

注:方向和大小为一单位正向冲击(一个标准差大小);黏性设定为不同黏性价格和黏性工资,共四种情况。

此外,实际工资对其他结构冲击的脉冲响应没有一致的结果。比如对偏好冲击 e_t^b,不同的模型设定,实际工资的当期脉冲响应可能为正,可能为负[1];

---

① 对于 Model 1 模型,给定弹性价格(即 $\xi_p = 0$),其他结构参数在合理范围内变化,(转下页)

而对名义加成冲击，实际工资的当期脉冲响应一直为负。为了节省篇幅，此处不再列示响应的脉冲响应图。

实际工资的脉冲响应之不稳定性为符号约束的构建提出了挑战。一个可能的解决办法是在模型中引入更多的符合经济实际的设定。比如在生产函数中引入资本存量 K_t。在下一节中，考虑 Smets & Wouters（2007，AER）提出的中等规模经典 DSGE 模型，这将有助于解决此问题。

第四节　基于 DSGE 模型脉冲响应符号约束的 SVAR 模型识别与估计

Fry & Pagan（2011，JEL）指出从理论模型（特指 DSGE 模型）推导出符号约束以帮助识别，是一种有益的尝试。

本节遵循 Fry & Pagan（2011）的思路，初步探讨如何使用 DSGE 模型来构建不同外生冲击对不同宏观经济变量的影响方向，即通过观察外生冲击脉冲响应的符号来实现。然后使用这些给定的符号约束（全部或部分）对 SVAR 模型进行识别。第一部分首先介绍文献中一个最经典的新凯恩斯模型：Smets & Wouters（2007，AER），然后在此基础上介绍如何构建符号约束，其次，介绍如何将符号约束这一定性约束方法与定量约束方法相结合，来缩减识别集（shrinkage），将集识别方法（经典的符号约束或 Uhlig（2005，JME）的惩罚函数方法）转换为点识别方法（Liu & Theodoridis（2012））。最后本节在 Liu & Theodoridis（2012）的基础上，进行了创新性拓展，将惩罚函数拓展为 S 期脉冲响应上，而不限于外生冲击当期的脉冲响应。

一、一个经典的 DSGE 模型：Smets & Wouters（2007，AER）

文献中，经常使用来自 DSGE 模型的理论证据（脉冲响应的符号）来支持和印证来自 VAR 模型的经验证据。这也为 DSGE 框架约束提供了背景和依据。

（接上页）此时实际工资的当期脉冲响应一直恒为负；而对于 Model 2 模型，给定弹性工资（即 $\xi_w=0$），其他结构参数在合理范围内变化时，实际工资的当期脉冲响应符号不定，即时为正，时为负。感兴趣的读者可参考 Canova & Paustian（2011）中给出的有关结构参数的合理变化范围，并根据本章第四节第二部分"二、DSGE 框架脉冲响应符号约束的构建逻辑"，在 Dynare 中方便地验证实际工资 w_t 在不同模型中的当期脉冲响应符号的稳健性。

高然和龚六堂(2017)考察了土地财政在经济波动传导中的作用,其构建了一个四变量递归 VAR 模型(土地价格、人均消费、人均固定资产投资和人均 GDP)和三部门(家庭、地方政府和企业)DSGE 模型,将其脉冲响应结果进行对比分析。结果显示 DSGE 模型的理论结果能很好地匹配来自递归 VAR 模型的经验证据。[①]

高然等(2018)在研究影子银行的周期性和货币政策的传导机制问题时,构建了一个六变量的 SVAR 模型:产出 y_t,通胀 π_t,货币供应量增长率 $\Delta M2_t$,同业拆借利率 r_t、信贷 $credit_t$、影子银行融资规模 $shadowSize_t$:

$$\mathbf{y}_t \equiv (y_t, \pi_t, \Delta M2_t, r_t, credit_t, shadowSize_t)'$$

并同时构建了一个含有信贷约束机制和金融加速器机制的 DSGE 模型对此加以印证,同样也为 SVAR 模型的经验证据提供理论证据。

接下来,首先介绍 DSGE 文献中的一个最经典的模型,以此为基础来说明并构建脉冲响应的符号约束。

(一)模型介绍

Smets & Wouters(2007,AER)是文献中最经典的 DSGE 模型之一,和 Christiano, Eichenbaum & Evans(2005,JPE)一起被称为 DSGE 模型的标杆,它具有两种名义黏性(nominal stickiness,价格和工资)、指数化(Indexation)[②]、资本可变利用率(variable utilization rate)、投资调整成本(adjustment cost)、消费习惯(habit formation)等标准的新凯恩斯模型特征,是建立在 Smets & Wouters(2003,JEEA)和 Christiano, Eichenbaum & Evans(2005,JPE)的基础上。[③]

(二)模型均衡条件

应用实例 14　经典中等规模 DSGE 模型:Smets & Wouters(2007,AER)与符号约束构建

模型具有产出(y_t)、消费(c_t)、投资(i_t)、劳动(l_t)、通货膨胀(π_t)、工资(w_t)、名义(短期)利率(r_t)和资本价格(q_t, Tobin Q)、资本利用率(u_t)、资

---

① 作者使用了 2005 年 1 月到 2015 年 12 月的月度数据,通过 CPI 定基和 X-13 季调和 HP 滤波剔除长期趋势。
② 最优价格(工资)调整遵循标准的 Clavo 黏性设定,而非最优价格调整则引入指数化设定,参考上一期价格(工资)进行当期价格(工资)的调整。源代码:\DSGE_VAR_Source_Codes\chap5\section4\sw07.mod。
③ 具体模型设定和一阶条件、稳态、线性化等细节和过程推导,请参考本章提供的单独附件(PDF):\DSGE_VAR_Source_Codes\Papers\ SM_2007_Appendix.pdf。

本收益率(r_{kt})、资本存量(k_t)、价格加成(μ_t^p)和工资加成(μ_t^w)共 13 个内生变量，7 个外生冲击（见表 5.13）。[①]如下给出对数线性化一阶均衡条件（即变量均为在非随机稳态处的对数线性化变量）。

1. 欧拉方程（Euler 方程）

$$c_t = \frac{\lambda/\gamma}{1+\lambda/\gamma}c_{t-1} + \left(1 - \frac{\lambda/\gamma}{1+\lambda/\gamma}\right)E_t c_{t+1} + \frac{(\sigma_C - 1)(W^h L/C)}{\sigma_C(1+\lambda/\gamma)}(l_t - E_t l_{t+1})$$
$$- \frac{1-\lambda/\gamma}{\sigma_C(1+\lambda/\gamma)}(r_t - E_t \pi_{t+1} + \epsilon_t^b) \tag{5.4.1}$$

其中 W^h，L，C 分别表示实际工资、劳动和消费对应的水平变量（level）的稳态值；λ 为消费习惯持续性参数；σ_C 表示消费跨期替代弹性的倒数；$\gamma \geqslant 1$ 表示稳态增长率（平衡增长路径（BGP）增长率）。ϵ_t^b 表示风险溢价冲击，假定其服从 AR(1) 过程：$\epsilon_t^b = \rho_b \epsilon_{t-1}^b + \sigma_b \eta_t^b$，$\rho_b$ 为其平滑参数；σ_b 为风险冲击的标准差；η_t^b 为独立同分布的高斯白噪音过程：$\eta_t^b \sim i.i.d.\ N(0,1)$。当 $\lambda = 0$ 时，(5.4.1) 即为标准的带有预期的欧拉方程：

$$c_t = E_t c_{t+1} + \left(1 - \frac{1}{\sigma_C}\right)(W^h L/C)(l_t - E_t l_{t+1}) - \frac{1}{\sigma_C}(r_t - E_t \pi_{t+1} + \epsilon_t^b)$$
$$\tag{5.4.2}$$

2. 投资需求方程

由于模型中有投资调整成本设定，因此投资 i_t 具有平滑性（smoothing），是其滞后项的增函数，同时也是资本价格 q_t 的增函数。

$$i_t = \frac{1}{1+\beta\gamma^{1-\sigma_C}}i_{t-1} + \left(1 - \frac{1}{1+\beta\gamma^{1-\sigma_C}}\right)E_t i_{t+1} + \frac{1}{(1+\beta\gamma^{1-\sigma_C})\gamma^2\varphi}q_t + \epsilon_t^i$$
$$\tag{5.4.3}$$

其中 β 表示家庭主观贴现因子；参数 φ 表示投资对于资本价格 q_t 的敏感程度[②]。φ 越大，投资对资本价格越不敏感。Smets & Wouters(2007) 的估计

[①] 为了方便阅读，除个别符号外，此处所采取的符号和原文保持基本一致。资本利用率变量此处使用 u_t，而非 z_t。此外，此处省略了原文中的资本服务变量 $k_t^s = k_t + u_t$。

[②] Smets & Wouters(2007, p.589)：φ is the steady-state elasticity of the capital adjustment cost function. 资本调整成本 S 设定为投资变化(I_t/I_{t-1})的凸函数，而非水平变量(I_t)的增函数，此有助于使得投资的脉冲响应呈现出驼峰状（hump-shaped）。在 Smets & Wouters(2007) 提供的附录中使用了 S″表示 φ，即调整成本函数 S 的二阶导数在投资稳态处的取值，其中资本积累方程为 $K_t = (1-\delta)K_{t-1} + \epsilon_t^i(1-S(I_t/I_{t-1}))I_t$。

结果显示 φ 的后验均值为 5.74，后验众数为 5.48。ϵ_t^i 表示投资效率冲击，假定其服从 AR(1) 过程，$\epsilon_t^i = \rho_i \epsilon_{t-1}^i + \sigma_i \eta_t^i$，$\rho_i$ 为其平滑参数；σ_i 为投资效率冲击的标准差。

3. 新凯恩斯菲利普斯曲线（NKPC）

$$\pi_t = \frac{i_p}{1+\beta\gamma^{1-\sigma_C} i_p}\pi_{t-1} + \frac{\beta\gamma^{1-\sigma_C}}{1+\beta\gamma^{1-\sigma_C} i_p}E_t\pi_{t+1}$$
$$-\frac{1}{(1+\beta\gamma^{1-\sigma_C} i_p)}\frac{(1-\beta\gamma^{1-\sigma_C}\xi_p)(1-\xi_p)}{\xi_p((\phi_p-1)\varepsilon_p+1)}\mu_t^p + \epsilon_t^p \qquad (5.4.4)$$

$$\mu_t^p = -\alpha(k_t+u_t-l_t) - w_t \qquad (5.4.5)$$

$$\epsilon_t^p = \rho_p \epsilon_{t-1}^p + \sigma_p v_t^p - \mu_p \sigma_p v_{t-1}^p \qquad (5.4.6)$$

其中 ξ_p 表示 Calvo 黏性价格参数；μ_t^p 为产出的边际成本（即劳动的边际产出 mpl_t 与实际工资 w_t 之差，此即 mc_t）；ϵ_t^p 表示价格加成冲击，假设其服从 ARMA(1，1) 过程，即自回归移动平均过程，ρ_p 为 AR 系数，μ_p 为 MA 系数，σ_p 为价格加成冲击的标准差；v_t^p 为独立同分布的高斯白噪音过程（iid，均值为零，方差为 1）；ε_p 为最终品生产函数（Kimball Aggregator，Kimball，1995）的曲率参数[1]，Smets & Wouters(2007)将 ε_p 设定为 10；$\phi_p > 1$ 为价格加成的稳态值[2]；i_p 为价格指数化（indexation）参数，表示在价格调整过程中上一期通胀的权重，很显然当 $i_p = 0$ 时，上期通胀不影响当期通胀，此即为经典的前瞻性 NKPC 曲线；

$$\pi_t = \beta\gamma^{1-\sigma_C}E_t\pi_{t+1} - \frac{(1-\beta\gamma^{1-\sigma_C}\xi_p)(1-\xi_p)}{\xi_p((\phi_p-1)\varepsilon_p+1)}\mu_t^p + \epsilon_t^p \qquad (5.4.7)$$

---

[1] 称 $f(x)$ 是 Kimball Aggregator，如果其满足 (i) $f(1)=1$；(ii) $f(x)$ 的一阶导数大于零，二阶导数小于零（即下凹函数）。文献中常用的 Stiglitz-Dixit Aggregator，如 $Y_t = (\int_0^1 (Y_{it})^{\wedge}((\varepsilon_p-1)/\varepsilon_p)di)^{\wedge}(\varepsilon_p/(\varepsilon_p-1))$ 是 Kimball Aggregator 的特殊情况。更多内容请参考本章附录。

[2] $\phi_p - 1 > 0$ 为净价格加成的稳态值（即 net 变量），和 Smets & Wouters(2007)原文相一致，因此 ϕ_p 为总价格加成稳态值（即 gross 变量）。在 Smets & Wouters(2007)提供的附录中：$\lambda_p = \phi_p - 1$。λ_p 为最终品生产函数中的参数，$\lambda_p + 1$ 是总价格加成稳态值。曲率参数 ε_p 与 λ_p 的关系为 $\lambda_p = 1/(\varepsilon_p-1)$ 或 $\varepsilon_p = 1+1/\lambda_p$；在零利润假设下，Smets & Wouters(2007)指出 $\phi_p - 1$ 等于生产函数中固定成本占稳态产出的比例：Smets & Wouters(2007)，p.590，the steady-state mark-up，(ϕ_p-1)，which in equilibrium is itself related to the share of fixed costs in production through a zero-profit condition。这可从 Smets & Wouters(2007)提供的附录 p.13 中推导而来，注意到劳动工资占稳态产出 y 的份额为 $1-\alpha$，因此 $\lambda_p = \Phi/y$。此即固定成本 Φ 与产出稳态 y 的比率。固定成本参数 Φ 的后验均值为 1.6，后验众数为 1.61。

4. 资本需求方程

$$q_t = \beta\gamma^{-\sigma_C}(1-\delta)E_t q_{t+1} + (1-\beta\gamma^{-\sigma_C}(1-\delta))E_t r_{k,t+1} - (r_t - E_t\pi_{t+1} + \epsilon_t^b)$$
(5.4.8)

其中 δ 表示资本折旧率。

5. 劳动需求方程

$$w_t = \frac{1}{1+\beta\gamma^{1-\sigma_C}}w_{t-1} + \frac{\beta\gamma^{1-\sigma_C}}{1+\beta\gamma^{1-\sigma_C}}(E_t w_{t+1} + E_t\pi_{t+1}) - \frac{1+\beta\gamma^{1-\sigma_C}i_w}{1+\beta\gamma^{1-\sigma_C}}\pi_t$$

$$+ \frac{i_w}{1+\beta\gamma^{1-\sigma_C}}\pi_{t-1} - \frac{1}{1+\beta\gamma^{1-\sigma_C}}\frac{(1-\beta\gamma^{1-\sigma_C}\xi_w)(1-\xi_w)}{\xi_w((\phi_w-1)\varepsilon_w+1)}\mu_t^w + \epsilon_t^w \quad (5.4.9)$$

$$\mu_t^w = w_t - \left(\sigma_l l_t + \frac{1}{1-\lambda/\gamma}\left(c_t - \frac{\lambda}{\gamma}c_{t-1}\right)\right)$$
(5.4.10)

$$\epsilon_t^w = \rho_w\epsilon_{t-1}^w + \sigma_w v_t^w - \mu_w\sigma_w v_{t-1}^w$$
(5.4.11)

其中 i_w 表示工资指数化参数;ξ_w 表示 Calvo 黏性工资参数;μ_t^w 为劳动工资加成,为实际工资和边际替代率(劳动和消费之间)之差;工资加成冲击 ϵ_t^w 服从 ARMA(1,1) 过程,ρ_w 为 AR 系数,μ_w 为 MA 系数,σ_w 为工资加成冲击的标准差;v_t^w 为独立同分布的高斯白噪音过程(iid);$\sigma_l > 0$ 为劳动供给的 Frisch 弹性的倒数;$\phi_w > 1$ 为工资加成的稳态值[1],ε_w 为最终劳动生产函数(Kimball aggregator, Kimball,1995)的曲率参数[2],Smets & Wouters(2007)将 ε_w 设定为 10。其余参数见前述方程。

6. 货币政策规则:Taylor 规则

$$r_t = \rho r_{t-1} + (1-\rho)[r_\pi\pi_t + r_y(y_t - y_t^p)]$$
$$+ r_{\Delta y}[(y_t - y_t^p) - (y_{t-1} - y_{t-1}^p)] + \epsilon_t^r$$
(5.4.12)

$$\epsilon_t^r = \rho_r\epsilon_{t-1}^r + \sigma_r\eta_t^r$$
(5.4.13)

其中 ρ 表示利率的平滑参数(Taylor rule);r_y,r_π 分别表示对产出、通胀的反应系数;y_t^p 表示弹性价格(即 $\xi_p = 0$)和弹性工资(即 $\xi_w = 0$)下的产出;

---

① $\phi_w - 1 > 0$ 为净工资加成的稳态值(即 net 变量)。在 SW2007 提供的附录中:$\lambda_w = \phi_w - 1$。Smets & Wouters(2007)校准 $\lambda_w = 1.5$。λ_w 为最终劳动生产函数(即将异质性劳动加总成最终劳动的函数)中的参数,$\lambda_w + 1$ 是总工资加成稳态值。

② 文献中常用的 Stiglitz-Dixit Aggregator,如 $L_t = (\int_0^1 (L_{it})^{\wedge}((\varepsilon_w-1)/\varepsilon_w)di)^{\wedge}(\varepsilon_w/(\varepsilon_w-1))$ 是 Kimball Aggregator 的特殊情况。曲率参数 ε_w 与 λ_w 的关系为 $\lambda_w = 1/(\varepsilon_w-1)$ 或 $\varepsilon_w = 1 + 1/\lambda_w$。

$r_{\Delta y}$ 表示名义利率对产出缺口短期变化的反应系数。ϵ_t^r 表示货币政策冲击，假设服从 AR(1)过程，ρ_r 为其平滑参数；σ_r 为货币政策冲击的标准差。

7. 资本积累方程

$$k_t = \frac{1-\delta}{\gamma}k_{t-1} + \left(1 - \frac{1-\delta}{\gamma}\right)i_t + \left(1 - \frac{1-\delta}{\gamma}\right)(1+\beta\gamma^{1-\sigma_C})\gamma^2\varphi\,\epsilon_t^i$$

$$(5.4.14)$$

其中 δ 表示资本折旧率；ϵ_t^i 表示投资效率冲击，其余参数见前述方程。

8. 生产函数与资本利用率

$$y_t = \phi_p(\alpha(k_t+u_t)+(1-\alpha)l_t)+\epsilon_t^a \qquad (5.4.15)$$

$$u_t = \frac{1-\psi}{\psi}r_{kt} \qquad (5.4.16)$$

$$\epsilon_t^a = \rho_a\,\epsilon_{t-1}^a + \sigma_a\eta_t^a \qquad (5.4.17)$$

其中 $\phi_p > 1$ 为价格加成的稳态值，更多解释见前述方程中的脚注；α 表示资本的边际产出份额，$\psi \in [0,1]$ 是标准化的资本利用率调整成本参数，当 $\psi=1$ 表示调整成本最大，以至于无法调整资本利用率（即利用率为零）；当 $\psi=0$ 时，资本利用率调整的边际成本为常数，此时资本收益率 r_{kt} 为常数①。Smets & Wouters(2007)估计结果显示，ψ 的后验均值和众数都为 0.54。ϵ_t^a 表示技术冲击，假设服从 AR(1)过程，ρ_a 为其平滑参数；σ_a 为技术冲击的标准差。

9. 资源约束方程

$$y_t = c_y c_t + i_y i_t + u_y u_t + \epsilon_t^g \qquad (5.4.18)$$

$$\epsilon_t^g = \rho_g\,\epsilon_{t-1}^g + \sigma_g\eta_t^g + \rho_{ga}\eta_t^a \qquad (5.4.19)$$

其中 c_y，i_y 分别表示稳态的消费和产出、投资和产出的比率，$u_y = r_k * k_y$，其中 k_y 表示稳态资本存量和产出比，r_k 表示稳态资本收益率。ϵ_t^g 表示政府支出冲击（财政政策冲击），假设服从 AR(1)过程，ρ_g 为其平滑参数；σ_g 为财政政策冲击的标准差；ρ_{ga} 反映了政府消费对技术冲击的反应程度。

上述模型中各参数的含义及后验均值总结如表 5.12 所示。

---

① ψ is a positive function of the elasticity of the capital utilization adjustment cost function and normalized to be between zero and one. 当 $\psi=0$ 时，资本收益率 r_{kt} 的微小变动可导致资本利用率的无穷大变动，因此 r_{kt} 必须为常数。事实上，从(5.4.16)式可看出，当 $\psi=0$ 时，$r_{kt}=\psi u_t/(1-\psi)=0$，即资本收益率的水平变量处于稳态上，即为常数。

表 5.12　Smets & Wouters(2007，*AER*)：结构参数含义及后验估计均值

参数	后验均值	含　义
γ	1.004 3	劳动增强型技术进步的稳态增长率(模型趋势增长率，即平衡增长路径对应的稳态增长率)
λ	0.71	消费习惯参数
φ	5.74	投资调整成本的弹性参数 S''
Φ/y	1.60	固定成本(占稳态产出的比例)，等于 λ_p。(最终品生产函数中的参数，见 Smets & Wouters(2007)附录)
π	1.007 8	通胀率的稳态(gross)
β	0.999 4	家庭主观贴现因子 discount factor(通过估计贴现率 discount rate，$100(\beta^{-1}-1)=0.16$ 得到，季度频率)
α	0.19	生产函数中资本的产出比
σ_C	1.38	消费的跨期替代弹性的倒数
σ_l	1.83	劳动供给的 Frisch 弹性的倒数
ξ_p	0.66	价格水平的 Calvo 参数(黏性价格)
ξ_w	0.70	工资水平的 Calvo 参数(黏性工资)
ε_p	10	最终品生产函数(Kimball aggregator)的曲率参数
ε_w	10	最终劳动生产函数(Kimball aggregator)的曲率参数
i_w	0.58	工资指数化参数
i_p	0.24	价格指数化参数
r_π	2.04	泰勒规则(Taylor rule)中通胀的反应系数
r_y	0.08	泰勒规则(Taylor rule)中产出缺口的反应系数
$r_{\Delta y}$	0.22	名义利率对产出缺口短期变化的反应系数
ρ	0.81	泰勒规则(Taylor rule)中利率的平滑系数
ρ_{ga}	0.52	政府消费对技术冲击的反应程度
ψ	0.54	$\psi\in[0,1]$ 是标准化的资本利用率调整成本参数的函数
ϕ_p	2.60	$\phi_p>1$ 为价格加成的稳态值
ϕ_w	2.5	$\phi_w>1$ 为工资加成的稳态值；$\lambda_w=\phi_w-1=1.5$(校准，最终劳动生产函数中的参数，见 Smets & Wouters(2007)附录)
δ	0.025	资本折旧率(校准，季度频率)
g_y	0.18	政府支出占 GDP 的比重

　　数据来源：Smets & Wouters(2007，*AER*)，Table 1A，p.593；其中五个参数通过校准获得(两个曲率参数 ε_p，ε_w，资本折旧率 δ，工资加成稳态参数 λ_w，政府支出占比 g_y)。在标准的 Stiglitz-Dixit Aggregator 假设下，λ_w 应和曲率参数 ε_w 联系起来：$\lambda_w=1/(\varepsilon_w-1)$ 或 $\varepsilon_w=1+1/\lambda_w$，也就是说只能同时校准其中一个。

表5.13　Smets & Wouters(2007，AER)模型:七个外生冲击、含义、随机过程与后验均值

冲击名称	含 义	随机过程	AR(1)	标准差	MA(1)
ϵ_t^a	全要素生产率 (TFP)冲击	AR(1)	0.95	0.45	——
ϵ_t^i	投资效率冲击	AR(1)	0.71	0.45	——
ϵ_t^b	风险溢价冲击	AR(1)	0.22	0.23	——
ϵ_t^g	财政政策冲击	AR(1)	0.97	0.53	——
ϵ_t^p	价格加成冲击	ARMA(1, 1)	0.89	0.14	0.69
ϵ_t^w	工资加成冲击	ARMA(1, 1)	0.96	0.24	0.84
' ϵ_t^r	货币政策冲击	AR(1)	0.15	0.24	——

数据来源:Smets & Wouters(2007，*AER*) Table 1B, p.594。AR(1)表示 AR 部分一阶滞后项的系数(平滑参数);MA(1)表示移动平均部分一阶滞后项的系数;第四、五列对应的平滑参数(AR(1))、标准差参数,从上到下分别为 ρ_j, σ_j, $j=a$, i, b, g, p, w, r;最后一列中 MA(1)参数从上到下分别是 μ_p, μ_w。

二、DSGE 框架脉冲响应符号约束的构建逻辑

(一) 逻辑实现框架

DSGE 框架脉冲响应符号约束构建的编程实现并不困难。基于 Matlab 和 Dynare 平台,其基本逻辑如图 5.14 所示。

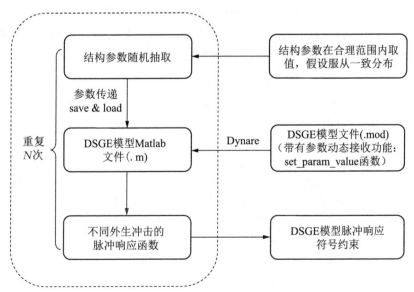

图 5.14　基于 Matlab Dynare 的 DSGE 框架下脉冲响应符号约束构建的基本实现逻辑

上述实现逻辑一个重要的出发点是假定结构参数在一个合理范围内服从均匀分布（Uniform Distribution，也称一致分布）。这样做的一个根本目的在于获取稳健性结果。首先，对某些参数进行抽样，然后将参数传递到模型文件中（.mod），然后求解模型并进行脉冲响应函数的计算。

图 5.14 中的实现逻辑通常由一个主文件（Matlab 的 m 文件）完成，具体见源代码 5[①]。在实际计算和编程过程中仍然需要解决不少具体问题。在 Matlab 和 Dynare 平台下，首先需要编写 Dynare 模型文件（.mod）[②]，考虑到稳健性问题，该模型文件需要接收主文件传递的参数。

第一，重复模拟次数 N 的选取。Peersman & Straub（2005）选取 $N=$ 10 000。此处选取 $N=5\,000$，即重复运行 5 000 次模型文件，已经足够说明问题。

第二，参数传递。参数传递采取 Matlab 中经典的 save 和 load 模式。即在主 m 文件中将参数存储为 mat 文件（save 函数），然后在 mod 文件中通过 load 函数加载和 Dynare 自带函数 set_param_value 进行参数赋值，从而达到参数传递的目的。在循环调用中，save 和 load 模式非常有用（李向阳，2018，Chapter 6）。

第三，为了提升运算速度，通常情况下主 m 文件直接调用 Dynare 编译后的 mod 文件，即模型 m 文件，这样无须每次重新编译，会极大地提升运算速度。

上述算法逻辑的 Matlab 实现如源代码 5 所示，并给出了详细注解。首先从 Excel 文件中读取待估计参数的基本信息，包括初始值，分布类型，标准差，上限和下限等。其余参数为校准参数（取值在整个模拟过程中保持不变）；然后使用先验分布随机模拟函数 priorsim.m 模拟出全部所需参数：5 000 * 32 维的矩阵。其中 5 000 表示重复模拟的次数，32 为待估计参数的个数[③]；其次，将抽取的参数和校准的参数传入 Dynare 编译后的模型文件，

① 主 m 文件地址：\DSGE_VAR_Source_Codes\chap5\section5.4\model_thet_signs\main_sw07.m。此处使用了 Dynarev4.6.3 编译了模型文件（sw07_iter.mod，来自 sw07.mod，并做简单修改，比如不显示图片和屏幕输出等，使用 set_param_value 加载参数等），并使用了 noclearall 选项，生成+sw07_iter/driver.m，供主文件循环调用（调用命令：sw07_iter.driver）。该文件不能直接运行，需要从 mat 文件中读取已存储的参数值，因此需配合主文件才能运行。

② Mod 文件：\DSGE_VAR_Source_Codes\chap5\sec5.4\model_thet_signs\sw07.mod，即具有 7 个外生冲击的完整模型。该模型文件参数来自 Smets & Wouters（2007）后验估计均值。可直接使用 dynare 编译运行。

③ 此处虽未牵涉到参数的估计，仍不妨用待估计参数加以称呼。此处仅仅从假设的先验分布中随机抽取参数，然后使用这些随机抽取的参数值求解模型。具体信息可参考：../xls_files/sw07_7shk_model.xls。

获取脉冲响应函数及其符号,最后对 5 000 次模拟后的符号进行分析,得到
表 5.14。

源代码 5　理论脉冲响应符号随机模拟核心代码:
基于 Smets & Wouter(2007)

```
clear all;
close all;

NoRecp = 5000;
% dimension = endog.vars * shocks * NoRecp
thetSign = zeros(7,7,NoRecp);
theImpactMat = zeros(7,7,NoRecp);
if ~exist('EstimParmInfo.mat','file')
    priorxlsname ='../xls_files/sw07_7shk_model.xls';
    % reading prior from xls file from the sheet'EstimParm'
    [numArray,textArray] = xlsread(priorxlsname,'EstimParm');

    % numArray will contains all numercial values
    % the 1st column contains the estimated values, could be initial values
    NonEstimParm.estim_values = numArray(:,1);

    % textArray will contains all text fields, this mean that there are heads on
the 1st row.
    NonEstimParm.estim_names = textArray(2:end,1);

    % the rest columns of numerical values(numArray here) will be others
moments, like mean, standard
    % deviations etc., see priorsim.m for more information
    NonEstimParm.parainfo = numArray(:,2:end);

    % the Calibrated parameters, which will not chage all the time
    [numArray_Cali,textArray_Cali] = xlsread(priorxlsname,'CalibParm');
    NonEstimParm.calib_values = numArray_Cali(:,1);
    NonEstimParm.calib_names = textArray_Cali(2:end,1);
else
    load EstimParmInfo;
```

```
end

% number of to-be-estimated parameters
nEstimParam = size(NonEstimParm.estim_values,1);

% read the calibrated parameters into memory
for ci = 1:size(NonEstimParm.calib_values,1)
    eval([NonEstimParm.calib_names{ci}'='
num2str(NonEstimParm.calib_values(ci))';']);
end

% NoRecp * endogenou variables
priorDrawMat = priorsim(NonEstimParm.parainfo,NoRecp);

% posterior mean from SW2007, Table 1A, Table 1B. There are 40 parameters here,
out of which, 32 to be estimated, 8 are calibrated.
% stderreg = 0.53; % stderrem = 0.24; % stderrepinf = 0.14;
% stderrew = 0.24; % stderrea = 0.45; % stderreb = 0.23;
% stderreinve = 0.45; % crhog = 0.97; % crhoms = 0.15;
% crhopinf = 0.89; % crhow = 0.96; % crhoa = 0.95;
% crhob = 0.22; % crhoinve = 0.71; % cmaw = 0.84; % cmap = 0.69;
% csadjcost = 5.74; csigl = 1.83; constepinf = 0; ctrend = 0; constebeta = 0.29;
% csigma = 1.38; cindw = 0.58; cindp = 0.24; czcap = 0.54; cfc = 1.60;
% clam = 0.71; crpi = 2.04; crr = 0.81; cry = 0.08; crdy = 0.22; crhoga = 0.52;
% cxiw = 0.70; calfa = 0.19; curvw = 10; curvp = 10; cdelta = 0.025;
% clandaw = 1.5; cgy = 0.18; % cxip = 0.66;

varnames = {'y';'pinf';'r';'lab';'w';'c';'inve'};
shocknames = {'eg';'em';'ew';'epinf';'ea';'einve';'eb'};

for ii = 1:NoRecp
    % read to be estimated parameters into memory from prior simulation.
    for ei = 1:nEstimParam
        eval([NonEstimParm.estim_names{ei}'='
num2str(priorDrawMat(ii,ei))';']);
```

```
    end
    % disp progress
    if mod( ii,100) = = 0
        disp([' This is the ' int2str ( ii ) ' th iteration, alpha = ' num2str
(calfa)])
    end
    if exist('myparams.mat','file')
        delete myparams.mat
    end
    % save the results
    save myparams stderreg stderrem stderrepinf stderrew stderrea stderreb
stderreinve crhog crhoms crhopinf crhow crhoa crhob crhoinve cmap cmaw...
    csadjcost csigma clam cxiw csigl cxip cindw cindp czcap...
    cfc crpi crr cry crdy constepinf constebeta crhoga...
    ctrend calfa curvw curvp cdelta clandaw cgy;
    % one could either call the mod file or compiled m file.
    % call the mod file; compiled mod file using dynare v4.6.3; one could also use
old dynare versions, like v4.4.0 to compile the mod file
    % dynare sw07_iter noclearall
    % call the compiled m file; one could try to compare the complied m file with
noclearall option to find differences
    sw07_iter.driver;


    % store the results, 1 means positive, 0 means negative;
    % only consider the sign on impact of the shocks
    for jj = 1;7 % shocks
        for kk = 1;7 % endogenous variables
            theImpactMat(kk,jj,ii) = eval([varnames{kk} '_' shocknames{jj} '(1)']);
            thetSign(kk,jj,ii) = eval([varnames{kk} '_' shocknames{jj} '(1)>0']);
        end
    end
end
% the ratio that has the positive sign. finalSignRatio has the same dimension as
% the table in the text; shocks * endognous variables
finalSignRatio = sum(thetSign,3)/ Recp; % sum across the simulation.
```

（二）理论脉冲响应符号

本部分使用上述算法和代码,随机抽取 5 000 组参数值,获得如下的脉冲响应函数符号数据。表 5.14 中数字为脉冲响应函数首期值符号为正的比率(即为正的频率)。数值越靠近 1,越表明符号为正的比率越大。反之,数值为 0 或接近于 0,表明符号为负的比率为 100% 或非常接近 100%。

表 5.14　5 000 次随机模拟脉冲响应函数第一期的非负符号的比率

	产出	通货膨胀	利率	就业	实际工资	消费	投资
财政政策冲击	1	0.997 6	0.994 6	1	0.951 2	0.856 8	0.004 4
货币政策冲击	0.000 2	0.000 2	0.871	0.000 2	0.018 6	0.000 6	0.000 2
工资加成冲击	0.729 6	0.970 8	0.994 6	0.012 4	0.999 6	0.045 6	0.101 2
价格加成冲击	0.002 2	0.999 4	0.995	0.010 8	0.000 6	0.015	0.032 6
技术冲击	0.915 2	0.055 6	0.008 6	0.003	0.051 8	0.182 2	0.859 8
投资效率冲击	0.999 2	0.978 8	0.997 6	0.999 2	0.86	0.452 8	0.999 6
风险溢价冲击	0.001 4	0.000 0	0.000 4	0.004 4	0.004 8	0.000 0	0.999 8

数据来源:作者自行模拟,模拟次数为 5 000 次。

表 5.15 则依据 Smets & Wouters(2007)的后验分布均值求解模型得到的脉冲响应函数首期的符号。比较表 5.14 和表 5.15,二者几乎一致,但仍然存在个别差异。

表 5.15　Smets & Wouters(2007, AER)模型的理论脉冲响应的符号约束

	产出	通货膨胀	利率	就业	实际工资	消费	投资
财政政策冲击	＋	＋	＋	＋	＋	－	－
货币政策冲击	－	－	＋	－	－	－	－
工资加成冲击	－	＋	＋	－	＋	－	－
价格加成冲击	－	＋	＋	－	－	－	－
技术冲击	＋	－	－	－	＋	＋	＋
投资效率冲击	＋	＋	＋	＋	＋	－	＋
风险溢价冲击	－	－	－	－	－	－	＋

数据来源:作者自行模拟;并结合 Smets & Wouter(2007)后验均值模拟的结果(冲击当期)。此处考虑的脉冲响应为条件脉冲响应(conditional response),即初始值为稳态的条件脉冲,即起始态为稳态。＋表示正向反应,—表示负向反应。所有冲击均为正向冲击(即增加一单位)。

二者区别较大的地方表现在：**第一**，产出在工资加成冲击下，模拟结果显示其符号为正的频率约为 73%，而基于后验均值的求解结果为负。**第二**，消费在财政政策冲击下，模拟结果显示其符号为正的频率约为 86%，而后验均值的求解结果为负。**第三**，消费在投资效率冲击下，模拟结果显示其符号为正的频率 45%，而后验均值的求解结果是负号。**第四**，实际工资在技术冲击下，模拟结果显示为正的概率为 5%，而后验均值的求解结果为正。**第五**，消费在技术冲击下，模拟结果显示其为正的概率仅为 18%，而后验均值的求解结果为正。

上述分析结果表明，宏观变量的脉冲响应符号（冲击当期）并没有一致的结论，不同的模型，甚至相同的模型，不同的参数值都会出现不同的符号。然而在绝大多数合理的参数校准情况下，DSGE 模型的脉冲响应符号具有一致性和稳定性，仍能够为 SVAR 模型的符号识别提供有益的帮助。[①]

三、基于 DSGE 模型先验约束的点识别方法

（一）Liu & Theodoridis(2012)点识别算法及其拓展

1. Liu & Theodoridis(2012)点识别算法：LT 方法

在 Uhlig(2005)的惩罚函数（penalty function）的基础上，Liu & Theodoridis(2012)提出了一种定量与定性相结合的惩罚函数。该惩罚函数由两部分组成，第一部分类似于 Uhlig(2005)的惩罚函数；第二部分则引入定性部分，即符号约束是否满足来自 DSGE 模型的先验约束。该定性和定量相结合的方法使得该识别方法变成了点识别方法，而非 Uhlig(2005)中的集识别方法，这是二者的本质区别。

假设 $\boldsymbol{\Omega}$ 为简化式 VAR 模型(1.3.7)使用 OLS 估计后所得协方差矩阵。$\mathbf{H}$ 为 $\boldsymbol{\Omega}$ 的 Choleski 分解，即 $\boldsymbol{\Omega}=\mathbf{HH}^T$。Liu & Theodoridis(2012)提出的惩罚函数如下：

$$\mathbf{Q}^* = \arg\min_{\mathbf{Q}}\Big\{\underbrace{\parallel \mathrm{vec}(\mathbf{HQ}-\mathbf{AD}^{1/2})\parallel_2}_{\text{定量部分}} + \underbrace{\sum_{j=1}^{n}\sum_{i=1}^{n}\delta_{ij}Ind(\mathrm{sign}_{ij})}_{\text{定性部分}}\Big\}$$

(5.4.20)

---

① 探讨出现符号差异的深层次原因，已超出本研究的范畴。

$$Ind(\text{sign}_{ij}) = \begin{cases} 0 & \text{sign}\left(\dfrac{\partial y_i}{\partial u_j}\right) = \text{sign}_{ij} \\ 1 & \text{sign}\left(\dfrac{\partial y_i}{\partial u_j}\right) \neq \text{sign}_{ij} \end{cases} \qquad (5.4.21)$$

其中 $\mathbf{QQ}^T = \mathbf{I}$，即 $\mathbf{Q}$ 为正交矩阵；矩阵 $\mathbf{A}$、$\mathbf{D}$ 分别为 DSGE 模型的线性化表示的观测方程（政策函数）(1.2.11)中的系数矩阵和状态方程(1.2.10)中结构冲击的系数矩阵（省略了参数 θ）[①]；vec 为列堆叠函数[②]；sign_{ij} 为来自 DSGE 模型的先验约束（$i, j = 1, 2, \cdots, n$）：即第 i 个内生变量 y_i 对第 j 个外生结构冲击 u_j 的符号。$\|\ \|_2$ 表示欧几里得空间 2-范数，通常定义为欧几里得平方根距离。$Ind(\text{sign}_{ij})$ 表示示性函数（indicator function），当识别的脉冲响应函数的符号（$\text{sign}(\partial y_i / \partial u_j)$）和先验约束符号（$\text{sign}_{ij}$）相同时，取值为 0，否则取值为 1。也就是说，对于随机抽取的正交矩阵 $\mathbf{Q}$，如果对应的脉冲响应符号和先验约束不同，那么将会给予惩罚值"1"，也就是说此正交矩阵 $\mathbf{Q}$ 将不再会保留，这恰是"惩罚"二字的含义所在，因此只有定性部分为零时，该正交矩阵才有可能被保留，即有成为最优解（被识别的那个解）的可能。δ_{ij} 为调节系数，取值 0 或 1，当 sign_{ij} 被纳入 SVAR 模型的先验识别约束时，$\delta_{ij} = 1$，否则 $\delta_{ij} = 0$，因此 δ_{ij} 也可称为示性函数。n 为内生变量的个数，同时也是外生结构冲击的个数。

该惩罚函数的第一部分是 SVAR 模型识别的脉冲响应函数与 DSGE 模型的脉冲响应函数在冲击当期发生时的差异。在平方根距离下，任何过度的正向和负向偏离都会造成较大的"惩罚"。当不考虑该定量部分时，该方法即为经典的符号约束算法。

2. 点识别算法的拓展

上述惩罚函数的第一部分仅仅考虑了冲击发生当期 SVAR 模型和 DSGE 模型脉冲响应函数的差异，未考虑其他期的差异。因此可进行拓展处理，比如考虑 S 期脉冲响应函数的差异之和作为惩罚函数的第一部分。为此需要首先考虑冲击发生当期及以后各期的脉冲响应，然后计算二者之间的差异。

首先，DSGE 模型的脉冲响应函数。考虑线性化的 DSGE 模型的状态

---

① 值得注意的是，此处矩阵 $\mathbf{A}$，$\mathbf{D}$ 的定义有别于 SVAR 模型(1.3.1)中矩阵 $\mathbf{A}$，$\mathbf{D}$ 的定义，应注意区别。

② vec 函数为单列堆叠函数，具体例子和进一步解释可参考第二章第二节（Minnesota 先验分布）。

空间形式：观测方程(1.2.11)式和状态方程(1.2.10)式。容易得到内生变量 $\mathbf{y}_t$ 关于结构冲击 $\boldsymbol{\eta}_t$ 的当期脉冲响应为[①]

$$\frac{\partial \mathbf{y}_t}{\partial \boldsymbol{\eta}_t} = \mathbf{A}\mathbf{D}^{1/2} \tag{5.4.22}$$

前向迭代一期，将状态方程(1.2.10)式代入观测方程(1.2.11)式，可得

$$\begin{aligned}\mathbf{y}_{t+1} = \mathbf{A}\mathbf{x}_{t+1} &= \mathbf{A}(\mathbf{B}\mathbf{x}_t + \mathbf{D}^{1/2}\boldsymbol{\eta}_{t+1})\\ &= \mathbf{A}(\mathbf{B}(\mathbf{B}\mathbf{x}_{t-1} + \mathbf{D}^{1/2}\boldsymbol{\eta}_t) + \mathbf{D}^{1/2}\boldsymbol{\eta}_{t+1})\\ &= \mathbf{A}\mathbf{B}^2\mathbf{x}_{t-1} + \mathbf{A}\mathbf{B}\mathbf{D}^{1/2}\boldsymbol{\eta}_t + \mathbf{A}\mathbf{D}^{1/2}\boldsymbol{\eta}_{t+1}\end{aligned} \tag{5.4.23}$$

因此可得冲击发生后的第一期的脉冲响应为

$$\frac{\partial \mathbf{y}_{t+1}}{\partial \boldsymbol{\eta}_t} = \mathbf{A}\mathbf{B}\mathbf{D}^{1/2} \tag{5.4.24}$$

同样地，前向迭代两期可得

$$\mathbf{y}_{t+1} = \mathbf{A}\mathbf{B}^3\mathbf{x}_{t-1} + \mathbf{A}\mathbf{B}^2\mathbf{D}^{1/2}\boldsymbol{\eta}_t + \mathbf{A}\mathbf{B}\mathbf{D}^{1/2}\boldsymbol{\eta}_{t+1} + \mathbf{A}\mathbf{D}^{1/2}\boldsymbol{\eta}_{t+1} \tag{5.4.25}$$

因此可得到冲击发生后的第二期的脉冲响应为

$$\frac{\partial \mathbf{y}_{t+2}}{\partial \boldsymbol{\eta}_t} = \mathbf{A}\mathbf{B}^2\mathbf{D}^{1/2} \tag{5.4.26}$$

因此对于冲击发生后第 $s=0, 1, 2, \cdots, S$ 期，DSGE 模型的脉冲响应函数为

$$\frac{\partial \mathbf{y}_{t+s}}{\partial \boldsymbol{\eta}_t} = \mathbf{A}\mathbf{B}^s\mathbf{D}^{1/2} \tag{5.4.27}$$

其中 $s=0$ 表示冲击发生当期。

其次，考察 SVAR 模型的脉冲响应的定义(2.1.14)式[②]，并根据 SVAR 模型和简化式 VAR 模型之间的对应关系(1.3.8)—(1.3.10)式，对任意 $s=0, 1, 2, \cdots, S$，可得 SVAR 模型的脉冲响应函数为：

---

① 注意此处存在的形式差异。DSGE 模型和 SVAR 模型中结构冲击分别使用了 $\boldsymbol{\eta}_t$ 和 $\mathbf{u}_t$。如果二者完全对应，即有相同的外生结构冲击(含义和数量)，那么二者相同。通常情况下，SVAR 模型中结构冲击的个数较少，少于 DSGE 模型中的外生结构冲击。比如 Smets & Wouters(2007, AER)中有 7 个外生结构冲击，而常见的 SVAR 模型涉及的外生结构冲击往往少于 7 个。在具体编程求解时，二者需要——对应，$\boldsymbol{\eta}_t$ 中的多余的外生冲击将被忽略。

② 即为简化 VAR 模型的非正交脉冲响应函数导出的 SVAR 模型的正交脉冲响应函数。

$$\frac{\partial \mathbf{y}_{t+s}}{\partial \mathbf{u}_t} = \mathbf{\Psi}_s \mathbf{H} \tag{5.4.28}$$

其中 $\mathbf{\Psi}_s$ 为 VAR 模型的 MA(∞)过程的滞后 s 阶冲击的系数,定义见 (2.1.11); $\mathbf{\Psi}_0 = \mathbf{I}_n$ 为单位矩阵,n 为 VAR 模型内生变量的个数;$\mathbf{H}$ 为简化式 VAR 模型的协方差矩阵 $\mathbf{\Omega}$ 的 Choleski 分解,即 $\mathbf{\Omega} = \mathbf{H}\mathbf{H}^T$;$\mathbf{u}_t$ 为 SVAR 模型中结构性冲击。

最后,结合(5.4.27)和(5.4.28)式,综合考虑 S 期脉冲响应差异,此时 (5.4.20)可定义为

$$\mathbf{Q}^* = \arg\min_{\mathbf{Q}}\Big\{\sum_{s=0}^{S} \| \mathrm{vec}(\mathbf{\Psi}_s\mathbf{H}\mathbf{Q} - \mathbf{A}\mathbf{B}^s\mathbf{D}^{1/2}) \|_2 + \sum_{j=1}^{n}\sum_{i=1}^{n}\delta_{ij}Ind(\mathrm{sign}_{ij})\Big\} \tag{5.4.29}$$

从(5.4.29)式可知,SVAR 模型识别的脉冲响应和 DSGE 模型脉冲响应之间的差异大小,取决于 DSGE 模型的先验约束 sign_{ij}(i,$j=1$, 2, $\cdots$, n)与数据的匹配程度(即用于估计简化式 VAR 模型的样本数据。相应的,由估计后的简化式 VAR 模型的协方差矩阵 $\mathbf{\Omega}$ 和滞后项系数 Φ_l,$l=0$, 1, 2, $\cdots$, m 共同表示)。

根据 Judd(1998,定理 4.7.1)和 Liu & Theodoridis(2012),最优值 $\mathbf{Q}^*$ 一般是唯一存在的。因此,不论是基于当期脉冲响应的惩罚函数(5.4.20)式,还是基于多期脉冲响应的惩罚函数(5.4.29)式,这种识别方法都是点识别方法,不再是集识别方法。

(二) 基于 DSGE 模型的 DGP 估计与随机模拟的识别算法

1. 基于 DSGE 模型的 DGP(Data Generating Process)估计

此处使用 Smets & Wouters(2007,*AER*)中的 DSGE 模型作为 DGP,用于估计简化式 VAR 模型,称之为基准模型 M_0。为了验证该算法的有效性和稳健性,在基准模型的基础之上,构建如下的非基准模型(也可称之为误设模型,misspecified model):

1) M_0:基准模型,Smets & Wouters(2007,*AER*),见本节第一部分。

2) M_1:假设黏性价格参数为较小值,即 $\xi_p = 0.1$;[①]

---

① 理论上说,完全可设定黏性价格参数 $\xi_p = 0$。在实际编程时,同时将弹性价格均衡条件也写入模型文件中,因此如果仍将 $\xi_p = 0$ 设定为零,会出现均衡条件共线性问题,造成无法求解。因此此处设定了较小的值。若将弹性价格均衡条件从模型文件中移除,那么此时可设定 $\xi_p = 0$。对黏性工资参数 ξ_w 亦然。

3）M_2：假设黏性工资参数为较小值，即 $\xi_w=0.1$；

4）M_3：假设消费习惯参数为零，即 $\lambda=0$；

5）M_4：假设价格和工资调整时指数化参数为零，$i_p=i_w=0$；

6）M_5：假设货币政策规则中不存在利率平滑项，即 $\rho=0$；

7）M_6：假设黏性价格和工资参数都为较小值，即 $\xi_p=\xi_w=0.1$（即 M_1+M_2）；

2. 基于随机（Monte Carlo）模拟的识别算法

此部分在 Liu & Theodoridis(2012)的基础上，使用拓展的惩罚函数，进行点识别，基本步骤如图 5.15 所示。现对该步骤进行细致说明[①]。

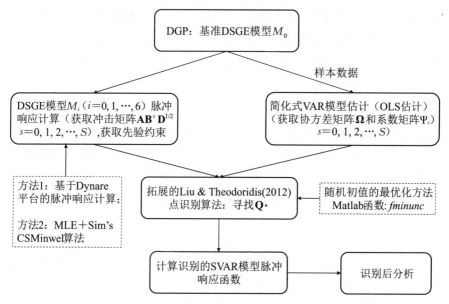

图 5.15　基于 DSGE 先验约束的 SVAR 模型识别逻辑：基于 Liu & Theodoridis(2012)的拓展

首先，从基准 DSGE 模型 M_0 中随机模拟若干样本数据，比如 $T=500$，即认为 M_0 为真正的 DGP 模型。为了去除模型初始值（如稳态）的影响，增强结论的稳健性，可设定较长的预热(burn-in)周期，比如 10 000 或 20 000。在实际模拟时，模拟 20 000 个样本，仅仅保留最后 500 个样本。

其次，计算 DSGE 模型的脉冲响应，获取冲击矩阵 $\mathbf{AB}^s\mathbf{D}^{1/2}$，$s=0$，1，2，…，S。此处至少有两种方法。第一，基于 Dynare 平台的脉冲响应函

---

① 源代码：\DSGE_VAR_Source_Codes\chap5\sec5.4\DSGE_SVAR_Main.m。

数，这种方法相对简单，编程较少。第二，使用最大似然估计（MLE）和 Sim（2002）的算法（CSMinwel 算法）进行估计（使用 Kalman 滤波构造似然函数），并得到冲击矩阵。①此处采取第二种方法。

然后，使用模拟的样本数据和 OLS 方法，对简化式 VAR 模型进行估计（此处选择滞后项阶数 $p=3$），得到估计的系数矩阵 $\mathbf{\Phi}$ 和协方差矩阵 $\mathbf{\Omega}$。

再次，对协方差矩阵 $\mathbf{\Omega}$ 进行 Choleski 分解，然后使用基于多期脉冲响应的惩罚函数（5.4.29）式，寻找最优唯一解 $\mathbf{Q}^*$。在 Matlab 平台下，可使用 *fminsearch* 函数。由于该函数为多元局部最优求解函数，因此为了找到全局最优解，使用重复抽取随机初值的方法，来确保找到全局最优值②。

最后，使用最优解 $\mathbf{Q}^*$ 来计算 SVAR 模型识别的脉冲响应函数。然后进行识别后的各种分析，包括该点识别算法的有效性和稳健性。

为了增强模型的稳健性，在实际编程计算时，将上述过程重复 100 次。然后以脉冲响应函数的均值及识别偏差的均值为起点进行各种分析。

（三）识别具体过程

1. 模型处理

为了简化分析，避免运算时间过长，对基准模型 M_0 进行简化，仅仅保留四个外生冲击：政府支出冲击（财政政策冲击）、名义利率冲击（货币政策冲击）和两个加成冲击（工资加成冲击和价格加成冲击）。与之对应的四个观测变量选择为产出、名义利率，工资和 CPI 通胀率。③

---

① 此处，$\mathbf{A}$，$\mathbf{B}$，$\mathbf{D}$ 矩阵的定义，请参考（1.2.11）和（1.2.10）。

② Liu & Theodoridis(2012)将此重复抽取的次数设定为 1 000。值得注意的是，该数值越大，计算资源和耗时越高。这也是该方法面临的挑战。此外还需说明的是，Matlab 版本的差异对该算法的执行所需时间产生重要影响。特别是在最大似然估计过程中，Matlab 2018b 版本遇到较大困难（超过 30 分钟仍未完成），而 2012b 则能够在大约 10 分钟内完成，具体原因未知。由于计算量巨大，此处使用了 Matlab 的并行计算功能（需要安装并行计算工具包 Parallel Computing Toolbox，自 2011 年开始提供），充分利用电脑多核 CPU 的优势，缩短运算时间，提高执行效率。

③ 模型文件为:\DSGE_VAR_Source_Codes\chap5\sec5.4\sw07_4shk_model_mine.m，并给出了详细的注释。该 m 文件使用 Matlab 符号求解功能，将模型内生变量、外生变量及结构参数定义为符号变量(Symbolic variables)，并把均衡条件写成这些符号变量的表达式。从而使得模型求解过程能借助符号运算的强大功能，如求导、求解雅克比矩阵(Jacobian matrix)等。当然求解 7 个外生冲击和 7 个观测变量的模型完全没有技术问题，只不过需要更多的计算资源和时间成本。一阶线性系统的求解使用了 AIM 算法(Anderson-Moore Algorithm(AMA))，更多信息可参考:https://www.federalreserve.gov/econres/ama-index.htm。本节代码编写时参考了 Liu & Theodoridis(2012)的源代码，并对关键核心代码进行了相应的拓展和详细注释。鉴于 Liu & Theodoridis(2012)并未提供关键的数据文件和核心程序，因此无法直接复制原文算法。本节依据需要，重新构造了参数的 excel 数据文件，包括参数的先验信息(prior)、校准值以及符号约束，Matlab 的数据处理结果参考:\DSGE_VAR_Source_Codes\chap5\sec5.4\mat_files\Sw074shkmodel_mine.mat。

2. 参数与符号识别约束

首先,简化后的模型(即只考虑四个冲击的模型)具有33个参数,其中25个为估计参数,8个为校准,具体如表5.16和表5.17所示。

表5.16　基准模型(M_0)待估参数的基本信息

参数	初始值/估计值	分布类型	均值	标准差	下界	上界
σ_w	0.240	4	0.500	0.200	0.010	2.000
σ_g	0.530	4	0.500	0.200	0.010	2.000
σ_p	0.140	4	0.500	0.200	0.010	2.000
σ_m	0.240	4	0.500	0.200	0.010	2.000
ρ_g	0.970	1	0.500	0.200	0.010	0.995
ρ_p	0.890	1	0.500	0.200	0.010	0.995
ρ_w	0.960	1	0.500	0.200	0.010	0.995
ρ_r	0.150	1	0.500	0.200	0.010	0.995
φ	5.740	3	4.000	1.500	2.000	10.000
σ_C	1.380	3	1.500	0.375	0.250	3.000
λ	0.710	1	0.700	0.100	0.001	0.990
σ_l	1.830	3	2.000	0.750	1.000	5.000
ξ_w	0.700	1	0.500	0.100	0.050	0.950
ξ_p	0.660	1	0.500	0.100	0.010	0.950
i_w	0.580	1	0.500	0.150	0.010	0.990
i_p	0.240	1	0.500	0.150	0.010	0.990
ψ	0.540	1	0.500	0.150	0.100	0.990
Φ/y	1.600	3 *	1.250	0.125	1.050	3.000
r_π	2.040	3	1.500	0.250	1.100	2.500
ρ	0.810	1	0.750	0.100	0.500	0.975
r_y	0.080	3	0.125	0.050	0.001	0.500
α	0.190	3	0.300	0.050	0.010	1.000
μ_p	0.690 0	1	0.500 0	0.200 0	0.010 0	0.999 9
μ_w	0.840 0	1	0.500 0	0.200 0	0.010 0	0.999 9
$r_{\Delta y}$	0.220 0	3	0.125 0	0.050 0	0.001 0	0.500 0

注:初始值/估计值是指待估计参数初始取值,此值来自 Swets & Wouter(2007)估计的后验均值。分布类型:1:Beta分布;2:Γ分布;3:正态分布;4:逆Γ分布。更多可参考 Toolkit/dsgeanalysis/priorsim.m。

表 5.17　基准模型(M_0)校准参数

参数	校准值
δ	0.025
λ_w	1.500
g_y	0.180
ε_p	10.000
ε_w	10.000
γ	0.000
$100(\beta^{-1}-1)$	0.290(贴现率,季度频率)
$100(\pi-1)$	0.000

注:此处的校准值略不同于 Swets & Wouter(2007)估计的后验均值,此处不考虑趋势通胀和趋势增长率。季度贴现率也略低于 Swets & Wouter(2007)估计的后验均值。

其次,此处采取的符号约束来源于表 5.15,即 Swets & Wouter(2007)估计的后验均值的结果。从中可看出四个不同的结构冲击,其对应的四个内生变量的脉冲响应的符号约束不同(冲击当期),也就是说能从脉冲响应的结果来区别不同的结果冲击。[1]

3. 识别核心代码分析:定量与定性结合的点识别法

本部分从两个方面分析如何根据(5.4.29)式进行识别:基于惩罚函数(定量识别)和符号识别(定性识别)相结合的方式,达到点识别的目的。首先介绍符号识别的基本过程,然后介绍基于惩罚函数的方法。

基于 DSGE 约束的符号识别方法,与其他符号识别方法在算法实现上完全一致,只不过此处的符号约束来源于 DSGE 模型。源代码 6 给出了该符号约束实现的 Matlab 代码[2],并给予详细注解。

符号识别的基本逻辑是:符号约束识别的起点是 VAR 模型的最小二乘估计 OLS 得到的协方差矩阵(SigmaOlsU)。然后对该协方差矩阵进行 Choleski 分解,得到 Choleski 因子矩阵 H[3]。其次,使用给定的旋转角

---

[1] 一般说来不同结构冲击的脉冲响应符号对给定的内生变量而言不能相同,否则将无法准确地识别出来。

[2] Matlab 源代码地址:\DSGE_VAR_Source_Codes\chap5\sec5.4\var_sign_restrictions_givenRotation.m。源文件中用到的其他函数,如 varirf.m, rotationmatrix.m 等,可参考 Liu & Theodoridis(2012)提供的 Toolkit 工具包和源文件(此处提供了拷贝:\DSGE_VAR_Source_Codes\chap5\ToolKit)。

[3] 对协方差矩阵进行 Cholesky 分解所得的下三角矩阵,即为 Cholesky 识别得到的冲击矩阵。Liu & Theodoridis(2012)在其 Figure 2 中给出了 Cholesky 识别的结果。

（*thetaInitial*）或未给定时随机产生（通常为随机产生），寻找第一个满足符号约束的旋转角为止。最后返回该旋转角、对应的正交旋转矩阵 Q、冲击矩阵等。在识别过程中，由于冲击矩阵 HQ 是旋转变化后的矩阵，因此其列对应的冲击与符号约束对应的冲击顺序一般不同，因此在识别过程需要记录其对应关系（*final order*），并对最终的冲击矩阵进行列顺序的调整，才算完成 SVAR 模型的识别。

源代码6 基于 DSGE 约束的纯符号识别的算法

```
function [Irf0mat, Qstar, thetaRight, FinalOrder, CholSigmaOlsU] = ...
    var_sign_restrictions_givenRotation(SigmaOlsU, signRestVec, thetaInitial)

% Given covariance matrix SigmaOlsU = H * H^T and sign restrictions, find a right
% rotation angle(possibly after many while loops below), theta, to have a rota-
tion matrix,Q, which is the orthogonal matrix, such that the rotated impact ma-
trix H * Q has the same signs with sign restrictions imposed. The algorithm termi-
nates on the first successful draw of rotation angle.
% In this sense,penalty function in eq(13) in LT2012, will simplify and only
have the first part, since all sign restrictions are satisfied, indicator func-
tion will be all zeros. This is the reason why the penalty fn. in penalty_Pstar.m
only contains one term, which is correspondent to the first part in eq(13).


% input:
%    thetaInitial: vector of rotation angles, if not provided, randomly
generate it
%    SigmaOlsU: the covariance matrix of VAR model
%    signRestVec, the sign restrictions imposed.


% Output
%    Irf0mat, the rotated impact matrix, the orders of columns of Irf0mat
%            matches the order from sign restrictions,(specified in xls file).
%    Qstar, the right rotation matrix(orthogonal matrix), constructed from the-
            taInitial
%    thetaRight, the right rotation angle
%    FinalOrder, the right order mapping columns of rotated impact matrix to
                structural shock from DSGE(sign restrictions).
%    CholSigmaOlsU, the Cholesky factor of covariance matrix, SigmaOlsU
```

```
dsh = size ( SigmaOlsU, 1 ); % number of shocks, usually, for a VAR model,
# shocks = # endog. vars
CholSigmaOlsU = chol(SigmaOlsU, 'lower'); % Cholesky decomposition of covariance ma-
trix
dimSignRest = size(signRestVec,1)/ dsh; % number of endog, generally, dimrest =
number of shocks
nEndogVars = dsh;

% just using reshape will be more conciser: signrestmat =
% reshape(signrest,4,4) for example
signrestmat = zeros(nEndogVars,dimSignRest);
for i = 1: dimSignRest
    signrestmat(:,i) = signRestVec((i-1) * nEndogVars + 1:i * nEndogVars,:);
end
shIdentifiedOrderindices = zeros(1,dimSignRest);
isRightRoatationAngle = 0; % isRightRoatationAngle = 1 after the first successful draw
and then stop the while loop
while isRightRoatationAngle<1
    if nargin<3
        [Qstar, thetaRight] = rotationmatrix(dsh);
    else
        [Qstar, thetaRight] = rotationmatrix(dsh,thetaInitial);
    end
    Irf0mat = CholSigmaOlsU * Qstar; % impact matrix
    irf0mat_tempa = Irf0mat;
    irf0mat_tempb = irf0mat_tempa;
    nSignRestMatched = 0;
    % the order to rearrange the rotated impact matrix
    shIdentifiedOrderindices = zeros(1,dimSignRest);

% for every restriction, iterate through all columns of impact matrix ( each
column is the irf of all endog. vars w.r.t one shock)
% since we have rotated the reduced-form shocks, so structural shocks from
% DSGE model could be one of any columns of the rotated impact matrix. So in
% this sense, the sign restrictions from DSGE model should be unique for
```

% each structural shocks. If there are two structural shocks, whose sign
% restrictions are the same for all observables(essentially two shocks are the
same kind shocks), then the identification process below would be probably
wrong.

    for i = 1: dimSignRest
        ifNotOneShSignRestMatched = 1;
        for j = 1: nEndogVars
            if isequal(sum(isnan(irf0mat_tempa(:,j))),0)　% no NaN in the
jth column, all finite numbers
                positive_array = irf0mat_tempa(:,j) .* signrestmat(:,i)<0;
                negative_array = -irf0mat_tempa(:,j) .* signrestmat(:,i)<0;
                positive_sum = sum(positive_array);
                negative_sum = sum(negative_array);

% if there are zeros in signrestmat, then termb will be equal to 0 at that posi-
tions. If there are all zeros in one column(ith) in signrestmat,then positive_
array = 0, j = 1, irf0mat_tempa(:,1) will be identified as the shock i, ith sign
restrictions. If there are not all zeros in one column(ith) in signrestmat, for
example,[1 0 0 0]' is the i = 1st sign restriction, for 4 observables, sign re-
striction will only take care of the first observable. As long as the first re-
striction is satisfied(regardless of the rest three zeros), the jth column of
terma will be a match for the i = 1st shock.

                if positive_sum = = 0 || negative_sum = = 0
                if positive_ sum = = 0　% all signs of jth column of impact
matrix are the same as the sign restrictions
                    ifNotOneShSignRestMatched = 0; % continue the for loop for
the next sign restriction check.
                    shIdentifiedOrderindices(:,i) = j; % remember the column or-
der of the rotated impact matrix to match current structural shock i, ith sign re-
striction
                    irf0mat_tempa(:,j) = NaN * ones (nEndogVars, 1); % if
matched, do not match that column(jth) in the following loops to save time
                    break   % In nested loops, break exits from
the innermost loop(for or while) only.
                else   % negative_sum = = 0, all signs are different from sign re-
strictions. Just flip the sign and this should be a match too.

```
                    ifNotOneShSignRestMatched = 0;
                    irf0mat_tempa(:,j) = NaN * ones(nEndogVars,1);
                    irf0mat_tempb(:,j) = -irf0mat_tempb(:,j);
                    shIdentifiedOrderindices(:,i) = j;
                    break
                end
            end
        end
    end
    % if one sign restriction is not matched for all columns of rotated
    % impact matrix, this simply means that the roation angle is not
    % appropriate, then stop checking for the rest of restrictions and
    % break the outer for loop, redraw the rotation matrix. Genearlly,
    % if it is the rotation of structural shocks, then there should
    % be one column that match the sign restriction.
    if isequal(ifNotOneShSignRestMatched,1)
        break
    else
        nSignRestMatched = nSignRestMatched + 1; % if one restriction(for
all variables) is satisfied, i.e.,
    end
    end
    if isequal(nSignRestMatched, dimSignRest)  % until all restrictions are
statisfied,then the rotation is accepted
        isRightRoatationAngle = 1; % stop while loops above
    end
end
% if #endogenous is not equal to the dimension of sign restrictions.
if ~isequal(nEndogVars, dimSignRest)
    endogArray = 1:nEndogVars;
    restArray = zeros(1,nEndogVars-dimSignRest);
    numD = 0;
    for i = 1: nEndogVars
        if isempty(find(shIdentifiedOrderindices == endogArray(:,i)))
            numD = numD + 1;
```

```
            restArray(:,numb) = endogArray(:,i);

        end

    end

    FinalOrder = [shIdentifiedOrderindices restArray];
else

    FinalOrder = shIdentifiedOrderindices; % get the right order mapping columns
of rotated impact matrix to structural shock from DSGE.
end
% rearrange the order of the columns that matched the shock order in the order of
sign restrictions
Irf0mat = irf0mat_tempb(:,FinalOrder);
```

源代码 7 给出了基于惩罚函数和符号约束的双重约束识别算法的实现，包括惩罚函数部分（penalty_Qstar.m）和主程序部分（find_Qstar_mat.m），并给出了详细解释说明①。其中惩罚函数部分拓展了 Liu & Theodoridis(2012)的实现逻辑。具体说来，依据旋转矩阵 P 的最优选择标准(5.4.29)式，此处 $S=1$，而 Liu & Theodoridis(2012)则使用了 $S=0$。也就是说，此处不仅考虑了冲击当期($S=0$)，而且也考虑了冲击后一期($S=1$)的约束，从而使得识别更为精确。

此处主程序依据符号识别给出的恰当旋转角(*thetaRight*)为初始点②，使用 Matlab 内置函数 fminsearch 函数寻找最优解。在$[0, 2\pi]$内，旋转角与正交旋转矩阵 P 一一对应，因此寻找到最优旋转角，相当于获得最优正交旋转矩阵。在计算惩罚函数时，首先验证该旋转角是否满足符号约束，若满足则计算该旋转角对应的冲击矩阵(*irf0star*, impact matrix)，从而识别出 SVAR 模型，然后基于该冲击矩阵，计算脉冲响应函数，并提取冲击当期的脉冲响应(*irf0star*)和冲击后一期的脉冲响应(irfs0star_p1(:,2,:))③，因此可得惩罚值(*penaltyval*)，如果不满足则给予很大的惩罚值(10^{10}，百亿)，从而使得函数 fminsearch 远离该点。

---

① penalty_Qstar.m 和 find_Qstar_mat.m。

② 此处的初始起点来自符号识别得到的旋转角。

③ 注意:irf0star=irfs0star_p1(:,1,:)，即冲击当期即脉冲响应的第一期。

源代码 7　基于惩罚函数和 DSGE 模型符号约束的识别算法

```
Part I　惩罚函数 penalty_Qstar.m(部分代码)
function [penaltyval,irf0star] =
penalty_Qstar(thetaRight,MeanCvec,MeanCvec1,InvCovCvec,...
    SigmaOlsU,signRestVect,BetaMat,NoPeriods)


% For any given thetaRight(right or not), it will return the penalty value
% penaltyval and impact matrix associated with the given theta. The starting
% theta is from pure sign restriction, it is a right rotation angle.
% fminsearch will proposed many other rotation angles, if there are not right,
penaltyval will be very large, then fminsearch will get away from those rotation
angles.


% We consider not only period 0(impact period) and period 1 after impact
% for the penalty function. If you want more periods to match, one need to
% modify the following codes, especially in penaltyval calculation.


% Output
%   penaltyval, for right rotation angel, penaltyval = 100 * penalty value; by
%           right, it means the rotation angle deliver the same sign with
%           sign restrictions.
%   irf0star, the impact matrix associated with that rotation angle
% Input
%   SigmaOlsU, the Covariance matrix of OLS estimation
%   MeanCVec, A * Gamma, the impact matrix implied by DSGE models in
%           vectorized form
%   MeanCVec1, IRF of period 1 after impact by DSGE models in
%           vectorized form
%   InvCovCvec, the weight matrix using calculating the distance between
%           the two irfs, one implied by DSGE model, one implied by the
%           VAR model
%   theta, from pure sign restrictions(right rotation angle), and serves as a
%           starting value for fminsearch
%   signRestVect, sign restrictions implied from DSGE models
%   BetaMat, the reduced-form coef. matrix from ols estimation of the
%           VAR(p)
```

```
%   NoPeriods, number of periods of irfs to be calculated
% To check the given rotation angle thetaRight is the right angle or not. If it is
right angle, i.e., the sign restrictions are all met, then isRestictrionsAllSat-
isfied = 1. givenRotation_Check.m is defined within this m file too. See original
codes for definition.
[irf0star, isRestictrionsAllSatisfied] =
givenRotation_Check(thetaRight,SigmaOlsU,signRestVect);


% usually, InvCovCvec is set to identity matrix to get an Elucid distrance or
% norm, i.e., L2 norm. If InvCovCvec is set to non-identity matrix, then it is an
Mahalanobis distance
if isequal(isRestictrionsAllSatisfied,1)
    % penaltyval does not has the 2nd term since all restrictions are met and
    % delta_ij = 0 for all i and j as in LT(2012) eq.(13). Here we multiply 100 to
get the percentage points deviations
    penaltyval = 100 * (vec(irf0star)-MeanCvec)' * InvCovCvec * (vec(irf0star)-
MeanCvec);


    % based on identified impact matrix, irf0star, we calculate the irf of
    % period 1 after impact of the identified SVAR model.
    % size(irfs0star_p1) = nEndogVars * Noperiods * dshk
    irfs0star_p1 = varirf(BetaMat,irf0star,NoPeriods); % the 2nd dimension is
the periods
    % irfs0star_p1(:,2,:) will be the irfs of period 1 after impact and
    % period 0 is the impact period. We only do quantitive restriction here
    % and not qualitative restriction, i.e. sign restrictions for the period
    % 1 irfs. The reason is that we already did the sign restrictions for
    % period 0(impact period) and usually irfs keeps sign in the first few
    % periods. So we do not check them again. Here we use Matlab built-in function
squeeze to get a 2 dimension matrix, i.e., to shrink the dimensions.
    tempvec = vec(squeeze(irfs0star_p1(:,2,:)));
    penaltyval = penaltyval + 100 * (tempvec - MeanCvec1)' * InvCovCvec *
(tempvec - MeanCvec1);
else
```

```
    penaltyval = 1e10; % if not satisifies the sign restrictions, the proposed
rotation angle will have a large value for penalty. Then the fminsearch will get
away from that point.
end
```

Part II 主函数 find_Qstar_mat.m.

```
function Irf0mat =
find_Qstar_mat(SigmaOlsU,MeanCvec,MeanCvec1,InvCovCvec,signRestVect,theta,
BetaMat,NoPeriods)


% return the optimal impact matrix by finding the optimal rotation angle where
'optimal' means it minimize the penalty function.
% Input
%   SigmaOlsU, the Covariance matrix of OLS estimation
%   MeanCVec, A * Gamma, the impact matrix implied by estimated DSGE models(mis-
              specified) in vectorized form
%   MeanCVec1, IRFs of period 1 after impact of the estimated DSGE models in vec-
              torized form
%   InvCovCvec, the weight matrix using calculating the distance between
%               the two irfs, one implied by DSGE model, one implied by the
              VAR model
%   signRestVect, the sign restrictions impled by DSGE models
%   theta, from pure sign restrictions(right rotation angle), and serves as a
              starting value for fminsearch
%   BetaMat, the reduced-form coef. matrix from ols estimation of the
%               VAR(p)
%   NoPeriods, number of periods of irfs to be calculated
% Output
%   Irf0mat, the impact matrix based on optimal rotation angle
%
nEndogVars = size(SigmaOlsU,1);
FunHandleName =
@(theta)penalty_Qstar(theta,MeanCvec,MeanCvec1,InvCovCvec,SigmaOlsU,signRe-
stVect,BetaMat,NoPeriods);
opt = optimset;
……(Here we omit some details of how to set the optimset. see original codes for
more information)
```

```
% For here, we only do one time minimization while in the paper, LT2012, the au-
thor said(P74, iv) they repeat the minimization procedure 1,000 times using dif-
ferent random starting values. Here we set NoRep = 1 just for illustration.

NoRep = 1;
np = nEndogVars * (nEndogVars - 1)/2;
x = zeros(np, NoRep);
fval = zeros(NoRep, 1);
for i = 1: NoRep
    % using initial parameters(rotation angle), use the right rotation angel as
starting point to search for the optimal rotation angel.
    [x(:, i), fval(i, :)] = fminsearch(FunHandleName, theta, opt);
end
[~, minIndex] = min(fval);
% after find the minimum, get the impact matrix based the optimal rotation
angle, theta
[~, Irf0mat] =
penalty_Qstar(x(:, minIndex), MeanCvec, MeanCvec1, InvCovCvec, SigmaOlsU, signRe-
stVect, BetaMat, NoPeriods);
```

（四）识别结果分析

1. 脉冲响应分析

图 5.16—图 5.19 分别给出了四种外生冲击下四个观测变量的脉冲响
应图。在每个脉冲响应图中给出了三种不同的情形。第一，DGP 表示真实
的脉冲响应图，即基准模型对应的脉冲响应，参数取 Smets & Wouters
(2007)估计值。第二，DSGE-SVAR 表示基于基准模型识别的结构 VAR
模型的脉冲响应图。具体说来，首先使用基准模型模拟的数据样本($T =$
500)，然后对基准模型进行最大似然估计，然后基于此最大似然估计的参数
值求解模型，得到脉冲响应函数(obsirfsM0)、冲击矩阵(GM0)和符号约束
(SignRestMat)。然后在此基础上，使用模拟样本对四个观测变量(产出、
利率、通胀和工资)估计 VAR(3)模型，得到协方差矩阵(SigmaMat)①。接
下来，以 obsirfsM0、GM0、SignRestMat 和 SigmaMat 为基础，依据
(5.4.29)式进行 SVAR 模型识别，并得到相应的脉冲响应函数，即识别时同

---

① Matlab 源代码地址：\DSGE_VAR_Source_Codes\chap5\sec5.4\parallel_simul_exercise_
mine.m。

时考虑了定量和定性约束。第三,VAR-Sign 表示纯符号约束识别的
SVAR 模型的脉冲响应结果。具体说来,以模拟样本对四个观测变量估计
VAR(3)模型,然后仅使用符号约束(SignRestMat)进行 SVAR 模型结构
冲击的识别,而不考虑(5.4.29)式中的定量部分(第一部分)。

**从识别结果看,依据(5.4.29)式进行的定量和定性相结合的识别方法
非常有效。对所有观测变量和所有冲击,DSGE-SVAR 识别结果都和真实
结果(DGP)相差无几。** 值得指出的是,纯符号约束识别方法在多数情况下,
都高估了变量的脉冲响应程度。

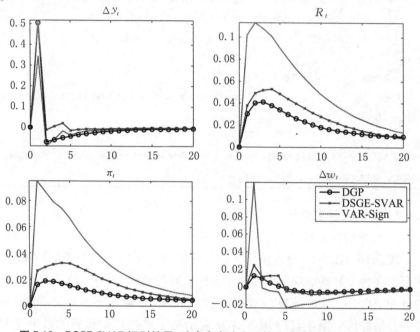

图 5.16　DSGE-SVAR 识别结果:政府支出冲击下的脉冲响应图(一单位正向)

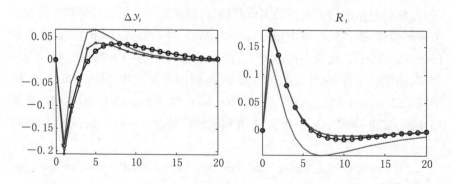

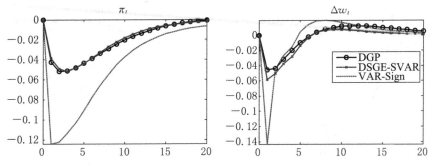

图 5.17 DSGE-SVAR 识别结果：货币政策冲击(一单位紧缩名利利率冲击)

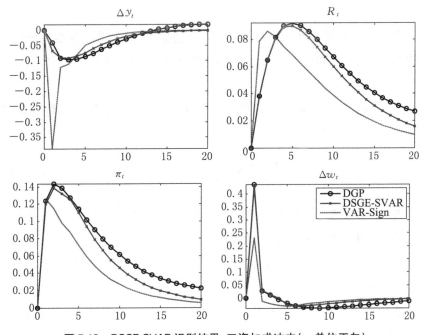

图 5.18 DSGE-SVAR 识别结果：工资加成冲击(一单位正向)

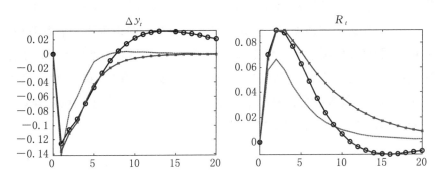

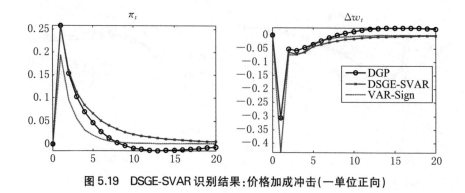

图 5.19　DSGE-SVAR 识别结果:价格加成冲击(一单位正向)

2. 偏差分析

为进一步考察本节所提出的识别方法稳健性,此处考虑各模型识别的结构 VAR 模型及符号约束方法得到的脉冲响应函数,相对于 DGP 对应的脉冲响应函数的偏差。

参考 Liu & Theodoridis(2012)的做法,定义一个模型相对于 DGP 的偏差为:

$$bias_T = 100 \sum_{t=1}^{T} \sum_{i=1}^{n} \sum_{j=1}^{k} \frac{|\Psi_{t,i,j} - \Psi_{t,i,j}^{DGP}|}{\Psi_{t,i,j}^{DGP}} \tag{5.4.30}$$

其中 $\Psi_{t,i,j}$ 表示基于该模型识别的 SVAR 模型的第 i 个内生变量对第 j 个外生冲击在第 t 期的脉冲响应函数;$\Psi_{t,i,j}^{DGP}$ 表示 DGP 对应的脉冲响应函数;n 表示 VAR 模型中内生变量的个数;k 表示外生冲击的个数;T 表示脉冲响应计算的期数。

表 5.18 列示了估计的基准模型、其他 6 个误设模型及使用符号约束识别的 SVAR 模型对应的脉冲响应函数与 DGP 对应的脉冲响应函数的平均累积偏差。在实际计算时,对整个算法(图 5.15)循环计算 100 次,从而可计算其均值。**结果再次表明,基于定量和定性相结合的识别算法非常有效。除 M1 模型外,M0 具有最小偏差,而且在前 7 期,在所有模型中具有最小偏差。而纯符号约束识别的 SVAR 模型表现几乎最差,除 M6 模型外,具有最大偏差。此外,需要指出的是随着模拟期数的增加,所有模型的识别偏差逐渐增大,这和文献中已有结论相一致。**

表 5.18　基准模型、符号约束与其他误设模型的脉冲响应函数的平均累积相对偏差(%)

时期 T	符号约束	M0	M1	M2	M3	M4	M5	M6
1	3.22	0.51	1.35	2.18	1.25	0.58	1.60	2.26
2	4.78	1.25	2.54	3.33	2.28	1.33	2.77	3.85
3	6.73	2.43	4.28	4.94	3.62	2.55	4.34	5.97
4	12.95	6.88	9.68	11.44	7.86	7.06	10.45	14.42
5	15.88	8.09	11.34	13.23	9.74	8.26	12.34	16.97
6	21.94	10.51	14.22	18.89	13.90	10.77	16.94	26.81
7	24.43	12.02	15.93	21.36	15.63	12.42	18.85	29.79
8	28.80	19.21	18.87	30.59	22.35	20.52	24.19	33.83
9	30.81	21.39	20.20	33.51	24.47	22.94	26.05	35.70
10	32.58	23.23	21.39	35.92	26.29	24.94	27.71	37.36
11	36.90	32.26	25.15	47.50	34.41	35.28	34.25	41.34
12	38.68	34.24	26.29	49.95	36.36	37.41	36.03	43.04
13	40.38	35.99	27.47	51.96	38.12	39.24	37.67	44.67
14	42.19	37.85	28.85	53.92	40.01	41.16	39.45	46.39
15	43.92	39.47	30.08	55.78	41.69	42.82	41.05	48.10
16	45.67	41.05	31.31	57.64	43.37	44.45	42.65	49.88
17	47.48	42.63	32.59	59.57	45.10	46.07	44.30	51.81
18	49.43	44.25	33.94	61.65	46.93	47.73	46.04	53.97
19	51.64	45.96	35.42	64.02	48.99	49.49	48.00	56.56
20	54.53	47.94	37.23	67.11	51.62	51.51	50.48	60.21

数据来源:作者自行计算。

附　录

一、Kimball(1995): Kimball Aggregator 的推导

Kimball Aggregator 是新凯恩斯模型中黏性价格(黏性工资)设定中常常用到的函数。如下以黏性价格为例推导:在产品市场中,将中间品 Y_{it} 转

换为最终品 Y_t

$$1 = \int_0^1 f\left(\frac{Y_{it}}{Y_t}; \lambda\right) di \qquad (5.4.31)$$

其中 $f(x; \lambda)$ 为 Kimball Aggregator,$\lambda > 1$ 为参数(不同中间品 Y_{it} 替代弹性),满足

$$f(1) = 1, \ f'(x) > 0, \ f''(x) < 0, \ x \geqslant 0 \qquad (5.4.32)$$

根据 Kimball(1995,eq(14)),可得

$$\lambda = -\frac{f'(x)}{x f''(x)} \qquad (5.4.33)$$

由(5.4.33)式,可得

$$f'(x) = \exp\left(-\int_1^x \frac{1}{\lambda(\xi) \cdot \xi} d\xi\right) \qquad (5.4.34)$$

因此价格加成(Markup)可写为[①]

$$M(x) = \frac{\lambda}{\lambda - 1} = \frac{1}{1 - 1/\lambda} = \frac{1}{1 + x f''(x)/f'(x)} \qquad (5.4.35)$$

当(5.4.34)式中替代弹性参数为常数时,此时 Kimball Aggregator 为 Stiglitz-Dixit Aggregator,

$$f(x) = x^{\frac{\lambda-1}{\lambda}}, \ \lambda > 1 \qquad (5.4.36)$$

很显然(5.4.36)式满足(5.4.32)式中的所有条件。此外,在系统稳态时,通常假设 $x = 1$,即 $Y_{it} = Y_t$ 对所有的 i。因此稳态时替代弹性参数为

$$\lambda = -\frac{f'(1)}{f''(1)} \qquad (5.4.37)$$

此时 Kimball Aggregator 为新凯恩斯模型中常见的最终品生产函数:

$$1 = \int_0^1 \left(\frac{Y_{it}}{Y_t}\right)^{(\lambda-1)/\lambda} di \qquad (5.4.38)$$

也就是

[①] 一般说来,边际成本是价格加成的倒数,而价格加成和需求弹性之间的关系为非线性关系:(5.4.35)。

$$Y_t = \left(\int_0^1 (Y_{it})^{(\lambda-1)/\lambda} \, di \right)^{\lambda/(\lambda-1)} \qquad (5.4.39)$$

二、理论脉冲响应函数计算实现的 Matlab 函数框架图

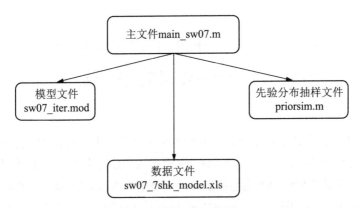

图 5.20 DSGE 模型约束的理论脉冲响应函数符号的 Matlab 实现框架图

三、基于 DSGE 符号和惩罚函数约束的 SVAR 模型识别实现的 Matlab 函数框架图

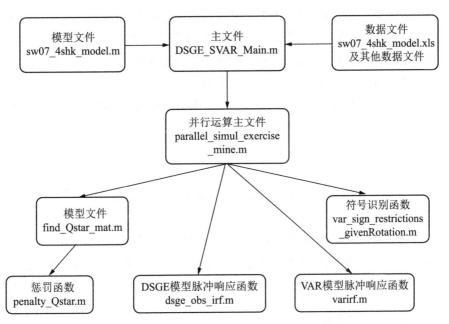

图 5.21 基于 DSGE 符号和惩罚函数约束的 SVAR 模型识别实现的 Matlab 函数框架图

第六章　基于外部工具变量方法的 SVAR 模型识别的最新进展

计量经济学中的工具变量(instrument variable, IV)方法,作为经典的因果识别方法,同样能应用到 SVAR 模型的结构识别中。Stock & Watson (2017)将工具变量识别作为结构识别的一种重要方法,列为近 20 年来宏观计量十大进展之一。因此梳理 SVAR 模型的工具变量识别方法非常必要。

SVAR 模型的工具变量识别可分为两个阶段:经典工具变量法 (internal IV)和外部工具变量法(external IV)。经典工具变量法也称为内部工具变量法,其工具变量的构造主要来源于 SVAR 模型自身的约束识别①。外部工具变量法也被称之为 Proxy VAR 方法,对应的工具变量为完全外生的,并不是 VAR 模型中内生变量,即不是 $\mathbf{y}_t$ 中的分量。目前 SVAR 模型中的外生工具变量法尚不成熟,处于快速发展期,新文献不断涌现。

本章首先介绍经典工具变量法(即内部工具变量法)。然后梳理外部工具变量法的来源背景,即基于外部信息的外生冲击的直接估计方法。最后在此基础上,介绍外部工具变量法的最新研究进展。

第一节　经典内部工具变量法

SVAR 模型结构识别中,经典工具变量主要来源于识别约束,如短期约束、Choleski 识别约束等。通过施加足够的排除约束,并利用结构冲击的根本性质(两两互不相关),来构造内部工具变量②,从而获得一致估计量,

---

① 即 Restrictions or identification assumptions as instrument。
② Fry & Pagan(2011, *JEL*, p.939): ... the parametric restrictions free up enough instruments for the contemporaneous endogenous variables in the structural equations, thereby enabling the parameters of those equations to be estimated.

达到识别目的。这一"内部性"是指工具变量是由模型的识别约束引致，而不是完全使用外部信息构建的一个工具变量（时间序列）。

本节主要通过实例说明经典工具变量的构造及结构识别方法。

一、SVAR 模型和经典线性回归模型中的工具变量异同

在经典的线性回归模型中，若解释变量 x_t 与误差项ϵ_t相关：

$$y_t = \beta x_t + \epsilon_t, \ E(x_t \epsilon_t) \neq 0 \qquad (6.1.1)$$

那么 OLS 对 β 的估计将是有偏的。假设 x_t 的工具变量 z_t，满足相关性$E(x_t z_t) \neq 0$ 和外生性 $E(\epsilon_t z_t) = 0$ 要求，此时可使用两阶段最小二乘法（2SLS）来获取 β 的一致估计，即第一阶段：x_t 关于工具变量 z_t 进行 OLS 回归，获取 x_t 的拟合值；第二阶段：y_t 对 x_t 的拟合值进行 OLS 回归，从而获取 β 的一致估计。[①]

可看到，经典线性回归模型(6.1.1)式中工具变量是针对解释变量的。而 SVAR 模型(1.3.1)式对应的工具变量针对结构冲击 $\mathbf{u}_t$ 或非结构冲击ϵ_t，而非 SVAR 模型中的内生变量。但此时工具变量仍需要满足相关性和外生性要求，具体可参考(6.2.11)—(6.2.13)式。

二、Choleski 约束与工具变量法

Choleski 约束方法为解释内部工具变量法提供了极好的例证。这是因为 Choleski 约束方法为点识别方法，此时 SVAR 模型为恰好识别，这恰好为构造内部工具变量提供了完备的条件。应用实例 15 给出了具体说明[②]。

应用实例 15　Choleski 约束与经典内部工具变量法

此处以经典三变量货币政策三变量 SVAR 模型为例。递归排序为：产出(y_t)、通胀(π_t)和短期利率(r_t)：

$$\mathbf{y}_t \equiv \begin{pmatrix} y_t \\ \pi_t \\ r_t \end{pmatrix}, \ \mathbf{u}_t \equiv \begin{pmatrix} u_t^s \\ u_t^d \\ u_t^r \end{pmatrix}, \ \boldsymbol{\epsilon}_t \equiv \begin{pmatrix} \epsilon_t^s \\ \epsilon_t^d \\ \epsilon_t^r \end{pmatrix} \tag{6.1.2}$$

施加 Choleski 约束,即当期系数矩阵 $\mathbf{A}$ 为下三角矩阵。因此根据 SVAR 模型 $(1.3.1)$ 式中结构冲击 $\mathbf{u}_t$ 和非结构冲击 $\boldsymbol{\epsilon}_t$ 之间的对应关系①: $\boldsymbol{\epsilon}_t = \mathbf{A}^{-1} \mathbf{u}_t$,可得

$$\begin{pmatrix} \epsilon_t^s \\ \epsilon_t^d \\ \epsilon_t^r \end{pmatrix} = \begin{pmatrix} a_{11} & 0 & 0 \\ a_{21} & a_{22} & 0 \\ a_{31} & a_{32} & a_{33} \end{pmatrix} \begin{pmatrix} u_t^s \\ u_t^d \\ u_t^r \end{pmatrix} \tag{6.1.3}$$

首先,第一个元素 a_{11} 可由下式确定:

$$a_{11} = \sqrt{\omega_{11}} \tag{6.1.4}$$

其中 ω_{11} 为简化式 VAR 模型的协方差矩阵 $\boldsymbol{\Omega}$(可由 OLS 估计得到)第一行第一列的元素。因此由第一个方程可计算出结构供给冲击 u_t^s:

$$u_t^s = a_{11}^{-1} \epsilon_t^s \tag{6.1.5}$$

其次,获取 a_{21} 和 a_{22} 的估计。可将供给冲击 u_t^s 作为 ϵ_t^s 的工具变量,用于 ϵ_t^d 对 ϵ_t^s 的回归中,以获取对 a_{21} 的估计。然后以该回归残差的标准差作为 a_{22} 的估计值,然后获得需求冲击 u_t^d 的估计:

$$u_t^d = a_{22}^{-1} (\epsilon_t^d - a_{21} u_t^s) \tag{6.1.6}$$

最后,获取 a_{31}, a_{32} 和 a_{33} 的估计。同样的,供给冲击 u_t^s 和需求冲击 u_t^d 作为 ϵ_t^s 和 ϵ_t^d 的工具变量,用于 ϵ_t^r 对 ϵ_t^s 和 ϵ_t^d 的回归中,以获取对 a_{31} 和 a_{32} 的估计。然后从回归的残差中获取对 a_{33} 的估计,最后获得货币政策冲击 u_t^r:

$$u_t^r = a_{33}^{-1} (\epsilon_t^r - a_{31} u_t^s - a_{32} u_t^d) \tag{6.1.7}$$

接下来考察一个使用内部工具变量法的实例。该实例使用了不同于应用实例 15 中的递归识别方法。

---

① 此处假设结构冲击对应的协方差矩阵 $\mathbf{D}$ 为单位矩阵 $\mathbf{I}_3$,也就是说结构冲击的标准差均为单位 1。

应用实例 16　财政政策三变量 SVAR 模型：经典内部工具变量方法

该例来源于 Blanchard & Perotti(2002，QJE)。主要使用 SVAR 模型和事件研究法考察财政政策的变化对经济增长的影响，即税收(tax_t)和政府支出(gov_t)对产出(gdp_t)的影响。[①]

$$\mathbf{y}_t \equiv \begin{pmatrix} tax_t \\ gov_t \\ gdp_t \end{pmatrix} \tag{6.1.8}$$

Blanchard & Perotti(2002)并没有使用经典的 Choleski 识别方法，而是使用了如下的识别约束（简化式模型冲击是结构冲击的线性组合）：

$$\begin{pmatrix} \epsilon_t^{tax} \\ \epsilon_t^{gov} \\ \epsilon_t^{gdp} \end{pmatrix} = \begin{pmatrix} a\,\epsilon_t^{gdp} + bu_t^{gov} + u_t^{tax} \\ c\,\epsilon_t^{gdp} + du_t^{tax} + u_t^{gov} \\ e\,\epsilon_t^{tax} + f\,\epsilon_t^{gov} + u_t^{gdp} \end{pmatrix} \tag{6.1.9}$$

其中 a，b，c，d，e，f 为待识别参数，ϵ 表示简化式模型对应的冲击，u 表示结构模型对应的结构冲击。第一个方程表示一个季度内未预期的税收变动可表示成三个部分：GDP 的未预期变动，$a\epsilon_t^{gdp}$；政府支出结构性冲击 bu_t^{gov} 和税收结构性冲击 u_t^{tax}，其余方程同样解释。此时为三方程六个待识别参数，因此模型为识别不足。因此必须施加三个额外的约束（短期约束）使得模型为恰好识别。Blanchard & Perotti(2002)设定 $c=d=0$，$a=2.08$。其中 $c=d=0$ 表示政府支出不受当期 GDP 和税收的影响。由于采取了季度数据，而非年度数据，因此这种短期约束具有合理性。a 被解释为税收弹性，使用外部信息校准[②]。$d=0$，$b\neq0$ 表示税收决策在先，支出在后。Blanchard & Perotti(2002)还指出可采取另外一种假设，即支出决策在先，税收决策在后，这要求 $b=0$，$d\neq0$。然而 Blanchard & Perotti(2002)还指出这种先后顺序在统计上并不重要，因为 $\epsilon_t^{tax} - 2.08\,\epsilon_t^{gdp}$ 和 ϵ_t^{gov} 相关性很小，并不显著影响脉冲响应。此处暂时以第一种情形为例，此时(6.1.9)式为

[①]　三个变量均为实际值，模型中采取对数水平变量，季度数据。政府支出包括购买的商品和服务，以及政府投资。税收为净税收，即总税收减去转移支付。税收数据包括四类数据，间接税、个人所得税、公司所得税和社会安全税(social security taxes)。

[②]　此处虽使用了外部信息对税收弹性 a 进行校准，但和外部工具变量法没有任何关系(数据时间范围 1947Q1；1997Q4)。此处的外部信息包括来自 OECD 的估计和数据。

$$\begin{pmatrix} \epsilon_t^{tax} \\ \epsilon_t^{gov} \\ \epsilon_t^{gdp} \end{pmatrix} = \begin{pmatrix} 2.08\,\epsilon_t^{gdp} + bu_t^{gov} + u_t^{tax} \\ u_t^{gov} \\ e\,\epsilon_t^{tax} + f\,\epsilon_t^{gov} + u_t^{gdp} \end{pmatrix} \qquad (6.1.10)$$

接下来讨论如何获取参数 b, e, f 的一致估计。**首先**,$\epsilon_t^{tax} - 2.08\,\epsilon_t^{gdp}$ 可看作 ϵ_t^{tax} 的工具变量。这是因为从第一个方程看该工具变量仅和结构冲击 u_t^{gov} 和 u_t^{tax} 相关,因此根据结构冲击的定义,该工具变量不和第三个方程中的 u_t^{gdp} 相关。因此可作为 ϵ_t^{tax} 在第三个方程中的工具变量。同样的 ϵ_t^{gov} 可看作自身的工具变量,因为从第二个方程可知,其被识别为政府支出对应的结构冲击 u_t^{gov}(注意 $c = 0$),因此和 u_t^{gdp} 不相关。需要注意的是,$\epsilon_t^{tax} - 2.08\,\epsilon_t^{gdp}$ 和 u_t^{gov} 仍可能相关,但和 u_t^{gdp} 不相关,因此可将其作为工具变量,从第三个方程中获取待识别参数 e 和 f 的一致估计。**其次**,从第二个方程和第一个方程可获得参数 b 的一致估计(将 u_t^{gov} 用 ϵ_t^{gov} 替换)。**最后**,在获取参数 b, e, f 的一致估计后,由结构冲击和非结构冲击之间的对应关系:$\epsilon_t = \mathbf{A}^{-1}\mathbf{u}_t$,可获得 $\mathbf{A}^{-1}$ 或 $\mathbf{A}$ 的估计[其中 $\mathbf{A}$ 为 SVAR 模型(1.3.1)式中当期系数矩阵],从而能够计算出结构冲击的脉冲响应。[①]脉冲响应结果显示,政府支出冲击对 GDP 有一致的正向作用,而税收冲击则完全相反。但税收和政府支出增加对投资都有较强的负向冲击作用。

第二节　外部工具变量方法:最新进展

本节首先介绍外部工具变量法的产生背景,即基于外部信息对冲击序列的直接估计或构造,然后介绍外部工具变量法的最新进展。

一、外生冲击的直接估计:基于外部信息

经典的外生冲击识别方法,比如三变量 VAR 模型(通胀、GDP 和短期利率)来识别货币政策冲击,受到了不少质疑。这是因为央行设定货币政策时会考虑到很多复杂的现实因素,而这些因素往往很难进入模型,从而使得内生化变动的政策被识别为外生变动,即货币政策冲击。因此,为了更为准

---

① Matlab 源代码:\DSGE_VAR_Source_Codes\chap6\sec6.1\bp_iv.m。首先需要运行 bp_var.m,然后运行 bp_iv.m。

确地识别结构冲击,文献对此做了很多尝试:第一,在 VAR 模型中加入更多内生变量。考虑到可获得样本的数量,传统 VAR 模型很难处理超过 10 个内生变量的模型(Bańbura, Giannone & Reichlin, 2010, *JAE*),否则会产生过度拟合等问题;第二,要素增强模型 FAVAR 模型(Bernanke & Boivin, 2003, *JME*;Bernanke et al., 2005, *JF*;Forni et al., 2009, *ET*)或 Bayesian VAR 模型(BVAR,Bańbura, Giannone & Reichlin, 2010)。FAVAR 模型或 BVAR 模型允许上百个内生变量,从而使得更多信息进入模型;第三,借助于外部信息(external information),即不在 VAR 模型之内的其他信息。本节简单介绍外部信息法。

使用外部信息直接估计可分为两个步骤(以货币政策冲击为例,图 6.1):第一,构建货币政策冲击;第二,因果推断,即使用该货币政策冲击 u_t 为自变量,被研究对象,比如 GDP,通胀率等为被解释变量进行线性回归,则对应的系数即为动态因果关系(Stock & Watson, 2011, Chapter 15),该方法由 Jordà(2005)提出。

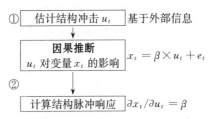

图 6.1 基于外部信息的外生结构冲击的直接估计及因果推断

文献中关于外生结构冲击的直接识别多半是关于货币政策冲击的研究。最早可追溯到 Romer & Romer(1989),使用文本和历史记录来识别外生货币政策冲击。而文献中经典的做法则是通过对美国联邦基金利率分析并施加一定的外生约束来达到识别货币政策冲击的目的。比如可施加这样的约束:在一定时期内(通常较短,比如一个月或一个季度内)联邦基金利率对(模型内)各经济变量做出反应,而反之不然或者联邦基金利率对各经济变量的影响至少存在一阶滞后效应(即至少当期不存在影响)。这种约束对宏观经济变量,比如产出和通胀在短期内可能是合理的,但对于高频金融数据(比如基于联邦基金利率的各种衍生品)来说并不然,也就是说会存在互反馈效应(simultaneity, Gertler & Karadi, 2015, *AEJM*),因此传统识别方法存在一定缺陷。

Romer & Romer(2004, *AER*)使用了一种新颖的方法来构建外生货币政策冲击：即通过控制央行的预测变量来捕捉所有可能的政策内生变化，从而能够识别出外生变化。Gürkaynak，Sack & Swanson(2005)则使用美联储 FOMC 会议召开时联邦基金利率和欧洲美元期货价格的未预期变动(unexpected change)来构建货币政策冲击。更多关于货币政策冲击识别的文献，可参考 Kuttner(2001，*JME*)，Cochrane & Piazzesi(2002，*AER*)，Faust et al.(2003，*JEEA*)，Bernanke & Kuttner(2005，*JF*)。这些文献大多围绕美联储宣布新货币政策(如利率变动)的信息来捕捉货币政策的外生变动。

　　文献中关于外生结构冲击的直接识别还包括石油供给冲击的例子，如 Hamilton(2003)、Kilian(2008)等提出的 OPEC 石油供给冲击；还包括财政支出新息冲击的例子：Auerbach & Gorodnichenko(2012)等。

　　Kilian & Lütkepohl(2017)指出通常情况下，这种直接识别的方法可将识别的外生冲击置于 SVAR 模型中第一个变量的位置，并采取递归识别方法(即 Cholesky 识别方法)。此处以 Auerbach & Gorodnichenko(2012)的财政支出新息冲击为例，简单加以介绍。假设财政新息变量为 $news_t$，将其放入一个 3-变量的 SVAR 模型中，从而得到 4-变量 SVAR 模型：

$$\mathbf{y}_t \equiv \begin{pmatrix} news_t \\ gov_t \\ tax_t \\ gdp_t \end{pmatrix} \tag{6.2.1}$$

其中 gov_t 表示政府购买的对数；tax_t 表示政府税收收入的对数；gdp_t 表示实际 GDP 的对数。在结构冲击识别时，使用了如下的递归结构

$$\begin{pmatrix} \epsilon_t^{news} \\ \epsilon_t^{gov} \\ \epsilon_t^{tax} \\ \epsilon_t^{gdp} \end{pmatrix} = \begin{pmatrix} a_{11} & 0 & 0 & 0 \\ a_{21} & a_{22} & 0 & 0 \\ a_{31} & a_{32} & a_{33} & 0 \\ a_{41} & a_{42} & a_{43} & a_{44} \end{pmatrix} \begin{pmatrix} u_t^{news} \\ u_t^{gov} \\ u_t^{tax} \\ u_t^{gdp} \end{pmatrix} \tag{6.2.2}$$

如果财政新息不存在序列相关，那么可将其同时视为观测变量和结构冲击：即

$$news_t = \epsilon_t^{news} \tag{6.2.3}$$

结构冲击识别还额外施加了约束：即在短期内，政府支出不受当期财政状况

和宏观经济的影响，即第二个结构冲击可被识别为政府支出冲击。

二、外部工具变量法

外生结构冲击的直接估计及因果推断通常有一个非常强的假设：估计要完全准确，否则因果推断将会存在偏误。这种强假设在现实研究中往往难以满足，这也意味着后续的因果推断不可避免地存在偏误。这时构建的外生结构冲击可解释为工具变量（instrumental variable 或 proxy），即和实际结构冲击相关（correlation），但和其他结构冲击不相关（irrelevance），这类模型有时也被称为 Proxy SVAR。

外部工具变量法的研究进展较快。Herwartz, Rohloff & Wang（2022）着重从工具变量的强弱或相关性角度研究了工具变量对识别结果的影响。Bacchiocchi & Kitagawa（2022）从贝叶斯学派和频率学派的角度研究了 SVAR 模型的局部（非全局）识别方法。Lütkepohl & Schlaak（2021）探讨了异质 SVAR 模型的工具变量识别问题。本节并不打算涵盖所有的研究进展，仅仅聚焦宏观和基础的研究方法本身的进展。接下来探讨目前文献中将工具变量应用于 SVAR 模型识别中的常用方法。

（一）增强型（Agumented）VAR 识别方法

增强型 VAR 识别方法的根本思想是将外部工具变量放入 VAR 模型中，使工具变量成为内生变量。其根本优点在于能将结构冲击表示成原有非结构冲击和外部工具变量对应冲击的线性组合。

考虑经典的供给和需求两变量 SVAR 模型，其内生变量为：

$$\mathbf{y}_t \equiv \begin{bmatrix} q_t \\ p_t \end{bmatrix} \tag{6.2.4}$$

对应的 SVAR 模型为

$$\mathbf{A}\mathbf{y}_t = \mathbf{c}_0 + \mathbf{B}_1\mathbf{y}_{t-1} + \mathbf{B}_2\mathbf{y}_{t-2} + \cdots + \mathbf{B}_m\mathbf{y}_{t-m} + \mathbf{u}_t \tag{6.2.5}$$

其中 m 为模型滞后阶数，且

$$\mathbf{A} = \begin{bmatrix} 1 & -\alpha^d \\ 1 & -\alpha^s \end{bmatrix}, \ \mathbf{c}_0 = \begin{bmatrix} c_0^d \\ c_0^s \end{bmatrix}, \ \mathbf{B}_i = \begin{bmatrix} b_{i1}^d & b_{i2}^d \\ b_{i1}^s & b_{i2}^s \end{bmatrix}, \ \mathbf{u}_t = \begin{bmatrix} u_t^d \\ u_t^s \end{bmatrix} \tag{6.2.6}$$

一个经典的外部工具变量为：天气（w_t）。天气被普遍认为只和供给有关，而和需求冲击无关。因此增强 VAR 方法要求，将两变量模型扩充为三变量 SVAR 模型：

$$\mathbf{y}_t \equiv \begin{pmatrix} q_t \\ p_t \\ w_t \end{pmatrix} \tag{6.2.7}$$

此时模型系数为

$$\mathbf{A} = \begin{pmatrix} 1 & -\alpha^d & 0 \\ 1 & -\alpha^s & -\beta^s \\ 0 & 0 & 1 \end{pmatrix}, \quad \mathbf{c}_0 = \begin{pmatrix} c_0^d \\ c_0^s \\ c_0^w \end{pmatrix}, \quad \mathbf{B}_i = \begin{pmatrix} b_{i1}^d & b_{i2}^d & b_{i3}^d \\ b_{i1}^s & b_{i2}^s & b_{i2}^s \\ b_{i1}^w & b_{i2}^w & b_{i3}^w \end{pmatrix}, \quad \mathbf{u}_t = \begin{pmatrix} u_t^d \\ u_t^s \\ u_t^w \end{pmatrix}$$

$$\tag{6.2.8}$$

此时可对模型的系数矩阵施加一定的外生约束，如 $b_{i3}^d = 0$，需求始终不受天气因素的影响等。此处暂不考虑对矩阵 $\mathbf{B}_i$ 施加约束，其并不影响模型识别（即冲击当期的脉冲响应），只影响模型的动态，即第二期及以后期的脉冲响应函数。

模型识别归结为矩阵 $\mathbf{A}$ 的识别，即 α^d，α^s，β^s 的确定。首先，可通过工具变量回归获得 α^d 的 IV 估计值：假设 $\hat{\epsilon}_t^q$，$\hat{\epsilon}_t^p$，$\hat{\epsilon}_t^w$ 为简化式模型 OLS 估计对应残差项，以 $\hat{\epsilon}_t^w$ 作为 $\hat{\epsilon}_t^p$ 的工具变量，将 $\hat{\epsilon}_t^q$ 对 $\hat{\epsilon}_t^p$ 进行工具变量回归，可得 α^d 的 IV 估计值 $\hat{\alpha}_{IV}^d$

$$\hat{\alpha}_{IV}^d = \frac{\sum_{t=1}^{T} \hat{\epsilon}_t^w \hat{\epsilon}_t^q}{\sum_{t=1}^{T} \hat{\epsilon}_t^w \hat{\epsilon}_t^p} \tag{6.2.9}$$

其次，分别使用 $\hat{\epsilon}_t^w$ 和 $\hat{u}_t^d \equiv \hat{\epsilon}_t^q - \hat{\alpha}_{IV}^d \hat{\epsilon}_t^p$ 作为 $\hat{\epsilon}_t^p$ 和 $\hat{\epsilon}_t^w$ 的工具变量，将 $\hat{\epsilon}_t^q$ 对 $\hat{\epsilon}_t^p$ 和 $\hat{\epsilon}_t^w$ 进行工具变量回归，可得 α^s，β^s 的估计值

$$\begin{pmatrix} \hat{\alpha}_{IV}^s \\ \hat{\beta}_{IV}^d \end{pmatrix} = \begin{pmatrix} \sum_{t=1}^{T} \hat{u}_t^d \hat{\epsilon}_t^p & \sum_{t=1}^{T} \hat{u}_t^d \hat{\epsilon}_t^w \\ \sum_{t=1}^{T} \hat{\epsilon}_t^w \hat{\epsilon}_t^p & \sum_{t=1}^{T} \hat{\epsilon}_t^w \hat{\epsilon}_t^w \end{pmatrix}^{-1} \begin{pmatrix} \sum_{t=1}^{T} \hat{u}_t^d \hat{\epsilon}_t^q \\ \sum_{t=1}^{T} \hat{\epsilon}_t^w \hat{\epsilon}_t^q \end{pmatrix} \tag{6.2.10}$$

从而完成模型识别。

（二）SVAR-IV 方法

SVAR-IV 方法直接利用工具变量的根本特征，对脉冲响应函数进行估计。这一方法由 Stock（2008）引入，被 Stock & Watson（2012，2018），Mertens & Ravn（2014，JME；2013，AER），Gertler & Karadi（2015）和 Caldara & Kamps（2017）等使用。和增强型 VAR 方法不同，SVAR-IV 方

法并不要求工具变量进入模型,而是考虑将简化式 VAR 模型的残差与工具变量进行回归,获取估计系数后计算脉冲响应。Stock & Watson(2016)综述了 SVAR-IV 方法,此处简单介绍。

考虑 SVAR 模型的经典形式(1.3.1)式中简化式 VAR 模型对应的冲击 ϵ_t 和 SVAR 模型对应的结构冲击 $\mathbf{u}_t$ 之间的关系:$\epsilon_t = \mathbf{A}^{-1}\mathbf{u}_t$,其中 $\mathbf{A}$ 为 SVAR 模型中当期系数矩阵。假设 $\mathbf{u}_t$ 中的第 i 个结构冲击 u_{it} 存在外部工具变量 z_t,即分别满足相关性和外生性要求[①]:

$$E(z_{it}u_{it}) = \alpha_i \neq 0 \qquad (6.2.11)$$

$$E(z_{it}u_{jt}) = 0, \; i \neq j \qquad (6.2.12)$$

其中 $i, j = 1, 2, \cdots, n$,n 表示 SVAR 模型中内生变量的个数。于是可得:

$$E(\epsilon_t z_{it}) = \mathbf{A}^{-1}E(\mathbf{u}_t z_{it}) = \mathbf{A}^{-1}\alpha_i \mathbf{e}_i \qquad (6.2.13)$$

其中 $\mathbf{e}_i$ 表示单位矩阵 $\mathbf{I}_n$ 的第 i 列。从而可估计出 $\mathbf{A}^{-1}$ 的第 i 列 $\mathbf{a}^{(i)}$ 为:

$$\mathbf{a}^{(i)} \equiv \frac{1}{T}\sum_{t=1}^{T}\hat{\epsilon}_t z_{it} \qquad (6.2.14)$$

然而在更为一般的情况下,多个工具变量识别多个结构冲击时,需要施加额外的约束才能识别。假设待识别的结构冲击为 p 个($p>1$),且位于 $\mathbf{u}_t$ 前 p 个位置:$\mathbf{u}_t = (\mathbf{u}_{1t}; \mathbf{u}_{2t})$,其中 $\mathbf{u}_{1t} = (u_{1t}, \cdots, u_{pt})^T$,且工具变量 $\mathbf{z}_t = (z_{1t}, \cdots, z_{pt})^T$ 满足

$$E(\mathbf{z}_t\mathbf{u}_{1t}') = \mathbf{\Gamma}_{p \times p} \neq 0 \qquad (6.2.15)$$

$$E(\mathbf{z}_t\mathbf{u}_{2t}') = \mathbf{0}_{p \times (n-p)} \qquad (6.2.16)$$

由于只识别前 p 个冲击,因此如果 $\mathbf{A}^{-1}$ 的前 p 列(记为 $\mathbf{A}_{1p}$)是已知的,则识别任务已完成,进而能计算对应的脉冲响应函数。然而 $\mathbf{A}_{1p}$ 往往无法直接确定。Stock & Watson(2008)和 Mertens & Ravn(2013)研究认为需要额外施加 $p \times (p-1)/2$ 个约束才能将 $\mathbf{A}_{1p}$ 识别出来。当 $p=1$ 时,无须额外约束,只需符号约束即可。

接下来简要介绍如何识别 $\mathbf{A}_{1p}$。考虑矩阵 $\mathbf{A}^{-1}$ 的如下分割:

[①]　通常情况下,还要求工具变量 z_t 自身不存在序列相关(serially uncorrelated)。Noh (2019)还指出工具变量 z_t 也不能和结构冲击 u_{it} 的将来或历史值相关。

$$\mathbf{A}^{-1} = \begin{pmatrix} \underset{p \times p}{A_{11}} & \underset{p \times (n-p)}{A_{12}} \\ \underset{(n-p) \times p}{A_{21}} & \underset{(n-p) \times (n-p)}{A_{22}} \end{pmatrix} \tag{6.2.17}$$

对简化式模型的残差 $\epsilon_t = \mathbf{A}^{-1} \mathbf{u}_t$ 做出与 $\mathbf{u}_t = (\mathbf{u}_{1t} ; \mathbf{u}_{2t})$ 一样的划分:$\epsilon_t = (\epsilon_{1t} ; \epsilon_{2t})$,此时

$$\begin{pmatrix} \epsilon_{1t} \\ \epsilon_{2t} \end{pmatrix} = \begin{pmatrix} \underset{p \times p}{A_{11}} & \underset{p \times (n-p)}{A_{12}} \\ \underset{(n-p) \times p}{A_{21}} & \underset{(n-p) \times (n-p)}{A_{22}} \end{pmatrix} \begin{pmatrix} \mathbf{u}_{1t} \\ \mathbf{u}_{2t} \end{pmatrix} \tag{6.2.18}$$

因此

$$\epsilon_{1t} = A_{11} \mathbf{u}_{1t} + A_{12} \mathbf{u}_{2t}, \ \epsilon_{2t} = A_{21} \mathbf{u}_{1t} + A_{22} \mathbf{u}_{2t} \tag{6.2.19}$$

考虑到工具变量的定义(6.2.15)和(6.2.16),

$$E(z_t \epsilon_{1t}') = E(z_t \mathbf{u}_{1t}') A_{11}' + E(z_t \mathbf{u}_{2t}') A_{12}' = \mathbf{\Gamma} A_{11}' \tag{6.2.20}$$

$$E(z_t \epsilon_{2t}') = E(z_t \mathbf{u}_{1t}') A_{21}' + E(z_t \mathbf{u}_{2t}') A_{22}' = \mathbf{\Gamma} A_{21}' \tag{6.2.21}$$

因此

$$E(z_t \epsilon_{1t}')^{-1} E(z_t \epsilon_{2t}') = (A_{11}')^{-1} \mathbf{\Gamma}^{-1} \mathbf{\Gamma} A_{21}' = (A_{11}')^{-1} A_{21}' \tag{6.2.22}$$

而 $E(z_t \epsilon_{1t}')$,$E(z_t \epsilon_{2t}')$ 可使用工具变量回归和简化式模型的残差来估计出来,因此(6.2.22)式相当于对简化式模型的协方差矩阵施加了额外约束,因此能够识别出 $\mathbf{A}_{1p}$。

一个具体的例子是 Stock & Watson(2012),其使用了多个外部工具变量来识别货币政策冲击,并和不同文献的识别结果,进行了相关性分析,这些文献包括:Romer & Romer(2004)的叙事型货币政策冲击(narrative shocks)、Smets & Wouters(2007)的 DSGE 模型下的货币政策冲击和 Gürkaynak,Sack & Swanson(2005)的联邦基金期货市场的冲击(Fed. target shock)。

应用实例 17 货币政策外生冲击的 SVAR 模型识别:SVAR-IV 方法

该例来源于 Gertler & Karadi(2015,*AEJM*)。文章的核心思路是分析货币政策的传导机制,特别在外生货币政策冲击(exogenous monetary policy surprise)下经济和关键金融变量如何变化? 因此识别外生货币政策

冲击成为此文的关键。Gertler & Karadi(2015)使用了利率期货和欧洲美元存款利率作为工具变量来识别外生货币政策冲击[①]。在基准月度 VAR 模型中,采取了如下 4 变量:

$$\mathbf{y}_t \equiv \begin{bmatrix} r_t^{gov\_bond} \\ \log IP_t \\ \log CPI_t \\ r_t^{\Delta} \end{bmatrix} \tag{6.2.23}$$

其中 $r_t^{gov\_bond}$ 表示政府债券收益率,期限为 1 年;$\log IP_t$ 表示工业产出的对数;$\log CPI_t$ 表示 CPI 指数的对数;r_t^{Δ} 表示超额收益率,即公司债券和政府债券收益率的差值(具有相同或近似的期限)。Gertler & Karadi(2015)将 $r_t^{gov\_bond}$ 称为政策指示变量(policy indicator),言外之意是政府债券收益率的波动多数归因于货币政策冲击,该货币政策冲击不仅包括传统意义上联邦基金利率的波动,也包括在零利率约束下的前瞻指引政策冲击[②]。

假设 SVAR 模型如(1.3.1)式:

$$\mathbf{A}\mathbf{y}_t = \mathbf{B}\mathbf{x}_{t-1} + \mathbf{u}_t \tag{6.2.24}$$

其中 $\mathbf{A}$ 表示内生变量 $\mathbf{y}_t$ 当期之间(即 t 期)关系的系数矩阵;$\mathbf{B}=(\mathbf{c}, \mathbf{B}_1, \mathbf{B}_2, \cdots, \mathbf{B}_m)$;$\mathbf{x}_t=(1, \mathbf{y}_{t-1}, \mathbf{y}_{t-2}, \cdots, \mathbf{y}_{t-m})$;$\mathbf{u}_t$ 为结构冲击:

$$\mathbf{A}\mathbf{y}_t = \mathbf{c} + \mathbf{B}_1\mathbf{y}_{t-1} + \mathbf{B}_2\mathbf{y}_{t-2} + \cdots + \mathbf{B}_m\mathbf{y}_{t-m} + \mathbf{u}_t \tag{6.2.25}$$

在上式两边同时乘以 $\mathbf{A}^{-1}$,得到简化式模型

$$\mathbf{y}_t = \mathbf{\Phi}_0 + \mathbf{\Phi}_1\mathbf{y}_{t-1} + \cdots + \mathbf{\Phi}_m\mathbf{y}_{t-m} + \boldsymbol{\epsilon}_t \tag{6.2.26}$$

其中 $\boldsymbol{\epsilon}_t = \mathbf{A}^{-1}\mathbf{u}_t$ 表示简化式模型对应的非正交冲击(在 OLS 回归中表示残差项);$\mathbf{\Phi}_0 = \mathbf{A}^{-1}\mathbf{c}$;$\mathbf{\Phi}_i = \mathbf{A}^{-1}\mathbf{B}_i$,$i=1, 2, \cdots, m$,$m$ 为 VAR 模型的滞后阶数。假定简化式模型的协方差矩阵为 $\mathbf{\Sigma}$

[①] 用于工具变量的利率产品或期货产品包括:当月和 3 个月联邦基金利率期货价格、6 个月,9 个月和 1 年期欧洲美元存款利率。

[②] Gertler & Karadi(2015)指出文献中货币政策工具和政策指标通常是统一的,多选作联邦基金利率。这里之所以将无风险政府债券利率作为政策指标变量,是因为公共债券利率的波动不仅仅来自传统意义上的货币政策冲击。债券期限一般比联邦基金利率期货的期限要长,因此公共债券利率的波动还有可能来自美联储最新的货币政策:即前瞻指引,其决定了联邦基金利率未来的走势(文献中通常认为前瞻指引的窗口期为 2 年)。也就是说政府债券利率的波动原因更为广泛,更有利于识别外生货币政策冲击。

$$E(\epsilon_t \epsilon_t') = E(\mathbf{A}^{-1} \mathbf{A}^{-1'}) = \Sigma \qquad (6.2.27)$$

其中假设结构冲击 $\mathbf{u}_t$ 的协方差矩阵为单位矩阵。在(6.2.23)式的假设下,展开简化式模型和结构模型的冲击之间的关系式 $\epsilon_t = \mathbf{A}^{-1} \mathbf{u}_t$

$$\begin{pmatrix} \epsilon_t^p \\ \epsilon_t^{ip} \\ \epsilon_t^{cpi} \\ \epsilon_t^{risk} \end{pmatrix} = \begin{pmatrix} a_{11} & a_{12} & a_{13} & a_{14} \\ a_{21} & a_{22} & a_{23} & a_{24} \\ a_{31} & a_{32} & a_{33} & a_{34} \\ a_{41} & a_{42} & a_{43} & a_{44} \end{pmatrix} \begin{pmatrix} u_t^p \\ u_t^{ip} \\ u_t^{cpi} \\ u_t^{risk} \end{pmatrix} \qquad (6.2.28)$$

如果只考虑货币政策冲击 u_t^p,那么简化式模型此时可写为

$$\mathbf{y}_t = \mathbf{\Phi}_0 + \mathbf{\Phi}_1 \mathbf{y}_{t-1} + \cdots + \mathbf{\Phi}_m \mathbf{y}_{t-m} + \begin{pmatrix} a_{11} \\ a_{21} \\ a_{31} \\ a_{41} \end{pmatrix} u_t^p \qquad (6.2.29)$$

其中 a_{i1}, $i = 1, 2, 3, 4$ 为待识别结构参数,表示各内生变量相对于货币政策冲击 u_t^p 的脉冲响应。在标准的货币政策冲击识别假设下,通常假定 $a_{i1} = 0$, $i = 2, 3, 4$ 而 $a_{11} \neq 0$。也就是说除了政策指标变量当期脉冲响应不为零,其余内生变量的当期脉冲响应为零,即货币政策对内生变量的变化进行调整,但在当期内,货币政策不存在反馈效应,即内生变量不对货币政策的变化做出立即调整。当模型中存在金融变量(如此处的公司债券超额收益率)时,显然这种假设并不恰当,通常情况下金融变量时变性较高,易受核心政策利率变化的影响。

接下来简单介绍工具变量法。首先重新定义符号。记

$$\mathbf{u}_t = \begin{pmatrix} u_t^p \\ u_t^{ip} \\ u_t^{cpi} \\ u_t^{risk} \end{pmatrix} = \begin{pmatrix} u_{1t} \\ \mathbf{u}_{2t} \end{pmatrix}, \ u_{1t} \equiv u_t^p, \ \mathbf{u}_{2t} \equiv \begin{pmatrix} u_t^{ip} \\ u_t^{cpi} \\ u_t^{risk} \end{pmatrix} \qquad (6.2.30)$$

$$\epsilon_t \equiv \begin{pmatrix} \epsilon_t^p \\ \epsilon_t^{ip} \\ \epsilon_t^{cpi} \\ \epsilon_t^{risk} \end{pmatrix} = \begin{pmatrix} \epsilon_{1t} \\ \epsilon_{2t} \end{pmatrix}, \ \epsilon_{1t} \equiv \epsilon_t^p, \ \epsilon_{2t} \equiv \begin{pmatrix} \epsilon_t^{ip} \\ \epsilon_t^{cpi} \\ \epsilon_t^{risk} \end{pmatrix} \qquad (6.2.31)$$

$$\mathbf{A}^{-1}=\begin{bmatrix} a_{11} & \mathbf{a}_{12} \\ \mathbf{a}_{21} & \mathbf{a}_{22} \end{bmatrix}, \ \Sigma=\begin{bmatrix} \Sigma_{11} & \Sigma_{12} \\ \Sigma_{21} & \Sigma_{22} \end{bmatrix} \qquad (6.2.32)$$

假设货币政策冲击 u_t^p 的工具变量为 z_t，即 z_t 和 u_t^p 相关，但正交于其他结构冲击 $\mathbf{u}_{2t}$，即

$$E(z_t u_{1t})=E(z_t u_t^p)\neq 0 \qquad (6.2.33)$$
$$E(z_t \mathbf{u}_{2t})=0 \qquad (6.2.34)$$

为了获取 $\mathbf{A}^{-1}$ 的第一列估计值，即 a_{11}，$\mathbf{a}_{21}$ 的估计值，可实施如下的两阶段工具变量最小二乘法。第一阶段，工具变量回归

$$\epsilon_{1t}=\epsilon_t^p=a_{11}z_t+\xi_{1t} \qquad (6.2.35)$$

其中 $\epsilon_{1t}=\epsilon_t^p$ 为简化式 VAR 模型 OLS 估计的残差。工具变量回归可获得货币政策结构冲击的一个估计值 $\hat{\epsilon}_{1t}=\hat{\epsilon}_t^p$。直观上说 $\hat{\epsilon}_{1t}=\hat{\epsilon}_t^p$ 变动只来自结构冲击 u_t^p。第二阶段，使用 ϵ_{2t} 对 $\hat{\epsilon}_{1t}=\hat{\epsilon}_t^p$ 进行回归，

$$\epsilon_{2t}=\frac{\mathbf{a}_{21}}{a_{11}}\hat{\epsilon}_{1t}+\xi_{2t} \qquad (6.2.36)$$

从而可得到 $\mathbf{a}_{21}/a_{11}$ 的一个估计 $\left(\widehat{\dfrac{\mathbf{a}_{21}}{a_{11}}}\right)$。

若 a_{11} 的估计值 $\hat{a}_{11}$ 可获取，那么可通过下式获得 $\mathbf{a}_{21}$ 的估计值 $\hat{\mathbf{a}}_{21}$

$$\hat{\mathbf{a}}_{21}\equiv\left(\widehat{\frac{\mathbf{a}_{21}}{a_{11}}}\right)\times\hat{a}_{11} \qquad (6.2.37)$$

于是 $\mathbf{A}^{-1}$ 的第一列被全部识别出来，因此由简化式模型的定义（6.2.29）可计算出各内生变量针对货币政策结构冲击的脉冲响应（简化式模型中的系数可由 OLS 估计出来）。因此问题的关键转变为对 a_{11} 的估计。

接下来对 a_{11} 进行估计推导。注意到结构冲击和简化式模型冲击之间的关系（6.2.27），并注意到 $\mathbf{A}^{-1}$ 和 Σ 的定义（6.2.32），得

$$\begin{bmatrix} a_{11} & \mathbf{a}_{12} \\ \mathbf{a}_{21} & \mathbf{a}_{22} \end{bmatrix}\begin{bmatrix} a_{11} & \mathbf{a}_{12} \\ \mathbf{a}_{21} & \mathbf{a}_{22} \end{bmatrix}'=\begin{bmatrix} \Sigma_{11} & \Sigma_{12} \\ \Sigma_{21} & \Sigma_{22} \end{bmatrix} \qquad (6.2.38)$$

展开可得

$$\begin{aligned} \Sigma_{11}&=a_{11}^2+\mathbf{a}_{12}\mathbf{a}_{12}' \\ \Sigma_{21}&=\mathbf{a}_{21}a_{11}+\mathbf{a}_{22}\mathbf{a}_{12}' \\ \Sigma_{22}&=\mathbf{a}_{21}\mathbf{a}_{21}'+\mathbf{a}_{22}\mathbf{a}_{22}' \end{aligned} \qquad (6.2.39)$$

令

$$U \equiv \mathbf{a}_{22} - \frac{\mathbf{a}_{21}\mathbf{a}_{12}}{a_{11}}, \quad \mathbf{Q} \equiv UU' \tag{6.2.40}$$

易得

$$\mathbf{Q} = UU' = \frac{\mathbf{a}_{21}}{a_{11}}\Sigma_{11}\frac{\mathbf{a}'_{21}}{a_{11}} - \left(\Sigma_{21}\frac{\mathbf{a}'_{21}}{a_{11}} + \frac{\mathbf{a}_{21}}{a_{11}}\Sigma'_{21}\right) + \Sigma_{22} \tag{6.2.41}$$

此外易得

$$\Sigma_{21} - \frac{\mathbf{a}_{21}}{a_{11}}\Sigma_{11} = U\mathbf{a}'_{12} \tag{6.2.42}$$

因此由（6.2.41）和（6.2.42）可知

$$
\begin{aligned}
&\left(\Sigma_{21} - \frac{\mathbf{a}_{21}}{a_{11}}\Sigma_{11}\right)' \mathbf{Q}^{-1} \left(\Sigma_{21} - \frac{\mathbf{a}_{21}}{a_{11}}\Sigma_{11}\right) \\
&= (U\mathbf{a}'_{12})'(UU')^{-1}(U\mathbf{a}'_{12}) \\
&= \mathbf{a}_{12}\mathbf{a}'_{12}
\end{aligned}
\tag{6.2.43}
$$

再由（6.2.39）可得

$$a_{11}^2 = \Sigma_{11} - \mathbf{a}_{12}\mathbf{a}'_{12} \tag{6.2.44}$$

其中 Σ_{ij}，$i, j = 1, 2$ 来自简化式模型 OLS 估计残差的协方差矩阵 Σ，因此可估计。此外 $\mathbf{a}_{21}/a_{11}$ 的一个估计 $\left(\widehat{\frac{\mathbf{a}_{21}}{a_{11}}}\right)$ 已知，且 $\mathbf{Q}$ 能表示成 Σ_{ij} 和 $\mathbf{a}_{21}/a_{11}$ 的函数，因此容易由（6.2.43）和（6.2.44）得到 a_{11}^2 的估计值，再由传统的符号识别，可最终得到 a_{11} 的估计值 $\hat{a}_{11}$，因此完成全部识别任务。[1]

接下来，在 Matlab 中实现上述识别算法。为了对比外部工具变量法，此处同时给出 Cholesky 识别方法的脉冲响应结果[2]。

在一单位正向冲击下（3 个月联邦基金利率期货价格，图 6.3），一年期政府债券利率上升大约 25 个基点，工业产出在大约 1.5 年后到达底部，而

---

[1] Gertler & Karadi(2015, *AEJM*, p.52)脚注 4 中倒数第二和第三个等式成立，然而最后一个等式并不成立。可通过一个简单的例子在 Matlab 中加以验证：\DSGE_VAR_Source_Codes\chap6\sec6.2\svar_iv_example.m。

[2] Matlab 源文件地址：\DSGE_VAR_Source_Codes\chap6\sec6.2\GK2015_AEJM_fig1.m。对应数据文件为：\DSGE_VAR_Source_Codes\chap6\sec6.2\GK2015_AEJM_Data.xlsx。此处的数据和代码参考了 Ambrogio Cesa-Bianchi 提供的代码。

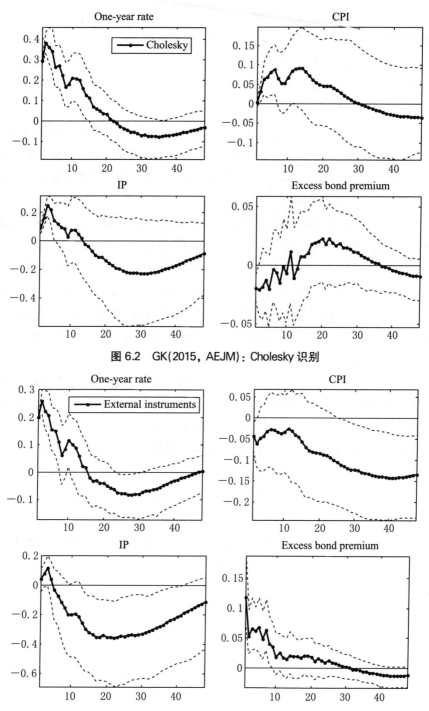

图 6.2　GK(2015，AEJM)：Cholesky 识别

图 6.3　GK(2015，AEJM)：SVAR-Ⅳ 识别:外部工具变量法识别

注:虚线表示 95％的置信区间。

后缓慢上升。CPI 指数略微下降,但统计上不显著。超额收益率上升大约10 个基点并且统计上显著。和 Choleski 识别相比(图 6.2),此处并未施加额外的约束(即通胀和工业产出当期不对货币政策冲击做出反应),因此图6.3 中识别的货币政策冲击完全归因于外部工具变量。

(三)混频与混频 IV 识别方法

所谓混频识别是指识别过程中使用了不同频率的数据,而混频 IV 识别方法是指在识别过程中不仅使用了工具变量,而且在选择工具变量时,使用了和 VAR 模型变量不同频率的数据,而这些数据往往是高频数据,如月度数据,甚至是日交易数据。

Ferreira(2022)在研究前瞻指引政策时,使用了混频和叙事(narrative)相结合的方法,将前瞻指引政策从传统的货币政策中分解出来。Gertler &Karadi(2015)在识别外生货币政策冲击时不仅使用了传统的 VAR 模型,也使用了高频数据识别方法(HFI, high frequency identification)。Li &Niu(2021, *EL*)使用混频 IV 方法来考察了中国财政政策乘数。该混频方法巧妙地放松了经典的滞后阶数约束(Blanchard & Perotti, 2002, *QJE*):即财政支出对产出冲击反应要长于一个季度。

Li & Niu(2021)认为在研究中国问题时,这种识别约束将严重低估财政政策乘数。他们认为中国财政支出对产出冲击的反应更迅速、更灵敏,即反应时长小于一个季度。于是,他们使用未预期的季度首月政府支出变化作为工具变量,采取两变量 SVAR 模型进行识别。结果显示在冲击当期的财政政策乘数为 0.546,最高为 1.846,而采取 Blanchard and Perotti(2002)的识别方法所得结果严重偏小,当期乘数为 0.035,最高为 0.115。接下来以 Li & Niu(2021)为例,详细介绍混频 IV 识别方法。

应用实例 18 中国财政政策支出乘数:2-变量混频 SVA-IV 识别模型

Li & Niu(2021)采取了如下两变量季度 VAR 模型[①]:

$$\mathbf{y}_t = c + \gamma D_t + \sum_{s=1}^{m} \Phi(L)\mathbf{y}_{t-s} + \boldsymbol{\epsilon}_t \tag{6.2.45}$$

其中 c 表示常数项;D_t 表示线性确定性趋势项;$\epsilon_t = (\epsilon_t^g, \epsilon_t^y)^T$ 表示简化式模型的残差项,ϵ_t^g 表示政府支出方程的残差项,ϵ_t^y 表示产出方程的残差项;m 为模型滞后阶数;内生变量 $\mathbf{y}_t$ 的定义为

---

① 为了保持符号前后一致,此处对原文中的符号略加修改。

$$\mathbf{y}_t \equiv \begin{pmatrix} \log G_t \\ \log Y_t \end{pmatrix} \tag{6.2.46}$$

假设 $\mathbf{u}_t = (u_t^g, u_t^y)^T$ 表示结构冲击列向量,其中 u_t^g 表示政府支出结构冲击,u_t^y 表示产出结构冲击,其与简化式模型的残差 $\boldsymbol{\epsilon}_t$ 之间的对应关系为

$$\begin{bmatrix} 1 & -b_1 \\ -b_2 & 1 \end{bmatrix} \begin{pmatrix} \epsilon_t^g \\ \epsilon_t^y \end{pmatrix} = \begin{pmatrix} u_t^g \\ u_t^y \end{pmatrix} \tag{6.2.47}$$

因此结构识别最终归结为结构参数 b_1, b_2 的估计。Blanchard & Perotti (2002)的识别方法直接假设 $b_1 = 0$,即当期政府支出不受产出冲击的影响。而 Li & Niu(2021)则假定 $b_1 \neq 0$,认为中国财政支出对产出的反应时间大于一个月,但小于一个季度,从而缩短了响应时间。Li & Niu(2021)使用了如下的月度数据模型(相对于 VAR 模型的季度频率可称为高频)来寻找工具变量:

$$\log G_{t,1} = c + \gamma t + \sum_{s=1}^{m} (\alpha_{s,3} \log G_{t-s,3} + \alpha_{s,2} \log G_{t-s,2} + \alpha_{s,1} \log G_{t-s,1})$$
$$+ \sum_{s=1}^{p} \beta_s \log Y_{t-s} + \epsilon_t^{g1} \tag{6.2.48}$$

其中 $G_{t,i}$ 表示第 t 季度第 i 月的政府支出,$i = 1, 2, 3$。

Li & Niu(2021)将未预期的季度首月政府支出变化 ϵ_t^{g1} 作为 ϵ_t^g 的工具变量,然后对(6.2.47)中第二个方程进行工具变量回归,得到 b_2 的估计值 $\hat{b}_2$:

$$\epsilon_t^y = b_2 \epsilon_t^{g1} + \xi_{y,t} \tag{6.2.49}$$

然后令

$$\tilde{\epsilon}_t^y = \epsilon_t^y - \hat{b}_2 \epsilon_t^g \tag{6.2.50}$$

为 ϵ_t^y 的工具变量,对(6.2.47)中第一个方程进行工具变量回归,得到待估参数 b_1 的估计值 $\hat{b}_1$:

$$\epsilon_t^g = b_1 \tilde{\epsilon}_t^y + \xi_{g,t} \tag{6.2.51}$$

Li & Niu(2021)识别结果显示 b_1 的估计值高度显著为负,这说明 Blanchard & Perotti(2002)的识别方法($b_1 = 0$)并不适合中国的具体情况。至此模型识别完毕。

（四）SVAR-IV 方法与 Bayesian 分析框架

本部分简要介绍如何将工具变量法和第五章中的 Bayesian 分析框架结合起来，从而进行拓展分析。Nguyen（2019）发现可将工具变量法纳入 Bayesian 分析框架下，从而可使用 **BH** 识别方法，即拓展了 BH 分析框架，加入了符号识别，同时也引入了工具变量方法。文献中，通常假设 z_t 是结构冲击 u_{it} 的一个"恰当"的工具变量，即

$$E(z_t u_{it}) = \alpha, \ E(z_t u_{jt}) = 0, \ j \neq i \tag{6.2.52}$$

Nguyen（2019）将工具变量的恰当性解释为两个方面：相关性（relevance）和正确性（validity）。所谓相关性是指工具变量 z_t 和结构冲击 u_{it} 之间的相关性。而正确性是指工具变量 z_t 与其他结构冲击之间的正交性（即不相关性）。因此一个不恰当的工具变量要么不具有相关性，要么是不具有正交性。接下来简单介绍 Nguyen（2019）的研究框架。

假设 SVAR 模型如（1.3.1）式：

$$\mathbf{A}\mathbf{y}_t = \mathbf{B}\mathbf{x}_{t-1} + \mathbf{u}_t \tag{6.2.53}$$

其中 **A** 表示内生变量 $\mathbf{y}_t$ 各分量之间（即 t 期）当期关系的系数矩阵；$\mathbf{B} \equiv (\mathbf{c}, \mathbf{B}_1, \mathbf{B}_2, \cdots, \mathbf{B}_m)$；$\mathbf{x}_t \equiv (1, \mathbf{y}_{t-1}, \mathbf{y}_{t-2}, \cdots, \mathbf{y}_{t-m})$；$\mathbf{u}_t$ 为结构冲击。假设将 q 个工具变量组成的向量 $\mathbf{z}_t \equiv (z_{1t}, z_{2t}, \cdots, z_{qt})^T$ 引入模型，可使用线性投影法（linear projection）：

$$\mathbf{u}_t = \mathbf{C}\mathbf{z}_t + \mathbf{w}_t, \ \mathbf{w}_t \sim \text{i.i.d } N(0, \mathbf{D}) \tag{6.2.54}$$

其中 **D** 为对角矩阵；**C** 为 $n \times q$ 矩阵，n 为（1.3.1）式内生变量的个数，**C** 确定了工具变量和内生变量之间的关系；当工具变量具有不相关性和正确性，那么 **C**=0；当工具变量具有相关性和不正确性，那么为 **C** 将不受约束；通常情况下，工具变量具有相关性和正确性。若使用所有工具变量识别一个结构冲击（如最后一个），那么 **C** 通常具有如下形式：

$$\mathbf{C} = \begin{pmatrix} \underset{(n-1) \times q}{\mathbf{0}} \\ \underset{1 \times q}{\mathbf{c}_n} \end{pmatrix} \tag{6.2.55}$$

即 **C** 的前 $n-1$ 行为零，最后一行不全为零，这确保工具变量只与最后一个结构冲击相关（相关性），而不与其他结构冲击相关（正确性）；$\mathbf{c}_n \equiv (c_{n1}, \cdots, c_{nq})$。将（6.2.54）式代入 SVAR 模型的定义（6.2.53），可得带有工具变量的

SVAR 模型：

$$\mathbf{A}\mathbf{y}_t = \mathbf{B}\mathbf{x}_{t-1} + \mathbf{C}\mathbf{z}_t + \mathbf{w}_t \qquad (6.2.56)$$

Nguyen(2019)指出基于(6.2.56)式的工具变量的结构识别具有较高的灵活性,内嵌了几种重要的识别场景:第一,一个工具变量识别一个结构冲击;第二,多个工具变量识别一个结构冲击;第三,多个工具变量识别多个结构冲击等。

接下来考察如何进行结构识别。将(6.2.56)式写成简化式 VAR 模型：

$$\mathbf{y}_t = \mathbf{A}^{-1}\mathbf{B}\mathbf{x}_{t-1} + \mathbf{A}^{-1}\mathbf{C}\mathbf{z}_t + \mathbf{A}^{-1}\mathbf{w}_t \qquad (6.2.57)$$

假定 $\mathbf{A}^{-1} \equiv (\mathbf{a}_1, \ \mathbf{a}_2, \ \cdots, \ \mathbf{a}_n)$,并且工具变量是恰当的,即系数 $\mathbf{C}$ 满足(6.2.55),此时

$$\mathbf{A}^{-1}\mathbf{C}\mathbf{z}_t = \mathbf{a}_n(c_{n1}z_{1t} + \cdots + c_{nq}z_{qt}) \qquad (6.2.58)$$

若工具变量是恰当的,那么 $\mathbf{a}_n$ 将能被识别出来,以计算该结构冲击关于宏观经济变量的脉冲响应函数等,进而可用于后续动态因果推断。因此工具变量的恰当性成为这种方法的关键所在。

Nguyen(2019)为了考察工具变量的恰当性,引入了 Bayesian 分析框架,对矩阵 $\mathbf{C}$ 中的元素施加一定的先验分布约束:比如在 Bayesian 分析框架下,(6.2.52)式的一个自然的推广是：

$$E(z_t u_{it}) = \alpha, \ E(z_t u_{jt}) \ \text{接近于 0,但不确定 100\% 为零,} j \neq i$$

$$(6.2.59)$$

即(6.2.59)式给予相关系数($\mathbf{C}$ 中的元素)一个先验概率分布。Nguyen(2019)研究了如何将此和工具变量相关的先验分布(即 $\mathbf{C}$ 的先验分布)与其他系数矩阵($\mathbf{A}$, $\mathbf{B}$, $\mathbf{D}$)的先验信息相结合进行结构推断,从而推广了第五章中的 BH 分析框架。

此外,还有不少文献在 Bayesian 框架下考虑 SVAR-IV 模型的结构参数识别。Bahaj（2014）,Drautzburg（2016）和 Braun & Brüggemann(2017) 使用 Gibbs 抽样算法,但其无法从后验分布中得到独立的样本,且其算法中使用了可能会影响后验分布形状的参数转换方法。而 Arias, Rubio-Ramírez & Waggoner(2021)则提出了一种新方法,不仅能得到结构参数的任何后验分布的独立样本,且同时允许使用传统的零约束和符号约束方法共同完成参数结构识别。Caldara & Herbst(2016)和 Arias, Rubio-

Ramírez & Waggoner(2021)类似,但允许使用多个工具变量识别一个结构冲击,虽然使用了 MH 算法,但其仍无法从后验分布中得到独立的样本。

(五)其他方法

本部仅对 SVAR-IV 方法的一个改进和拓展做简单综述。Noh(2019)指出 SVAR-IV 方法(Stock & Watson,2008;Mertens & Ravn,2013)的正确性严重依赖于一个前提假设:结构冲击是简化式模型残差(当期)的线性组合,并且结构冲击的个数和残差的个数相等[1]。这个假设被称为可逆性条件(invertibility condition)。而这个假设成立的条件是工具变量对模型中内生变量没有预测能力。鉴于此 Noh(2019)提出了非受限 VAR-IV 模型识别结构冲击。

Noh(2019)和 Paul(2019)都指出传统工具变量识别(SVAR-IV 方法)可使用简单受限 VAR-IV 模型,通过 OLS 回归得到一致估计量,如脉冲响应函数的一致估计量等。换句话说,SVAR-IV 方法是非受限 VAR 回归的一种特殊情况,只需要在回归模型中加入当期工具变量即可(言外之意为非受限的 VAR 模型中可包括工具变量的历史值,如 z_{t-1},而 SVAR-IV 方法则是受限 VAR 模型,仅能包括 z_t)[2]。假设待识别的结构冲击为某单一冲击且位于外生结构冲击中的第一个分量位置,其工具变量为 z_t,那么可将其直接作为回归变量放入 VAR 模型中,以 VAR(1)模型为例(其中 n 为内生变量的个数):

$$\underset{n\times 1}{\mathbf{y}_t} = \mathbf{c} + \underset{n\times n}{\boldsymbol{\Phi}}\ \underset{n\times 1}{\mathbf{y}_{t-1}} + \underset{n\times 1}{\boldsymbol{\alpha}}\ \underset{1\times 1}{z_t} + \boldsymbol{\epsilon}_t \tag{6.2.60}$$

Noh(2019)和 Paul(2019)证明只要是恰当的工具变量,那么对(6.2.60)式的第一个方程进行 OLS 回归,$\boldsymbol{\Phi}^s\boldsymbol{\alpha}$ 的估计值将是待估结构冲击对应的大样本下的第 s 期脉冲响应(所有内生变量;$s=0$ 表示冲击当期),并且该估计值是一致估计量(consistent)。

Noh(2019)的另一个重要结论是即使可逆性条件不成立(注意此时 SVAR-IV 方法不再适用),此时只要工具变量是恰当的,仍可通过非受限 VAR-IV 模型回归(即加入历史的工具变量)而得到脉冲响应函数的一致估计量。

---

[1] 本研究一直假设结构冲击的个数和残差个数相同,即可逆性条件成立。这也是文献中常用的假设。但在某些情况下,可逆性条件可能并不成立。

[2] 此处受限与否可简单地理解为 VAR 模型的回归方程中是否加入工具变量的历史值,即 z_{t-1},z_{t-2},等等。如果加入这些历史值,可理解为非受限模型,否则为受限模型。

Noh(2019)采取了如下的 ARMA(1,1)模型,并使用蒙特卡罗模拟样本数据(三个内生变量),然后比较了其提出的非受限 VAR-IV 方法和其他两种方法(SVAR-IV 和局部投影 IV 算法,LP-IV)之间的差异,包括比较脉冲响应估计量的一致性和均方误差的大小(MSE)。

$$
\begin{bmatrix} y_{1,t} \\ y_{2,t} \\ y_{3,t} \end{bmatrix} = \begin{bmatrix} 0.6 & 0 & 0 \\ 0 & 0.6 & 0 \\ 0 & 0 & 0.6 \end{bmatrix} \begin{bmatrix} y_{1,t-1} \\ y_{2,t-1} \\ y_{3,t-1} \end{bmatrix} + \begin{bmatrix} 1 & 0 & 0 \\ 0 & 1 & 0 \\ 0 & 0 & 1 \end{bmatrix} \begin{bmatrix} u_{1,t} \\ u_{2,t} \\ u_{3,t} \end{bmatrix}
$$

$$
+ \begin{bmatrix} 1.5 & 0 & 0 \\ 1 & 0.5 & 0 \\ -0.5 & 0 & 0.5 \end{bmatrix} \begin{bmatrix} u_{1,t-1} \\ u_{2,t-1} \\ u_{3,t-1} \end{bmatrix} \tag{6.2.61}
$$

$$
z_t = d_t(\gamma u_{1,t} + \sigma_\eta \eta_t) \tag{6.2.62}
$$

$$
d_t = \mathbf{I}(d_t^* > 0.5) \tag{6.2.63}
$$

其中$(u_{1,t}, u_{2,t}, u_{3,t}, \eta_t)' \sim \mathbf{N}(0_4, \mathbf{I}_4)$为四维联合标准正态分布;$d_t^* \in (0,1)$为一致分布;参数$\gamma = \sigma_\eta = 0.5$;$\mathbf{I}(\cdot)$为示性函数:括号内条件成立时取 1,否则取 0;工具变量 $\mathbf{z}_t$ 的构造较为巧妙:首先工具变量观测值的数量仅为样本数据的 50%;其次当 $d_t = 1$ 时,$\mathbf{z}_t$ 中包括了 50%的噪音(即测量误差 η_t)。结果发现非受限 VAR-IV 方法与局部投影 IV 方法能得到一致脉冲响应估计量,而 SVAR-IV 方法则不然。从均方误差的计算结果看,局部投影 IV 方法大于非受限 VAR-IV 方法,而且 SVAR-IV 方法在初期的均方误差远远大于非受限 VAR-IV 方法,这是由于 SVAR-IV 方法产生的脉冲响应函数的非一致性导致。

参考文献

一、英文文献

Akerlof，G. A. & W. T. Dickens(2007)，Unfinished Business in the Macroeconomics of Low Inflation，A Tribute to George and Bill by Bill and George，Brookings Papers on Economic Activity，2，31—47.

Antolín-Díaz，Juan & Juan F. Rubio-Ramírez(2018). Narrative Sign Restrictions for SVARs. American Economic Review，108(10)：2802—2829.

Arias，Jonas E.，Juan F. Rubio-Ramírez & Daniel F. Waggoner (2018). Inference Based On Structural Vector Autoregressions Identified with Sign and Zero Restrictions：Theory and Applications. Econometrica 86(2)：685—720.

Arias，J. E.，Rubio-Ramírez，J. F.，& Waggoner，D. F. (2021). Inference in Bayesian Proxy-SVARs. Journal of Econometrics 225(1)：88—106.

Auerbach，A. J.，& Y. Gorodnichenko(2012). Measuring the output responses to fiscal policy，American Economic Journal：Economic Policy，4，1—27.

Bacchiocchi，Emanuele & Kitagawa，Toru(2022). Locally-But Not Globally-Identified SVARs. DOI 10.6092/unibo/amsacta/6925. In：Quaderni-Working Paper DSE(1171). ISSN 2282—6483.

Bacchiocchi，Emanuele & Toru Kitagawa(2021). A Note on Global Identification in Structural Vector Autoregressions，Papers 2102.04048，arXiv.org，revised Feb 2021.

Bahaj，S. A.，2014. Systemic Sovereign Risk：Macroeconomic Implications in the Euro Area，Centre For Macroeconomics Working Paper.

Bańbura, M., Giannone, D. and Reichlin, L. (2010). Large Bayesian Vector Auto Regressions. Journal of Applied Econometrics, 25(1):71—92.

Basher, Syed Abul, Alfred A. Haug & Perry Sadorsky(2018). The Impact of Oil market Shocks on Stock Returns in Major Oil-exporting Countries, Journal of International Money and Finance 86:264—280.

Baumeister, Christiane & Hamilton, James. D. (2015). Sign Restrictions, Structural Vector Autoregressions, and Useful Prior Information. Econometrica, 83:1963—1999.

Baumeister, Christiane & Hamilton, James D. (2018). Inference in Structural Vector Autoregressions When the Identifying Assumptions are Not Fully Believed: Re-Evaluating the Role of Monetary Policy in Economic Fluctuations. Journal of Monetary Economics, 100:48—65.

Baumeister, Christiane & Hamilton, James. D. (2019). Structural Interpretation of Vector Autoregressions with Incomplete Identification: Revisiting the Role of Oil Supply and Demand Shocks. American Economic Review, 109(5), 1873—1910.

Baumeister, Christiane & Hamilton, James D. (2020a), Drawing Conclusions from Structural Vector Autoregressions Identified on the Basis of Sign Restrictions, Journal of International Money and Finance, 109, article 102250.

Baumeister, Christiane & Hamilton, James D. (2020b). Advances in Structural Vector Autoregressions with Imperfect Identifying Information, NBER Working Paper No.27014(April, 2020).

Baumeister, Christiane & Hamilton, James D. (2022). Structural Vector Autoregressions with Imperfect Identifying Information, AEA Papers and Proceedings, 112:466—470.

Benati, L. (2008). Investigating Inflation Persistence across Monetary Regimes. Quarterly Journal of Economics. 123:1005—1060.

Benati, L. & Surico, P. (2009). VAR Analysis and the Great Moderation. American Economic Review. 99:1636—1652.

Bernanke, Ben S. & Kenneth N. Kuttner(2005). What Explains the Stock Market's Reaction to Federal Reserve Policy? Journal of Finance 60(3):1221—1257.

Bernanke, B. S. & J. Boivin(2003). Monetary policy in a data- rich environment, Journal of Monetary Economics, 50:525—546.

Bernanke, B. S., J. Boivin & P. Eliasz(2005). Measuring monetary policy: a Factor Augmented Vector Autoregressive(FAVAR) Approach, Quarterly Journal of Economics, 120:387—422.

Blanchard O. J., Kahn C. M. (1980). The Solution of Linear Difference Models under Rational Expectations. Econometrica, 48(5):1305—1311.

Blanchard, Olivier Jean, & Quah, Danny (1989). The Dynamic Effects of Aggregate Demand and Supply Disturbances. American Economic Review, 79(4):655—673.

Blanchard, Olivier & Roberto Perotti(2002). An Empirical Characterization of the Dynamic Effects of Changes in Government Spending and Taxes on Output. Quarterly Journal of economics 117(4):1329—1368.

Brayton, F., Laubach, T., & Reifschneider, D. L. (2014). The FRB/US Model: A Tool for Macroeconomic Policy Analysis(No.2014-04-03). Board of Governors of the Federal Reserve System(US).

Braun, R., Brüggemann, R. (2017), Identification of SVAR models by combining sign restrictions with external instruments, Working Paper Series of the Department of Economics, University of Konstanz 2017-07.

Caldara, D., Herbst, E., (2016). Monetary policy, real activity, and credit spreads: evidence from bayesian proxy SVARs. In: IFDP (2016-049). Federal Reserve Board.

Caldara, D. & Kamps, C. (2017). The analytics of SVARs: a unified framework to measure fiscal multipliers, Review of Economic Studies, 73(1):195—218.

Calvo, G. A. (1983). Staggered Prices in A Utility-Maximizing Framework. Journal of Monetary Economics 12(3):383—398.

Canay, I. & A. M. Shaikh(2017). Practical and Theoretical Advances for Inference in Partially Identified Models. In Advances in Economics and Econometrics, chapter 9, pp. 271—306, edited by Bo Honoré, Ariel Pakes, Monika Piazzesi, and Larry Samuelson, Cambridge University Press.

Canova, F. (2007). Methods for Applied Macroeconomic Research. Princeton University Press, Princeton.

Canova, F., & De Nicolo, G. (2002). Monetary disturbances matter for business fluctuations in the G-7. Journal of Monetary Economics, 49(6), 1131—1159.

Canova, Fabio & Matthias Paustian(2011). Business Cycle Measurement with Some Theory. Journal of Monetary Economics 58:345—361.

Cho, Jang-Ok & Thomas F. Cooley(1994). Employment and Hours over the Business Cycle. Journal of Economic Dynamics and Control 18(2): 411—432.

Chetty, Raj, Adam Guren, Day Manoli & Andrea Weber (2013). Does Indivisible Labor Explain the Difference between Micro and Macro Elasticities? A Meta-Analysis of Extensive Margin Elasticities. NBER Macroeconomics Annual, Volume 27, pp.1—55, edited by Daron Acemoglu, Jonathan Parker, and Michael Woodford. Chicago, IL: University of Chicago Press.

Cho, Jang-Ok & Thomas F. Cooley(1994). Employment and Hours over the Business Cycle. Journal of Economic Dynamics and Control 18(2): 411—432.

Christ, Carl. F. (1994). The Cowles Commission's Contributions to Econometrics at Chicago, 1939—1955. Journal of Economic Literature, 32(1):30—59.

Christiano L. J., Eichenbaum M. & Evans C. L. (1999). Monetary Policy Shocks: What Have We Learned and to What End? In Handbook of Macroeconomics, Vol.1, chapter 2, Taylor J. B., Woodford M.(eds). Elsevier: Amsterdam, 65—148.

Christiano, L. J., M. Eichenbaum & C. L. Evans(2005). Nominal Rigidities and the Dynamic Effects of a Shock to Monetary Policy. Journal of Political Economy 113(1):1—45.

Christiano, Lawrence J. (2016). Bayesian Vector Autoregressions, Lecture Notes, http://faculty.wcas.northwestern.edu/~lchrist/course/Korea_2016/bayesian_VAR_handout.pdf.

Christiano, Lawrence J., Martin Eichenbaum, Robert Vigfusson

(2006). Assessing Structural VARs. NBER macroeconomics annual 21: 1—105.

Christiano, L. J., R. Motto & M. Rostagno (2014). Risk Shocks. American Economic Review. 104(1):27—65.

Cochrane, J. H. (1994). Permanent and Transitory Components of GNP and Stock Prices, Quarterly Journal of Economics, 109:241—265.

Cochrane, John H. & Monica Piazzesi(2002). The Fed and Interest Rates: A High-Frequency Identification. American Economic Review 92(2): 90—95.

DeJong, David N., & Chetan Dave(2011). Structural Macroeconometrics. Princeton University Press, Princeton.

De Mol C., Giannone D. & Reichlin L. (2008). Forecasting Using a Large Number of Predictors: Is Bayesian Regression a Valid Alternative to Principal Components? Journal of Econometrics 146:318—328.

Del Negro, Marco & Frank Schorfheide(2004). Priors from General Equilibrium Models for VARs. International Economic Review 45 (2): 643—673.

Del Negro, Macro & Frank Schorfheide(2011). Bayesian Macroeconometrics. In The Oxford Handbook of Bayesian Econometrics. Edited by John Geweke, Gary Koop, & Herman Van Dijk.

Del Negro, Marco, Frank Schorfheide, Frank Smets, & Rafael Wouters. (2007). On the Fit of New Keynesian Models. Journal of Business & Economic Statistics, 25(2):123—143.

Devroye, L. (1986). Non-Uniform Random Variate Generation. New York: Springer.

Doan, T., R. Litterman & C. A. Sims(1984): Forecasting and Conditional Projection Using Realistic Prior Distributions, Econometric Reviews, 3:1—100.

Doan, Thomas(2013). RATS User's Guide, Version 8.2, www.estima.com.

Drautzburg, T., 2016. A Narrative Approach to a Fiscal DSGE Model, Working Paper, FRB Philadelphia.

Faust, Jon(1998). The Robustness of Identified VAR Conclusions about Money, Carnegie-Rochester Series on Public Policy 49:207—244.

Erceg, C., D. Henderson & A. Levin(2000). Optimal Monetary Policy with Staggered Wage and Price Contracts, Journal of Monetary Economics, 46:281—313.

Faust, Jon, John H. Rogers, Eric Swanson & Jonathan H. Wright (2003). Identifying the Effects of Monetary Policy Shocks on Exchange Rates Using High Frequency Data. Journal of the European Economic Association 1(5):1031—1057.

Fernández-Villaverde, J., Rubio-Ramírez, J. F., Sargent, Thomas. J., & Watson, Mark. W. (2007). ABCs (and Ds) of Understanding VARs. American Economic Review, 97(3), 1021—1026.

Fernández-Villaverde, J., Rubio-Ramírez, J. F., & Schorfheide, F. (2016). Solution and estimation methods for DSGE models. In Handbook of Macroeconomics Vol.2:527—724. Elsevier.

Ferreira, Leonardo N. (2022). Forward Guidance Matters: Disentangling Monetary Policy Shocks. Journal of Macroeconomics, 73, https://doi.org/10.1016/j.jmacro.2022.103423.

Filippeli, Thomai & Konstantinos Theodoridis(2015). DSGE Priors for BVAR Models. Empirical Economics 48(2):627—656.

Filippeli, Thomai, Richard Harrison & Konstantinos Theodoridis (2020). DSGE-Based Priors for Bvars and Quasi-Bayesian DSGE Estimation. Econometrics and Statistics 16:1—27.

Fry, Renée & Pagan, Adrian(2005). Some Issues in Using VARs for Macroeconometric Research. Australian National University Centre for Applied Macroeconomic Analysis Working Paper 19.

Fry, Renée & Pagan, Adrian(2007). Some Issues in Using Sign Restrictions for Identifying Structural Vars. National Centre for Econometric Research Working Paper, 14, 2007.

Fry, Renée & Adrian Pagan(2011). Sign Restrictions in Structural Vector Autoregressions: A Critical Review. Journal of Economic Literature, 49(4):938—960.

Galí, Jordi(1992). How Well Does the IS-LM Model Fit Postwar U. S. Data. Quarterly Journal of Economics, 107(2):709—738.

Forni, M., D. Giannone, M. Lippi & L. Reichlin(2009). Opening the Black Box: Structural Factor Models with Large Cross-Sections, Econometric Theory, 25:1319—1347.

Galí, J., F. Smets & R. Wouters(2012): Unemployment in an Estimated New Keynesian Model, NBER Macroeconomics Annual, Vol. 26, ed. by D. Acemoglu and M. Woodford. Chicago, IL: University of Chicago Press, 329—360.

Geman, S. & Geman, D. (1984). Stochastic Relaxation, Gibbs Distributions, and the Bayesian Restoration of Images. IEEE Transactions on pattern analysis and machine intelligence, (6):721—741.

Gertler, Mark & Peter Karadi(2015). Monetary Policy Surprises, Credit Costs, and Economic Activity. American Economic Journal: Macroeconomics 7(1):44—76.

Giacomini, R. (2013), The Relationship Between DSGE and VAR Models, VAR Models in Macroeconomics — New Developments and Applications: Essays in Honor of Christopher A. Sims(Advances in Econometrics, Vol.32), Emerald Group Publishing Limited, Bingley, pp.1—25.

Giannone D., Reichlin L. (2006). Does Information Help Recovering Structural Shocks From Past Observations? Journal of the European Economic Association 4(2—3):455—465.

Greenberg, E. (2012). Introduction to Bayesian Econometrics. Cambridge University Press.

Güntner, Jochen H. F. (2014), How Do Oil Producers Respond to Demand Shocks? Energy Economics 44:1—13.

Gürkaynak, Refet S., Brian Sack & Eric T. Swanson. (2005). Do Actions Speak Louder Than Words? The Response of Asset Prices to Monetary Policy Actions and Statements. International Journal of Central Banking 1(1):55—93.

Gupta, A. K. & Nagar, D. K. (2000). Matrix Variate Distributions. Chapman & Hall /CRC.

Haar, A. (1933). Der Massbegriff in der Theorie der kontinuierlichen Gruppen, Annals of Mathematics Second Series, 34, 147—169.

Haavelmo, Trygve(1943). The Statistical Implications of a System of

Simultaneous Equations, Econometrica, 11(1):1—12.

Haavelmo, Trygve(1944). The Probability Approach in Econometrics, Econometrica, 12(Supplement):1—115.

Hall, A. R., Inoue, A., Nason, J. M., & Rossi, B. (2012). Information Criteria for Impulse Response Function Matching Estimation of DSGE Models. Journal of Econometrics, 170(2):499—518.

Hamermesh, D. S. (1996): Labor Demand. Princeton: Princeton University Press.

Hamilton, J. D. (1994). Time Series Analysis. New Jersey: Princeton.

Hamilton, J. D. (2003): What Is an Oil Shock?, Journal of Econometrics, 113, 363—398.

Hamilton, J. D. (2018). Why You Should Never Use the Hodrick-Prescott Filter. Review of Economics and Statistics, 100(5):831—843.

Herrera, Ana Maria & Sandeep Rangaraju(2020). The Effect of Oil Supply Shocks on US Economic Activity: What Have We Learned? Journal of Applied Econometrics 35:141—159.

Herwartz, Helmut & Hannes Rohloff & Shu Wang(2022), Proxy SVAR identification of monetary policy shocks—Monte Carlo evidence and insights for the US, Journal of Economic Dynamics and Control 139, No.104457.

Ho, K. & A. M. Rosen(2017). Partial Identification in Applied Research: Benefits and Challenges. In Advances in Economics and Econometrics, Chapter 10, pp.307—359, edited by Bo Honoré, Ariel Pakes, Monika Piazzesi, and Larry Samuelson, Cambridge University Press.

Ingram, B. & Whiteman, C. (1994) Supplanting The "Minnesota" Prior Forecasting Macroeconomic Time Series Using Real Business Cycle Model Priors. Journal of Monetary Economics, 34:497—510.

Jordà, Òscar(2005). Estimation and Inference of Impulse Response by Local Projection. American Economic Review 95(1):161—182.

Judd, K. (1998). Numerical Methods in Economics, Cambridge, MA: MIT Press.

Judge G. G., Hill R. C., Griffiths W. E., Lütkepohl H. & Lee T. C. (1982). Introduction to the Theory and Practice of Econometrics,

John Wiley & Sons Inc.

Kadiyala K. R. & Karlsson S. (1997). Numerical Methods for Estimation and Inference in Bayesian VAR Models. Journal of Applied Econometrics 12(2):99—132.

Klein, Paul (2000). Using the Generalized Schur Form to Solve a Multivariate Linear Rational Expectations Model[J]. Journal of Economic Dynamics and Control, 24(10):1405—1423.

Klein, Lawrence R. (1950). Economic Fluctuations in the United States, 1921—1941. Cowles Commission Monograph 11. New York: Wiley.

Kilian, Lutz (2008): "Exogenous Oil Supply Shocks: How Big are They and How Much Do They Matter for The U. S. Economy?" Review of Economics and Statistics, 90, 216—240.

Kilian, Lutz (2009). Not All Oil Price Shocks Are Alike: Disentangling Demand and Supply Shocks in the Crude Oil Market, American Economic Review 99:1053—1069.

Kilian, Lutz (2013). Structural Vector Autoregressions, Chapter 22, in Hashimzade, Nigar, and Michael A. Thornton, eds. Handbook of Research Methods and Applications in Empirical Macroeconomics. Edward Elgar Publishing, 515—554.

Kilian, Lutz & Helmut Lütkepohl (2017). Structural Vector Autoregressive Analysis. Cambridge University Press.

Kilian, Lutz & Murphy, Daniel P. (2012). Why Agnostic Sign Restrictions Are Not Enough: Understanding the Dynamics of Oil Market VAR Models, Journal of the European Economic Association 10 (5): 1166—1188.

Kilian, Lutz & Murphy, Daniel P. (2014). The Role of Inventories and Speculative Trading in the Global Market for Crude Oil, Journal of Applied Econometrics 29:454—478.

Kilian, Lutz & Zhou, Xiaoqing (2019). Oil Supply Shock Redux? Working paper.

Kilian, Lutz & Zhou, Xiaoqing (2020). The Econometrics of Oil Market VAR Models, CEPR working paper 14460.

Kim, Chang-Jin & Charles R. Nelson (1999), State-Space Models with Regime Switching: Classical and Gibbs-Sampling Approaches with Applications. MIT Press.

Kimball, Miles S. (1995). The Quantitative Analyticsof the Basic Neomonetarist Model. Journal of Money, Credit, and Banking, 27(4): 1241—1277.

King R., Plosser C, Rebelo S(1988) Production, Growth, and Business Cycles: I. the Basic Neoclassical Model. Journal of Monetary Economics 21:195—232.

King, R., Plosser, C., Stock, J., & Watson, M. (1991). Stochastic Trends and Economic Fluctuations. American Economic Review, 81(4), 819—840.

Koivu Tuuli(2012). Monetary Policy, Asset Prices and Consumption in China, Economic Systems. 36(2):307:325.

Koop, G. & Korobilis, D. (2010), Bayesian Multivariate Time Series Methods for Empirical Macroeconomics. Foundations and Trends in Econometrics, Vol.3, No.4, 267—358.

Koopmans, Tjalling C. (1949). Identification Problems in Economic Model Construction, Econometrica, 17(2):125—144.

Koopmans, Tjalling C. (1950). Statistical Inference in Dynamic Economic Models. Cowles Commission Monograph 10. New York: Wiley.

Kydland, Finn E., & Edward C. Prescott(1982). Time to Build and Aggregate Fluctuations, Econometrica 50(6):1345—1370.

Kuttner, Kenneth N. (2001). Monetary Policy Surprises and Interest Rates: Evidence from the Fed Funds Futures Market. Journal of Monetary Economics 47(3):523—544.

Lanne, M. & Luoto, J. (2020), Identification of Economic Shocks by Inequality Constraints in Bayesian Structural Vector Autoregression. Oxford Bulletin of Economics and Statistics, 82: 425—452. doi: 10. 1111/obes.12338.

Lanne, M., Meitz, M. & Saikkonen, P. (2017). Identification and Estimation of Non-Gaussian Structural Vector Autoregressions, Journal of Econometrics, 196:288—304.

Leeper, E. M., Sims, C. A., Zha, T., (1996). What Does Monetary

Policy Do? Brookings Pap. Econ. Act. 27(2), 1—78.

Levendis, John D. (2018) Time Series Econometrics: Learning through Replication. Springer International Publishing.

Li, Mingyang & Linlin Niu(2021). Faster Fiscal Stimulus and a Higher Government Spending Multiplier in China: Mixed-Frequency Identification with SVAR. Economics Letters, 209:110135.

Lichter, A., A. Peichl & S. Siegloch(2014). The Own-Wage Elasticity of Labor Demand: A Meta-Regression Analysis, Working Paper, Institute for the Study of Labor.

Litterman, Robert. B. (1986). Forecasting with Bayesian Vector Autoregressions-Five Years of Experience, Journal of Business and Economic Statistics, 4, 25—38.

Liu, P., & Theodoridis, K. (2012). DSGE Model Restrictions for Structural VAR Identification. International Journal of Central Banking, 8(4):61—95.

Lubik, T. & Schorfheide, F. (2004). Testing For Indeterminacy: An Application to U. S. Monetary Policy. American Economic Review. 94(1): 190—217.

Lucas, R. E. (1976). Econometric Policy Evaluation: A Critique. In Carnegie-Rochester conference series on public policy, 1(1):19—46.

Lütkepohl, H., & Schlaak, T. (2021). Heteroscedastic proxy vector autoregressions. Journal of Business & Economic Statistics, 40(3):1268—1281.

Mertens, Karel & Morten O. Ravn(2013). The Dynamic Effects of Personal and Corporate Income Tax Changes in the United States. American Economic Review 103(4):1212—1247.

Mertens, Karel & Morten O. Ravn(2014). A Reconciliation of SVAR and Narrative Estimates of Tax Multipliers, Journal of Monetary Economics 68:S1—S19.

Nakamura, Emi, and Jón Steinsson(2018). Identification in Macroeconomics. Journal of Economic Perspectives, 32(3):59—86.

Nguyen Lam(2019). Bayesian Inference in Structural Vector Autoregression with Sign Restrictions and External Instruments, University of

California at San Diego, JMP.

Noh, Eul (2019). Impulse-Response Analysis with Proxy Variables. Available at SSRN: https://ssrn.com/abstract=3070401.

Paul, P. (2019). The Time-Varying Effect of Monetary Policy on Asset Prices. Review of Economics and Statistics, 1—44.

Paustian, Matthias. (2007). Assessing Sign Restrictions. The B. E. Journal of Macroeconomics, 7(1).

Peersman, G. (2005). What Caused The Early Millennium Slowdown? Evidence Based on Vector Autoregressions. Journal of Applied. Econometrics. 20(2), 185—207.

Peersman Gert & Roland Straub(2006). Putting the New Keynesian Model to a Test, International Monetary Fund, WP06/135.

Piffer, Michele(2015). A Step-by-step Introduction to VAR Models (with simulations on Matlab), https://drive.google.com/file/d/0B0CRy-T66a7B2Qld6bjB0bGFUUWc/view.[①]

Piffer, M. (2016). Assessing Identifying Restrictions in SVAR Models. DIW Berlin Discussion Papers 1563.

Piffer, Michele(2019). Bayesian VAR Models: Derivations, Lecture Note, https://drive.google.com/file/d/0B0CRyT66a7B2TmpWV2tjczdwM00/view.

Poirier, D. J., (1995): Intermediate Statistics and Econometrics: A Comparative Approach, The MIT Press.

Preston, Alan J. (1978). Concepts of Structure and Model Identifiability for Econometric Systems. In Stability and Inflation: A Volume of Essays to Honour the Memory of A. W. H. Phillips, ed. A. R. Bergstrom, A. J. L. Catt, M. H. Peston, and B. D. J. Silverstone, 275—297. New York: Wiley.

Quenouille, Maurice H. (1957). The Analysis of Multiple Time-Series. London: Griffin.

Rabanal, J. & Rubio-Ramirez P. (2005). Comparing New Keynesian

---

① PDF 文件、Matlab 源代码目录：\DSGE_VAR_Source_Codes\Piffer_Notes\VAR_step_by_step。

Models of the Business Cycle: A Bayesian Approach, Journal of Monetary Economics, 52:1151—1166.

Rasmus Ruffer, Marcelo Sanchez & Jian-Guang Shen. 2007. Emerging Asia's Growth and Integration—How Autonomous Are Business Cycles? European Central Bank Working Paper 715.

Rasmus, R., Marcelo Sanchez & Jian-Guang Shen(2007). Emerging Asia's Growth and Integration—How Autonomous Are Business Cycles? European Central Bank Working Paper 715.

Ramey, Valerie A. (2019). Estimating Causal Effects in Macroeconomics: General Methods and Pitfalls, Lecture Note, https://econweb.ucsd.edu/~vramey/econ214/General_Empirical_Methods_and_Pitfalls.pdf.

Reichling, Felix & Charles Whalen(2012). Review of Estimates of the Frisch Elasticity of Labor Supply, working paper, Congressional Budget Office.

Riggi, Marianna & Fabrizio Venditti (2015). The Time Varying Effect of Oil Price Shocks on Euro-area Exports, Journal of Economic Dynamics and Control 59:75—94.

Robertson, J. C. & Tallman, E. W. (1999). Vector Autoregressions: Forecasting and Reality. Economic Review-Federal Reserve Bank of Atlanta, 84(1):4—18.

Romer, Christina D. & David H. Romer(1989). Does Monetary Policy Matter? A New Test in the Spirit of Friedman and Schwartz. In NBER Macroeconomics Annual 1989, vol. 4, edited by Olivier Blanchard and Stanley Fisher, 121—170. MIT Press.

Romer, Christina D., & Romer, Dvaid. H. (2004). A New Measure of Monetary Shocks: Derivation and Implications. American Economic Review, 94(4), 1055—1084.

Rothenberg, Thomas J. (1973). Efficient Estimation with a Priori Information, Yale University Press.

Schorfheide, Frank(2010). Bayesian Methods in Macroeconometrics. In Macroeconometrics and Time Series Analysis(28—34). Palgrave Macmillan, London.

Sims, Christopher. A. (1980), Macroeconomics and reality, Econometrica, 48, 1—48.

Sims Christopher. A. (1992). Bayesian Inference for Multivariate Time Series with Trend. Mimeo Yale University.

Sims Christopher. A. (2002). Solving Linear Rational Expectations Models. [J]. Computational Economics, 31(2):95—113.

Sims, C. A., James H. Stock & Mark W. Watson(1990). Inference in Linear Time Series Models with Some Unit Roots. Econometrica, 58(1):113—144.

Sims C. A. & Zha T. (1998). Bayesian Methods for Dynamic Multivariate Models. International Economic Review, 39(4):949—968.

Smets, F. & R. Wouters(2003). An Estimated Dynamic Stochastic General Equilibrium Model of the Euro Area. Journal of the European Economic Association 1(5):1123—1175.

Smets, Frank & Rafael Wouters. (2007). Shocks and Frictions in US Business Cycles: A Bayesian DSGE Approach. American Economic Review 97(3):586—606.

Stock, J. H. (2008). What's New in Econometrics: Time Series, Short course lectures, NBER Summer Institute, http://www.nber.org/minicourse_2008.html.

Stock, James H., & Mark W. Watson. (2001). Vector Autoregressions. Journal of Economic Perspectives, 15(4):101—115.

Stock, James H., & Mark W. Watson(2011). Introduction to Econometrics, 3rd Edition. Pearson.

Stock, James H. & Mark W. Watson (2012). Disentangling the Channels of the 2007-09 Recession, Brookings Papers on Economic Activity, 43(1):81—156.

Stock, James H., and Mark W. Watson (2016). Dynamic Factor Models, Factor-Augmented Vector Autoregressions, and Structural Vector Autoregressions in Macroeconomics. In Handbook of Macroeconomics, vol. 2, pp.415—525. Elsevier.

Stock, James H. & Mark W. Watson(2017). Twenty Years of Time Series Econometrics in Ten Pictures. Journal of Economic Perspectives

31, no. 2(2017):59—86.

Stock, James H. & Mark W. Watson(2018). Identification and Estimation of Dynamic Causal Effects in Macroeconomics Using External Instruments, Economic Journal, 128:917—948.

Swanson, Eric, Gary Anderson, and Andrew Levin(2005), Higher-Order Perturbation Solutions to Dynamic, Discrete-Time Rational Expectations Models, Unpublished Manuscript (Perturbation AIM http://www.socsci.uci.edu/~swanson2/perturbation.html).

Taylor, J. B. (1993). Discretion versus Policy Rules in Practice. Carnegie-Rochester Conference Series on Public Policy 39:195—214.

Uhlig H. (1999). A Toolkit for Analyzing Nonlinear Dynamic Stochastic Models Easily. Center, University of Tilburg, and CEPR, Unpublished Manuscript.

Uhlig, Harald(2005). What are the Effects of Monetary Policy on Output? Results from an Agnostic Identification Procedure, Journal of Monetary Economics 52:381—419.

Uhlig, Harald(2017). Shocks, Sign Restrictions, and Identification, in Advances in Economics and Econometrics Volume 2, pp.95—127, edited by Bo Honoré, Ariel Pakes, Monika Piazzesi, and Larry Samuelson, Cambridge University Press.

Wen, Yi. (2021). The Poverty of Macroeconomics—What the Chemical Revolution Tells Us about Neoclassical Production Function, Federal Reserve Bank of St. Louis Working Paper 2021-001. https://doi.org/10.20955/wp.2021.001.

Wallis, Kenneth F. (1977). Multiple Time Series Analysis and the Final Form of Econometric Models. Econometrica, 45(6):1481—1497.

Watson, Mark(2019). Comment on "On the Empirical (Ir) Relevance of the Zero Lower Bound" by D. Debortoli, J. Gali, and L. Gambetti, NBER Macroeconomics Annual.

Wishart, J. (1928). The Generalized Product Moment Distribution in Samples from a Normal Multivariate Population. Biometrika. 20A(1—2): 32—52.

Wold, Herman O. A. (1951). Dynamic Systems of the Recursive

Type—Economic and Statistical Aspects. Sankhyā, 11(3—4):205—217.

Zellner, Arnold & Franz Palm(1974). Time Series Analysis and Simultaneous Equation Econometric Models. Journal of Econometrics, 2(1): 17—54.

Zhou, Xiaoqing(2020). Refining the Workhorse Oil Market Model, Journal of Applied Econometrics 35:130—140.

二、中文文献

高惠璇:《应用多元统计分析》,北京大学出版社 2005 年版。

高然、龚六堂:《土地财政、房地产需求冲击与经济波动》,《金融研究》,2017 年第 4 期,第 32—45 页。

高然、陈忱、曾辉、龚六堂:(2018)《信贷约束、影子银行与货币政策传导》,《经济研究》2018 年第 12 期,第 68—82 页。

李向阳:《动态随机一般均衡(DSGE)模型:理论、方法和 Dynare 实践》,清华大学出版社 2018 年版。

李向阳:《基于 DSGE 模型的脉冲响应符号约束构建的主要问题与方法:一个综述》,2020 年工作论文。

刘斌:《动态随机一般均衡模型及其应用》,中国金融出版社 2014 年版。

王少平、胡军:《考尔斯基金会对计量经济学的贡献》,《经济学动态》2013 年第 2 期,第 88—96 页。

杨晓光:《轻松走进宏观经济分析的高大上——〈动态随机一般均衡模型及其应用〉评述》,《全国新书目》2014 年第 5 期,第 12—13 页。

图书在版编目(CIP)数据

SVAR 模型结构识别：前沿进展与应用研究/李向阳
著.—上海：上海人民出版社，2023
ISBN 978-7-208-18457-2

Ⅰ.①S… Ⅱ.①李… Ⅲ.①结构模型-研究 Ⅳ.
①O572.25

中国国家版本馆 CIP 数据核字(2023)第 146312 号

责任编辑 赵蔚华
封面设计 夏　芳

SVAR 模型结构识别：前沿进展与应用研究
李向阳 著

出　　版	上海人民出版社	
	（201101　上海市闵行区号景路 159 弄 C 座）	
发　　行	上海人民出版社发行中心	
印　　刷	上海商务联西印刷有限公司	
开　　本	720×1000　1/16	
印　　张	18.5	
插　　页	4	
字　　数	308,000	
版　　次	2023 年 8 月第 1 版	
印　　次	2023 年 8 月第 1 次印刷	

ISBN 978-7-208-18457-2/F · 2830
定　　价　85.00 元